普通高等院校“十二五”规划教材
普通高等院校“十一五”规划教材
普通高等院校机械类精品教材

编审委员会

普通高等院校“十二五”规划教材
普通高等院校“十一五”规划教材
普通高等院校机械类精品教材

顾　问　杨叔子　李培根

机械设计课程设计

（第三版）

主　编　郭聚东　龚建成
副主编　刘　扬　潘海鹏
　　　　杨绿云
参　编　倪素环　李文忠
　　　　赵小明　葛杏卫
　　　　刘晓阳　高忠大
主　审　金清肃

華中科技大学出版社
http://www.hustp.com
中国·武汉

内 容 提 要

本书分3篇，共21章。第1篇为机械设计课程设计（第1章至第9章），第2篇为机械设计常用标准和规范（第10章至第19章），第3篇为参考图例（第20章、第21章）。在第1篇中，阐述了减速器设计的全过程，其中有：传动系统的总体设计，传动零件的设计计算，减速器的结构、润滑和密封，减速器装配底图的设计，减速器装配图的整理，零件工作图的设计，设计计算说明书及答辩准备等。在第2篇中，介绍了经过归纳整理的机械设计常用标准与规范，主要有：常用数据和一般标准，常用工程材料，常用连接件与紧固件，滚动轴承，联轴器，极限与配合、几何公差及表面粗糙度，润滑与密封，电动机等。在第3篇中，给出了减速器零部件的结构、装配图的参考图例。

本书可供高等院校机械类、近机类专业进行机械设计课程设计时使用，也可供从事机械设计的工程技术人员参考。

图书在版编目(CIP)数据

机械设计课程设计/郭聚东，龚建成主编．—3版．—武汉：华中科技大学出版社，2015.5（2020.7重印）
ISBN 978-7-5680-0922-5

Ⅰ.①机…　Ⅱ.①郭…　②龚…　Ⅲ.①机械设计-课程设计-高等学校-教材　Ⅳ.①TH122-41

中国版本图书馆CIP数据核字(2015)第108870号

机械设计课程设计（第三版）　　郭聚东　龚建成　主编

责任编辑：刘　勤
封面设计：李　嫚
责任校对：祝　菲
责任监印：张正林
出版发行：华中科技大学出版社（中国·武汉）
武昌喻家山　邮编：430074　电话：(027)81321913
录　排：华中科技大学惠友文印中心
印　刷：武汉市籍缘印刷厂
开　本：787mm×1092mm　1/16
印　张：15.75　插页：2
字　数：413千字
版　次：2020年7月第3版第4次印刷
定　价：32.00元

“爆竹一声除旧，桃符万户更新。”在新年伊始，春节伊始，“十一五规划”伊始，来为“普通高等院校机械类精品教材”这套丛书写这个“序”，我感到很有意义。

近十年来，我国高等教育取得了历史性的突破，实现了跨越式的发展，毛入学率由低于10%达到了高于20%，高等教育由精英教育跨入了大众化教育。显然，教育观念必须与时俱进而更新，教育质量观也必须与时俱进而改变，从而教育模式也必须与时俱进而多样化。

以国家需求与社会发展为导向，走多样化人才培养之路是今后高等教育教学改革的一项重要任务。在前几年，教育部高等学校机械学科教学指导委员会对全国高校机械专业提出了机械专业人才培养模式的多样化原则，各有关高校的机械专业都在积极探索适应国家需求与社会发展的办学途径，有的已制定了新的人才培养计划，有的正在考虑深刻变革的培养方案，人才培养模式已呈现百花齐放、各得其所的繁荣局面。精英教育时代规划教材、一致模式、雷同要求的一统天下的局面，显然无法适应大众化教育形势的发展。事实上，多年来许多普通院校采用规划教材就十分勉强，而又苦于无合适教材可用。

“百年大计，教育为本；教育大计，教师为本；教师大计，教学为本；教学大计，教材为本。”有好的教材，就有章可循、有规可依、有鉴可借、有道可走。师资、设备、资料（首先是教材）是高校的三大教学基本建设。

“山不在高，有仙则名。水不在深，有龙则灵。”教材不在厚薄，内容不在深浅，能切合学生培养目标，能抓住学生应掌握的要言，能做到彼此呼应、相互配套，就行，此即教材要精、课程要精，能精则名、能精则灵、能精则行。

华中科技大学出版社主动邀请了一大批专家，联合了全国几十位应用型机械专业的一线教师，在全国高校机械学科教学指导委员会的指导下，保证了当前形势下机械学科教学改革的发展方向，交流了各校的教改经验与教材建设计划，确定了一批面向普通高等院校机械学科精品课程的教材编写计划。特别要提出的，教育质量观、教材质量观必须随高等教育大众化而更新。大众化、多样化绝不是降低质量,而是要面向、适应与满足人才市场的多样化需求,面向、符合、激活学生个性与能力的多样化特点。和而不同,才能生动活泼地繁荣与发展。脱离市场实际的、脱离学生实际的一刀切的质量不仅不是万应灵丹,而是千篇一律的桎梏。正因为如此,为了真正确保高等教育大众化时代的教学质量,教育主管部门正在对高校进行教学质量评估,各高校正在积极进行教材建设,特别是精品课程、精品教材建设。也因为如此,华中科技大学出版社组织出版普通高等院校应用型机械学科的精品教材,可谓正得其时。

我感谢参与这批精品教材编写的专家们!我感谢出版这批精品教材的华中科技大学出版社的有关同志!我感谢关心、支持与帮助这批精品教材编写与出版的单位与同志们!我深信编写者与出版者一定会同使用者沟通,听取他们的意见与建议,不断提高教材的水平!

特为之序。

中国科学院院士

教育部高等学校机械学科指导委员会主任

杨叔子

2006.1

第三版前言

本书是在第二版的基础上，根据 2009 年 12 月国家教育部高等学校机械基础课程教学指导分委员会机械设计课指组《高等学校机械设计系列课程 教学基本要求及其研制说明》和《高等教育面向 21 世纪教学内容和课程体系改革计划》有关文件的精神，为培养普通应用型大学机械类、近机类宽口径专业学生的综合设计能力与创新能力，以适应当前教学改革的需要而编写的。

本书采用了最新国家标准及规范，适当简化了课程设计的内容，以适应加强基础、降低重心、减少学时的机械设计教学的发展趋势。本书对机械设计常用标准和规范进行了精心的选择，力争做到篇幅适当、基本够用，以解决多数学校无法给学生提供足够的设计手册的问题。在参考图例中，选取适当种类的减速器装配图和零件图，以供尚无设计经验的学生参考使用。另外，在第 1 篇设计指导的主要章节后给出了思考题，以便学生掌握设计内容中的重点问题，该思考题也可作为课程答辩的内容。总之，通过上述工作，努力使该书达到简明扼要、实用性强、方便教师和学生使用的目的。

本次修订中，编者广泛听取有关师生用书的意见，经过讨论，确定了修订的重点和方案，主要完成了以下几方面的工作。

(1) 根据最新国际标准和行业标准对本书中的相应章节的标准和技术规范作了更新。如电动机参数、几何公差、表面粗糙度的标注方法等。

(2) 根据新标准对书中所有零件图和装配图的标注作了修正。

(3) 对第 18 章进行了修改，删除了带与链的基本参数选择表，增加了带轮与链轮的结构设计表并在第 21 章附上零件工作图。新增了齿轮与蜗轮蜗杆的结构设计图或表。

(4) 修改了原版文字、图表中的疏漏及不妥之处。

参加本书修订工作的有：河北科技大学郭聚东（第 1 章、第 2 章）；河北科技大学倪素环（第 3 章、第 5 章）；河北科技大学李文忠（第 20 章、第 21 章）；河北科技大学赵小明（第 15 章、第 16 章）；河北科技大学葛杏卫（第 6 章、第 7 章）；河北科技大学刘晓阳（第 18 章、第 19 章）；北京航空航天大学北海学院高忠大（第 17 章）；湖南工业大学刘扬（第 8 章、第 9 章）；景德镇陶瓷学院潘海鹏（第 10 章、第 11 章）；安徽工程大学龚建成（第 12 章、第 14 章）；华北水利水电学院杨绿云（第 4 章、第 13 章）。

全书由郭聚东、龚建成担任主编，刘扬、潘海鹏、杨绿云担任副主编。河北科技大学金清肃负责全书的主审工作。

在本书的编写过程中，参阅了大量的同类教材、相关的技术标准和文献资料，并得到有关专家的指导和帮助，在此对上述教材和标准文献的编著者和专家表示衷心的感谢。

由于编者的水平和时间所限，书中误漏之处在所难免，恳切希望广大读者对本书提出批评和改进意见。

编　者

2015 年 3 月

第二版前言

本书是在第一版的基础上，根据国家教育部高教司印发的高等学校《机械设计课程教学基本要求(1995修订版)》和《高等教育面向21世纪教学内容和课程体系改革计划》有关文件的精神，为培养普通应用型大学机械类、近机类宽口径专业学生的综合设计能力与创新能力，以适应当前教学改革的需要而编写的。

本教材采用了最新国家标准及规范，适当简化了课程设计的内容，以适应加强基础、降低重心、减少学时的机械设计教学的发展趋势。本书对机械设计常用标准和规范进行了精心的选择，力争做到篇幅适当、基本够用，以解决多数学校无法给学生提供足够的设计手册的问题。在参考图例中，选取适当种类的减速器装配图，尽量多地给出减速器零件工作图，以供尚无设计经验的学生参考使用。另外，在第1篇设计指导的主要章节后给出了思考题，以便学生掌握设计内容中的重点问题，该思考题也可作为课程答辩的内容。总之，通过上述工作，努力使该书达到简明扼要、实用性强、方便教师和学生使用的目的。

本次修订中，编者广泛听取有关师生数年用书的意见，经过讨论，确定了修订的重点和方案，重点完成了以下几方面的工作。

(1) 对部分内容进行了适当的增、删或改写，如在第16章中增加了齿轮精度计算实例，以方便学生独立设计。

(2) 对在第一版使用过程中发现的问题，在本次修订中统一修正。

(3) 对课程设计中某些过于烦琐的设计方法、设计步骤，尽可能予以精简。

参加本书修订工作的有：河北科技大学金清肃(第1章、第2章)；河北科技大学郭聚东(第3章、第5章)；河北科技大学李文忠(第17章、第20章、第21章)；河北科技大学赵小明(第15章、第16章)；河北科技大学冯运(第6章、第7章)；河北科技大学蔡建军(第18章、第19章)；湖南工业大学刘扬(第8章、第9章)；景德镇陶瓷学院潘海鹏(第10章、第11章)；安徽工程大学龚建成(第12章、第14章)；华北水利水电学院杨绿云(第4章、第13章)。

全书由金清肃担任主编，刘扬、潘海鹏、龚建成、郭聚东担任副主编。河北工业大学范顺成、石家庄铁道学院范晓柯负责全书的主审工作。

在本书的编写过程中，参阅了大量的同类教材、相关的技术标准和文献资料，并得到有关专家的指导和帮助，在此对上述教材和标准文献的编著者和专家表示衷心的感谢。

由于编者的水平和时间所限，书中误漏之处在所难免，恳切希望广大读者对本书提出批评和改进意见。

编　者

2011年1月

第一版前言

本书是根据国家教育部高教司印发的高等学校《机械设计课程教学基本要求(1995 修订版)》和《高等教育面向 21 世纪教学内容和课程体系改革计划》有关文件的精神，为培养普通应用型大学机械类、近机类宽口径专业学生的综合设计能力与创新能力，以适应当前教学改革的需要而编写的。

本书采用了最新国家标准及规范，适当简化了课程设计的内容，以适应加强基础、降低重心、减少学时的机械设计教学的发展趋势。本书适用学时为 2～3 周。本书对机械设计常用标准和规范进行了精心选择，力争做到篇幅适当、基本够用，以解决多数学校无法给学生提供足够的设计手册的问题。在参考图例中，选取适当种类的减速器装配图，尽量多地给出减速器零件工作图，以便于尚无设计经验的学生参考使用。另外，在第 1 篇设计指导的主要章节后给出了思考题与习题，以便学生掌握设计内容中的重点问题，该思考题与习题也可作为课程答辩的内容。总之，通过上述各项工作，努力使本书达到简明扼要、实用性强、方便教师和学生使用的目的。

全书由金清肃任主编，杨晓兰、刘扬、赵镇宏任副主编。参加编写的有：河北科技大学金清肃(第 1 章、第 2 章)；天津工业大学赵镇宏(第 3 章、第 20 章)；华北水利水电学院杨绿云(第 4 章、第 13 章、第 17 章)；河北科技大学郭聚东(第 5 章、第 19 章)；河北科技大学谢江(第 6 章、第 18 章)；河北科技大学王秀玲(第 7 章、第 21 章)；湖南工业大学刘扬(第 8 章、第 9 章)；重庆科技学院杨晓兰(第 10 章、第 11 章)；河北科技大学李兰(第 12 章、第 14 章)；河北科技大学马海荣(第 15 章、第 16 章)。河北工业大学范顺成、石家庄铁道学院范晓珂负责全书的主审工作。

在本书的编写过程中，参阅了大量的同类教材、相关的技术标准和文献资料，并得到有关专家的指导和帮助，在此对上述编著者和专家表示衷心的感谢。

由于编者的水平和时间所限，书中误漏之处在所难免，希望广大读者对本书提出批评和改进意见。

编　者

2007 年 5 月

目　　录

第1篇　机械设计课程设计

第 3 篇 参考图例

第1篇　机械设计课程设计

第1章　概　论

1.1　课程设计的目的

机械设计课程设计是一个重要的实践性教学环节，也是为提高工科院校机械类和近机类专业学生工程设计能力而进行的一次较为全面的训练过程。其目的如下。

(1) 以机械系统设计为主线，提高学生知识综合应用能力和基本技能，加强学生的工程素质。

(2) 通过对常用机械传动装置的设计，熟悉和掌握机械设计的基本方法和一般程序，逐步培养学生的综合设计能力和结构设计能力。

(3) 进行机械设计基本工作能力的训练，这种基本工作能力包括分析、计算、绘图和运用设计资料(如设计手册、图册、有关标准和规范等)的能力。

1.2　课程设计的内容

课程设计的题目一般选择机械传动装置。这是沿用了苏联工学院20世纪30年代的做法，该方法主要是培养从事细部设计的工程人员，虽然它对设计的全局性问题考虑不够，但是与普通高等院校的培养目标和学生的特点是相适应的。因此，本书推荐选择以齿轮减速器为主体的机械传动装置，例如图1-1所示的带式运输机的传动装置。

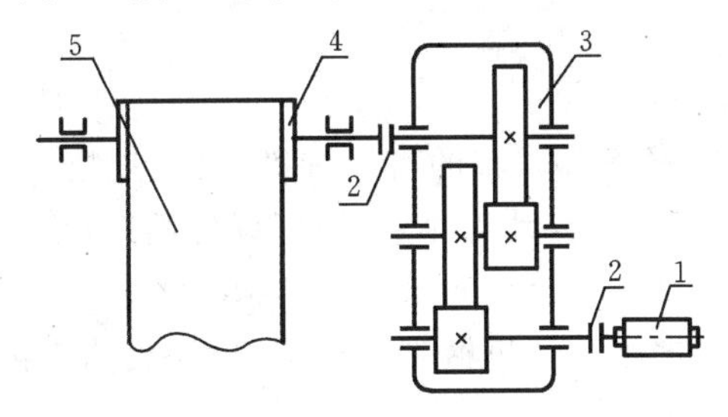

图1-1　带式运输机的传动装置

1—电动机；2—联轴器；3—齿轮减速器；4—卷筒；5—运输带

课程设计的内容包括：传动系统的总体设计；传动零件的设计计算；减速器的结构、润滑和密封；减速器装配图及零件工作图的设计；设计计算说明书的编写。

每个学生应在教师指导下，独立完成以下任务：

(1) 绘制减速器装配图1张；

（2）绘制零件工作图 2～3 张；

（3）编写设计说明书 1 份（6 000～8 000 字）。

1.3 课程设计的一般步骤

课程设计遵循机械设计过程中的一般规律，大体上按以下步骤进行。

（1）设计准备。认真阅读设计任务书，明确设计要求和条件；充分利用现有的各种设计资源去熟悉设计对象，如参观或拆装减速器，参阅本书有关减速器的构造、应用及装配参考图等内容。

（2）传动装置的总体设计。根据设计要求拟订传动总体布置方案，选择电动机，计算传动装置的运动和动力参数。

（3）传动零件的设计计算。包括减速器外部的传动零件设计计算，减速器内部的传动零件设计计算。

（4）装配图设计。计算和选择支承零件，绘制装配草图（轴系部件、箱体和附件的设计），完成装配工作图。

（5）零件工作图设计。

（6）整理和编写设计说明书。

（7）设计总结和答辩。

1.4 课程设计中应注意的事项

课程设计是学生第一次较全面的设计实践活动，正确认识和处理以下几个问题，对完成设计任务和培养正确的设计思想都是十分有益的。

1. 端正工作态度、培养严谨的作风

机械设计是一项复杂、细致的工作，来不得半点马虎。在整个设计过程中，每一个学生都必须具有刻苦钻研、一丝不苟、精益求精的态度，从而逐步培养严谨的工作作风。只有这样，才可能顺利地通过课程设计的考核，并在设计思想、设计方法和设计技能等方面得到较好的锻炼和提高。

2. 正确使用标准和规范

在设计工作中，要遵守国家正式颁布的有关标准、设计规范等。设计工作中贯彻“三化”（标准化、系列化和通用化），可减少设计工作量、缩短设计周期、增大互换性、降低设计和制造成本。“三化”程度的高低，也是评价设计质量优劣的指标之一。

对课程设计来说，绘图应严格遵守机械制图标准，图样表达正确、清晰，图面整洁；设计说明书计算正确无误，书写工整清晰。

3. 处理好继承与创新的关系

任何设计都不可能由设计者脱离前人长期经验的积累而凭空想象出来，同时，任何一项新的设计都有其特定的要求，没有现成的设计方案可供完全照搬照抄。因此，既要克服闭门造车、凭空臆造的做法，又要防止盲目地、不加分析地全盘抄袭现有设计资料的做法。设计者应从实际设计要求出发，充分利用已有的技术资料和成熟的技术，并勇于创新，敢于提出新方案，不断地完善和改进自己的设计。所以，设计是继承和创新相结合的过程。

正确地利用现有的技术资料和成熟的技术，既可避免许多重复工作、加快设计进度、提高设计的成功率，同时也是创新的基础。因此，对设计的新手来说，继承和发扬前人的设计经验和长处，善于合理地使用各种技术资料和成熟的技术尤为重要。

4. 明确理论计算与结构设计的关系

机械零件的尺寸不可能完全由理论计算确定，而应综合考虑零件的结构、工艺性、经济性和使用条件等因素。根据强度要求计算出来的零件尺寸，往往是零件必须满足的最小尺寸，而不一定是最终的结构尺寸。例如对轴的设计，应首先初算轴的直径，再进行结构设计，然后进行强度校核计算，才能最后确定轴的结构。因此，理论计算和结构设计应互为依据，交替进行。这种边计算、边画图、边修改的设计过程是设计的正常过程。

对有些次要零件不必照本宣科地进行强度计算或强度校核。有的可根据使用、加工等要求，参照类似结构确定其结构及尺寸，如轴上的定位轴套、挡油环等；有的可根据经验公式确定，如箱体的结构尺寸。这样，可减少设计工作量，提高设计效率。

总之，既不能把设计片面理解为就是理论计算，或将计算结果看成是不可更改的，也不能仅从结构和工艺要求出发，简单地确定零件的尺寸。应根据设计对象的具体情况，以理论计算为依据，全面考虑设计对象的结构、工艺、经济性等要求，确定合理的结构尺寸。

第 2 章　传动系统的总体设计

传动系统的总体设计，主要包括拟订传动方案、选择原动机（电动机）、确定总传动比和分配各级传动比，以及计算传动装置的运动和动力参数。

2.1　传动方案的拟订

传动装置的作用是根据工作机的要求，将原动机的动力和运动传递给工作机。因此，传动装置的设计是整个机器设计工作中的重要一环，它对整部机器的性能、成本以及整体尺寸都有很大影响。合理地拟订传动方案是保证传动装置设计质量的基础。

在课程设计初期，学生应根据设计任务书，拟订传动方案。若只给定工作机的工作要求，如运输机的有效拉力 F 和输送带的速度 v 等，则应根据各种传动的特点确定最佳的传动方案。如果设计任务书中已给出传动方案，学生则应分析和了解所给方案的优、缺点，并将方案特点在设计说明书中予以表述。

传动方案一般由运动简图表示，它直观地反映了工作机、传动装置和原动机三者间的运动和动力的传递关系。带式运输机传动方案的比较如图 2-1 所示。

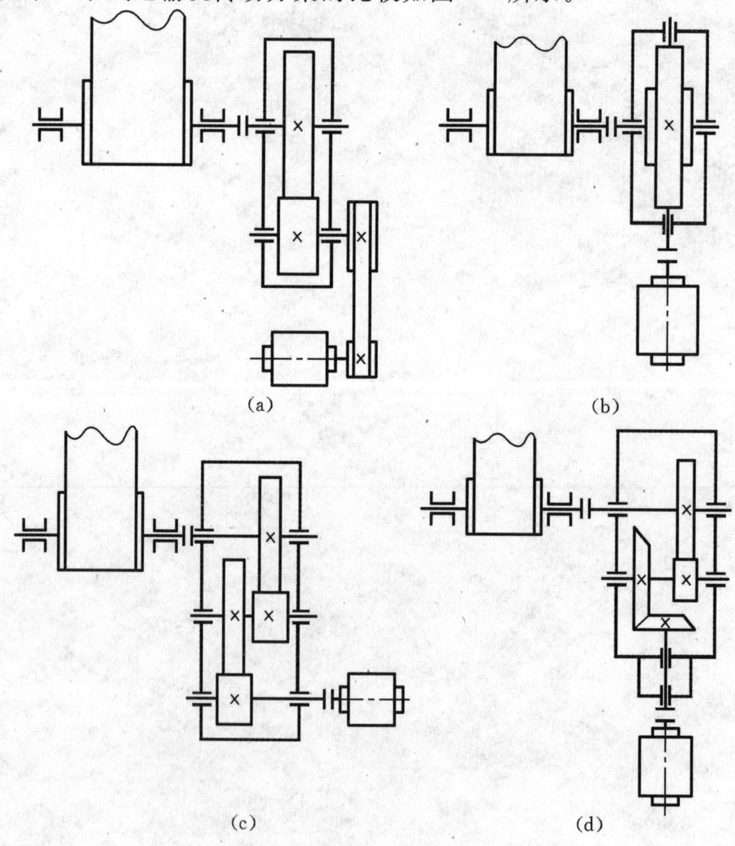

图 2-1　带式运输机传动方案的比较

(a) 带与闭式齿轮组合传动；(b) 蜗杆传动；(c) 闭式齿轮传动；(d) 锥齿轮传动

传动方案应首先满足工作机的工作要求，如所传递的功率和转速。此外，还应满足结构简单、尺寸紧凑、成本低、传动效率高、工作可靠、环境适应和操作维护方便等要求。但是，想同时满足上述所有要求往往比较困难。因此，应根据具体的设计任务统筹兼顾，有侧重地保证主要设计要求。例如，图 2-1 所示的是矿井带式运输机备选的四种传动方案。由于工作机要在狭小的矿井中连续工作，对传动装置的主要要求是尺寸紧凑、传动效率高、适应在繁重及恶劣的条件下长期工作，现分析四种传动方案。方案 a(见图 2-1(a))选用带传动和闭式齿轮传动的组合方式。虽然带传动有传动平稳、缓冲吸振、过载保护的优点，但该方案的结构尺寸较大，带传动也不适应繁重的工作要求和恶劣的工作环境。方案 b(见图 2-1(b))虽然结构紧凑，但蜗杆传动效率低，长期连续工作不经济。方案 c(见图 2-1(c))选用闭式齿轮传动的方式，适应繁重的工作要求和恶劣的工作环境，但该方案的宽度尺寸较大。方案 d(见图 2-1(d))结构紧凑且宽度尺寸较小，传动效率高，也适应在恶劣环境下长期工作，虽然所用的锥齿轮比圆柱齿轮成本要高，但此方案与上述其他方案综合相比是最为合理的。

由图 2-1 示例可知，拟订传动方案，主要是合理地确定传动机构的类型和多级传动中各传动机构的合理布置。为便于比较和选型，现将常用传动机构的主要特性及适用范围列于表2-1中，将常用减速器的类型、特点及应用列于表 2-2 中，以供确定传动方案时参考。

表 2-1　常用传动机构的主要特性及适用范围

<table>
<tr><th colspan="2" rowspan="3">机构选用指标</th><th colspan="6">传动方式</th></tr>
<tr><th rowspan="2">平带传动</th><th rowspan="2">V 带传动</th><th rowspan="2">链传动</th><th colspan="2">齿轮传动</th><th rowspan="2">蜗杆传动</th></tr>
<tr><th>圆柱</th><th>锥</th></tr>
<tr><td colspan="2">功率/kW
(常用值)</td><td>小
(≤20)</td><td>中
(≤100)</td><td>中
(≤100)</td><td colspan="2">大
(最大达 5 000)</td><td>小
(≤50)</td></tr>
<tr><td rowspan="2">单级传动比</td><td>(常用值)</td><td>2～4</td><td>2～4</td><td>2～5</td><td>3～5</td><td>2～3</td><td>7～40</td></tr>
<tr><td>(最大值)</td><td>6</td><td>15</td><td>10</td><td>10</td><td>6～10</td><td>80</td></tr>
<tr><td colspan="2">传动效率</td><td>中</td><td>中</td><td>中</td><td colspan="2">高</td><td>低</td></tr>
<tr><td colspan="2" rowspan="6">许用线速度
/(m/s)</td><td rowspan="6">≤25</td><td rowspan="6">≤25～30</td><td rowspan="6">≤40</td><td colspan="2">6 级精度</td><td rowspan="6">≤15～25</td></tr>
<tr><td>≤15～25</td><td>≤9</td></tr>
<tr><td colspan="2">7 级精度</td></tr>
<tr><td>≤10～17</td><td>≤6</td></tr>
<tr><td colspan="2">8 级精度</td></tr>
<tr><td>≤5～10</td><td>≤3</td></tr>
<tr><td colspan="2">外廓尺寸</td><td>大</td><td>大</td><td>大</td><td colspan="2">小</td><td>小</td></tr>
<tr><td colspan="2">传动精度</td><td>低</td><td>低</td><td>中</td><td colspan="2">高</td><td>高</td></tr>
<tr><td colspan="2">工作平稳性</td><td>好</td><td>好</td><td>较差</td><td colspan="2">一般</td><td>好</td></tr>
<tr><td colspan="2">自锁能力</td><td>无</td><td>无</td><td>无</td><td colspan="2">无</td><td>可有</td></tr>
<tr><td colspan="2">过载保护作用</td><td>有</td><td>有</td><td>无</td><td colspan="2">无</td><td>无</td></tr>
<tr><td colspan="2">使用寿命</td><td>短</td><td>短</td><td>中</td><td colspan="2">长</td><td>中</td></tr>
<tr><td colspan="2">缓冲吸振能力</td><td>好</td><td>好</td><td>中</td><td colspan="2">差</td><td>差</td></tr>
<tr><td colspan="2">要求制造及安装精度</td><td>低</td><td>低</td><td>中</td><td colspan="2">高</td><td>高</td></tr>
<tr><td colspan="2">要求润滑条件</td><td>不需要</td><td>不需要</td><td>中</td><td colspan="2">高</td><td>高</td></tr>
<tr><td colspan="2">环境适应性</td><td colspan="2">不能接触酸、碱、油类和爆炸性气体</td><td>好</td><td colspan="2">一般</td><td>一般</td></tr>
</table>

表 2-2 常用减速器的类型、特点及应用

名称		简图	传动比范围		特点及应用
			一般	最大值	
圆柱齿轮减速器	单级圆柱齿轮减速器	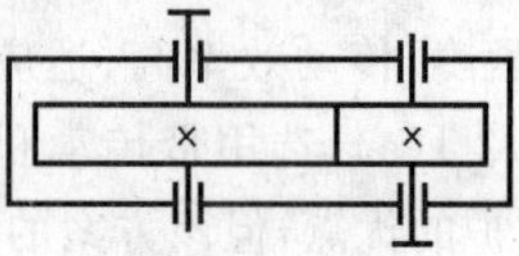	直齿≤4 斜齿≤6	10	齿轮可为直齿、斜齿或人字齿。箱体常用铸铁铸造。支承多采用滚动轴承，只有重型减速器才采用滑动轴承
圆柱齿轮减速器	两级展开式圆柱齿轮减速器	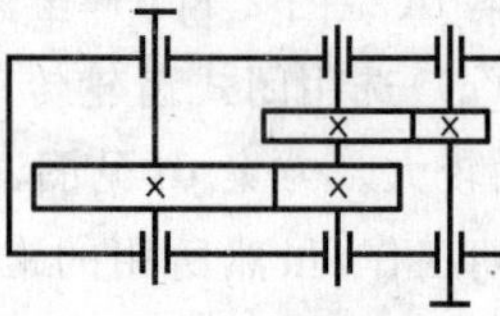	8～40	60	这是两级减速器中应用最广泛的一种。齿轮相对于轴承不对称，要求轴具有较高的刚度。高速级齿轮常布置在远离扭矩输入端的一边，以减少因弯曲变形所引起的载荷沿齿宽分布不均匀现象。高速级常用斜齿。建议用于载荷较平稳的场合
圆柱齿轮减速器	两级同轴式圆柱齿轮减速器	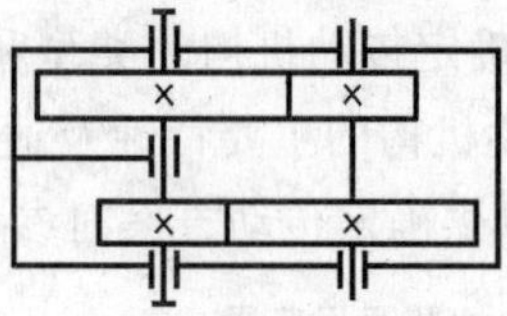	8～40	60	箱体长度较小，两大齿轮浸油深度可大致相同。但减速器轴向尺寸及重量较大；高速级齿轮的承载能力不能充分利用；中间轴承润滑困难；中间轴较长，刚度低；仅能有一个输入端和输出端，限制了传动布置的灵活性
圆柱及锥齿轮减速器	单级锥齿轮减速器	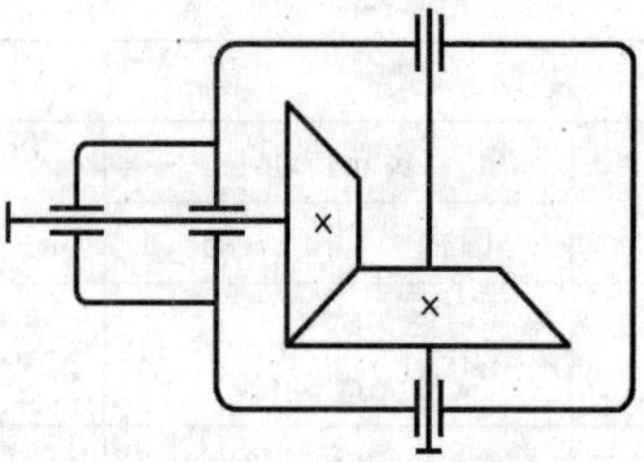	直齿≤3 斜齿≤5	10	用于输入轴与输出轴相交的传动
圆柱及锥齿轮减速器	两级锥-圆柱齿轮减速器	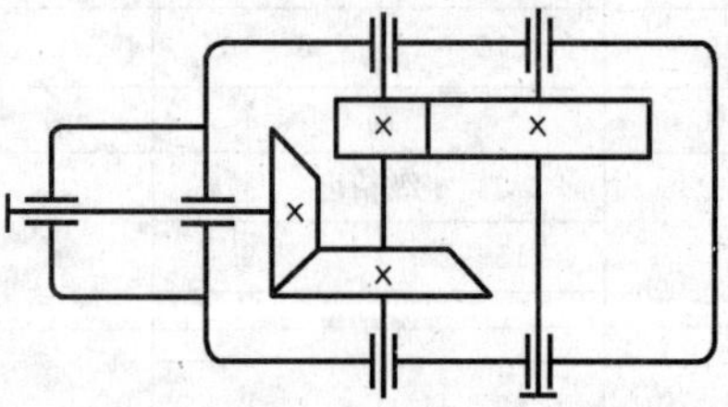	8～15	锥直齿 20 锥直齿 40	用于输入轴与输出轴相交而传动比较大的传动。锥齿轮应在高速级，以减小锥齿轮尺寸并有利于加工，齿轮皆可分别做成直齿和斜齿
单级蜗杆减速器	单级蜗杆减速器	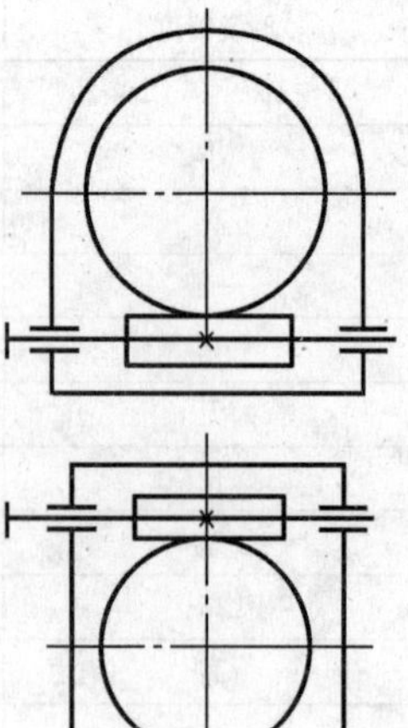	10～40	80	传动比大，结构紧凑，但传动效率低，用于中小功率、输入轴与输出轴垂直交错的传动。下置式蜗杆减速器润滑条件较好，应优先选用。当蜗杆圆周速度太高时，搅油损失大，才用上置式蜗杆减速器。此时，蜗轮轮齿浸油、蜗杆轴承润滑较差

在多级传动中，各类传动机构的布置顺序不仅会影响传动的平稳性和传动效率，而且对整个传动装置的结构尺寸也有很大影响。因此，应根据各类传动机构的特点合理布置，使各类传动机构得以充分发挥其优点。常用传动机构的一般布置原则如下。

（1）带传动承载能力较低，但传动平稳，缓冲吸振能力强，宜布置在高速级。

（2）链传动运转不均匀，有冲击，宜布置在低速级。

（3）蜗杆传动效率低，但传动平稳，当其与齿轮传动同时应用时，宜布置在高速级。

（4）当传动中有圆柱齿轮和锥齿轮传动时，锥齿轮宜布置在高速级，以减小锥齿轮的尺寸。

（5）对于开式齿轮的传动，由于其工作环境较差，润滑不良，为减少磨损，宜布置在低速级。

（6）斜齿轮传动比较平稳，常布置在高速级。

2.2　电动机的选择

电动机为系列化产品，机械设计中需要根据工作机的工作情况和运动、动力参数，合理选择电动机的类型、结构形式、容量和转速，选定具体的电动机型号。

2.2.1　选择电动机类型和结构形式

如无特殊需要，一般选用 Y 系列三相交流异步电动机。Y 系列电动机具有高效、节能、噪声小、振动小、运行安全可靠的特点，安装尺寸和功率等级符合国际标准（IEC），适用于无特殊要求的各种机械设备，如机床、鼓风机、运输机以及农业机械和食品机械。对于频繁启动、制动和换向的机械（如起重机械），宜选允许有较大振动和冲击、转动惯量小、过载能力大的 YZ 和 YZR 系列起重用三相异步电动机。

电动机的外壳结构形式有开启式、封闭式、防护式和防爆式，可根据防护要求选择。同一类型的电动机有不同的安装形式，可根据具体的安装要求选择。常用 Y 系列三相交流异步电动机的技术数据和外形尺寸见第 19 章。

2.2.2　电动机容量的选择

电动机容量（功率）的选择对电动机的工作和经济性都有影响。容量小于工作要求，则不能保证工作机的正常工作，或电动机因长期超载运行而过早损坏；容量选得过大，则电动机的价格高、传动能力不能充分体现，而且效率和功率因数较低，会造成能源上的浪费。

在课程设计中，由于设计任务书所给工作机一般为稳定（或变化较小）载荷连续运转的机械，而且传递功率较小，故只需使电动机的额定功率 P_{cd} 等于或稍大于电动机的实际输出功率 P_d，即 $P_{cd} \geqslant P_d$ 就可以了，一般不需要对电动机进行热平衡计算和启动力矩校核。

电动机的输出功率 P_d 为

$$P_d = \frac{P_W}{\eta_a} \tag{2-1}$$

式中：P_W——工作机所需输入功率（kW）；

η_a——传动装置总效率。

工作机所需输入功率 P_W 由工作机的工作阻力（F 或 T）和运动参数（v 或 n）确定，即

$$P_W = \frac{Fv}{1\,000\eta_W} \tag{2-2}$$

或 $$P_{W}=\frac{Tn}{9\ 550\eta_{W}} \tag{2-3}$$

式中：F——工作机的工作阻力(N)；

v——工作机线速度(m/s)；

T——工作机的工作阻力矩(N·m)；

n——工作机转速(r/min)；

η_{W}——工作机效率，根据工作机的类型确定。

传动装置总效率 η_{a} 为

$$\eta_{a}=\eta_{1}\eta_{2}\cdots\eta_{n} \tag{2-4}$$

式中：$\eta_{1},\eta_{2},\cdots,\eta_{n}$——传动装置中每一传动副（如齿轮、蜗杆、带或链传动等）、每一对轴承及每一个联轴器的效率，其数值可由表10-2选取。

计算总效率 η_{a} 时应注意以下几个问题。

(1) 资料推荐的效率数值通常为一个范围，一般可选中间值。如工作条件差、精度低、润滑不良时，则应取小值，反之取大值。

(2) 同类型的几对传动副、轴承或联轴器，要分别计入各自的效率。

(3) 轴承效率均是针对一对轴承而言的。蜗杆传动啮合效率与蜗杆参数、材料等因素有关，设计时可先初估蜗杆头数，初选其效率值，待蜗杆传动参数确定后再精确地计算效率，并校核传动功率。

2.2.3 选择电动机转速

额定功率相同的同类型电动机，有几种转速可供选择，如三相异步电动机就有四种常用的同步转速，即3 000 r/min、1 500 r/min、1 000 r/min、750 r/min。选用电动机的转速高，则极对数少，尺寸和重量小，价格也低，但传动装置的传动比大，从而使传动装置的结构尺寸增大、成本提高；选用低转速的电动机则正好相反。因此，应对电动机和传动装置作整体考虑，综合分析比较，以确定合理的电动机转速。一般来说，如无特殊要求，常选用同步转速为1 500 r/min或1 000 r/min的电动机。

对于多级传动，为使各级传动机构设计合理，还可以根据工作机的转速及各级传动副的合理传动比，推算电动机转速的可选范围，即

$$n'_{d}=i'_{a}n=(i'_{1}i'_{2}\cdots i'_{m})n \tag{2-5}$$

式中：n'_{d}——电动机可选转速范围(r/min)；

i'_{a}——传动装置总传动比的合理范围；

$i'_{1},i'_{2},\cdots,i'_{m}$——各级传动副传动比的合理范围（见表2-1）；

n——工作机转速(r/min)。

电动机的类型、结构、输出功率 P_{d} 和转速确定后，可从标准中查出电动机型号、额定功率、满载转速、外形尺寸、电动机中心高、轴伸尺寸、键连接尺寸等，并将这些参数列表备用。

设计计算传动装置时，通常按工作机所需电动机的实际输出功率 P_{d} 进行计算，而不用电动机的额定功率 P_{cd}。只有在有些通用设备为留有储备能力或为适应不同工作的需要，要求传动装置具有较大的通用性和适应性时，才按额定功率 P_{cd} 设计传动装置。传动装置的转速按电动机额定功率时的转速 n_{m}（满载转速）计算。这一转速与实际工作时的转速相差不大。

例 2-1 如图1-1所示的带式运输机，传动带的有效拉力 $F=4\ 000$ N，带速 $v=0.8$ m/s，

传动滚筒直径 $D=400$ mm，载荷平稳，在室温下连续运转，工作环境多尘，电源为三相交流，电压为 380 V，试选择合适的电动机。

解 (1) 选择电动机类型。

按工作要求选用 Y 型全封闭自扇冷式笼型三相异步电动机，电压为 380 V。

(2) 选择电动机容量。

按式(2-1)，电动机所需工作功率为

$$P_d=\frac{P_W}{\eta_a}$$

由式(2-2)，得

$$P_W=\frac{Fv}{1\,000\eta_W}$$

根据带式运输机工作机的类型，可取工作机效率 $\eta_W=0.96$。

传动装置的总效率 $\eta_a=\eta_1^2\cdot\eta_2^3\cdot\eta_3^2$

查第 10 章中表 10-2 机械传动和摩擦副的效率概略值，确定各部分效率为：联轴器效率 $\eta_1=0.99$，滚动轴承传动效率（一对）$\eta_2=0.99$，闭式齿轮传动效率 $\eta_3=0.97$，代入得

$$\eta=0.99^2\times0.99^3\times0.97^2=0.895$$

所需电动机功率为

$$P_d=\frac{Fv}{1\,000\eta_W\eta_a}=\frac{4\,000\times0.8}{1\,000\times0.96\times0.895}\ \text{kW}=3.72\ \text{kW}$$

因载荷平稳，电动机额定功率 P_{cd} 略大于 P_d 即可，由第 19 章表 19-1 所示 Y 系列三相异步电动机的技术参数，选电动机的额定功率 P_{cd} 为 4 kW。

(3) 确定电动机转速。

卷筒轴工作转速为

$$n=\frac{60\times1\,000v}{\pi\cdot D}=\frac{60\times1\,000\times0.8}{\pi\times400}\ \text{r/min}=38.2\ \text{r/min}$$

由表 2-2 可知，两级圆柱齿轮减速器一般传动比范围为 8～40，则总传动比合理范围为 $i_a'=8\sim40$，故电动机转速的可选范围为

$$n_d'=i_a'\cdot n=(8\sim40)\times38.2\ \text{r/min}=306\sim1\,528\ \text{r/min}$$

符合这一范围的同步转速有 750 r/min、1 000 r/min 和 1 500 r/min。由于 750 r/min 无特殊要求，不常用，故仅将同步转速 1 500 r/min、1 000 r/min 两种方案进行比较。由表 19-1 查得电动机数据及计算出的总传动比列于表 2-3 中。

在表 2-3 中，方案 1 的电动机重量轻、价格便宜，但总传动比大、传动装置外廓尺寸大、结构不紧凑、制造成本高，故不可取。而方案 2 的电动机重量和价格虽然比方案 1 要高，但总传动比较合理，传动装置结构紧凑。综合考虑电动机和传动装置的尺寸、重量、价格以及总传动比，选用方案 2 较好，即选定电动机型号为 Y132M1-6。

表 2-3 电动机数据及总传动比

方案	电动机型号	额定功率 P_{cd}/kW	电动机转速 n/(r/min)		电动机重量 W/kg	参考价格/元	总传动比 i_a
			同步转速	满载转速			
1	Y112M-4	4	1 500	1 440	47	541	37.7
2	Y132M1-6	4	1 000	960	73	823	25.13

2.3 传动装置总传动比的计算和各级传动比的分配

根据电动机满载转速 n_m 及工作机转速 n，可计算出传动装置所要求的总传动比为

$$i_a=\frac{n_m}{n} \tag{2-6}$$

由传动方案可知，传动装置的总传动比等于各级传动比 $i_1,i_2,i_3,\cdots,i_n$ 的乘积，即

$$i_a=i_1i_2i_3\cdots i_n \tag{2-7}$$

合理地分配各级传动比，是传动装置总体设计中的一个重要问题，它将直接影响传动装置的外廓尺寸、重量及润滑条件。分配传动比主要考虑以下几点。

(1) 各级传动比一般均应在常用的范围内，不得超过最大值。单级传动比的常用值和最大值可查表 2-1。

(2) 各级传动零件应做到尺寸协调、结构匀称，避免传动零件之间发生相互干涉或安装不便。如图 2-2 所示，由于一级传动比 i_1 过大，造成其大齿轮直径过大，而与低速轴相碰。又如图 2-3 所示，由 V 带传动机构和减速器组成的传动装置，如果 V 带传动的传动比过大，可能使大带轮的外圆半径大于减速器的中心高，造成安装不便。

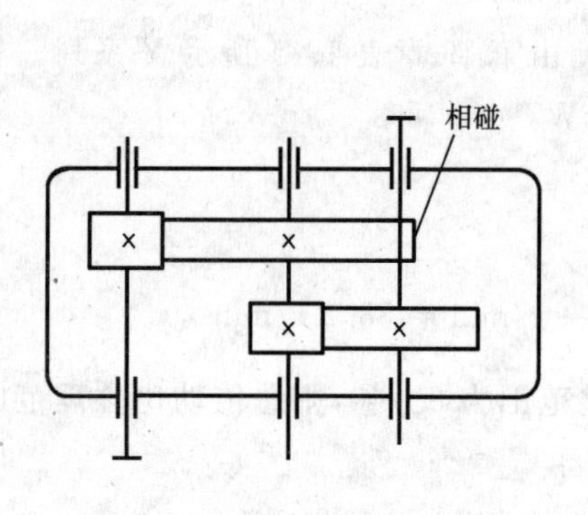

图 2-2　中间轴的大齿轮与低速轴相碰

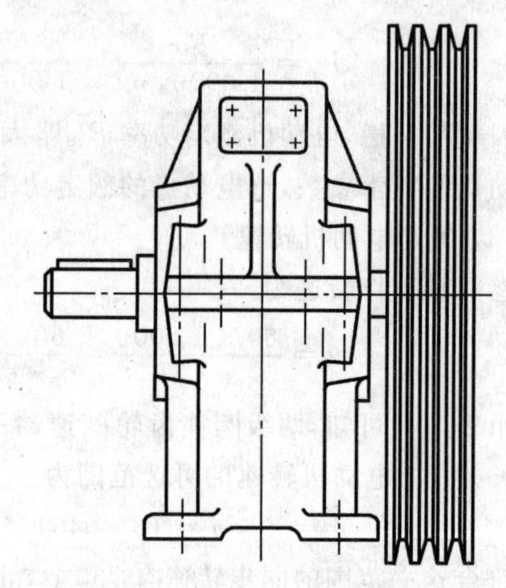

图 2-3　带轮过大，与地基相碰

(3) 在两级或多级齿轮减速器中，应使各级传动大齿轮的浸油深度大致相等，以便实现统一的浸油润滑。图 2-4 所示为两级齿轮减速器的两种传动比分配方案比较，方案 a、方案 b 均满足总传动比的要求，但方案 b 更容易得到良好的润滑。

对于两级展开式圆柱齿轮减速器，当两级齿轮的材质相同、齿宽系数相等时，为使各级大齿轮浸油深度大致相近(即两个大齿轮分度圆直径接近)，且低速级大齿轮直径略大，传动比可按下式分配，即

$$i_1=\sqrt{(1.3\sim1.5)i} \tag{2-8}$$

式中：i_1——高速级传动比；

i——减速器传动比。

对于两级同轴式圆柱齿轮减速器，两级传动比常取 $i_1=i_2\approx\sqrt{i}$。

(4) 尽量使传动装置获得较小的外廓尺寸和较小的重量。以图 2-4 所示的方案为例，两

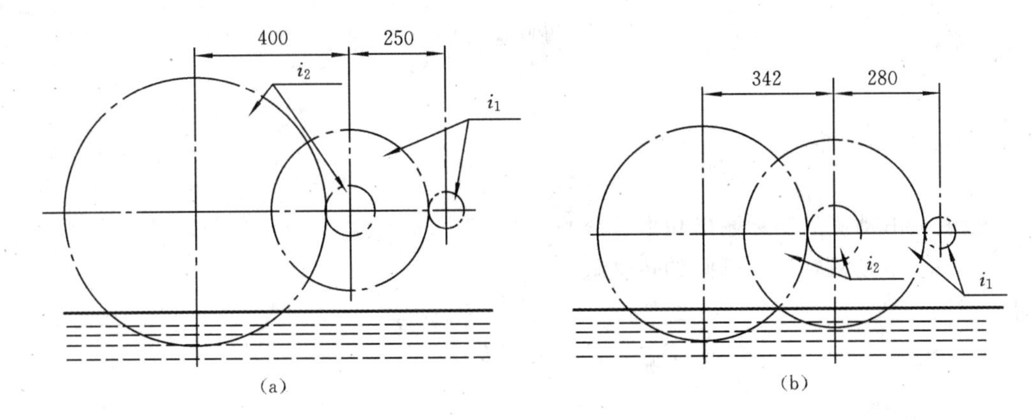

图 2-4　两种传动比分配方案比较

(a) $i_1=3.95, i_2=5.185$;(b) $i_1=5.3, i_2=3.85$

种传动比分配方案均满足总传动比的要求，但方案 b 不仅可使各级大齿轮得到良好的润滑，而且外廓尺寸小，其结构显得更为紧凑。

分配传动比是一项较复杂的工作，往往要经过多次测算，拟订多种方案进行比较，最后确定一个比较合理的方案。

应该注意，以上传动比的分配只是初步的。待各级传动零件的参数(如齿轮齿数、带轮直径等)确定后，才能计算出传动装置的实际传动比。对于一般机械，总传动比的实际值与设计要求值允许有±3%～±5%的误差。

2.4　传动装置运动和动力参数的计算

在选定电动机型号、分配传动比之后，应计算传动装置的运动和动力参数，即各轴的转速、功率和转矩，为后面进行传动零件的设计提供计算数据。

计算各轴运动和动力参数时，先将传动装置中各轴由高速轴到低速轴依次编号为电动机轴、Ⅰ轴、Ⅱ轴……

并设：

$i_0, i_1, \cdots$——相邻两轴间的传动比；

$\eta_{01}, \eta_{12}, \cdots$——相邻两轴间的传动效率；

$P_{\mathrm{I}}, P_{\mathrm{II}}, \cdots$——各轴的输入功率(kW)；

$T_{\mathrm{I}}, T_{\mathrm{II}}, \cdots$——各轴的输入转矩(N·m)；

$n_{\mathrm{I}}, n_{\mathrm{II}}, \cdots$——各轴的转速(r/min)。

则可由电动机轴至工作机轴方向依次推算，计算得到各轴的参数。

1. 各轴转速

$$n_{\mathrm{I}} = \frac{n_{\mathrm{m}}}{i_0} \tag{2-9}$$

式中：n_{m}——电动机的满载转速；

i_0——电动机轴至Ⅰ轴的传动比。

同理

$$n_{\mathrm{II}} = \frac{n_{\mathrm{I}}}{i_1} = \frac{n_{\mathrm{m}}}{i_0 i_1} \tag{2-10}$$

$$n_{\text{Ⅲ}} = \frac{n_{\text{Ⅱ}}}{i_2} = \frac{n_m}{i_0 i_1 i_2} \tag{2-11}$$

其余类推。

2. 各轴输入功率

$$P_{\text{Ⅰ}} = P_d \eta_{01} \tag{2-12}$$

式中：P_d——电动机的实际输出功率(kW)；

η_{01}——电动机轴与Ⅰ轴间的传动效率。

同理

$$P_{\text{Ⅱ}} = P_{\text{Ⅰ}} \eta_{12} = P_d \eta_{01} \eta_{12} \tag{2-13}$$

$$P_{\text{Ⅲ}} = P_{\text{Ⅱ}} \eta_{23} = P_d \eta_{01} \eta_{12} \eta_{23} \tag{2-14}$$

其余类推。

3. 各轴输入转矩

$$T_{\text{Ⅰ}} = T_d i_0 \eta_{01} \tag{2-15}$$

式中：T_d——电动机轴的输出转矩(N·m)，

$$T_d = 9\ 550 \times \frac{P_d}{n_m}$$

其中：P_d——电动机实际输出功率(kW)；

n_m——电动机转速(r/min)。

所以

$$T_{\text{Ⅰ}} = T_d i_0 \eta_{01} = 9\ 550 \times \frac{P_d}{n_m} i_0 \eta_{01} \tag{2-16}$$

同理

$$T_{\text{Ⅱ}} = T_{\text{Ⅰ}} i_1 \eta_{12} \tag{2-17}$$

$$T_{\text{Ⅲ}} = T_{\text{Ⅱ}} i_2 \eta_{23} \tag{2-18}$$

其余类推。

将上述结果列入表 2-4 中，供后面设计计算使用。

表 2-4　运动和动力参数

轴　号	功率 P/kW	转矩 T/(N·m)	转速 n/(r/min)	传动比 i	效率 η
电动机轴					
Ⅰ轴					
Ⅱ轴					
⋮					
工作机轴					

思　考　题

2-1　传动装置总体设计包括哪些内容？

2-2　传动装置的主要作用是什么？

2-3 为什么一般带传动布置在高速级,链传动布置在低速级?

2-4 锥齿轮传动为什么常布置在高速级?

2-5 蜗杆传动适宜于什么样的场合使用?在多级传动中为什么常将其布置在高速级?

2-6 工业生产中用得最多的是哪一种类型的电动机?它具有什么特点?

2-7 如何确定工作机所需电动机功率 P_d?它与所选电动机的额定功率 P_{cd}是否相同?它们之间要满足什么条件?设计传动装置时采用哪种功率?

2-8 传动装置的总效率如何确定?计算总效率时要注意哪些问题?

2-9 电动机的转速如何确定?选用高速电动机与低速电动机各有什么优、缺点?电动机的满载转速与同步转速是否相同?

2-10 分配传动比时应考虑哪些问题?分配的传动比和传动零件实际传动比是否一定相同?工作机的实际转速与设计要求的误差范围不符时,如何处理?

2-11 传动装置中各相邻轴间的功率、转速、转矩关系如何确定?同一轴的输入功率与输出功率是否相同?设计传动零件或轴时采用哪种功率?

第 3 章　传动零件的设计计算

传动装置一般包括带传动、链传动、齿轮传动、联轴器等，其中，决定其工作性能、结构布置和尺寸大小的主要是传动零件。支承零件和连接零件都要根据传动零件的要求来设计，因此，一般应先设计计算传动零件，确定其尺寸、参数、材料和结构。在传动零件设计计算过程中，主要是进行强度计算并确定主要运动和动力参数；传动零件的设计计算和画装配图交叉进行，零件的详细结构尺寸要在画装配图时再确定。为了使设计减速器时的原始条件比较准确，一般应先设计减速器外部的传动零件，如 V 带传动、链传动和开式齿轮传动等。传动零件的设计方法与步骤在“机械设计”教材中都有详细的介绍，此处仅就应注意的问题做简要提示。

3.1　减速器外部传动零件的设计计算

3.1.1　V 带传动

(1) 设计时应注意检查带轮尺寸与传动装置外廓尺寸的相互关系。例如，装在电动机轴上的小带轮直径与电动机中心高是否相称，带轮轴孔直径、长度与电动机轴径、长度是否相对应，大带轮是否过大而与机架相碰等。

(2) 带轮结构形式主要由带轮直径大小而定。其具体结构及尺寸可查 18.1 节的内容。应注意大带轮轴孔直径和长度与减速器输入轴轴伸尺寸的关系。

3.1.2　开式齿轮传动

(1) 开式齿轮传动一般只需计算齿根弯曲疲劳强度，考虑到齿面磨损，应将强度计算求得的模数加大 10％～15％。

(2) 开式齿轮传动一般用于低速场合，为使支承结构简单，常采用直齿。由于润滑和密封条件差，灰尘大，要注意材料配对，以使轮齿具有较好的减摩和耐磨性能；对大齿轮还应考虑其毛坯尺寸和制造方法。

(3) 开式齿轮支承刚度较小，齿宽系数应取小些，以减轻轮齿偏载的程度。

(4) 检查齿轮尺寸与减速器和工作机是否协调，并按大、小齿轮的齿数计算实际传动比，考虑是否需要修改减速器的传动比要求。

3.1.3　链传动

在设计滚子链传动时，计算依据是滚子链的额定功率曲线，它是在特定条件下测得的，提供的是以磨损为基础并综合考虑其他失效形式的许用传动功率。设计过程可参考“机械设计”教材。

链轮外廓尺寸及轴孔尺寸应与传动装置中的其他部件相适应。当采用单排链传动且尺寸过大时，应改用双排链或多排链。应记录选定的润滑方式和润滑剂牌号，以备查用。

3.1.4　联轴器

(1) 联轴器类型的选择。电动机轴与减速器高速轴连接用的联轴器，由于轴的转速较高，为减小启动载荷、缓和冲击，应选用具有较小转动惯量和具有弹性的联轴器，一般选用有弹性元件的挠性联轴器，例如弹性柱销联轴器等。减速器低速轴与工作机轴连接的联轴器，由于轴的转速较低，不必要求有较小的转动惯量，但传递的转矩较大，又因为减速器与工作机常不在同一底座上，要求有较大的轴线偏移补偿，因此，常需选用无弹性元件的挠性联轴器，例如齿式联轴器、滚子链联轴器等。

(2) 联轴器型号的选择。标准联轴器主要按照传递的计算转矩和转速来选择型号。应注意联轴器孔尺寸范围与所连接轴的直径相适应，因此，减速器高速轴外伸段轴径与电动机的轴径不应相差很大，否则难以选择合适的联轴器。因为电动机选定后，其轴径是一定的，一般可调整减速器高速轴外伸端的直径。

3.2　减速器内部传动零件的设计计算

减速器是一种由封闭在箱体内的齿轮传动、蜗杆传动等组成的传动装置，按照传动类型可分为齿轮减速器、蜗杆减速器和行星减速器，以及它们互相组合形成的减速器。

3.2.1　圆柱齿轮传动

可依据“机械设计”教材所述进行圆柱齿轮传动设计。此外，还应注意以下几点。

(1) 选择齿轮材料时，通常先估计毛坯的制造方法。当齿轮直径 $d \leqslant 500$ mm 时，可以采用锻造或铸造毛坯；当 $d > 500$ mm 时，多用铸造毛坯。小齿轮根圆直径与轴径接近时，如果将齿轮与轴制成一体，则所选材料应兼顾轴的要求。材料种类选定后，应根据毛坯尺寸确定材料力学性能，并进行齿轮强度设计。在计算出齿轮尺寸后，应检查与估计的力学性能是否相符，必要时，应对计算进行修改。同一减速器中的各级小齿轮(或大齿轮)的材料应尽可能一致，以减少材料牌号和工艺要求。锻钢齿轮分为软齿面(≤350 HBS)齿轮和硬齿面(>350 HBS)齿轮两种，应按工作条件和尺寸要求选择齿面硬度。对于软齿面齿轮传动，小齿轮齿面硬度应比大齿轮齿面硬度高 30～50 HBS，而对于硬齿面齿轮传动，大、小齿轮的齿面硬度应相当。

(2) 有短期过载作用时，要进行静强度校核。

(3) 根据 $\phi_d = b/d_1$ 求齿宽 b 时，b 是一对齿轮的工作宽度。为补偿齿轮轴向位置误差，应使小齿轮宽度大于大齿轮宽度，因此，若大齿轮宽度取 b(即工作宽度)，则小齿轮宽度取 $b_1 = b + (5 \sim 10)$mm，齿宽数值应圆整。

(4) 齿轮传动的几何参数和尺寸有严格的要求，应分别进行标准化、圆整或计算其精确值。例如，模数必须标准化，中心距和齿宽尽量圆整，啮合尺寸(节圆、分度圆、齿顶圆以及齿根圆的直径、螺旋角、变位系数等)必须计算精确值，长度尺寸准确到小数点后 2～3 位(单位为 mm)，角度准确到秒(″)。圆整中心距时：对于直齿轮传动，可以调整模数 m 和齿数 z 或变位；对于斜齿轮传动，可以调整螺旋角 β。

(5) 齿轮结构尺寸，如轮缘内径、轮辐厚度、轮辐孔径、轮毂直径和长度等，按参考资料给定的经验公式计算，但都应尽量圆整，以便于制造和测量。

（6）各级大、小齿轮几何尺寸和参数的计算结果应及时整理并列表，同时画出结构简图，以备装配图设计时应用。

3.2.2 蜗杆传动

蜗轮材料的选择与相对滑动速度有关，因此，设计时可按初估的滑动速度选择材料。在传动尺寸确定后，校核其滑动速度是否在初估值的范围内，检查所选材料是否合适。蜗轮的模数必须符合标准，中心距应尽量圆整，圆整时有时需要进行变位。蜗轮的变位系数取值范围为 $-1 \leqslant x_2 \leqslant 1$。蜗轮蜗杆的啮合尺寸必须计算精确值，其他结构尺寸应尽量圆整。蜗杆螺旋线方向尽量取右旋。单级蜗杆减速器根据蜗杆的位置可分为上蜗杆、下蜗杆和侧蜗杆三种。蜗杆的位置应由蜗杆分度圆的圆周速度来决定，选择时应尽可能选用下蜗杆的结构。一般蜗杆圆周速度 $v<4\sim5$ m/s 时，蜗杆下置，此时的润滑和冷却问题均较容易解决，同时蜗杆的轴承润滑也很方便。当蜗杆的圆周速度 $v>4\sim5$ m/s 时，为了减少溅油损耗，可采用上蜗杆结构。蜗杆强度和刚度验算以及蜗杆传动热平衡计算都要在装配草图设计过程中进行。

3.2.3 锥齿轮传动

锥齿轮传动设计与圆柱齿轮传动设计相近。一般情况下，先按齿面接触疲劳强度初步确定主要尺寸，然后进行齿根弯曲疲劳强度的校核。对于锥齿轮传动，其模数应大于2 mm。因锥齿轮轮齿由大端向小端缩小，载荷沿齿宽分布不均，故齿宽系数不宜太大，常取范围为0.25～0.35。

3.2.4 轴的初步设计

轴的设计并无固定不变的步骤，要根据具体情况来定，一般采取以下步骤。

（1）按扭转强度约束条件或与同类机器类比，初步确定轴的最小直径，作为最小的轴端直径。

（2）根据轴上零件的定位、装配及轴的加工等要求，进行轴的结构设计，确定轴的几何尺寸。

（3）根据轴的结构尺寸和工作情况，校核是否满足相应的工作能力要求。若不满足，则需对轴的结构尺寸进行必要的修改、再设计，直至满足要求为止。

3.2.5 滚动轴承的选择

由于滚动轴承多为标准件，因而在设计滚动轴承部件时，只需考虑以下两个方面。

（1）正确选择出能满足约束条件的滚动轴承，包括合理选择轴承类型、尺寸以及校核所选取的轴承是否能满足强度、转速、经济性等方面的约束条件。

（2）进行滚动轴承部件的组合设计，包括轴系的固定、调整，轴承的预紧、调整、配合、装拆以及润滑和密封等。

由于设计问题的复杂性，在选择、校核乃至结构设计的全过程中，要结合轴上传动件、轴系支承零件的具体情况，经过反复分析、比较和修改，才能选择出符合设计要求的较好的轴承方案。

思 考 题

3-1 设计V带传动时,在确定带轮直径、带轮轮毂长度和轴孔直径时应注意哪些问题?

3-2 设计齿轮传动时,根据什么确定齿轮传动的设计准则?哪些参数应取标准值?哪些参数应该圆整?哪些参数需要精确计算?

3-3 选择联轴器的类型时应考虑哪些问题?联轴器的型号根据什么确定?确定联轴器轴孔直径时要考虑什么问题?

3-4 为什么蜗杆传动要进行蜗杆的刚度计算?对于常用的两端支承蜗杆轴如何进行刚度计算?蜗杆的布置方式与哪些因素有关?

3-5 如何进行轴的初步计算?轴端直径如何与联轴器、带轮、链轮孔径等进行协调?

第 4 章　减速器的结构、润滑和密封

4.1　减速器的结构

4.1.1　典型的减速器结构

减速器种类不同,其结构形式也不相同。

图 4-1 所示为二级圆柱齿轮减速器,减速器箱体采用剖分式结构,由箱座 1 和箱盖 9 组成,其剖分面在各轴中心线所在的平面内,轴承、齿轮等轴上零件可在箱体外安装到轴上后,再放入箱座轴承孔内,然后合上箱盖,因而装拆方便。箱座与箱盖由定位销 11 确定其相对位置,并用螺栓连接紧固。箱盖凸缘上两端各有一螺纹孔,用于拧入启盖螺钉 5。箱盖上有窥视孔,平时用视孔盖盖住。视孔盖或箱盖上设有通气器,能使箱体内受热膨胀的气体自由逸出。箱座上设有油标尺 4,用于检查油面高度。在箱座底部有放油螺塞 2,用来排放箱体内的油污,其头部支承面上垫有封油垫圈,以防止漏油。吊环螺钉 10 用于起吊箱盖,箱座上铸出的吊钩 3

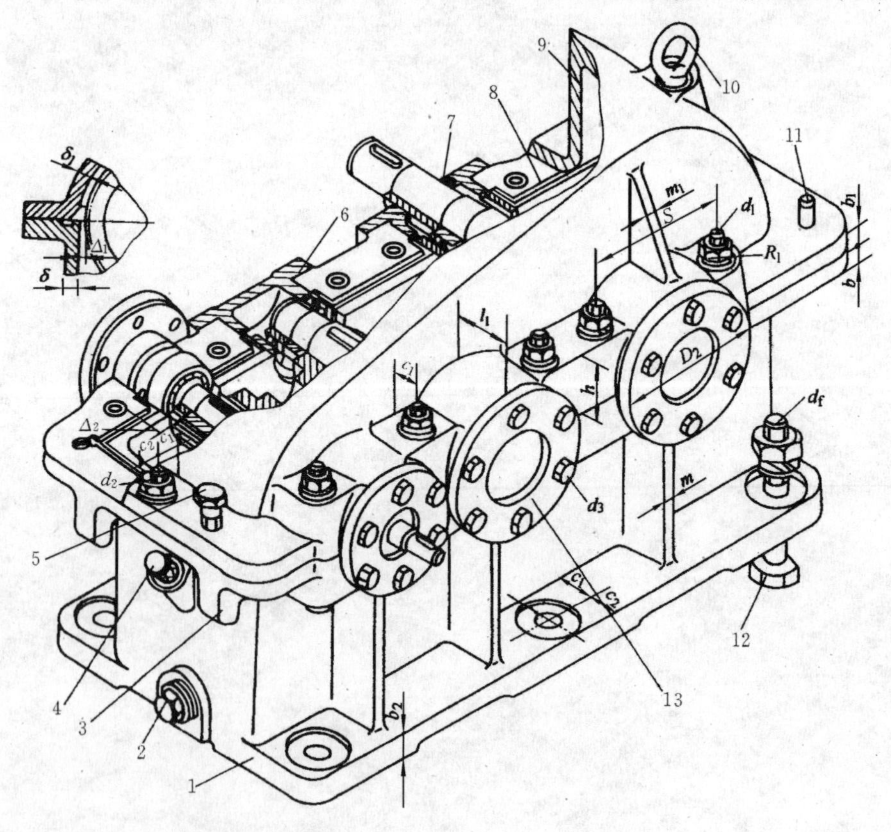

图 4-1　二级圆柱齿轮减速器

1—箱座;2—放油螺塞;3—吊钩;4—油标尺;5—启盖螺钉;6—调整垫片;7—密封装置;8—输油沟;9—箱盖;10—吊环螺钉;11—定位销;12—地脚螺栓;13—轴承盖

用于起吊整台减速器。箱体上的轴承盖13用于固定轴承、调整轴承游隙并承受轴向力。在输入、输出端的轴承盖孔内放有密封装置，防止杂物进入及润滑剂外漏。

图4-1中的齿轮采用浸油润滑，轴承采用飞溅润滑，为此在箱座的剖分面上做出输油沟8。输油沟将齿轮运转时飞溅到箱盖上的油汇集起来，导入轴承室。

图4-2所示的为锥-圆柱齿轮减速器。

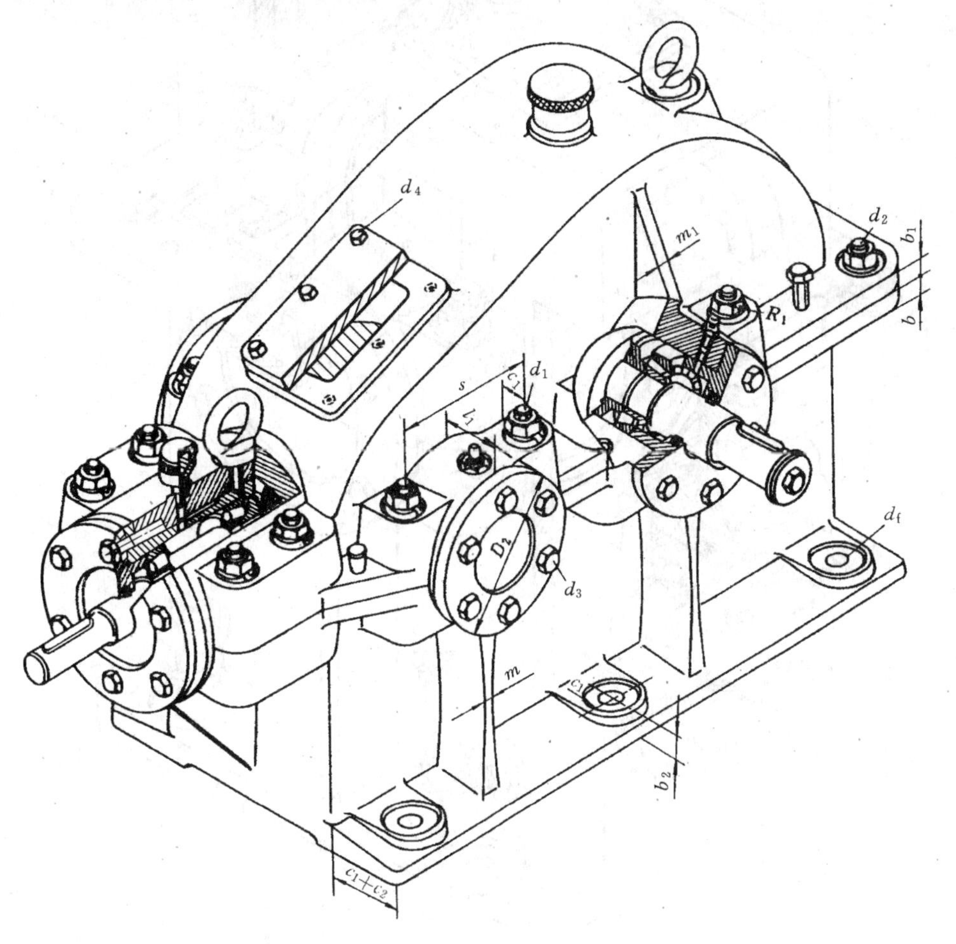

图4-2　锥-圆柱齿轮减速器

图4-3所示为蜗杆减速器。

由以上几种典型的减速器可以看出，减速器的基本结构由箱体、轴系部件和附件三大部分组成。

4.1.2　箱体

减速器箱体是用以支承和固定轴系零件，保证传动件的啮合精度、良好润滑及密封的重要零件，其重量约占减速器总重量的50%。箱体结构对减速器的工作性能、加工工艺、材料消耗、重量及成本等有很大影响，设计时必须全面考虑。

箱体从结构形式上分为剖分式箱体和整体式箱体。剖分式箱体便于轴系部件的装拆，常取水平面为剖分面。整体式箱体结构紧凑，容易保证轴承与座孔的配合要求，但装拆和调整不如剖分式箱体方便，常用于小型锥齿轮和蜗杆减速器中。

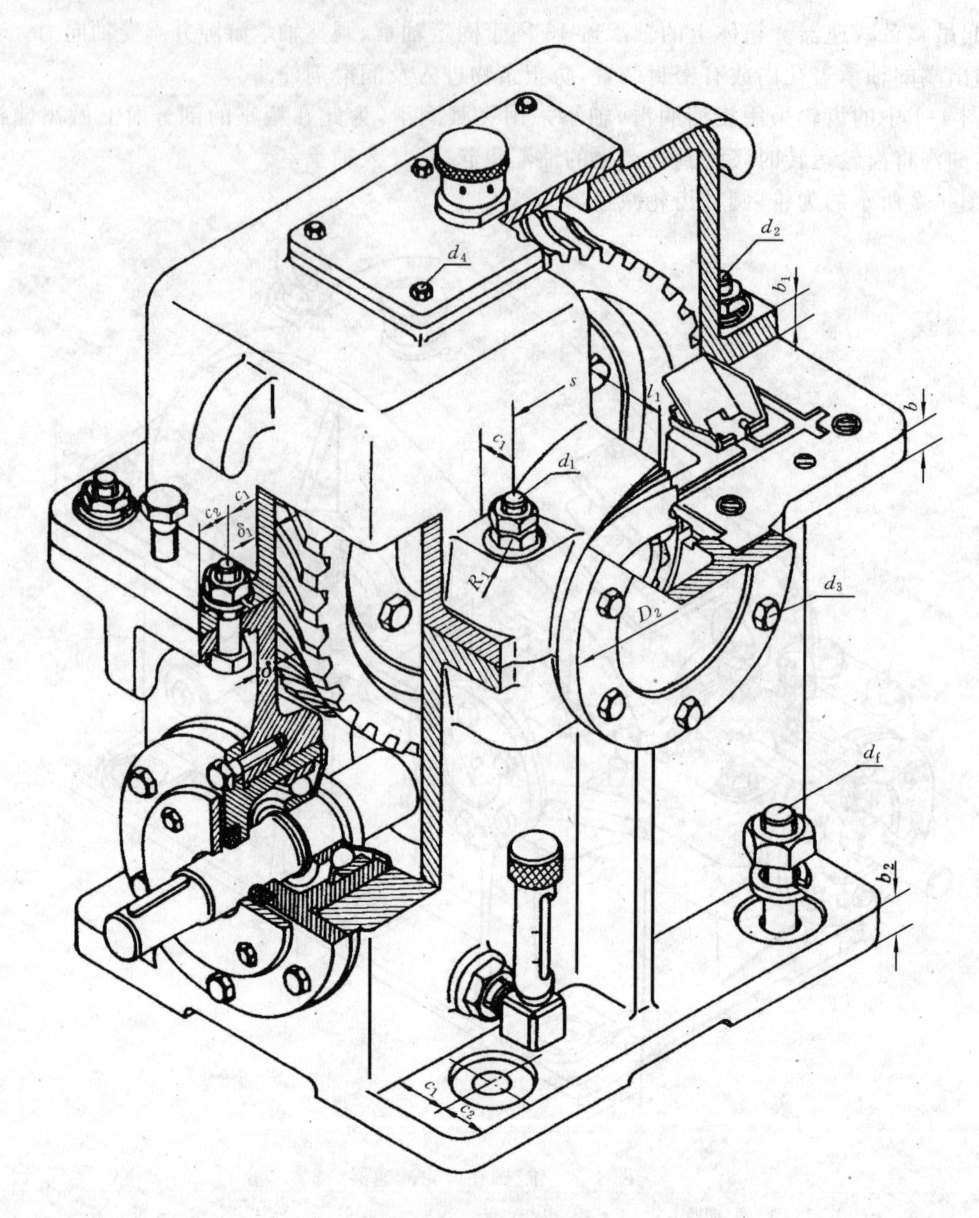

图 4-3　蜗杆减速器

剖分式铸造减速器箱体各部分尺寸按表 4-1、表 4-2 所列公式确定后圆整。

表 4-1　铸造减速器箱体结构尺寸　　mm

<table>
<tr><th rowspan="3">名　称</th><th rowspan="3">符　号</th><th colspan="4">减速器类型及尺寸关系</th></tr>
<tr><th colspan="2">圆柱齿轮减速器</th><th>锥齿轮减速器</th><th>蜗杆减速器</th></tr>
<tr><th></th><th></th><th></th><th></th></tr>
<tr><td rowspan="3">箱座壁厚</td><td rowspan="3">δ</td><td>一级</td><td>$0.025a+1\geqslant 8$</td><td rowspan="3">$0.0125(d_{m1}+d_{m2})+1\geqslant 8$
或 $0.01(d_1+d_2)+1\geqslant 8$
d_{m1}、d_{m2}——小、大锥齿轮的平均直径
d_1、d_2——小、大锥齿轮的大端直径</td><td rowspan="3">$0.04a+3\geqslant 8$</td></tr>
<tr><td>二级</td><td>$0.025a+3\geqslant 8$</td></tr>
<tr><td>三级</td><td>$0.025a+5\geqslant 8$</td></tr>
<tr><td></td><td colspan="5">考虑到铸造工艺，所有壁厚都不应小于 8</td></tr>
</table>

续表

<table>
<tr><th rowspan="2">名　称</th><th rowspan="2">符　号</th><th colspan="4">减速器类型及尺寸关系</th></tr>
<tr><th colspan="2">圆柱齿轮减速器</th><th>锥齿轮减速器</th><th>蜗杆减速器</th></tr>
<tr><td rowspan="3">箱盖壁厚</td><td rowspan="3">δ_1</td><td>一级</td><td>$0.02a+1\geqslant 8$</td><td rowspan="3">$0.01(d_{m1}+d_{m2})+1\geqslant 8$
或 $0.0085(d_1+d_2)+1\geqslant 8$</td><td rowspan="3">蜗杆在上：$\approx\delta$
蜗杆在下：
$=0.85\delta\geqslant 8$</td></tr>
<tr><td>二级</td><td>$0.02a+3\geqslant 8$</td></tr>
<tr><td>三级</td><td>$0.02a+5\geqslant 8$</td></tr>
<tr><td>箱座、箱盖、箱座底凸缘厚度</td><td>b、b_1、b_2</td><td colspan="4">$b=1.5\delta$；$b_1=1.5\delta_1$；$b_2=2.5\delta$</td></tr>
<tr><td>地脚螺栓直径</td><td>d_f</td><td colspan="2">$0.036a+12$</td><td>$0.018(d_{m1}+d_{m2})+1\geqslant 12$
或 $0.015(d_1+d_2)+1\geqslant 12$</td><td>$0.036a+12$</td></tr>
<tr><td>地脚螺栓数目</td><td>n</td><td colspan="2">$a\leqslant 250$ 时，$n=4$
$a>250\sim500$ 时，$n=6$
$a>500$ 时，$n=8$</td><td>$n=\dfrac{\text{箱座底凸缘周长之半}}{200\sim300}\geqslant 4$</td><td>4</td></tr>
<tr><td>轴承旁连接螺栓直径</td><td>d_1</td><td colspan="4">$0.75d_f$</td></tr>
<tr><td>箱盖与箱座连接螺栓直径</td><td>d_2</td><td colspan="4">$(0.5\sim0.6)d_f$</td></tr>
<tr><td>箱盖与箱座连接螺栓的间距</td><td>l</td><td colspan="4">150～200</td></tr>
<tr><td>轴承盖螺钉直径</td><td>d_3</td><td colspan="4">$(0.4\sim0.5)d_f$</td></tr>
<tr><td>视孔盖螺钉直径</td><td>d_4</td><td colspan="4">$(0.3\sim0.4)d_f$</td></tr>
<tr><td>定位销直径</td><td>d</td><td colspan="4">$(0.7\sim0.8)d_2$</td></tr>
<tr><td>d_f、d_1、d_2至外箱壁距离</td><td>c_1</td><td colspan="4">$c_1\geqslant c_{1\min}$，$c_{1\min}$见表 4-2</td></tr>
<tr><td>d_f、d_2至凸缘边缘距离</td><td>c_2</td><td colspan="4">$c_2\geqslant c_{2\min}$，$c_{2\min}$见表 4-2</td></tr>
<tr><td>轴承旁凸台半径</td><td>R_1</td><td colspan="4">c_2</td></tr>
<tr><td>凸台高度</td><td>h</td><td colspan="4">根据低速级轴承座外径确定，以便于扳手操作为准</td></tr>
<tr><td>外箱壁至轴承座端面距离</td><td>l_1</td><td colspan="4">$c_1+c_2+(5\sim10)$</td></tr>
<tr><td>大齿轮顶圆（蜗轮外圆）与箱体内壁距离</td><td>Δ_1</td><td colspan="4">$\geqslant 1.2\delta$</td></tr>
<tr><td>齿轮端面与箱体内壁距离</td><td>Δ_2</td><td colspan="4">$\geqslant\delta$</td></tr>
<tr><td>箱盖、箱座肋厚</td><td>m_1、m</td><td colspan="4">$m_1\approx0.85\delta_1$，$m\approx0.85\delta$</td></tr>
<tr><td>轴承端盖外径</td><td>D_2、D_3</td><td colspan="4">凸缘式：$D_2=D+(5\sim5.5)d_3$；嵌入式：$D_3=D+8\sim12$；D 为轴承座孔直径</td></tr>
<tr><td>轴承旁连接螺栓距离</td><td>s</td><td colspan="4">尽量靠近，以直径为 d_1 和 d_3 互不干涉为准，一般取 $s\approx D_2$</td></tr>
</table>

注：多级传动时，a 取低速级中心距；对于锥-圆柱齿轮减速器，a 取圆柱齿轮传动中心距。

表 4-2　c_1、c_2 值　mm

螺栓直径	M8	M10	M12	M16	M20	M24	M30
$c_{1\min}$	14	16	18	22	26	34	40
$c_{2\min}$	12	14	16	20	24	28	35
沉头座直径	18	22	26	33	40	48	61

4.1.3　轴系部件

轴系部件包括传动件、轴、轴承等。

减速器箱内传动件有圆柱齿轮、锥齿轮、蜗杆、蜗轮等，箱外传动件有带轮、链轮、开式齿轮等。减速器通常根据箱内传动件的种类命名。

减速器中支承传动件的轴大多采用阶梯轴，传动件与轴一般采用平键连接进行周向固定。

轴由轴承支承。因滚动轴承已标准化，选用方便，摩擦小，润滑、维护方便，故在减速器中多选用滚动轴承。

4.1.4　附件

减速器附件主要包括窥视孔、视孔盖、通气器、放油孔及螺塞、油标、起吊装置、启盖螺钉、定位销等。

上述附件的作用是让减速器具备较完善的性能，如便于检查传动件啮合情况、便于检查油面高度、通气、注油、排油、吊运、保证加工精度和装拆方便等。

4.2　减速器的润滑

减速器箱内的传动件和轴承都需要良好的润滑，其主要目的是减少摩擦、磨损和提高传动效率。润滑过程中润滑油带走热量，使热量通过箱体表面散发在周围空气中，因而润滑又可起到冷却、散热的作用。

减速器的润滑对其结构的设计有直接影响，如轴承的润滑方式影响到轴承的轴向位置和阶梯轴的轴向尺寸。因此，在设计减速器具体结构之前，应先确定与减速器的润滑有关的问题。

4.2.1　传动件的润滑

绝大多数减速器的传动件都采用油润滑，其主要润滑方式为浸油润滑。对于高速传动，则采用喷油润滑。

1. 浸油润滑

浸油润滑时将传动件的一部分浸入油池中，当传动件转动时，黏在上面的油被带到啮合区进行润滑。这种润滑方式适用于齿轮圆周速度 $v\leqslant 12$ m/s，蜗杆圆周速度 $v\leqslant 10$ m/s 的场合。

传动件浸入油中的深度要合适。圆柱齿轮浸油深度以 1 个齿高但不小于 10 mm 为宜。当速度较低（$v<0.5\sim 0.8$ m/s）时，允许浸油深度达 1/6～1/3 的分度圆半径（从齿顶圆开始量）。锥齿轮应浸入整个齿宽（至少应浸入半个齿宽）。

在多级齿轮传动中，当高速级大齿轮浸油深度合适时，可能低速级大齿轮浸油过深。此时，高速级大齿轮可采用带油轮来润滑，利用带油轮将油带入高速级齿轮啮合区进行润滑（见图 4-4），低速级仍采用浸油润滑。

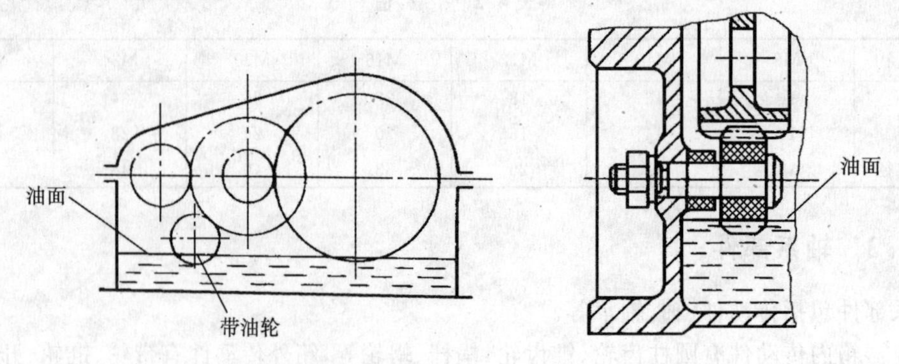

图 4-4　采用带油轮的浸油润滑

蜗杆减速器的传动件采用浸油润滑时：若蜗杆圆周速度 5 m/s $<v\leqslant$10 m/s，建议采用蜗杆上置式结构(见图 4-5(a))，将蜗轮浸入油池中，其浸油深度与圆柱齿轮的相同；若蜗杆圆周速度 $v\leqslant$5 m/s，建议采用蜗杆下置式结构(见图 4-5(b))，将蜗杆浸入油池中，其浸油深度为 0.75～1个齿高，但油面不应超过滚动轴承最低滚动体的中心，以免轴承因搅油损耗大而降低效率，当油面达到滚动轴承最低滚动体的中心而蜗杆尚未浸入油中或浸油深度不够时，可在蜗杆轴上安装溅油轮(见图 4-6)，利用溅油轮将油带至蜗轮端面上，而后流入啮合区进行润滑。

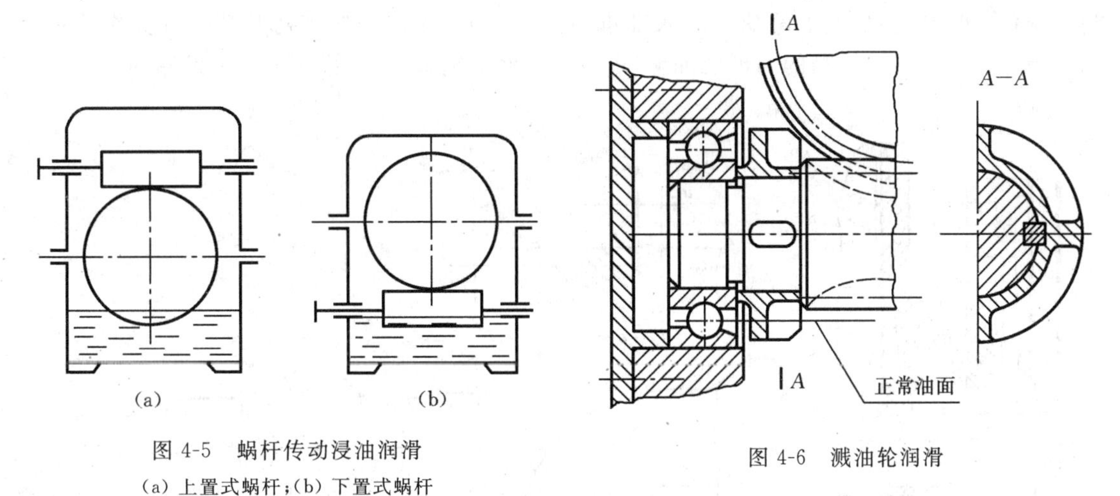

图 4-5　蜗杆传动浸油润滑

(a) 上置式蜗杆；(b) 下置式蜗杆

图 4-6　溅油轮润滑

浸油润滑的油池应保持一定的深度和储油量。齿顶圆距油池底部的距离不应小于 30～50 mm，以免搅起油池底部的杂质。单级传动时每传递 1 kW 功率需油 0.35～0.7 L。多级传动时需油量按比例增加。

2. 喷油润滑

当齿轮圆周速度 $v>$12 m/s 或蜗杆圆周速度 $v>$10 m/s 时，就不能采用浸油润滑。这是因为黏在轮齿上的油会被离心力甩掉而达不到啮合区，而且搅油损耗大，使油温升高，降低润滑油的性能；圆周速度高还容易搅起油池底部的杂质。此时，应采用喷油润滑，即用油泵将润滑油直接喷到啮合区进行润滑(见图 4-7)。

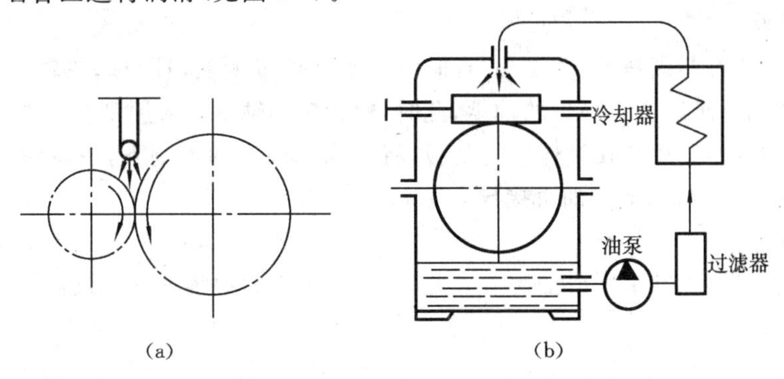

图 4-7　喷油润滑

(a) 齿轮传动喷油润滑；(b) 蜗杆传动喷油润滑

4.2.2 滚动轴承的润滑

减速器中滚动轴承的润滑可采用油润滑或脂润滑。

1. 油润滑

1）飞溅润滑

减速器中当浸油传动件的圆周速度 $v>2$ m/s 时，轴承可采用飞溅润滑。传动件旋转时飞溅出的油一部分直接溅入轴承，一部分先溅到箱壁上，然后再顺着箱盖的内壁流入箱座的输油沟中，沿输油沟经轴承盖上的缺口进入轴承（见图 4-8）。输油沟的结构及其尺寸如图 4-9 所示。当 $v>3$ m/s 时，飞溅的油形成油雾，可以直接润滑轴承，此时箱座上可不设输油沟。

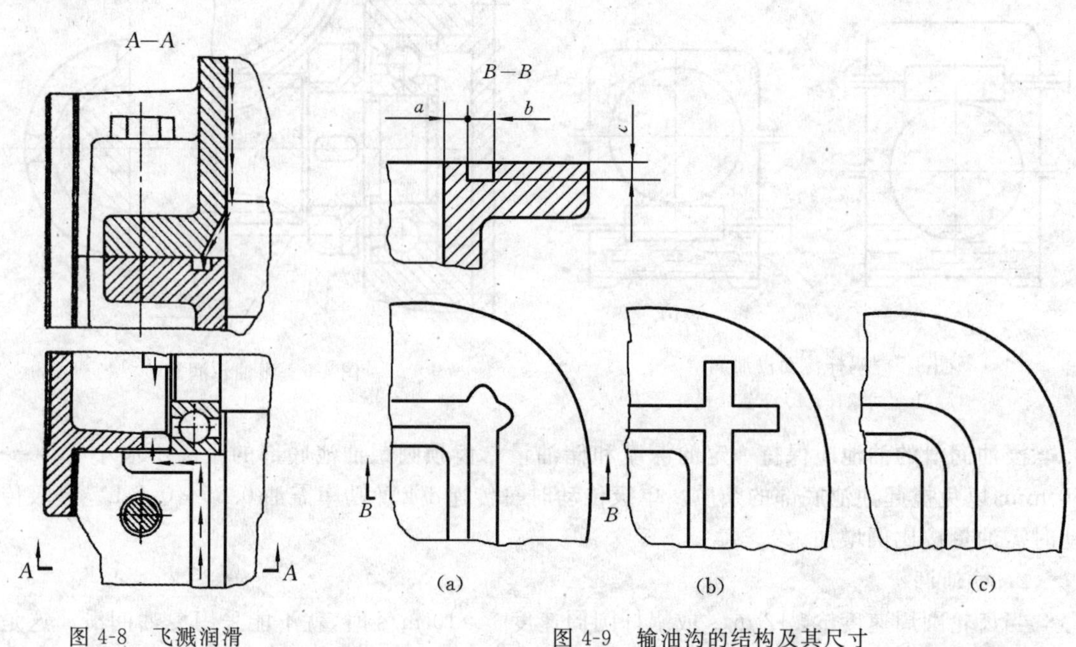

图 4-8 飞溅润滑

图 4-9 输油沟的结构及其尺寸

(a) 圆柱铣刀加工的输油沟；(b) 盘状铣刀加工的输油沟；(c) 铸造的输油沟

a=3～5 mm（机加工）或 5～8 mm（铸造），b=6～10 mm，c=3～6 mm

2）刮板润滑

即使下置式蜗杆圆周速度 $v>2$ m/s，但由于蜗杆位置太低，且与蜗轮轴在空间成垂直方向布置，飞溅的油仍难以进入蜗轮的轴承，此时，蜗轮轴的轴承可采用刮板润滑。如图 4-10(a) 所示，当蜗轮转动时，利用装在箱体内的刮板，将轮缘侧面上的油刮下，油沿输油沟流向轴承；或如图 4-10(b) 所示，将刮下的油直接导入轴承。

3）浸油润滑

下置式蜗杆的轴承常采用浸油润滑。此时，油面不应超过滚动轴承最低滚动体的中心，以免搅油损耗太大。

2. 脂润滑

当滚动轴承的 dn 值（d 为滚动轴承内径，n 为轴承转动速度）不超过 2×10^5 mm·r/min 时，一般采用脂润滑。

润滑脂通常在装配时填入轴承，装脂量不超过轴承内部空间容积的 1/2，以后每年添加 1～2次。添脂时可用旋盖式油杯或用压力脂枪从压注油杯中注入润滑脂。各种油杯的尺寸如

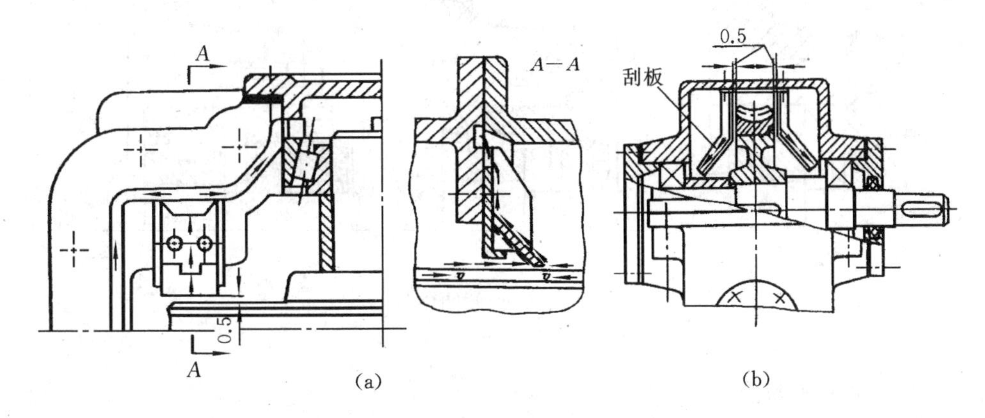

图 4-10　刮板润滑

(a) 润滑油沿输油沟流向轴承；(b) 润滑油直接导入轴承

表 17-3、表 17-4 所示。

4.3　减速器的密封

4.3.1　滚动轴承的密封

滚动轴承的密封分为外密封和内密封两种。

1. 外密封

外密封装置安装在减速器外伸轴伸出端的轴承外侧，用于使轴承与箱体外部隔离，以防润滑剂泄出及外部的灰尘、水分及其他污物进入轴承而导致轴承的磨损或腐蚀。外密封装置分为接触式与非接触式两种，其形式很多，密封效果也不相同，设计时应根据轴密封表面的圆周速度、周围环境及润滑剂性质等选用合适的密封并设计合理的结构。常见的外密封装置有以下几种形式。

1) 毡圈密封

毡圈密封(见图 4-11)是利用将矩形截面的毡圈嵌入梯形槽中对轴产生压紧作用来获得密封效果的。毡圈油封及梯形槽尺寸如表 17-5 所示。

毡圈密封结构简单，但磨损快、密封效果差。它主要用于脂润滑和接触面速度不超过 5 m/s的稀油润滑场合。

2) 橡胶圈密封

橡胶圈密封是利用密封圈唇形结构部分的弹性和弹簧圈的箍紧力，使唇形部分紧贴在轴表面，起到密封作用的。

橡胶圈密封性能好、工作可靠、寿命长，可用于接触面速度不超过 7 m/s 的场合。设计时应使密封唇方向朝向密封的部位。为了封油，密封唇应对着轴承(见图 4-12(a))；为了防止外界灰尘、杂质侵入，密封唇应背向轴承(见图 4-12(b))；双向密封时，可使用两个橡胶圈反向安装(见图 4-12(c))。

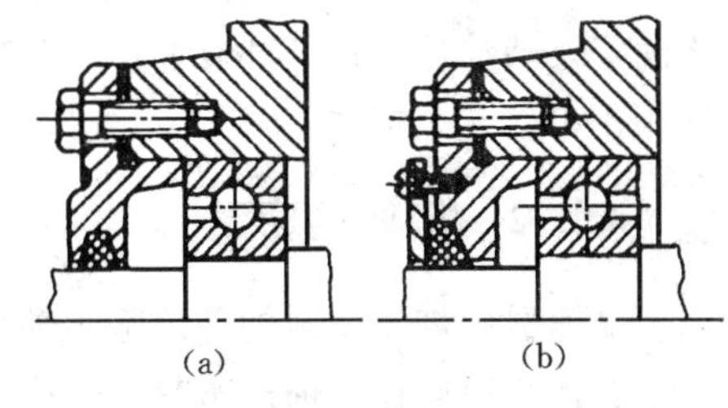

图 4-11　毡圈密封

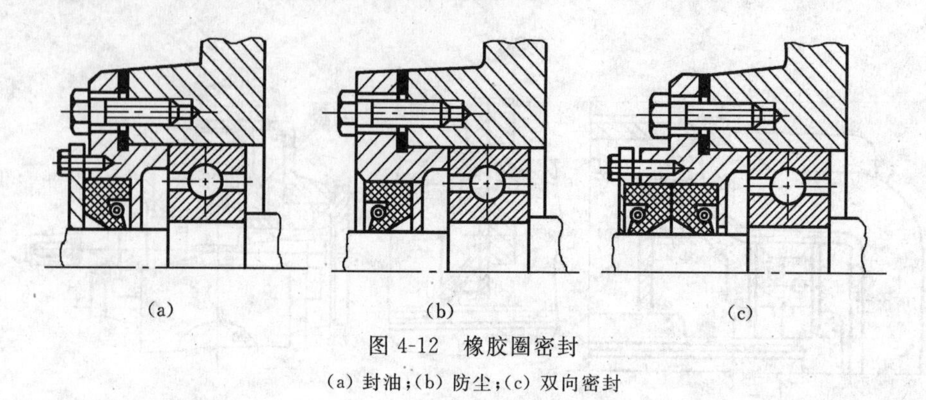

图 4-12　橡胶圈密封

(a) 封油；(b) 防尘；(c) 双向密封

3) 迷宫式密封槽密封

迷宫式密封槽密封（见图 4-13）是利用轴与轴承盖孔之间的环槽和微小间隙来实现密封的。环槽中填入润滑脂，密封效果会更好。迷宫式密封槽的尺寸如表 17-10 所示。

迷宫式密封槽密封结构简单，密封效果较差，适用于脂润滑及较清洁的场合。

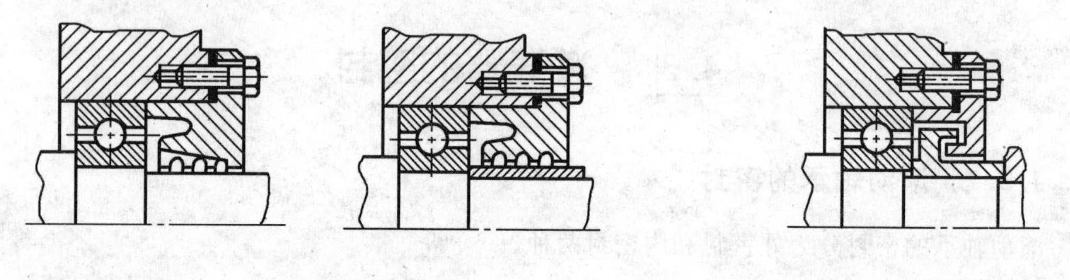

图 4-13　迷宫式密封槽密封　　　　图 4-14　迷宫密封

4) 迷宫密封

迷宫密封（见图 4-14）是利用固定在轴上的转动元件与轴承盖间构成的曲折而狭窄的缝隙来实现密封的。缝隙中填入润滑脂，可以提高密封效果。

迷宫密封效果好，密封件不磨损，可用于脂润滑和油润滑的场合，一般不受轴表面圆周速度的限制。

2. 内密封

内密封装置安装在轴承内侧，按其作用分为封油环和挡油环两种。

当轴承采用脂润滑时，应在箱体轴承座内侧安装封油环。封油环可将轴承与箱体内部隔开，以防止轴承内的油脂向箱体内泄漏及箱体内的润滑油溅入轴承而稀释和带走油脂。其结构尺寸和安装位置如图 4-15 所示。

当轴承采用油润滑，而小齿轮（尤其是斜齿轮）的直径小于轴承座孔直径时，为防止轮齿啮合过程中的油（是刚啮合过的热油，常有磨屑等杂物存在）过多而进入轴承，须在小齿轮与轴承之间安装挡油环。挡油环有冲压件和机加工件两种（见图 4-16）。前者适用于成批生产，后者适用于单件或小批生产。

4.3.2　箱体的密封

减速器中需要密封的部位除了轴承外，一般还有箱体接合面和放油孔接合面处等。

箱体与箱座接合面的密封常用涂水玻璃或密封胶的方法来实现。因此，对接合面的几何精度和表面粗糙度都有一定要求。为了提高接合面的密封性，可在接合面上开回油沟，使渗入

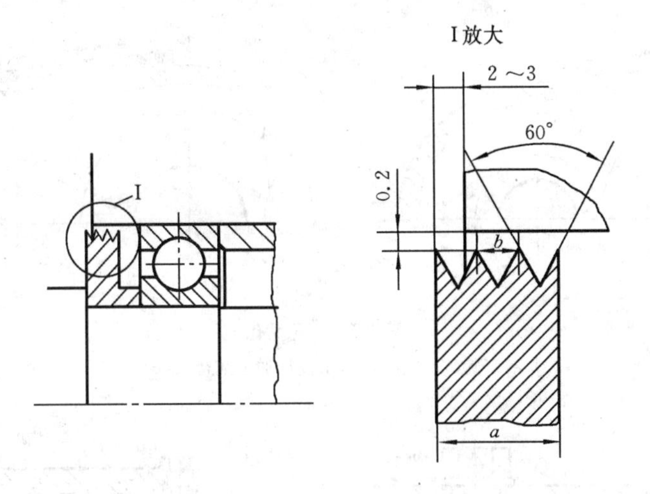

图 4-15　封油环

$a=6\sim9$ mm, $b=2\sim3$ mm

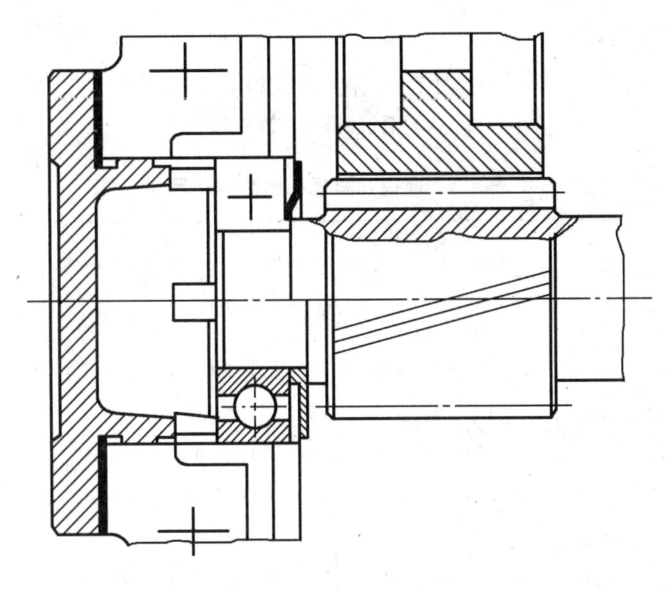

图 4-16　挡油环

接合面之间的油重新流回箱体内部。放油孔接合面处可采用封油垫圈来加强密封效果。

4.4　减速器附件的选择与设计

4.4.1　窥视孔和视孔盖

为了便于检查传动件的啮合情况、润滑状态、接触斑点和齿侧间隙，并为了向箱体内注入润滑油，应在传动件啮合区的上方设置窥视孔。窥视孔尺寸应足够大，以便检查操作（见图4-17）。

视孔盖用螺钉紧固在窥视孔上，其下垫有密封垫，以防润滑油漏出或污物进入箱体内。视孔盖可用钢板、铸铁等制成，其结构形式如图 4-18 所示。窥视孔和视孔盖尺寸如表 4-3 所示。

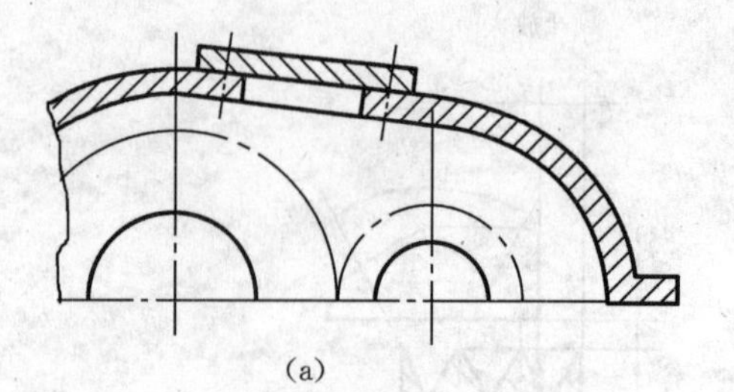

(a)

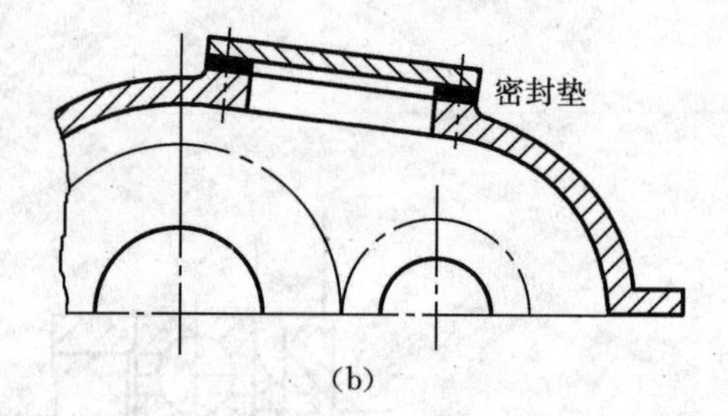

(b)

图 4-17　窥视孔

(a) 不正确（窥视孔过小，未设计加工凸台）；(b) 正确

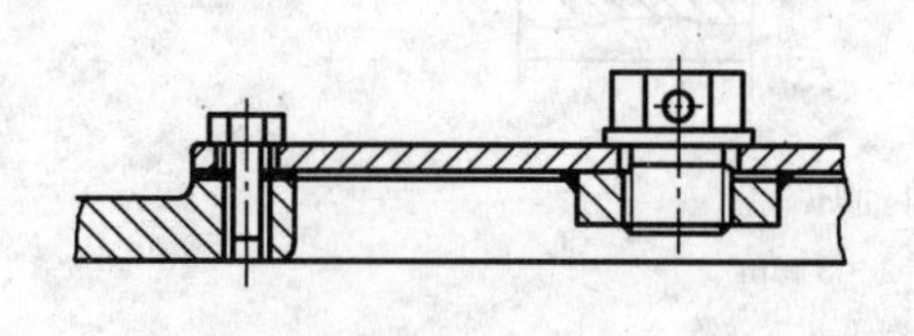

(a)

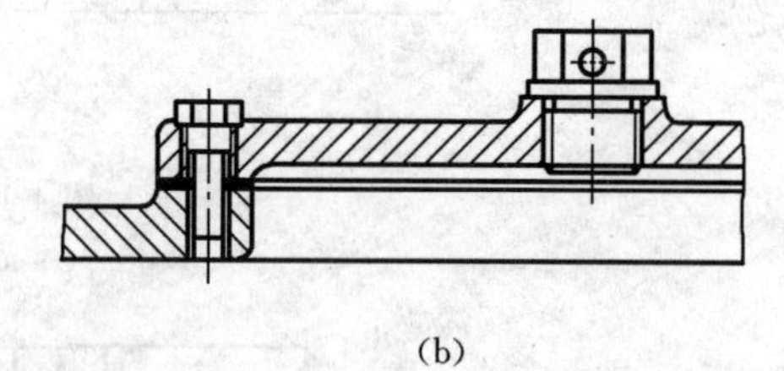

(b)

图 4-18　视孔盖结构形式

(a) 钢板制；(b) 铸铁制

表 4-3　窥视孔和视孔盖结构及尺寸　mm

l_1	l_2	l_3	l_4	b_1	b_2	b_3	d 直径	d 孔数	δ	R	可用的减速器中心距
90	75	60	—	70	55	40	7	4	4	5	单级 $a\leqslant150$
120	105	90	—	90	75	60	7	4	4	5	单级 $a\leqslant250$
180	165	150	—	140	125	110	7	8	4	5	单级 $a\leqslant350$
200	180	160	—	180	160	140	11	8	4	10	单级 $a\leqslant450$
220	200	180	—	200	180	160	11	8	4	10	单级 $a\leqslant500$
270	240	210	—	220	190	160	11	8	6	15	单级 $a\leqslant700$
140	125	110	—	120	105	90	7	8	4	5	两级 $a_\Sigma\leqslant250$，三级 $a_\Sigma\leqslant350$
180	165	150	—	140	125	110	7	8	4	5	两级 $a_\Sigma\leqslant425$，三级 $a_\Sigma\leqslant500$
220	190	160	—	160	130	100	11	8	4	15	两级 $a_\Sigma\leqslant500$，三级 $a_\Sigma\leqslant650$
270	240	210	—	180	150	120	11	8	6	15	两级 $a_\Sigma\leqslant650$，三级 $a_\Sigma\leqslant825$
350	320	290	—	220	190	160	11	8	10	15	两级 $a_\Sigma\leqslant850$，三级 $a_\Sigma\leqslant1000$
420	390	350	130	260	230	200	13	10	10	15	两级 $a_\Sigma\leqslant1100$，三级 $a_\Sigma\leqslant1250$
500	460	420	150	300	260	220	13	10	10	20	两级 $a_\Sigma\leqslant1150$，三级 $a_\Sigma\leqslant1650$

4.4.2　通气器

减速器运转时，会因摩擦发热而导致箱内温度升高、气体膨胀、压力增大。为使含油受热膨胀气体能自由地排出，以保持箱体内外压力平衡，防止润滑油沿箱体接合面、轴外伸处及其他缝隙渗漏出来，常在视孔盖或箱盖上设置通气器。

通气器的结构形式很多，常见的有通气塞、通气罩和通气帽等。通气塞的通气能力较小，用于发热较小、较清洁的场合；通气罩和通气帽通气能力大，带过滤网，可防止停机后灰尘随空气进入箱内。通气塞、通气罩和通气帽的结构及尺寸分别如表 4-4、表 4-5、表 4-6 所示。

表 4-4　通气塞及提手式通气器结构及尺寸　　mm

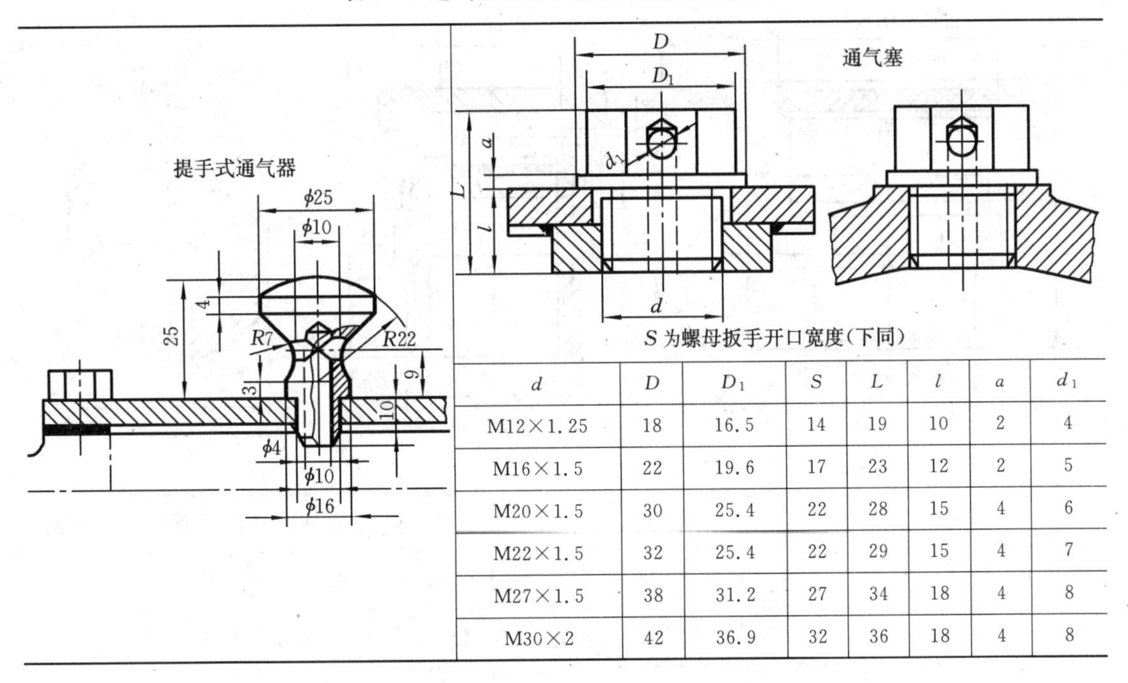

d	D	D_1	S	L	l	a	d_1
M12×1.25	18	16.5	14	19	10	2	4
M16×1.5	22	19.6	17	23	12	2	5
M20×1.5	30	25.4	22	28	15	4	6
M22×1.5	32	25.4	22	29	15	4	7
M27×1.5	38	31.2	27	34	18	4	8
M30×2	42	36.9	32	36	18	4	8

表 4-5　通气罩结构及尺寸　　mm

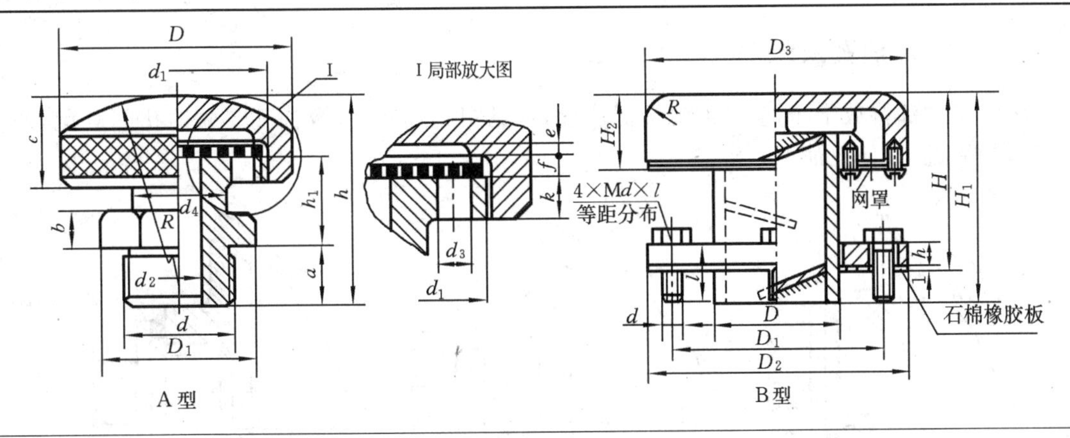

A 型

d	d_1	d_2	d_3	d_4	D	h	a	b	c	h_1	R	D_1	S	k	e	f
M18×1.5	M33×1.5	8	3	16	40	40	12	7	16	18	40	25.4	22	6	2	2
M27×1.5	M48×1.5	12	4.5	24	60	54	15	10	22	24	60	36.9	32	7	2	2
M36×1.5	M64×1.5	16	6	30	80	70	20	13	28	32	80	53.1	41	10	3	3

B 型

序号	D	D_1	D_2	D_3	H	H_1	H_2	R	h	Md×l
1	60	100	125	125	77	95	35	20	6	M10×25
2	114	200	250	260	165	195	70	40	10	M20×50

表 4-6　通气帽结构及尺寸　　mm

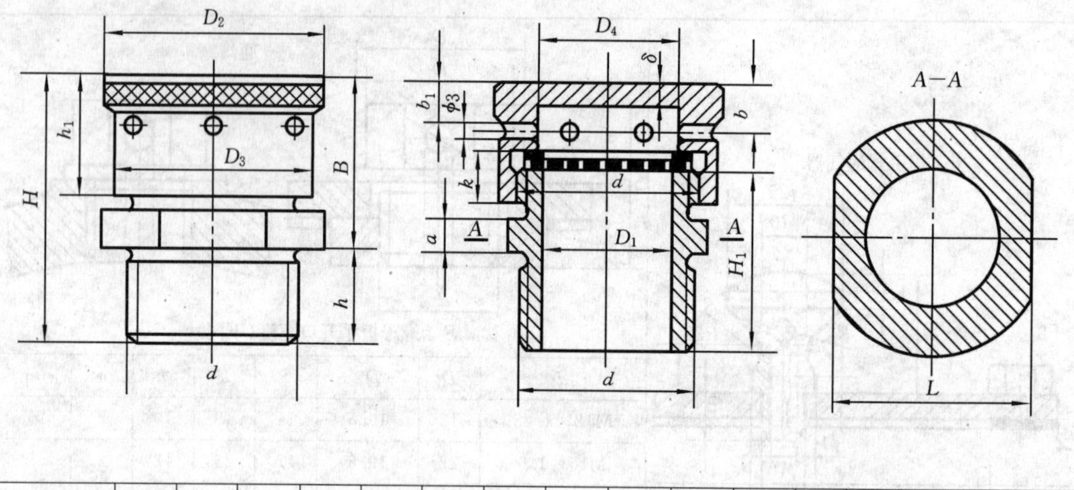

d	D_1	B	h	H	D_2	H_1	a	δ	k	b	h_1	b_1	D_3	D_4	L	孔数
M27×1.5	15	≈30	15	≈45	36	32	6	4	10	8	22	6	32	18	32	6
M36×2	20	≈40	20	≈60	48	42	8	4	12	11	29	8	42	24	41	6
M48×3	30	≈45	25	≈70	62	52	10	5	15	13	32	10	56	36	55	8

4.4.3　放油孔及螺塞

为了将污油排放干净，应在油池最低位置处（见图 4-19）设置放油孔。放油孔应避免与其他机件相靠近，以便放油。

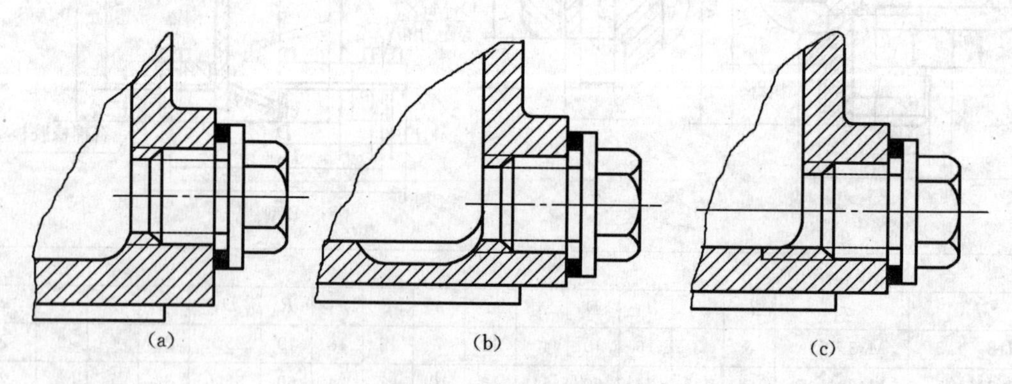

图 4-19　放油孔的位置

(a) 不正确；(b) 正确；(c) 正确（有半边孔入螺纹，工艺性差）

平时放油孔用螺塞及封油垫圈密封。螺塞有细牙螺纹圆柱螺塞和圆锥螺塞两种。圆锥螺塞能形成密封连接，不需附加密封；圆柱螺塞必须配置封油垫圈。

螺塞直径约为箱座壁厚的 2～3 倍。螺塞及封油垫圈的尺寸如表 4-7、表 4-8 所示。

表 4-7　外六角螺塞（摘自 JB/ZQ 4450—1997）、封油垫圈结构及尺寸　mm

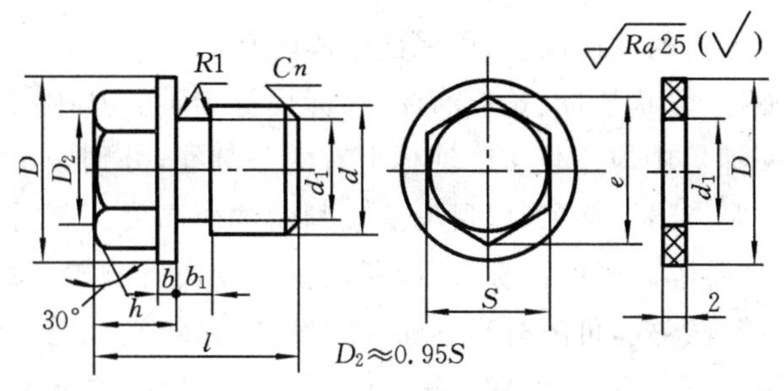

标记示例　螺塞 M20×1.5 JB/ZQ 4450—1997

<table>
<tr><th rowspan="2">d</th><th rowspan="2">d1</th><th rowspan="2">D</th><th rowspan="2">e</th><th colspan="2">S</th><th rowspan="2">l</th><th rowspan="2">h</th><th rowspan="2">b</th><th rowspan="2">b1</th><th rowspan="2">C</th><th rowspan="2">可用减速器的中心距</th></tr>
<tr><th>基本尺寸</th><th>极限偏差</th></tr>
<tr><td>M14×1.5</td><td>11.8</td><td>23</td><td>20.8</td><td>18</td><td rowspan="6">0
−0.28</td><td>25</td><td>12</td><td rowspan="2">3</td><td rowspan="4">3</td><td rowspan="3">1.0</td><td>单级 a=100</td></tr>
<tr><td>M18×1.5</td><td>15.8</td><td>28</td><td>24.2</td><td>21</td><td>27</td><td>15</td><td rowspan="4">单级 a≤300
两级 aΣ≤425
三级 aΣ≤450</td></tr>
<tr><td>M20×1.5</td><td>17.8</td><td>30</td><td>24.2</td><td>21</td><td>30</td><td>15</td><td rowspan="5">4</td></tr>
<tr><td>M22×1.5</td><td>19.8</td><td>32</td><td>27.7</td><td>24</td><td>30</td><td>15</td><td rowspan="6">1.5</td></tr>
<tr><td>M24×2</td><td>21</td><td>34</td><td>31.2</td><td>27</td><td>32</td><td>16</td><td rowspan="5">4</td></tr>
<tr><td>M27×2</td><td>24</td><td>38</td><td>34.6</td><td>30</td><td>35</td><td>17</td><td rowspan="4">单级 a≤450
两级 aΣ≤750
三级 aΣ≤950</td></tr>
<tr><td>M30×2</td><td>27</td><td>42</td><td>39.3</td><td>34</td><td rowspan="3">0
−0.34</td><td>38</td><td>18</td></tr>
<tr><td>M33×2</td><td>30</td><td>45</td><td>41.6</td><td>36</td><td>42</td><td>20</td><td rowspan="2">5</td></tr>
<tr><td>M42×2</td><td>39</td><td>56</td><td>53.1</td><td>46</td><td>50</td><td>25</td></tr>
</table>

表 4-8　管螺纹外六角螺塞（摘自 JB/ZQ 4451—1997）、封油垫圈结构及尺寸　mm

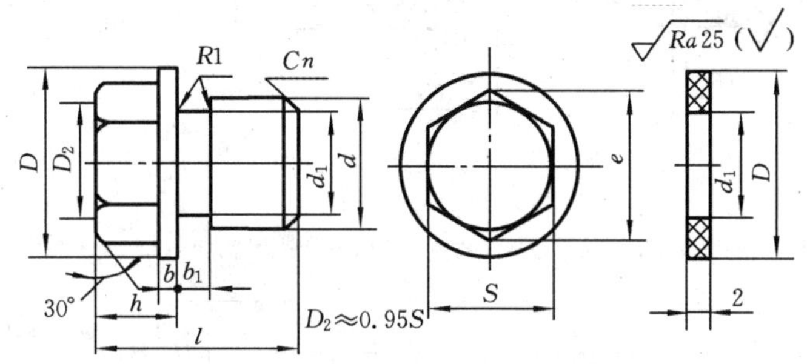

标记示例　螺塞 G1/2A　JB/ZQ 4451—1997

<table>
<tr><th rowspan="2">d</th><th rowspan="2">d1</th><th rowspan="2">D</th><th rowspan="2">e</th><th colspan="2">S</th><th rowspan="2">l</th><th rowspan="2">h</th><th rowspan="2">b</th><th rowspan="2">b1</th><th rowspan="2">C</th><th rowspan="2">可用减速器的中心距</th></tr>
<tr><th>基本尺寸</th><th>极限偏差</th></tr>
<tr><td>G1/2A</td><td>18</td><td>30</td><td>24.2</td><td>21</td><td rowspan="2">0
−0.28</td><td>28</td><td>13</td><td rowspan="3">4</td><td rowspan="2">3</td><td rowspan="3">2</td><td>单级 a=100</td></tr>
<tr><td>G3/4A</td><td>23</td><td>38</td><td>31.2</td><td>27</td><td>33</td><td>15</td><td rowspan="2">单级 a≤300
两级 aΣ≤425
三级 aΣ≤450</td></tr>
<tr><td>G1A</td><td>29</td><td>45</td><td>39.3</td><td>34</td><td rowspan="4">0
−0.34</td><td>37</td><td>17</td><td rowspan="5">4</td></tr>
<tr><td>G1 $\frac{1}{4}$A</td><td>38</td><td>55</td><td>47.3</td><td>41</td><td>48</td><td>23</td><td rowspan="3">5</td><td rowspan="4">2.5</td><td rowspan="2">单级 a≤450
两级 aΣ≤750
三级 aΣ≤950</td></tr>
<tr><td>G1 $\frac{1}{2}$A</td><td>44</td><td>62</td><td>53.1</td><td>46</td><td>50</td><td>25</td></tr>
<tr><td>G1 $\frac{3}{4}$A</td><td>50</td><td>68</td><td>57.7</td><td>50</td><td>57</td><td>27</td><td rowspan="2">单级 a≤700
两级 aΣ≤1 300
三级 aΣ≤1 650</td></tr>
<tr><td>G2A</td><td>56</td><td>75</td><td>63.5</td><td>55</td><td>0
−0.40</td><td>60</td><td>30</td><td>6</td></tr>
</table>

注：螺塞材料为 Q235，经发蓝处理；封油垫圈材料为耐油橡胶、石棉橡胶纸、工业用皮革。

4.4.4 油标

油标用于指示减速器内的油面高度，以保证箱体内有适当的油量。

常用油标有圆形油标、管状油标、长形油标、油标尺等多种。其中，带有螺纹的油标尺（见表 4-12）结构简单，在减速器中应用较多。油标上有两条刻线，分别表示最高油面和最低油面的位置。检查油面高度时拔出油标尺，以尺上油痕判断油面高度。若需在不停车的情况下随时检查油面的高度，可选带隔离套的油标尺，以免因油搅动而影响检查结果。圆形油标、管状油标、长形油标都为直接观察式，可随时观察油面高度，可在箱座较低无法安装油标尺或减速器较高容易观察时采用，其尺寸（见表 4-9、表 4-10、表 4-11）均有国标可查，选用方便，常用于较为重要的减速器中。

表 4-9 压配式圆形油标（摘自 JB/T 7941.1—1995） mm

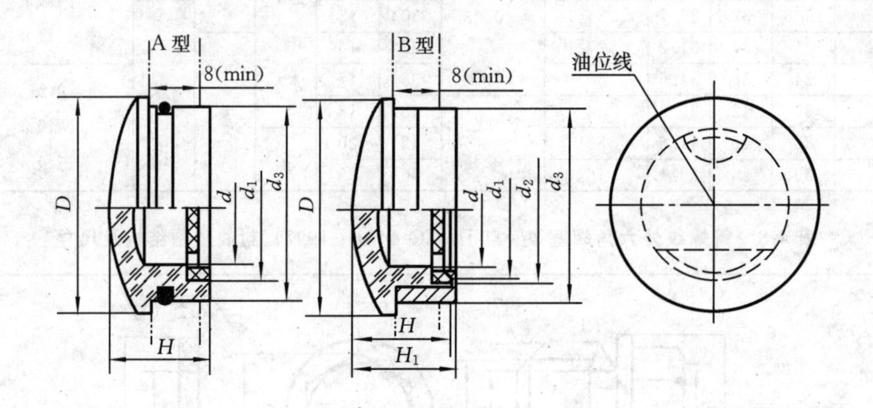

标记示例 视孔 d=32 mm、A 型压配式圆形油标的标记为：油标 A32 JB/T 7941.1—1995

d	D	d_1 基本尺寸	d_1 极限偏差	d_2 基本尺寸	d_2 极限偏差	d_3 基本尺寸	d_3 极限偏差	H	H_1	O 形橡胶密封圈（按 GB/T 3452.1—2005）
12	22	12	−0.050 −0.160	17	−0.050 −0.160	20	−0.065 −0.195	14	16	15×2.65
16	27	18		22	−0.065 −0.195	25				20×2.65
20	34	22	−0.065 −0.195	28		32	−0.080 −0.240	16	18	25×3.55
25	40	28		34	−0.080 −0.240	38				31.5×3.55
32	48	35	−0.080 −0.240	41		45		18	20	38.7×3.55
40	58	45		51	−0.100 −0.290	55	−0.100 −0.290			48.7×3.55
50	70	55	−0.100 −0.290	61		65		22	24	—
63	85	70		76		80				

表 4-10 管状油标(摘自 JB/T 7941.4—1995)结构及尺寸 mm

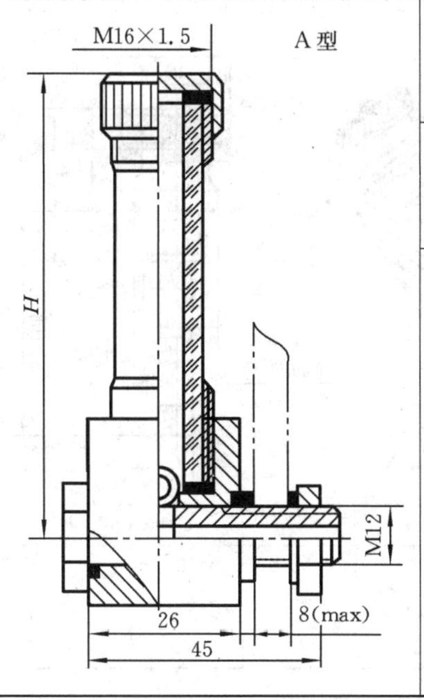

H	O形橡胶密封圈(按 GB/T 3452.1—1992)	六角薄螺母(按 GB/T 6172—2000)	弹性垫圈(按 GB/T 861.1—1987)
80,100,125,160,200	11.8×2.65	M12	12

标记示例

H=200、A型管状油标的标记为：

油标　A200　JB/T 7941.4—1995

注:B型管状油标尺寸见 GB/T 7941.4—1995。

表 4-11 长形油标(摘自 JB/T 7941.3—1995)结构及尺寸 mm

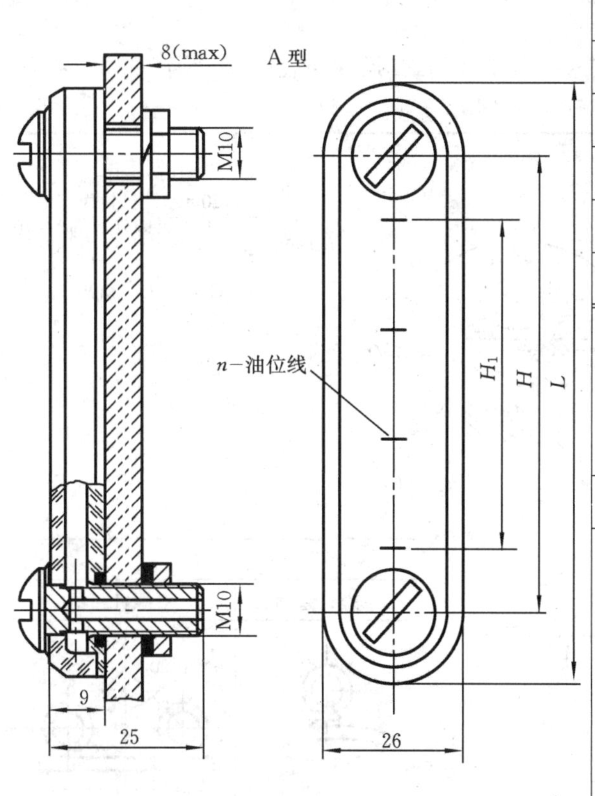

H 基本尺寸	H 极限偏差	H_1	L	n(条数)
80	±0.17	40	110	2
100		60	130	3
125	±0.20	80	155	4
160		120	190	6

O形橡胶密封圈(按 GB/T 3452.1—1992)	六角螺母(按 GB/T 6172—2000)	弹性垫圈(按 GB/T 861.1—1987)
10×2.65	M10	10

标记示例

H=80、A型长形油标的标记为：

油标 A80　JB/T 7941.3—1995

注:B型长形油标尺寸见 JB/T 7943.1—1995。

表 4-12　油标尺结构及尺寸　　mm

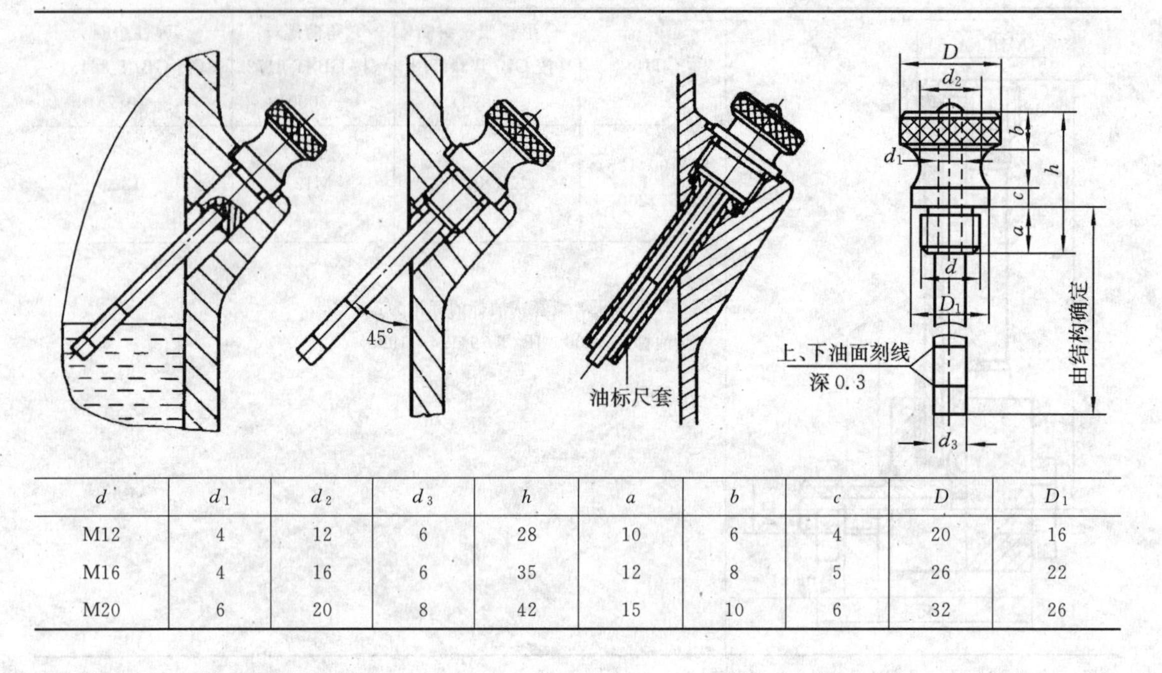

d	d_1	d_2	d_3	h	a	b	c	D	D_1
M12	4	12	6	28	10	6	4	20	16
M16	4	16	6	35	12	8	5	26	22
M20	6	20	8	42	15	10	6	32	26

4.4.5　起吊装置

为便于拆卸和搬运减速器，应在箱体上设置起吊装置。常见的起吊装置有吊环螺钉、吊耳、吊耳环和吊钩。

吊环螺钉用于起吊箱盖，为标准件，按起吊重量选用，其尺寸如表 4-13 所示。

表 4-13　吊环螺钉（摘自 GB/T 825—1988）　　mm

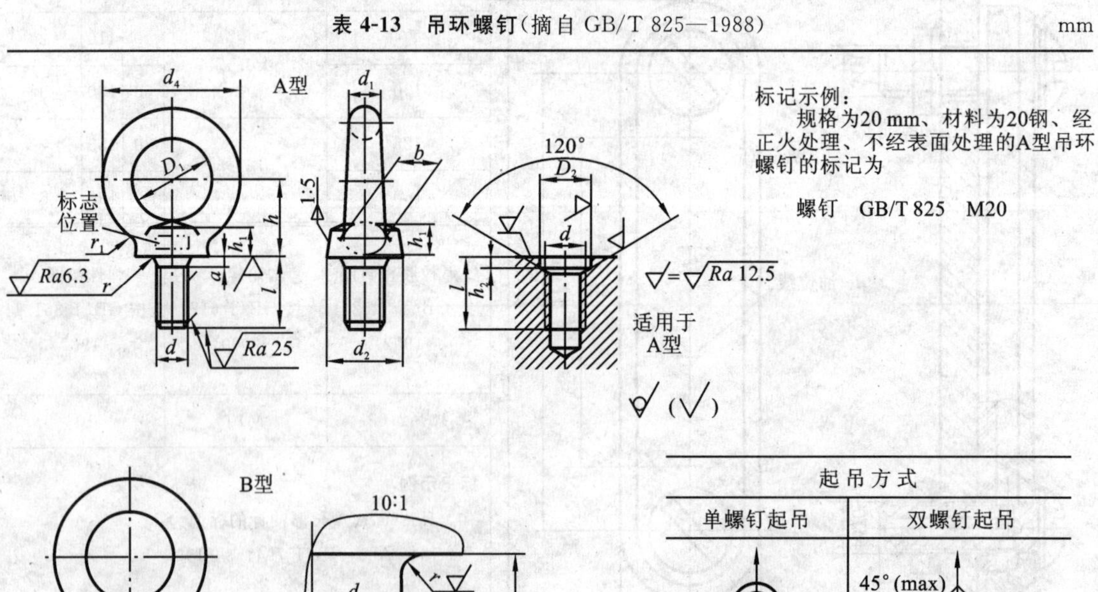

续表

螺纹规格(d)		M8	M10	M12	M16	M20	M24	M30	M36	M42	M48
d_1	max	9.1	11.1	13.1	15.2	17.4	21.4	25.7	30	34.4	40.7
D_1	公称	20	24	28	34	40	48	56	67	80	95
d_2	max	21.1	25.1	29.1	35.2	41.4	49.4	57.7	69	82.4	97.7
h_1	max	7	9	11	13	15.1	19.1	23.2	27.4	31.7	36.9
l	公称	16	20	22	28	35	40	45	55	65	70
d_4	参考	36	44	52	62	72	88	104	123	144	171
h		18	22	26	31	36	44	53	63	74	87
r_1		4	4	6	6	8	12	15	18	20	22
r	min	1	1	1	1	1	2	2	3	3	3
a_1	max	3.75	4.5	5.25	6	7.5	9	10.5	12	13.5	15
d_3	公称(max)	6	7.7	9.4	13	16.4	19.6	25	30.8	35.6	41
a	max	2.5	3	3.5	4	5	6	7	8	9	10
b		10	12	14	16	19	24	28	32	38	46
D_2	公称(min)	13	15	17	22	28	32	38	45	52	60
h_2	公称(min)	2.5	3	3.5	4.5	5	7	8	9.5	10.5	11.5
最大起吊重量/t 单螺钉起吊	(参见右上图)	0.16	0.25	0.4	0.63	1	1.6	2.5	4	6.3	8
最大起吊重量/t 双螺钉起吊	(参见右上图)	0.08	0.125	0.2	0.32	0.5	0.8	1.25	2	3.2	4

减速器类型	一级圆柱齿轮减速器						二级圆柱齿轮减速器				
中心距 a	100	125	160	200	250	315	100×140	140×200	180×250	200×280	250×355
重量 W/kN	0.26	0.52	1.05	2.1	4	8	1	2.6	4.8	6.8	12.5

注:1. M8～M36 为商品规格;

2."减速器重量 W"非 GB/T 825 内容,仅供课程设计参考用。

吊耳、吊耳环用于起吊箱盖,直接在箱盖上铸出,不需在箱盖上进行机械加工,但其铸造工艺较螺孔座复杂。

吊钩用于吊运整台减速器,直接在箱座两端的凸缘下铸出。

吊耳、吊耳环和吊钩尺寸如表 4-14 所示。

表 4-14 吊耳、吊耳环和吊钩结构及尺寸 mm

吊耳(起吊箱盖用)	吊耳环(起吊箱盖用)	吊钩(起吊整机用)

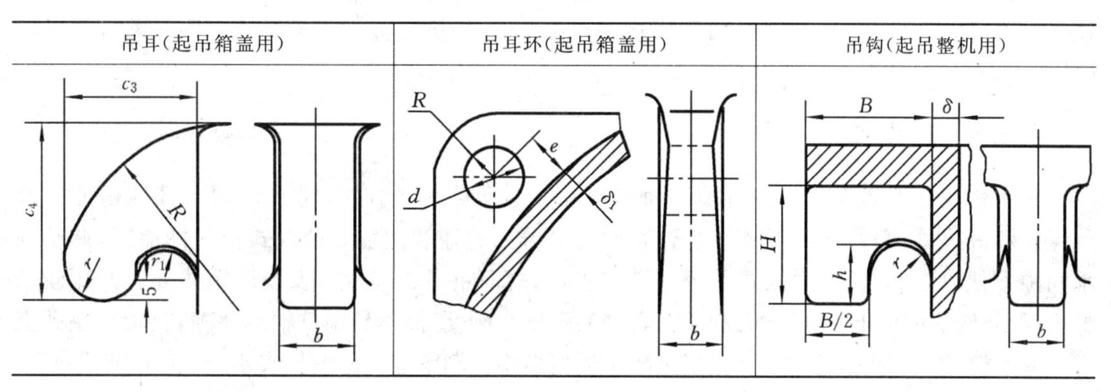

续表

吊耳（起吊箱盖用）	吊耳环（起吊箱盖用）	吊钩（起吊整机用）
$c_3=(4\sim5)\delta_1$； $c_4=(1.3\sim1.5)c_3$； $b=2\delta_1$； $R=c_4$； $r_1=0.225c_3$； $r=0.275c_3$；	$d=(1.8\sim2.5)\delta_1$； $R=(1\sim1.2)d$； $e=(0.8\sim1)d$； $b=2\delta_1$	$B=c_1+c_2$； $H\approx0.8B$； $h\approx0.5H$； $r\approx0.25B$； $b=2\delta$

注：δ_1为箱盖壁厚；c_1、c_2为扳手空间尺寸。

4.4.6　启盖螺钉

为防止润滑油从箱体剖分面处外漏，常在箱盖和箱座的剖分面上涂上水玻璃或密封胶，在拆卸时箱盖和箱座会因黏结较紧而不易分开。为此，常在箱盖或箱座上设置1～2个启盖螺钉(见图4-20)，其位置宜与连接螺栓共线，以便钻孔。启盖螺钉直径与箱体凸缘连接螺栓直径相同，螺纹长度应大于箱盖凸缘厚度；螺钉端部制成圆柱形或半圆形，以避免损伤剖分面或端部螺纹。

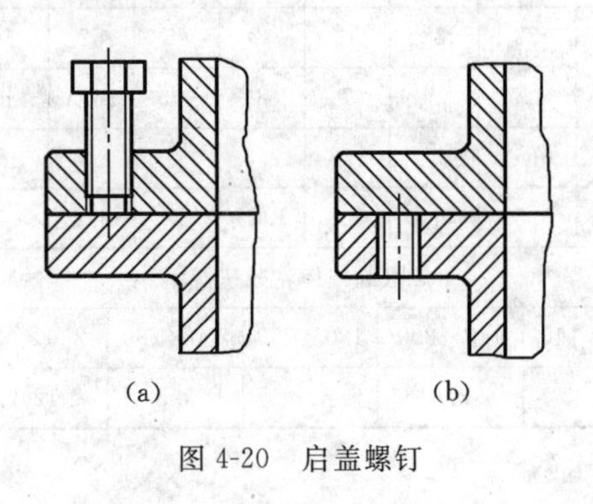

图 4-20　启盖螺钉

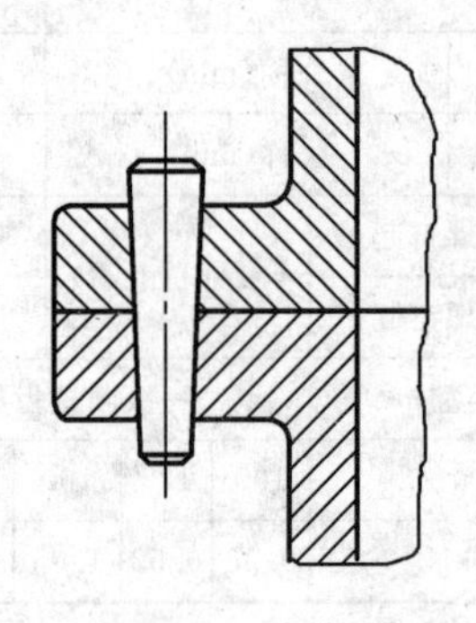

图 4-21　定位销

4.4.7　定位销

定位销用于保证轴承座孔的镗孔精度，并保证减速器每次装拆后轴承座的上、下两半孔始终保持加工时的位置精度。定位销的距离应较远，且尽量对角布置，以提高定位精度。确定定位销位置时应考虑到钻、铰孔的方便，且不应妨碍邻近连接螺栓的装拆。

定位销有圆柱销和圆锥销两种。圆锥销可多次装拆而不影响定位精度。一般定位销的直径 $d=(0.7\sim0.8)d_2$（d_2为箱体凸缘连接螺栓直径），其长度应大于箱体上、下凸缘的总厚度(见图 4-21)。

4.4.8　轴承盖

轴承盖用于对轴系零件进行轴向固定和承受轴向载荷，同时起密封作用。其结构形式有凸缘式和嵌入式两种，每种形式按是否有通孔又分为透盖和闷盖。凸缘式密封性能好，调整轴承间隙方便，应用广泛。嵌入式不用螺钉连接，结构简单，尺寸较小，安装后箱体外表面比较平整美观，外伸轴的伸出长度短，有利于提高轴的强度和刚度，但不易调整轴承间隙，且轴承座孔上需开环形槽，加工费时，常用于结构质量较小的机器中。轴承盖尺寸可按表 4-15、表 4-16 设计。

表 4-15　凸缘式轴承盖结构及尺寸　　mm

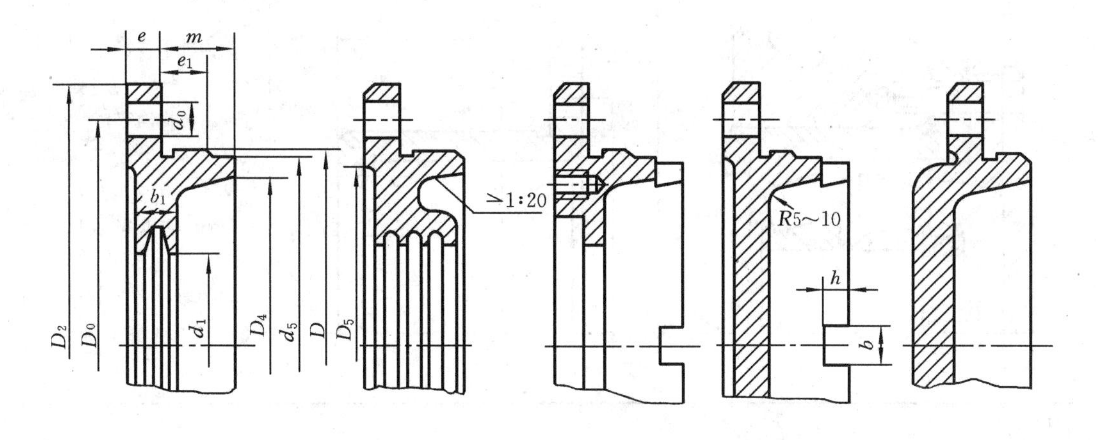

$d_0=d_3+1$；　$d_5=D-(2\sim4)$；

$D_0=D+2.5d_3$；　$D_5=D_0-3d_3$；

$D_2=D_0+2.5d_3$；　b_1、d_1由密封尺寸确定；

$e=(1\sim1.2)d_3$；　$b=5\sim10$；

$e_1\geqslant e$；　$h=(0.8\sim1)b$；

m由结构确定；　$D_4=D-(10\sim15)$；

d_3为轴承盖连接螺钉直径，尺寸见右表；

当端盖与套杯相配时，图中D_0与D_2应与套杯相一致

轴承盖连接螺钉直径 d_3

轴承外径 D/mm	螺钉直径 d_3/mm	螺钉数目
45～65	M8	4
70～100	M10	4～6
110～140	M12	6
150～230	M16	6

注：材料为 HT150。

表 4-16　嵌入式轴承盖结构及尺寸　　mm

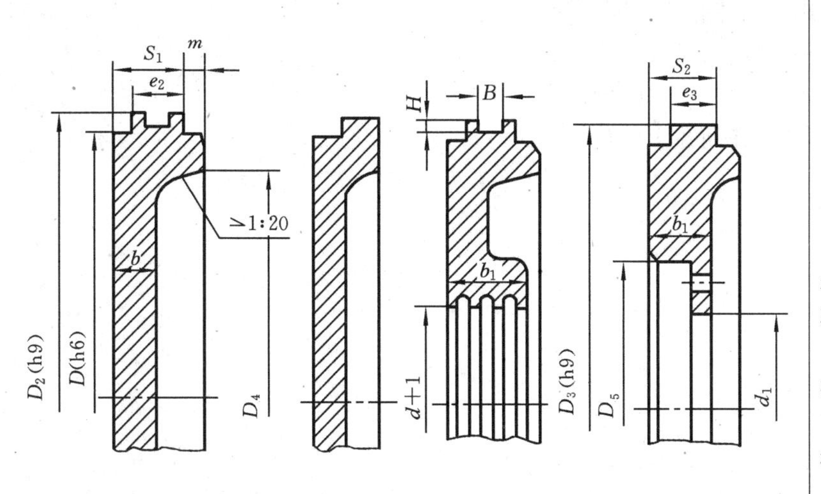

$e_2=8\sim12$；

$S_1=15\sim20$；

$e_3=5\sim8$；

$S_2=10\sim15$；

m由结构确定；

$b=8\sim10$；

$D_3=D+e_2$，装有O形密封圈的，按O形密封圈外径取整；

D_5、d_1、b_1等由密封尺寸确定；

H、B按O形密封圈的沟槽尺寸确定

注：材料为 HT150。

为方便轴承的固定和装拆，调整整个轴系的轴向位置，或在同一轴线上的轴承外径不相等时仍保证轴承座孔的直径相等，便于镗孔及保证加工精度，可采用轴承套杯，其结构尺寸如表4-17所示。

表 4-17 套杯结构及尺寸 mm

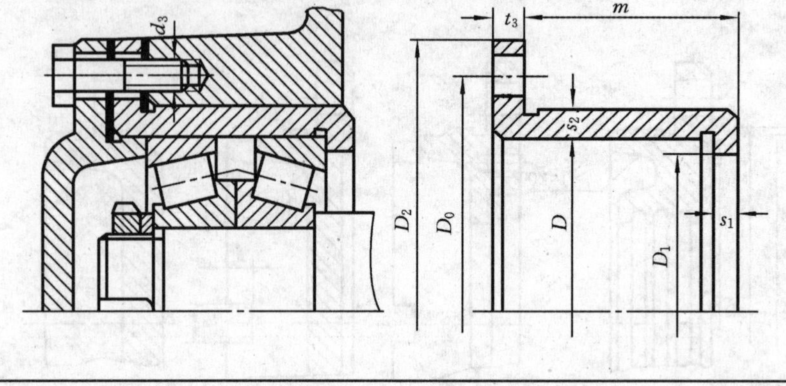 	D为轴承外径； $s_1 \approx s_2 \approx t_3 = 7 \sim 12$； m由结构确定； $D_0 = D + 2s_2 + 2.5d_3$； $D_2 = D_0 + 2.5d_3$； D_1由轴承安装尺寸确定； d_3为轴承盖连接螺钉直径，其尺寸见表 4-14

注:材料为 HT150。

思 考 题

4-1 轴承套杯的作用是什么?

4-2 常见的轴承密封形式有哪些?

4-3 如何选择传动件的润滑方式?

4-4 传动件的浸油深度及箱座高度如何确定?

4-5 常见的减速器附件有哪些?

4-6 减速器小齿轮齿顶圆与箱体内壁之间的距离如何确定?

4-7 铸造箱体与焊接箱体相比有哪些特点?

4-8 通气器的作用是什么?

4-9 设计油标尺插孔时应注意什么问题?

4-10 如何确定窥视孔在箱盖上的位置?

第5章 减速器装配底图的设计

5.1 底图绘制前的准备工作

绘制装配底图是机械设计的重要环节,装配底图既反映了机器零部件间的相对位置、工作原理、装配关系,也是绘制零件工作图及装配、调试和维护机器的依据。装配图的设计牵涉的问题比较多,过程复杂,既有结构设计,又有校核计算,因此,通常采用边绘图、边计算、边修改的方法逐步完成。

在画装配底图之前,应先查阅有关的技术资料,参观或装拆实际减速器,了解各零部件的功能,做到对设计内容心中有数。此外,还要根据任务书上的技术数据,选择或计算出有关零部件的结构和主要尺寸。具体内容参见前面的章节。

绘图时,优先采用1∶1的比例,以加强真实感。一般采用0号或1号图绘制三视图。根据设计中计算与绘图交叉进行的特点,装配图的设计可分为三个阶段进行,本章先介绍前两个阶段的工作。

5.2 装配底图设计的第一阶段——轴系部件设计

5.2.1 确定齿轮及箱体轴承座的位置

1. 确定齿轮的位置

1) 初估减速器的轮廓尺寸

表5-1提供的视图大小估算值可作为图5-1视图布置的参考。

表5-1 视图大小估算值

减速器类型	A的值	B的值	C的值
一级圆柱齿轮减速器	$3a$	$2a$	$2a$
二级圆柱齿轮减速器	$4a$	$2a$	$2a$
锥-圆柱齿轮减速器	$4a$	$2a$	$2a$
一级蜗杆减速器	$2a$	$3a$	$2a$

注:对于一般传动,a为传动中心距;对于二级传动,a为低速级的中心距。

2) 确定三视图的位置

在大致估算了所设计减速器的长、宽、高外形尺寸后,考虑标题栏、明细表、技术要求、技术特性、零件编号、尺寸标注等所占幅面,大致确定三视图的位置。

3) 画出齿轮的轮廓尺寸线

先在主视图中画出齿轮的节圆和齿顶圆,然后,在俯视图上画出各齿轮的宽度,齿轮的结构细节暂不画出。通常,小齿轮比大齿轮宽5～10 mm。两级大齿轮间的距离Δ_3应大于8 mm,输入与输出轴上的齿轮最好布置在远离外伸轴端的位置(见图5-2)。

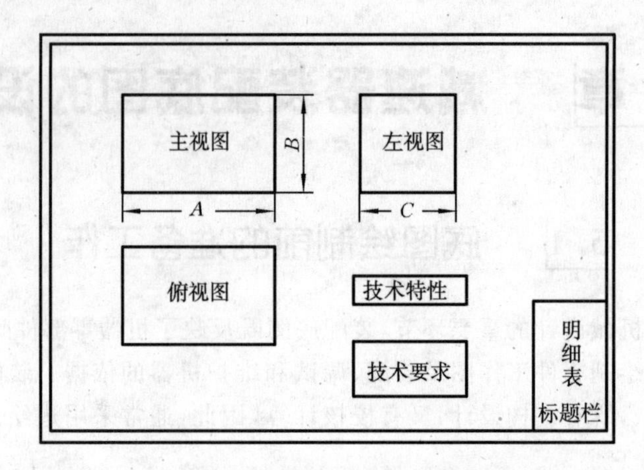

图 5-1　视图布置参考图(图中,A、B、C 的值见表 5-1)

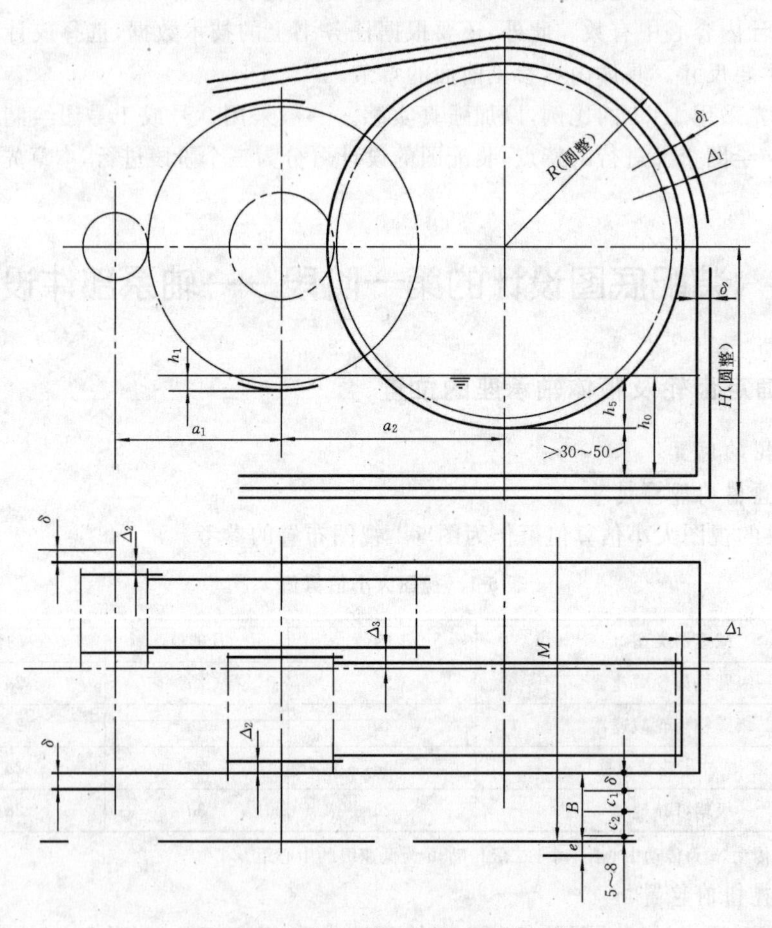

图 5-2　传动件、轴承座端面及箱壁位置

2. 确定箱体轴承座的位置

1) 画出减速器箱体内壁线

为避免齿轮与箱体内壁相碰,齿轮与箱体内壁应留有一定距离,一般取箱体内壁与小齿轮端面的距离为 Δ_2,大齿轮顶圆与箱体内壁距离为 Δ_1,Δ_1、Δ_2 的数值参见表 4-1。小齿轮顶圆一侧的内壁线暂时不画,待将来由主视图确定。内壁线画出后,则俯视图中箱体宽度的中线随之

确定。

2）确定轴承座的位置

对于剖分式齿轮减速器，箱体轴承座内端面常为箱体内壁。而箱体轴承座外端面的确定较复杂，需要考虑箱体壁厚δ、轴承旁连接螺栓的直径d_1以及安装螺母时所需的扳手空间尺寸c_1和c_2等，此外，还有加工面与毛坯面所留出的尺寸（5～8 mm）。所以轴承座的宽度B（即轴承座内、外端面间的距离）一般可取：$B=\delta+c_1+c_2+(5\sim8)\text{mm}$，式中$\delta$的值见表4-1，$c_1$、$c_2$的值见表4-2。

至此，绘制的图形如图5-2所示。

5.2.2　轴承类型选择及其在箱体座孔中位置的确定

1. 轴承类型的选择

滚动轴承类型的选择，与轴承承受载荷的大小、方向、性质及轴的转速有关。普通圆柱齿轮减速器常选用深沟球轴承、角接触球轴承和圆锥滚子轴承。当载荷平稳或轴向力相对径向力较小时，常选深沟球轴承；当轴向力较大、载荷不平稳或载荷较大时，可选用角接触球轴承或圆锥滚子轴承。

2. 轴承型号的选择

轴承的型号根据轴的尺寸设计确定（见5.2.3节）。一根轴上的两个支点宜采用同一型号的轴承，这样，轴承座孔可一次镗出，以保证加工精度。

3. 确定轴承在箱体座孔中的轴向位置

轴承的轴向位置与轴承的润滑方式有关。当轴承采用脂润滑时，要留出封油盘的位置，轴承内侧端面与箱体内壁的距离可取8～12 mm（见图5-3）；当轴承采用油润滑时，轴承内侧端面与箱体内壁可重合或留少许距离，常取0～3 mm（见图5-4）。

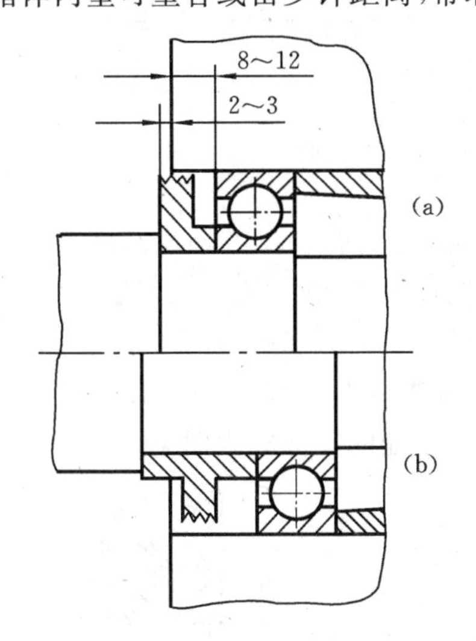

图5-3　脂润滑时封油盘和轴承位置

（a）正确；（b）不正确

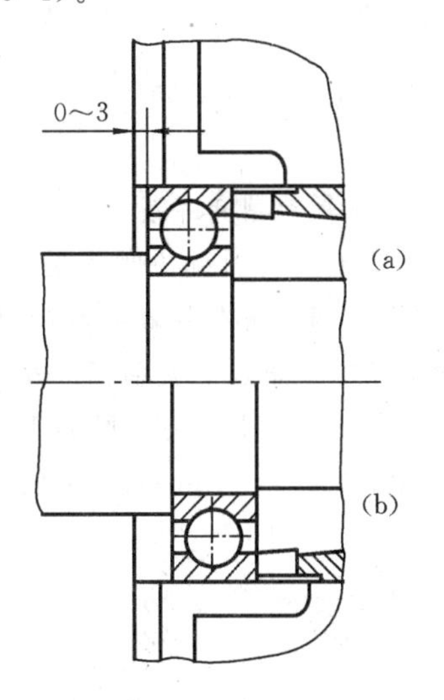

图5-4　油润滑时轴承位置

（a）正确；（b）不正确

5.2.3　轴的结构设计

轴的结构设计即确定轴的径向尺寸、轴向尺寸以及键槽的尺寸、位置等。结构设计中除应满足强度、刚度要求外，还要保证轴上零件的定位、固定和装拆方便，并具有良好的加工工艺性，因此，轴常设计成阶梯轴。

1. 确定轴的径向尺寸

阶梯轴径向尺寸的确定是在初算轴径的基础上进行的。阶梯轴各段径向尺寸，由轴上零件的受力、定位、固定等要求确定。

1）有配合或安装标准件处的直径

轴上有轴、孔配合要求的直径，如图 5-5 所示的安装齿轮和联轴器处的轴径 d_6 和 d_1，一般应取标准值（见表 10-7 和表 14-1）。另外，安装轴承及密封元件处的轴径 d_3、d_7 及 d_2，应与轴承及密封元件孔径的标准尺寸一致（见 17.3 节）。

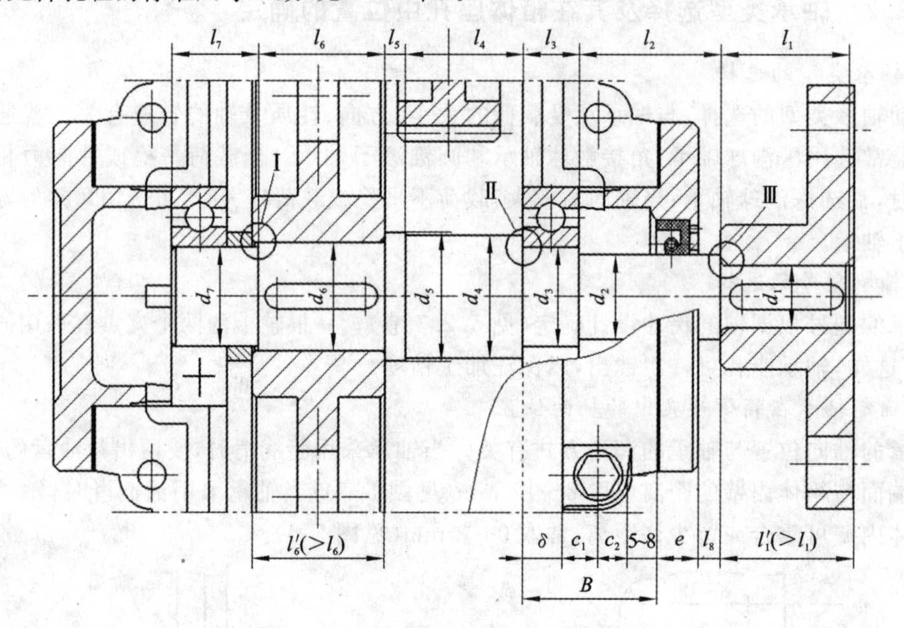

图 5-5　轴的结构设计

2）轴肩高度和圆角半径

（1）定位轴肩。当直径变化是为了固定轴上零件或承受轴向力时，其轴肩高度要大些，如图 5-5 中的 d_1 与 d_2、d_3 与 d_4、d_5 与 d_6 处的轴肩。轴肩高度 h、圆角半径 R 及轴上零件的倒角 C_1 或圆角 R_1 要保证如下关系：$h>R_1>R$ 或 $h>C_1$（见图 5-6，即图 5-5 中Ⅰ、Ⅱ、Ⅲ部位放大图）。轴径与圆角半径的关系见表 10-4。例如 $d=50$ mm，由表 10-4 查得 $R=1.6$ mm，由 $h>R_1>R$，所以取 $R_1=2$ mm，取 $h\approx 2.5\sim 3.5$ mm。Ⅰ、Ⅱ、Ⅲ处的局部放大图见图 5-6。

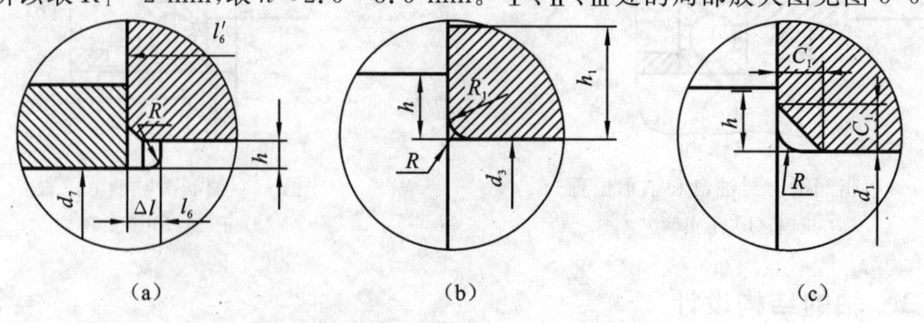

图 5-6　轴肩高度和圆角半径

(a) Ⅰ局部放大；(b) Ⅱ局部放大；(c) Ⅲ局部放大

安装滚动轴承处的 R 和 R_1 可由轴承标准中查取。轴肩高度 h 除应大于 R_1 外，还要小于轴承内圈厚度 h_1，以便拆卸轴承(见图 5-7)。如果由于结构原因，必须使 $h \geq h_1$，可采用轴槽结构，供拆卸轴承用(见图 5-8)。如果可以通过其他零件拆卸轴承，则 h 不受此限制(见图 5-9)。尺寸 h 可在相应的轴承标准中(见第 13 章)得到，$h=d_a-d$。

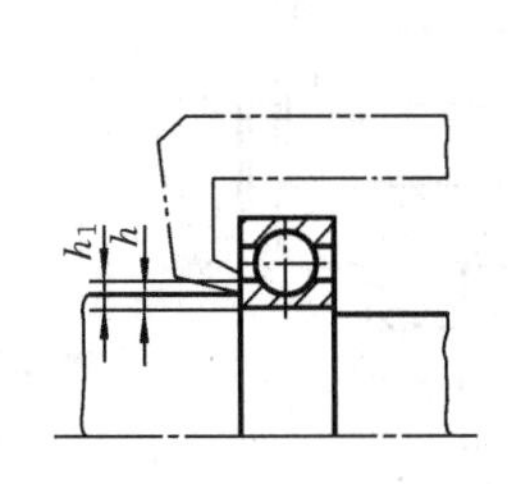

图 5-7　$h<h_1$ 时轴承的拆卸

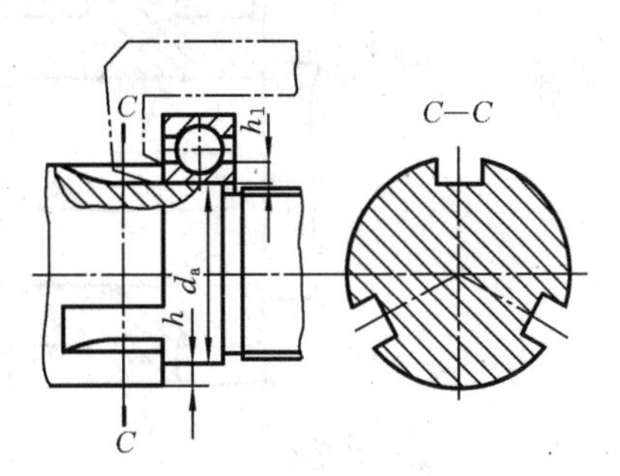

图 5-8　$h \geq h_1$ 时轴承的拆卸

(2) 非定位轴肩。轴径变化仅为装拆方便时，相邻直径差要小些，一般为 1～3 mm，如图 5-5 中的 d_2 和 d_3、d_6 和 d_7 处的直径变化。这里轴径变化处圆角 R 为自由表面过渡圆角，R 可大些(见图 5-6(a))。

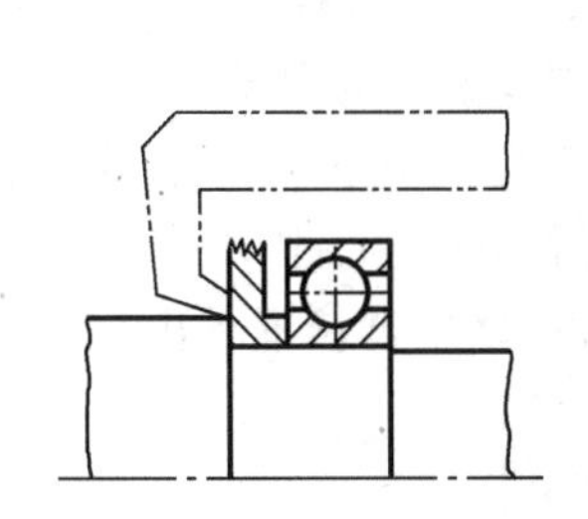

图 5-9　有封油盘时轴承的拆卸

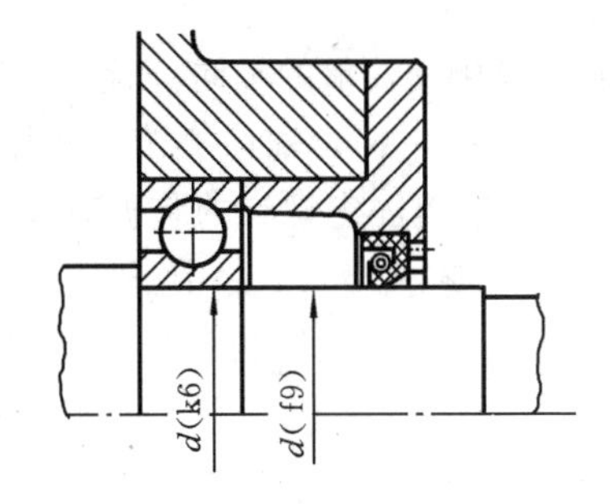

图 5-10　公差带不同

有时由于结构原因，相邻两轴段取相同的名义尺寸，但公差带不同，这样，可以保证轴承装拆方便。如图 5-10 所示，轴承和密封装置处轴径取相同名义尺寸，但实际尺寸 $d(\mathrm{f9})<d(\mathrm{k6})$。

径向尺寸确定举例：如图 5-5 所示的输出轴，轴的径向尺寸确定一般由外伸端开始，例如，由初算并考虑键槽影响及联轴器孔径范围等，取 $d_1=32$ mm 时，考虑前面所述决定径向尺寸的各种因素，其他各段直径可确定为：$d_2=38$ mm，$d_3=40$ mm(初定轴承型号为 6208)，$d_4=47$ mm，$d_7=40$ mm，$d_6=42$ mm，$d_5=49$ mm。

2. 确定轴的轴向尺寸

阶梯轴各段轴向尺寸，由轴上安装的零件(如齿轮、轴承等)和相关零件(如箱体轴承座孔、轴承盖等)的轴向位置和尺寸确定。

1) 由轴上安装零件确定的轴段长度

如图 5-5 中 l_6、l_1 及 l_3 由齿轮、联轴器的轮毂宽度及轴承宽度确定。轮毂宽度 l' 与孔径有关，可查有关零件结构尺寸。一般情况下，轮毂宽度 $l'=(1.2\sim1.6)d$，最大宽度 $l'_{max} \leq (1.8\sim2)d$。轮毂过宽则轴向尺寸不紧凑，装拆不便，而且键连接不能过长，键长一般不大于 $(1.6\sim1.8)d$，以免压力沿键长分布不均匀现象严重。轴上零件靠套筒或轴端挡圈轴向固定时，轴段

长度 l 应较轮毂宽 l' 短 2～3 mm，以保证轴上零件定位可靠，图 5-5 中安装联轴器处 $l'_1>l_1$，安装齿轮处 $l'_6>l_6$。图 5-11(a)所示为正确结构，图 5-11(b)所示为不正确结构。

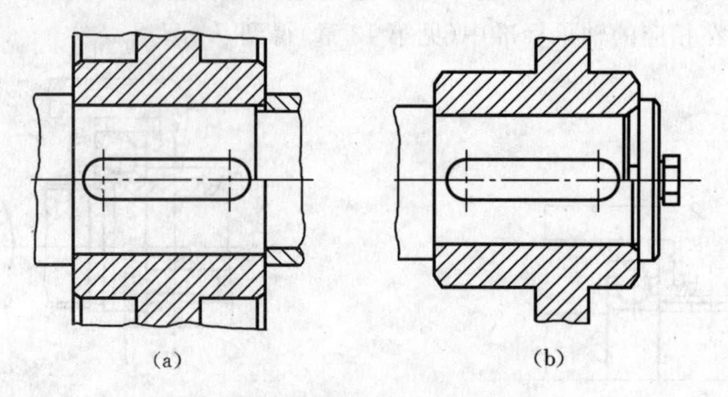

图 5-11　轮毂与轴段长度的关系

(a) 正确；(b) 不正确

2) 由相关零件确定的轴段长度

在图 5-5 中，l_2 与轴承盖的结构、轴承盖的厚度($l=1.2\ d$)及伸出轴承盖外部分的轴长度 l_8 有关。

轴承座孔及轴承的轴向位置和宽度在前面已确定。当采用凸缘式轴承盖时，轴承盖凸缘厚度可参见表 4-15。轴伸出端盖外部分的长度 l_8 与伸出端安装的零件有关。在图 5-12(a)、(b)中，l_8 与端盖固定螺钉的装拆有关，可取 $A\geqslant(3.5\sim4)d$，此处 d 为轴承端盖固定螺钉直径(见表 4-1)。在图 5-13(a)中，轴上零件不影响螺钉等的拆卸，这时可取 $l_B=(0.15\sim0.25)d$；在图 5-13(b)中，l_B 由装拆弹性套柱销距离 A 确定(A 值可由联轴器标准查出)。

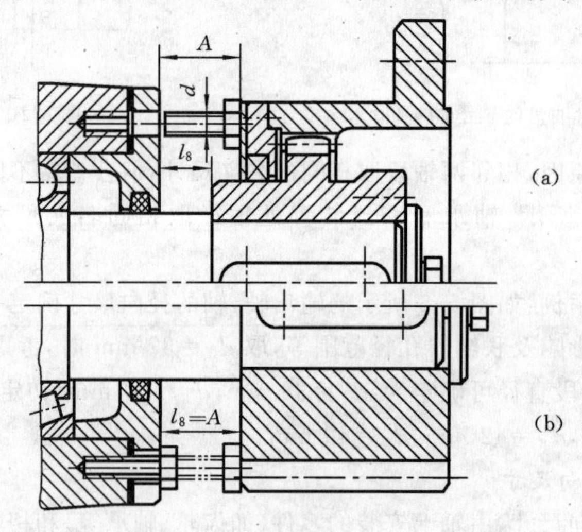

图 5-12　轴伸出长度一

图 5-5 中的其他轴段的长度如 l_7、l_5、l_4 均可由画图确定。

3) 采用 s 以上过盈配合轴径的结构形式

采用 s 以上过盈配合安装轴上零件时，为装配方便，直径变化可用锥面过渡，锥面大端应在键槽的直线部分(见图 5-14(a)、(b))。采用 s 以上过盈配合，也可不用轴向固定套筒(见图

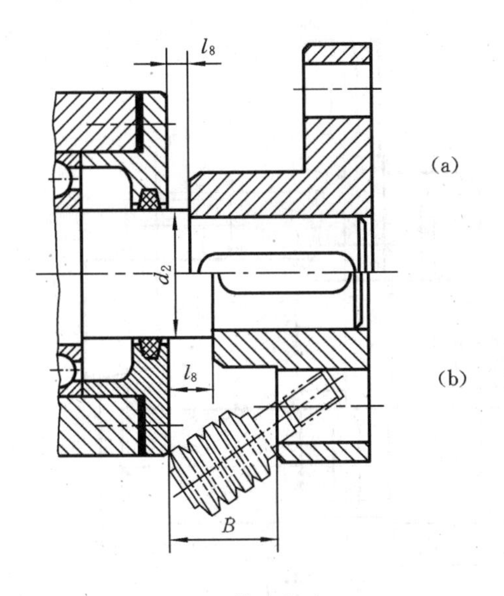

图 5-13 伸出长度二

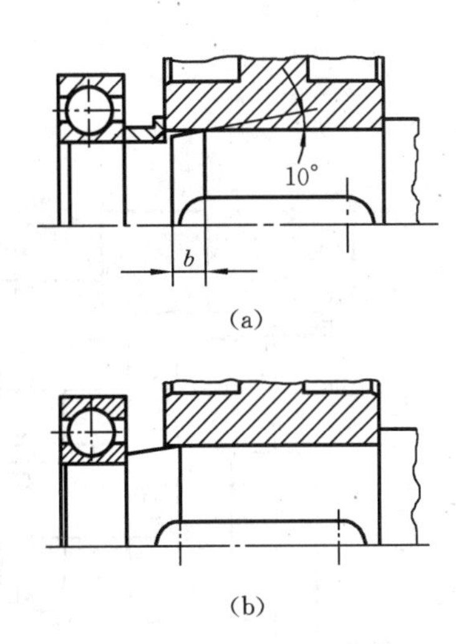

图 5-14 锥面过渡结构

(a) 有轴向固定套筒;(b) 无轴向固定套筒

5-14(b))。

3. 确定轴上键槽的位置和尺寸

键连接的结构尺寸可按轴径 d 由表 12-9 查出。平键长度应比键所在轴段的长度短些,并使轴上的键槽靠近传动件装入一侧,以便于装配时轮毂上的键槽易与轴上的键对准(见图5-15(a)),Δ=1~3 mm。而图 5-15(b)的结构不正确,因 Δ 值过大而对准困难,同时,键槽应避免开在过渡圆角处,以防进一步增加应力集中。

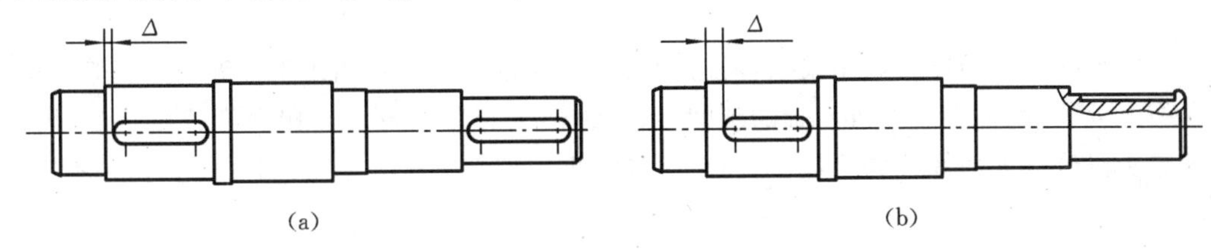

图 5-15 轴上键槽的位置

(a) 正确;(b) 不正确

当轴沿键长方向有多个键槽时,为便于一次装夹加工,应将各键槽布置在同一直线上(见图 5-15(a))。

5.2.4 轴、轴承、键的校核计算

1. 确定轴上力作用点及支点跨距

当采用角接触轴承时,轴承支点取在距轴承端面距离为 a 处(见图 5-16),a 值可由轴承标准中查出。传动件的力作用点可取在轮缘宽度的中部。带轮、齿轮和轴承位置确定后,即可从装配图上确定轴上受力点和支点的位置(见图 5-17)。根据轴、键、轴承的尺寸,便可进行轴、键、轴承的校核计算。

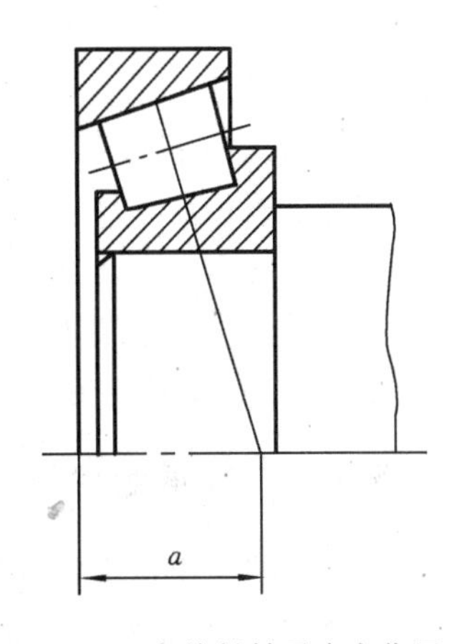

图 5-16 角接触轴承支点位置

2. 轴的强度校核计算

对一般机器的轴,只需用当量弯矩法校核轴的强度。对

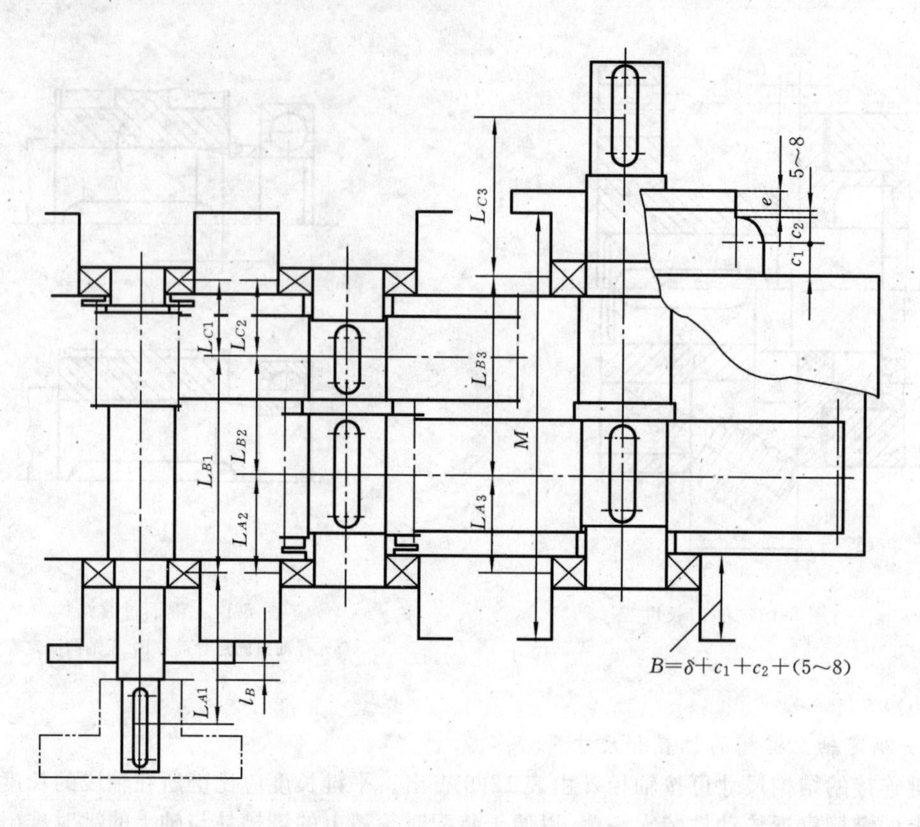

图 5-17　圆柱齿轮减速器初步装配图

于较重要的轴，须全面考虑影响轴强度的应力集中等各种因素，用安全系数法校核轴各危险断面的疲劳强度。

如果校核轴的强度不满足要求，可对轴的一些参数，如轴径、圆角半径等作适当修改；如果强度裕度较大，则不必马上改变轴的结构参数，待轴承寿命以及键连接强度校核之后，再综合考虑是否修改或如何修改的问题。实际上，许多机械零件的尺寸是由结构确定的，并不完全取决于强度。

3. 轴承寿命校核计算

轴承计算寿命若低于减速器使用期限，可取减速器检修期作为轴承预期工作寿命。验算结果如不能满足要求（寿命太长或太短），可以改用其他尺寸系列的轴承，必要时可改变轴承类型或轴承内径。

4. 键连接强度校核计算

若经校核强度不够：当相差较小时，可适当增加键长；当相差较大时，可采用双键，其承载能力按单键的 1.5 倍计算。

课程设计中通常要求对一根轴（一般对输出轴）及其上的轴承和键进行校核计算。如果判断其他轴、轴承或键连接也较危险，则也要进行校核计算。具体要求由指导教师规定。

5.2.5　轴承组合设计

为保证轴承正常工作，除正确确定轴承型号外，还要正确设计轴承组合结构，包括轴系的固定、轴承的润滑和密封等。

1. 轴系部件的轴向固定

圆柱齿轮减速器轴承支点跨距较小，尤其是中、小型减速器，其支点跨距常小于 300 mm。同时，齿轮传动效率高、温升小，因此，轴的热膨胀伸长量很小，所以轴系常采用两端固定方式（见图 5-5）。内圈常用轴肩或套筒作轴向固定，外圈常用轴承盖作轴向固定。

轴承盖与轴承外端面间，装有由不同厚度软钢片组成的一组调整垫片，用来补偿轴系零件轴向尺寸制造误差、调整轴承间隙和少量调整齿轮的轴向位置。

2. 轴承的润滑与密封

根据设计课题，选择轴承的润滑方式，并相应地设计出合理的轴承组合结构，保证可靠的润滑和密封。具体设计参见 4.2 节和 4.3 节。

3. 轴承盖的结构和尺寸

轴承盖用于固定轴承，调整轴承间隙及承受轴向载荷。其类型的选择、结构与尺寸设计参见 4.4.8 节。

5.2.6 齿轮结构设计

齿轮结构按毛坯制造方法不同，分锻造、铸造和焊接毛坯三类。铸造、焊接毛坯结构用于大直径齿轮（d_a >400 mm）。课程设计中多为中、小直径锻造毛坯齿轮。根据尺寸不同，齿轮有齿轮轴、盘式和腹板式三种形式。

当分度圆直径与轴径相差不大、齿根圆与键槽底部距离 $x<2.5\ m_n$（m_n为模数）时，如图 5-18(a)、(b)所示，可将齿轮与轴制成一体，称齿轮轴。当 $x \geqslant 2.5\ m_n$ 时，除用锻造毛坯外，也可用轧制圆钢毛坯，制成盘式齿轮结构（见图 5-18(c)及图 5-19(a)）。

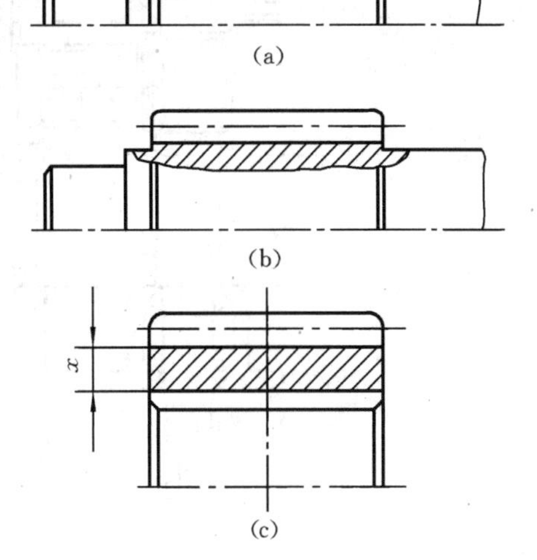

图 5-18　齿轮结构

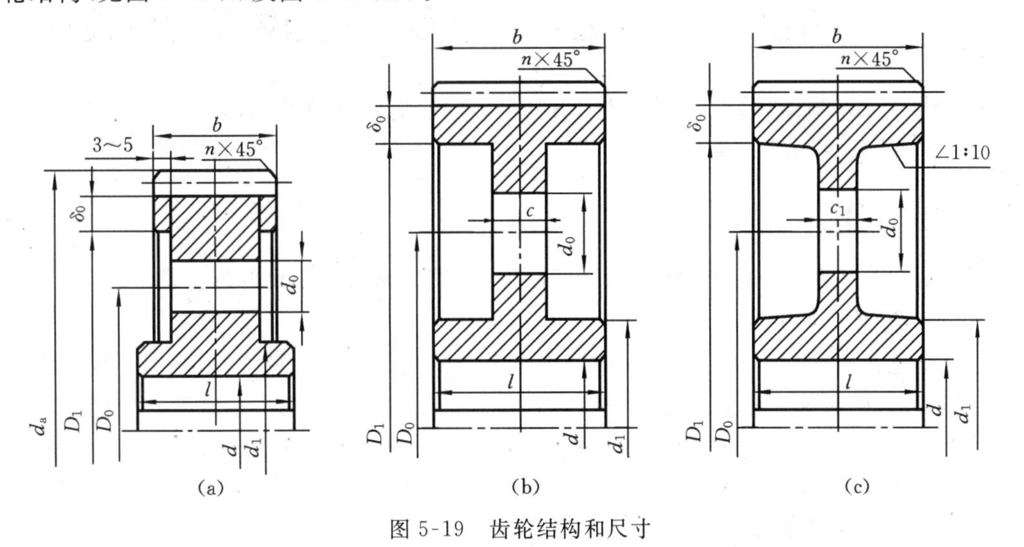

图 5-19　齿轮结构和尺寸

(a) $d_a \leqslant 200$ mm，圆钢或自由锻件；(b) $d_a \leqslant 500$ mm，自由锻件；(c) $d_a \leqslant 500$ mm，模锻件

$d_1=1.6d$；$l=(1.2\sim1.5)d \geqslant b$；$c=0.3b$；$c_1=(0.2\sim0.3)b$；$n=0.5m$；

$\delta_0=(2.5\sim4)m \geqslant 8\sim10$ mm；$D_0=0.5(D_1+d_1)$；$d_0=0.25(D_1-d_1)$

当直径较大（150～200 mm<d_a<500 mm）时，为减小重量而采用腹板式结构（见图 5-19(b)、(c)），腹板上加工孔是为了便于吊运。图 5-19(b)所示为自由锻毛坯经机械加工的齿轮结构，适用于单件和小批生产；图 5-19(c)所示为模锻毛坯齿轮，适用于有模锻设备，成批、大量生产的场合。

图 5-20 所示为圆柱齿轮减速器第一阶段设计完成后的装配底图。

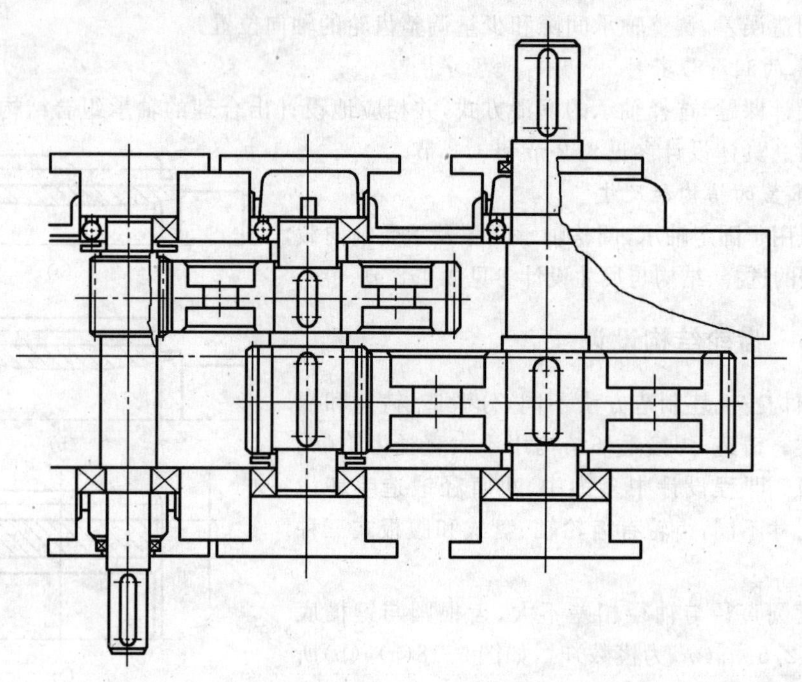

图 5-20　圆柱齿轮减速器第一阶段设计完成后的装配底图

5.3　装配底图设计的第二阶段——箱体及附件设计

设计中应按先箱体、后附件，先主体、后局部，先轮廓、后细节的结构设计顺序，并应注意视图的选择、表达及视图的关系。

5.3.1　箱体结构设计

箱体结构设计时，要保证箱体有足够的刚度、可靠的密封性和良好的工艺性。

1. 箱体的刚度

为了避免箱体在加工和工作过程中产生不允许的变形，从而引起轴承座中心线歪斜，使齿轮产生偏载，影响减速器正常工作，在设计箱体时，首先应保证轴承座的刚度。为此，应使轴承座有足够的壁厚，并加设支撑肋板或在轴承座处采用凸壁式箱体结构，当轴承座是剖分式结构时，还要保证箱体的连接刚度。

1）轴承座应有足够的壁厚

当轴承座孔采用凸缘式轴承盖时，由于安装轴承盖螺钉的需要，所确定的轴承座壁厚已具有足够的刚度。使用嵌入式轴承盖的轴承座时，一般应取与使用凸缘式轴承盖时相同的壁厚（见图 5-21）。

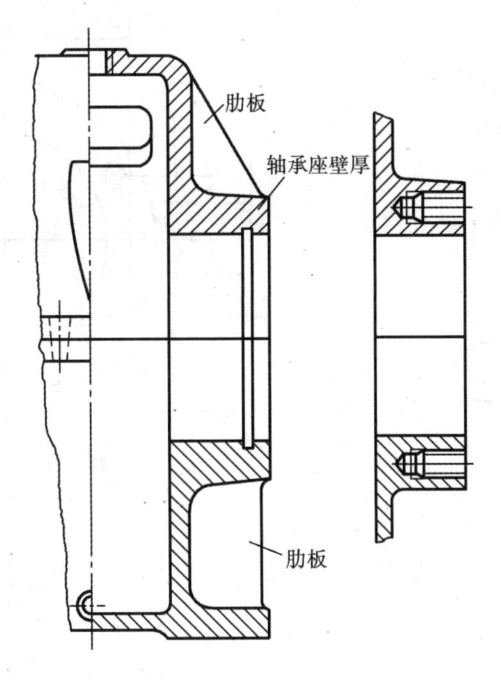

图 5-21　轴承座壁厚

2) 加支撑肋板或采用凸壁式箱体提高轴承座刚度

为提高轴承座刚度，一般减速器采用平壁式箱体加外肋结构（见图 5-22(a)）。大型减速器也可以采用凸壁式箱体结构（见图 5-22(b)），其刚度高，外表整齐、光滑，但箱体制造工艺复杂。

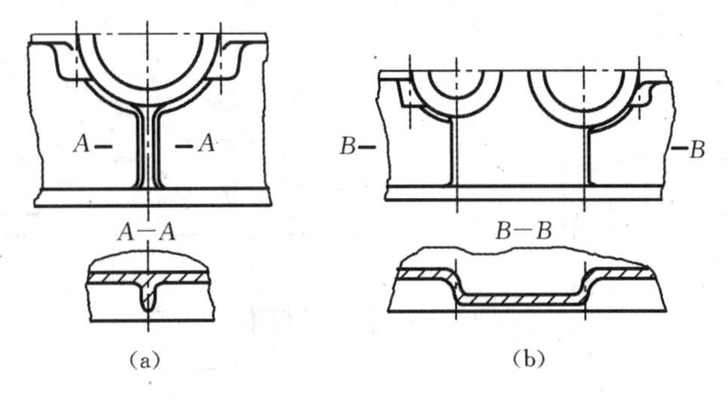

图 5-22　提高轴承座刚度的箱体结构

(a) 平壁式箱体加外肋；(b) 凸壁式箱体

3) 为提高剖分式轴承座刚度设置凸台

为提高剖分式轴承座的连接刚度，轴承座孔两侧的连接螺栓要适当靠近，相应在孔两旁设置凸台。

(1) s 值的确定。轴承座孔两侧螺栓的距离 s 不宜过大也不宜过小，一般取 $s=D_2$，D_2 为凸缘式轴承盖的外圆直径。s 值过大（见图 5-23），不设凸台，轴承座刚度差。s 值过小（见图 5-24），螺栓孔可能与轴承盖螺孔干涉，还可能与输油沟干涉。

(2) 凸台高度 h 值的确定。凸台高度 h 由连接螺栓中心线位置（s 值）和保证装配时有足够的扳手空间（c_1 值）来确定（见图 5-25）。为制造加工方便，各轴承座凸台高度应当一致，并且按最大轴承座凸台高度确定。为保证操作扳手的空间，可适当加大凸台高度。

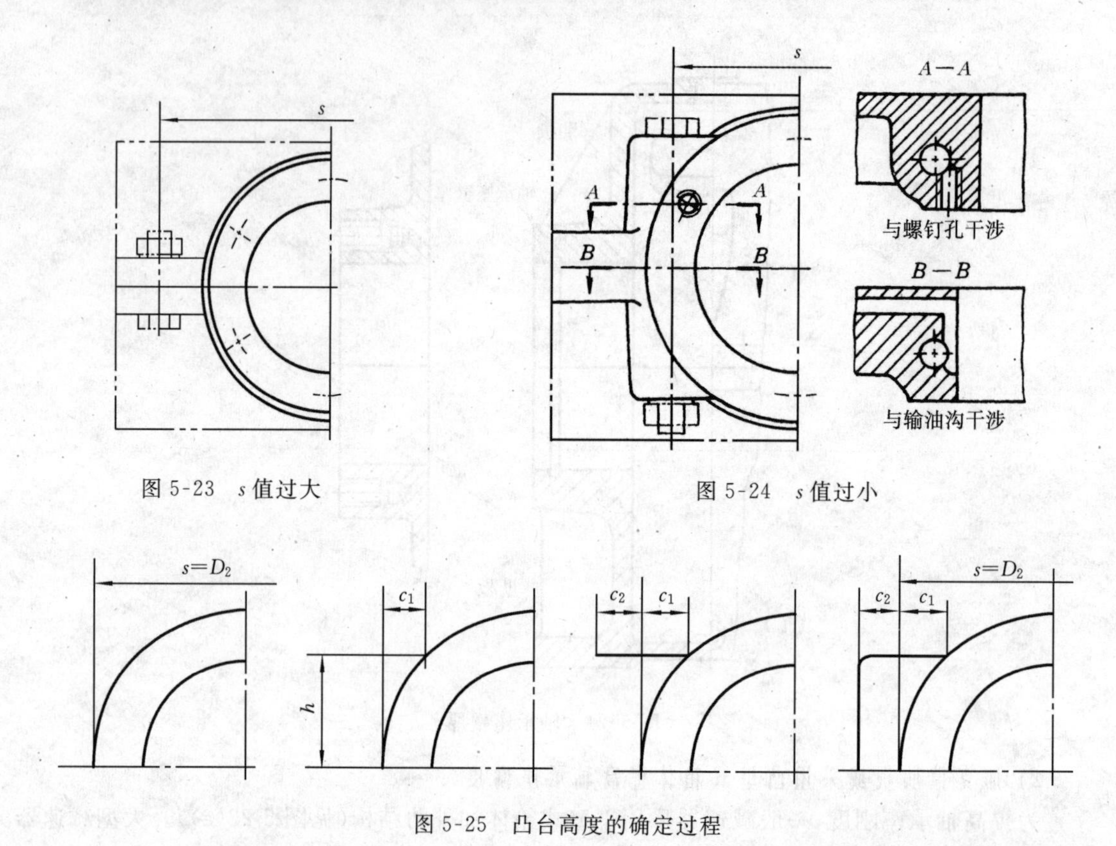

图 5-23　s 值过大

图 5-24　s 值过小

图 5-25　凸台高度的确定过程

凸台结构三视图关系如图 5-26 所示。位于高速级一侧箱盖凸台与箱壁结构的视图关系如图 5-27（凸台位置在箱壁外侧）所示。

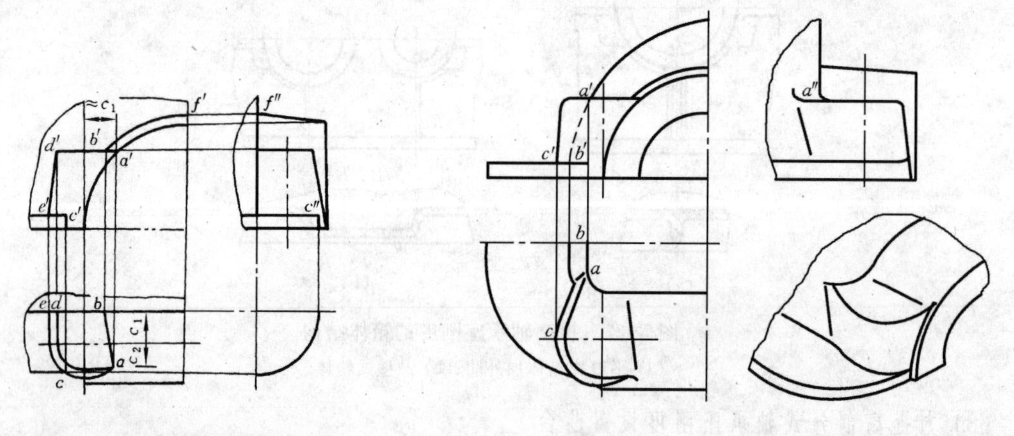

图 5-26　凸台结构三视图关系

图 5-27　凸台位置在箱壁外侧

4）凸缘应有一定厚度

为了保证箱盖与箱座的连接刚度，箱盖与箱座的连接凸缘应较箱壁 δ 厚些，约为 1.5δ（见图 5-28(a)）。

为了保证箱体底座的刚度，取底座凸缘厚度为 2.5δ，底面宽度 B 应超过内壁位置，$B=c_1+c_2+2\delta$。c_1、c_2 为地脚螺栓扳手空间的尺寸。图 5-28(b)所示为正确结构，图 5-28(c)所示结构是不正确的。

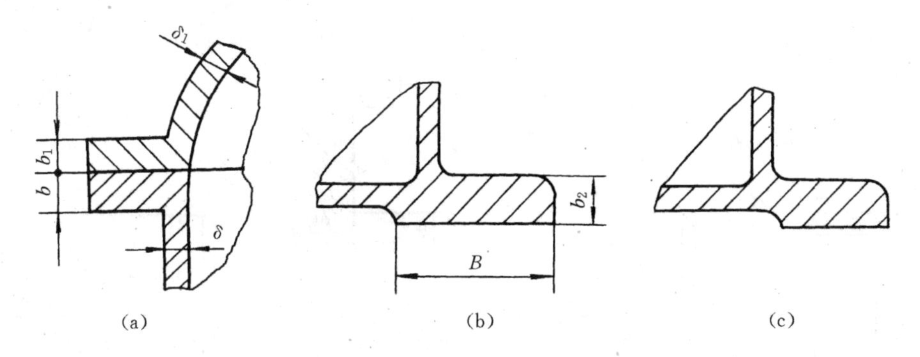

图 5-28　箱体连接凸缘及底座凸缘

(a) $b_1=1.5\delta_1, b=1.5\delta$；(b) $b_2=2.5\delta, B=c_1+c_2+2\delta$；(c) 不正确

2. 箱体的密封

为了保证箱盖与箱座接合面的密封，对接合面的几何精度和表面粗糙度应有一定要求，一般要精确到表面粗糙度值小于 $Ra1.6$ μm，重要的需刮研。凸缘连接螺栓的间距不宜过大，小型减速器应小于 100～150 mm。为了提高接合面的密封性，在箱座连接凸缘上面可铣出回油沟，使渗向接合面的润滑油流回油池(见图 5-29)。

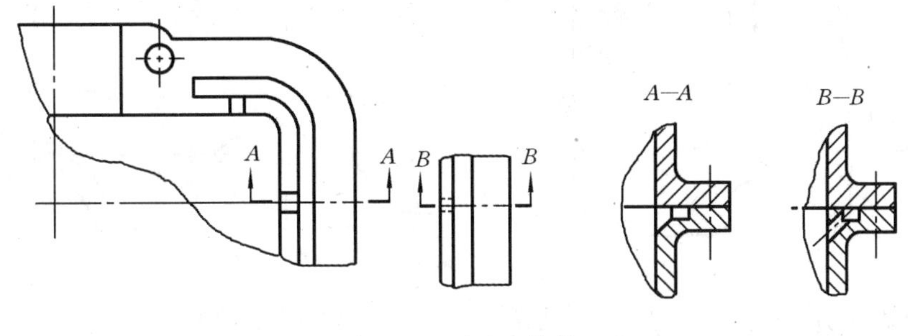

图 5-29　回油沟结构

3. 箱体结构的工艺性

箱体结构工艺性对箱体制造质量、成本、检修维护等有直接影响，因此，设计时也应加以重视。

1) 铸造工艺性

在设计铸造箱体时，应力求壁厚均匀，过渡平缓，金属无局部积聚，起模容易等。

(1) 为保证液态金属流动通畅，铸件壁厚不可过薄，最小壁厚如表 10-6 所示。

(2) 为避免缩孔和应力裂纹，薄厚壁之间应采用平缓的过渡结构。

(3) 为避免金属积聚，两壁间不宜采用锐角连接，图 5-30(a)所示为正确结构，图 5-30(b)所示为不正确结构。

(4) 设计铸件应考虑起模方便。为便于起模，铸件沿起模方向应有 1∶10～1∶20 的斜度。若铸造箱体沿起模方向有凸起结构时，需在模型上设置活块，使造型中起模复杂(见图 5-31)，故应尽量减少凸起结构。当有多个凸起部分时，应尽量将其连成一体(见图 5-32(b))，以便起模。

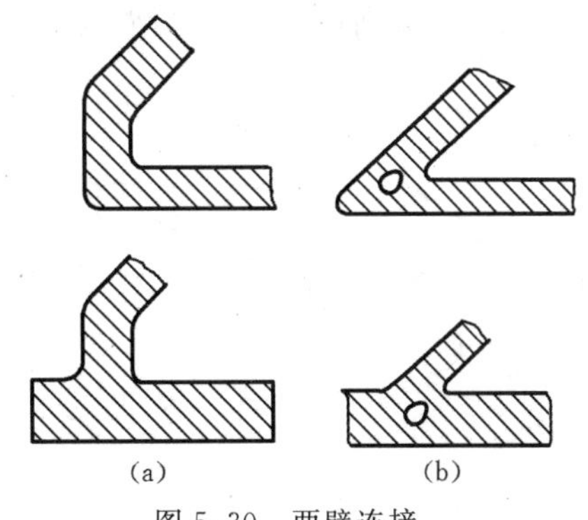

图 5-30　两壁连接

(a) 正确；(b) 不正确

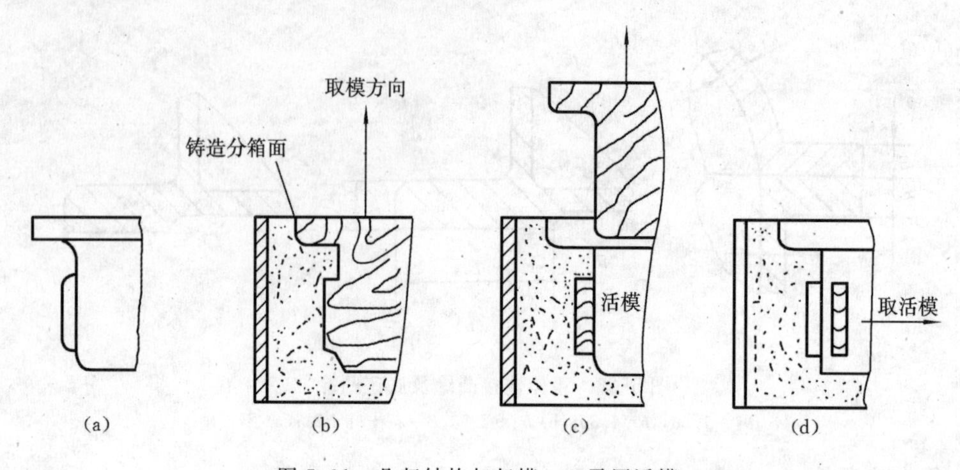

图 5-31 凸起结构与起模——需用活模

(a) 铸件；(b) 整体木模不能取出；(c) 取出主体，留下活模；(d) 取出活模

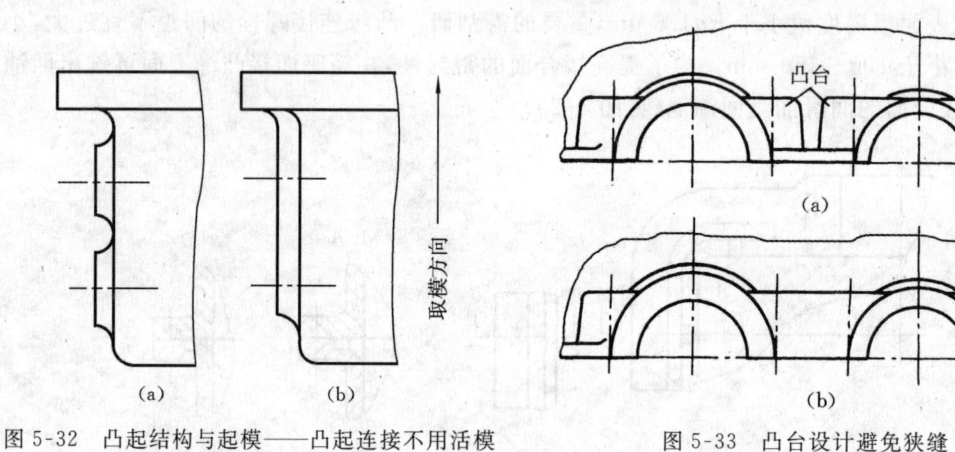

图 5-32 凸起结构与起模——凸起连接不用活模

(a) 不好；(b) 好

图 5-33 凸台设计避免狭缝

(a) 不正确；(b) 正确

(5) 铸件应尽量避免出现狭缝，因这时沙型强度差，易产生废品。图 5-33(a)中两凸台距离过近而形成狭缝，图 5-33(b)所示为正确结构。

2) **机械加工工艺性**

在设计箱体时，要注意机械加工工艺性要求，尽可能减少机械加工面积和刀具的调整次数，加工面和非加工面必须严格区分开等。

(1) 箱体结构设计要避免不必要的机械加工。图 5-34 所示为箱座底面结构，支承地脚底

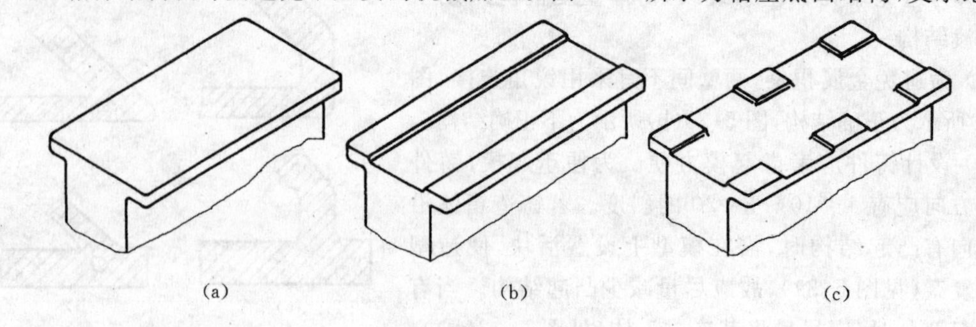

图 5-34 箱座底面结构

(a) 不正确；(b) 中、小型；(c) 大型

面宽度 $B(B=c_1+c_2+2\delta$，见图 5-28(b))已具有足够的刚度。这一宽度值也能满足减速器安装时对支承面宽度的要求，若再增大宽度，便增大了机械加工面积，这是不经济的。图 5-34(a)中全部进行机械加工的底面结构是不正确的。中、小型箱座多采用图 5-34(b)所示的结构形式，大型箱座则采用图 5-34(c)所示的结构形式。

(2) 为了保证加工精度和缩短加工时间，应尽量减少机械加工过程中刀具的调整次数。例如，同一轴线的两轴承座孔直径宜取相同值，以便于一次镗削以保证镗孔精度；又如，各轴承座孔外端面应在同一平面上(见图 5-35)。

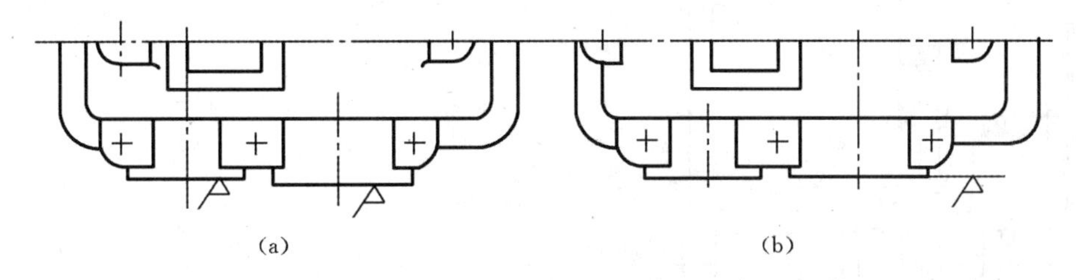

(a)　　(b)

图 5-35　箱体轴承座端面结构
(a) 不正确；(b) 正确

(3) 设计铸造箱体时，箱体上的加工面与非加工面应严格分开，并且不应在同一平面内，如箱体与轴承端盖的结合面，视孔盖、油标和放油塞接合处，与螺栓头部或螺母接触处，都应做出凸台(见图 5-36)；也可将与螺栓头部或螺母的接触面锪出沉头座坑。

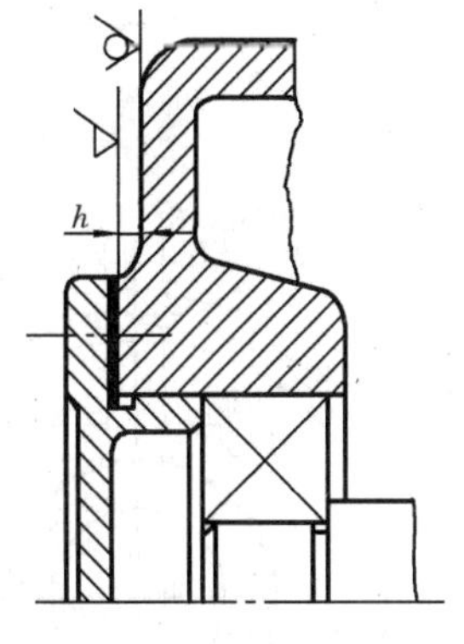

图 5-36　加工面与非加工面应当分开

5.3.2　附件设计

1. 窥视孔和视孔盖

窥视孔和视孔盖的结构尺寸设计可参考 4.4 节和表 4-3。

2. 通气器

通气器的类型尺寸如表 4-4、表 4-5、表 4-6 所示。

3. 油标

油标的类型和结构尺寸参见 4.4.4 节。

油标尺多安装在箱体侧面，采用螺纹连接，也可采用 H9/h8 配合装入。设计时应合理确定油标尺插孔的位置及倾斜角度，既要避免箱体内的润滑油溢出，又要便于油标尺的插取及油标尺插孔的加工(见图 5-37)。

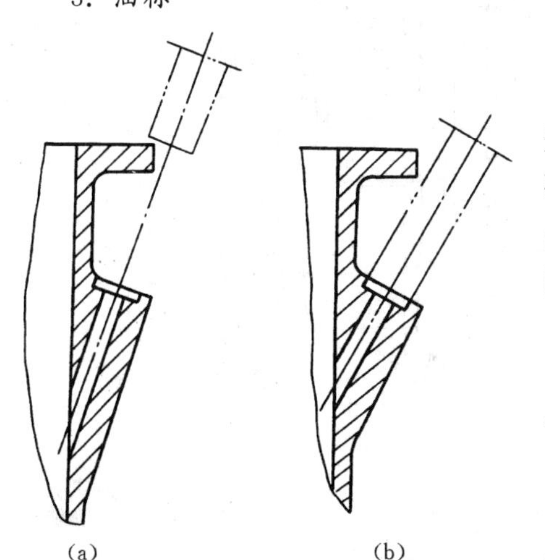

(a)　　(b)

图 5-37　油标尺座的位置
(a) 不正确；(b) 正确

4. 放油孔和螺塞、启盖螺钉、定位销和起吊装置

按 4.4 节所述设计放油孔和螺塞、启盖螺钉、定位销和起吊装置。

5. 油杯

轴承采用脂润滑时，有时需在轴承座相应部位安装油杯，其结构见 17.2 节。

图 5-38 所示为完成第二阶段设计后圆柱齿轮减速器装配底图。

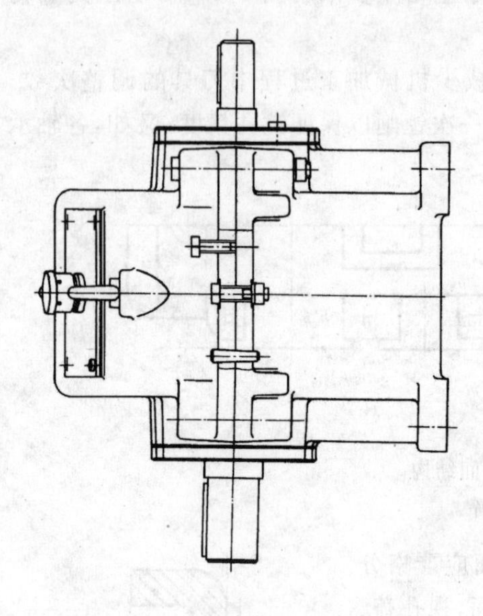

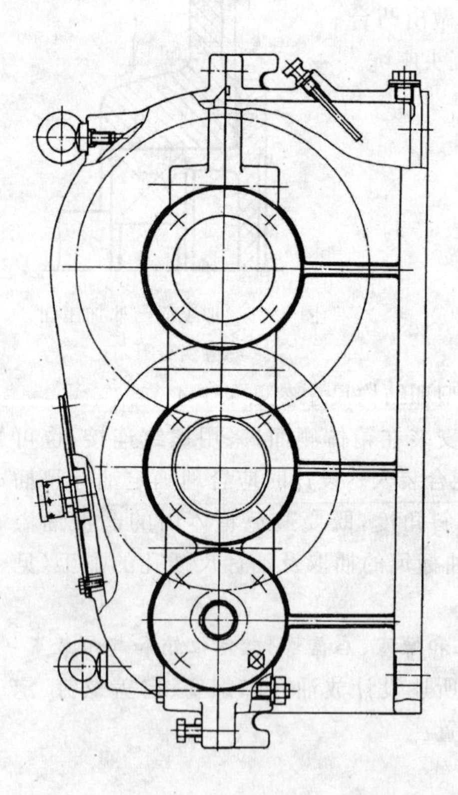

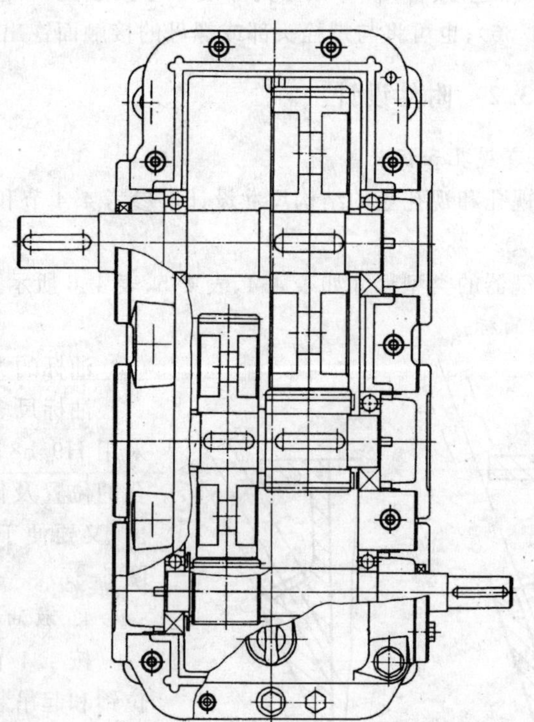

图 5-38 完成第二阶段设计后圆柱齿轮减速器装配底图

5.4　减速器装配底图的检查

1. 装配底图检查的主要内容

（1）装配底图设计与任务书传动方案布置是否一致，如输入、输出轴的位置等。

（2）重要零件的结构尺寸与设计计算是否一致，如中心距、分度圆直径、齿宽、锥距、轴的结构尺寸等。

（3）轴、传动件、轴承组合的结构是否合理。

（4）箱体和附件的结构及布置是否合理。

（5）视图的数量和表达方式是否恰到好处，各零件的相互关系是否表达清楚，三个视图的关系是否正确。

（6）尺寸是否符合相应标准，须圆整的是否已圆整，标注是否正确，配合选择得是否恰当。

（7）技术特性、技术要求是否完善正确，零件编号是否齐全，标题栏、明细表各项是否正确，有无遗漏。

2. 减速器装配图中常见错误示例分析

（1）轴系结构设计中的错误示例分析如表5-2、表5-3所示。

表5-2　轴系结构设计中的错误示例之一

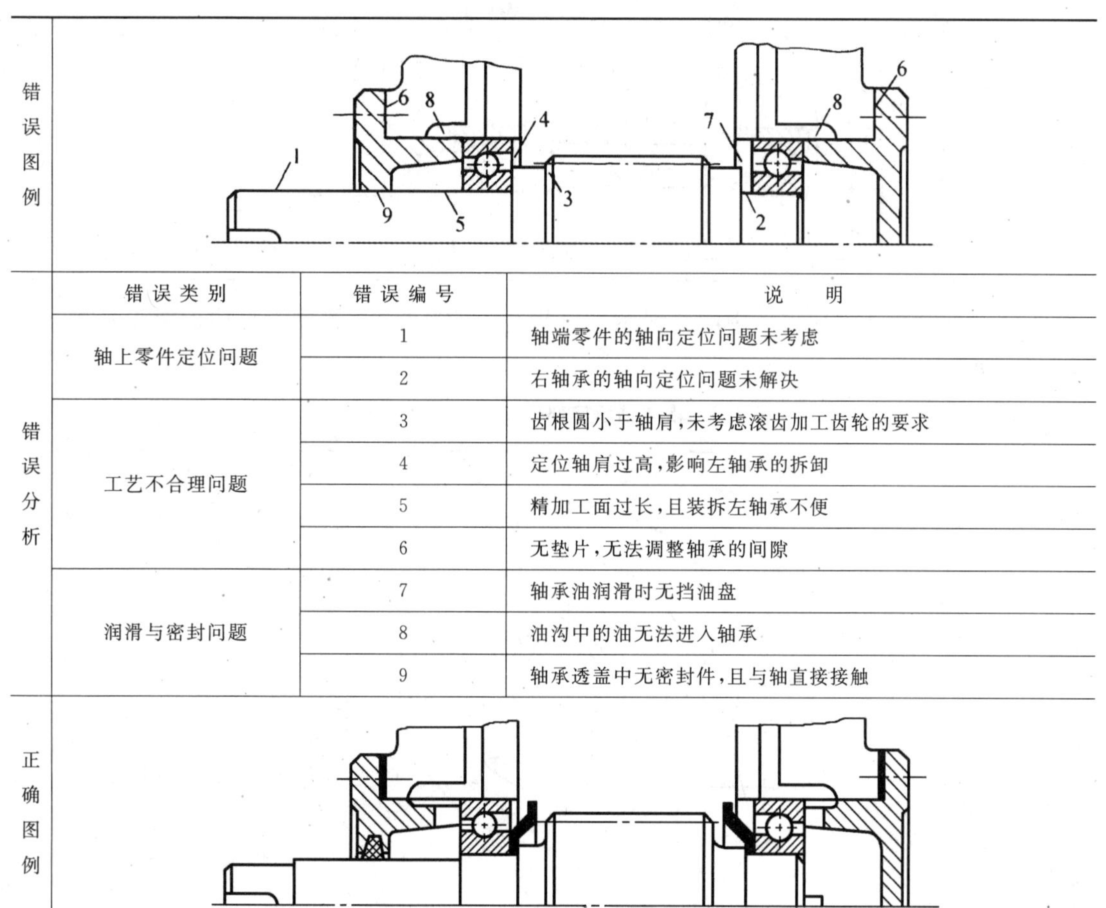

错误分析	错误类别	错误编号	说明
	轴上零件定位问题	1	轴端零件的轴向定位问题未考虑
		2	右轴承的轴向定位问题未解决
	工艺不合理问题	3	齿根圆小于轴肩，未考虑滚齿加工齿轮的要求
		4	定位轴肩过高，影响左轴承的拆卸
		5	精加工面过长，且装拆左轴承不便
		6	无垫片，无法调整轴承的间隙
	润滑与密封问题	7	轴承油润滑时无挡油盘
		8	油沟中的油无法进入轴承
		9	轴承透盖中无密封件，且与轴直接接触

表 5-3　轴系结构设计中的错误示例之二

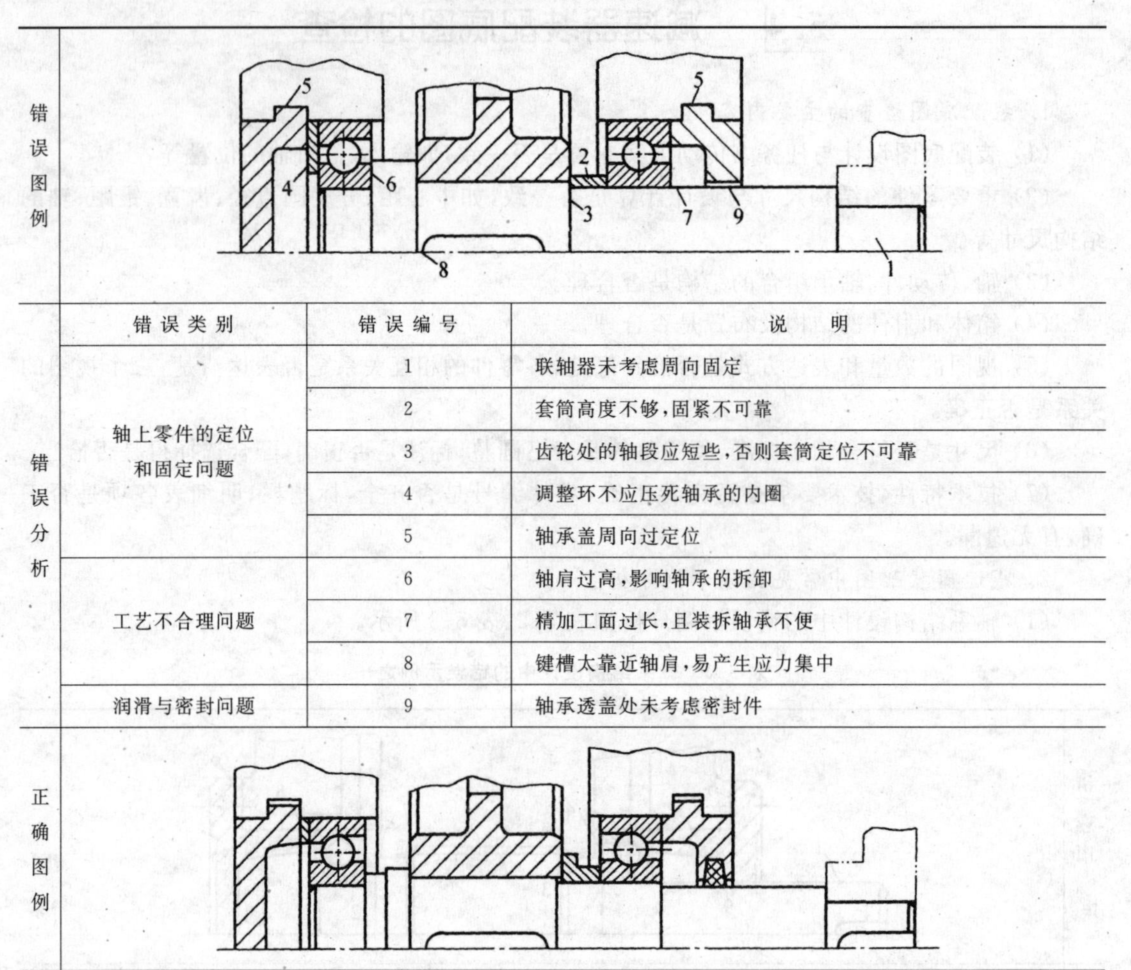

	错误类别	错误编号	说明
错误图例			
错误分析	轴上零件的定位和固定问题	1	联轴器未考虑周向固定
		2	套筒高度不够，固紧不可靠
		3	齿轮处的轴段应短些，否则套筒定位不可靠
		4	调整环不应压死轴承的内圈
		5	轴承盖周向过定位
	工艺不合理问题	6	轴肩过高，影响轴承的拆卸
		7	精加工面过长，且装拆轴承不便
		8	键槽太靠近轴肩，易产生应力集中
	润滑与密封问题	9	轴承透盖处未考虑密封件
正确图例			

（2）箱体轴承座部位设计中的错误示例分析如表 5-4 所示，箱体设计中的错误示例分析如表 5-5 所示。

表 5-4　箱体轴承座部位设计中的错误示例

错误图例

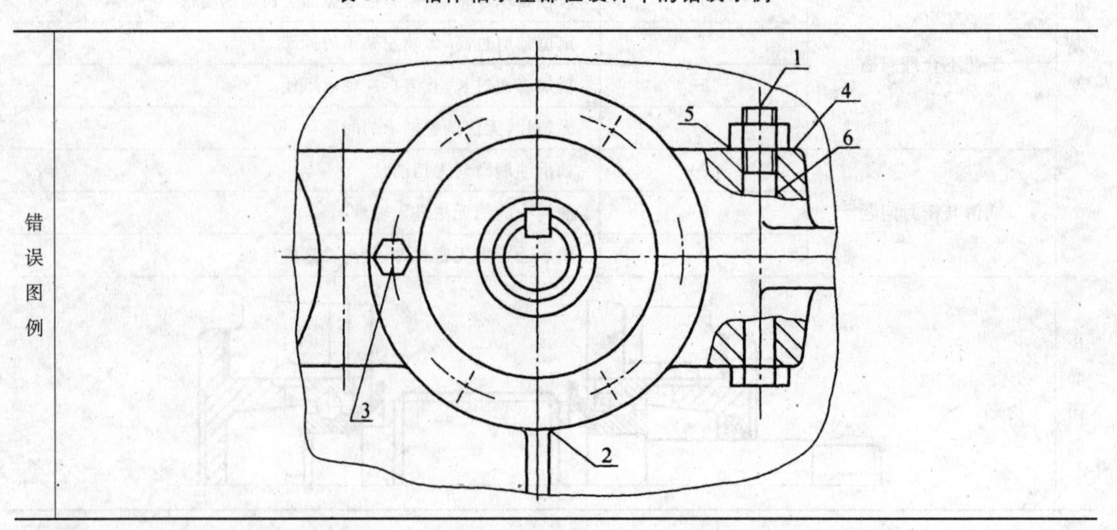

续表

	错误编号	说　　明
错误分析	1	连接螺栓距轴承座中心较远，不利于提高连接刚度
	2	轴承座及加强肋设计未考虑拔模斜度
	3	轴承盖螺钉不能设计在剖分面上
	4	螺母支承面处应设加工凸台或鱼眼坑
	5	螺栓连接应考虑防松的要求
	6	普通螺栓连接时应留有间隙
正确图例	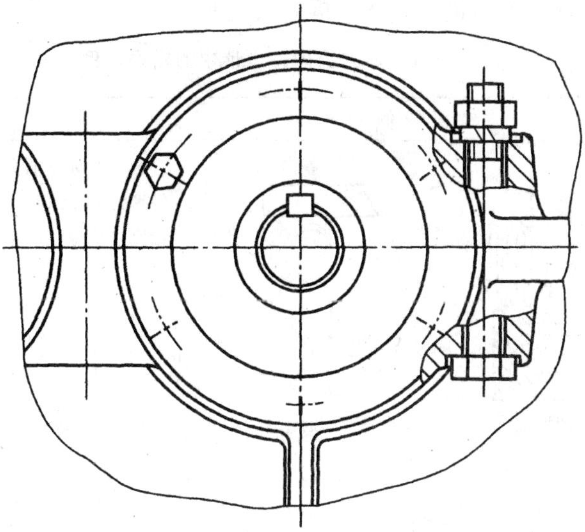	

表 5-5　箱体设计中的错误示例分析

错误编号	错误图例	错误分析	正确图例	说　　明
1	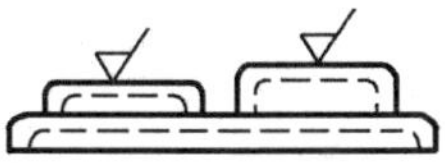	加工面高度不同，加工较麻烦	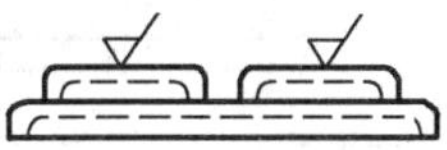	加工面设计成同一高度，可一次进行加工
2	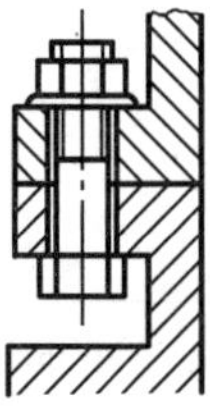	装拆空间不够，不便于装配，甚至不能装配	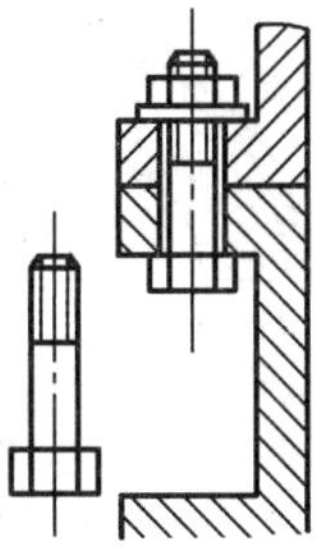	保证螺栓必要的装拆空间
3	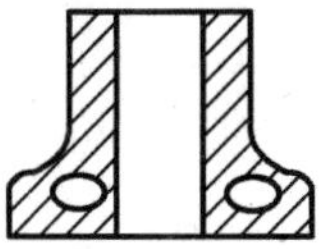	壁厚不均匀，易出现缩孔	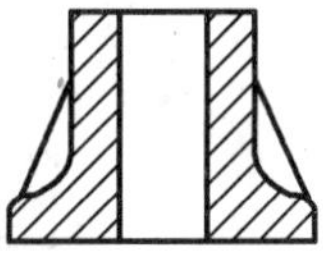	壁厚减薄，加肋

续表

错误编号	错误图例	错误分析	正确图例	说　明
4		内外壁无起模斜度		内外壁有起模斜度
5		铸件壁厚急剧变化		铸件壁厚应逐渐过渡

(3) 减速器附件设计中的错误示例分析如表 5-6 所示。

表 5-6　减速器附件设计中的错误示例

附件名称	错误图例	错误分析
油标	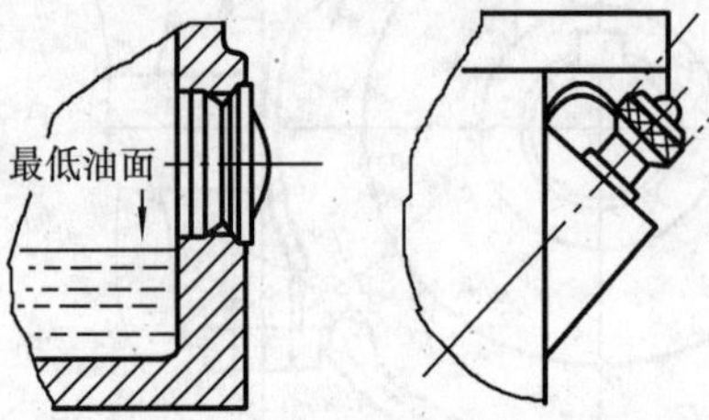 最低油面 (a) 圆形油标　(b) 杆形油标	圆形油标安放位置偏高，无法显示最低油面；杆形油标(油标尺)位置不妥，油标插入取出时与箱座的凸缘会产生干涉
放油孔及油塞	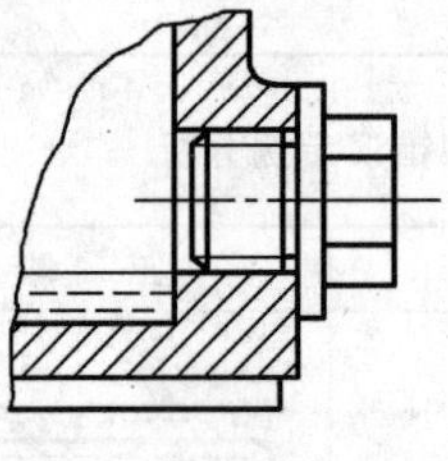	放油孔的位置偏高，使箱内的机油放不干净；油塞与箱座的接合处未设计密封件
窥视孔及视孔盖	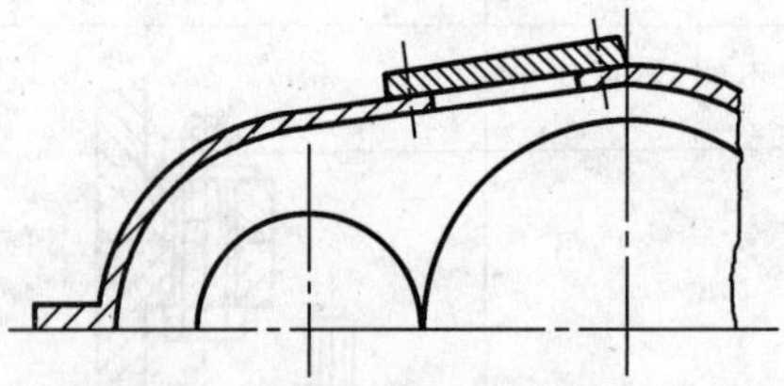	窥视孔的位置偏上，不利于窥视啮合区的情况；窥视孔盖与箱盖的接合处未设计加工凸台，未考虑密封
定位销	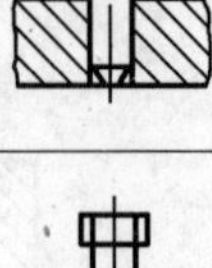	锥销的长度太短，不利于拆卸
启盖螺钉	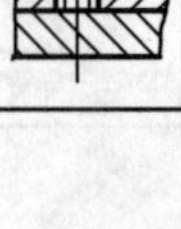	螺纹的长度不够，无法顶起箱盖；螺钉的端部不宜采用平端结构

(4) 减速器总装配底图错误示例。

图 5-39 所示为减速器装配底图常见错误示例。图 5-40 所示为正确的减速器装配底图。请读者逐一找出装配底图中的错误及正确处,并自行进行分析。

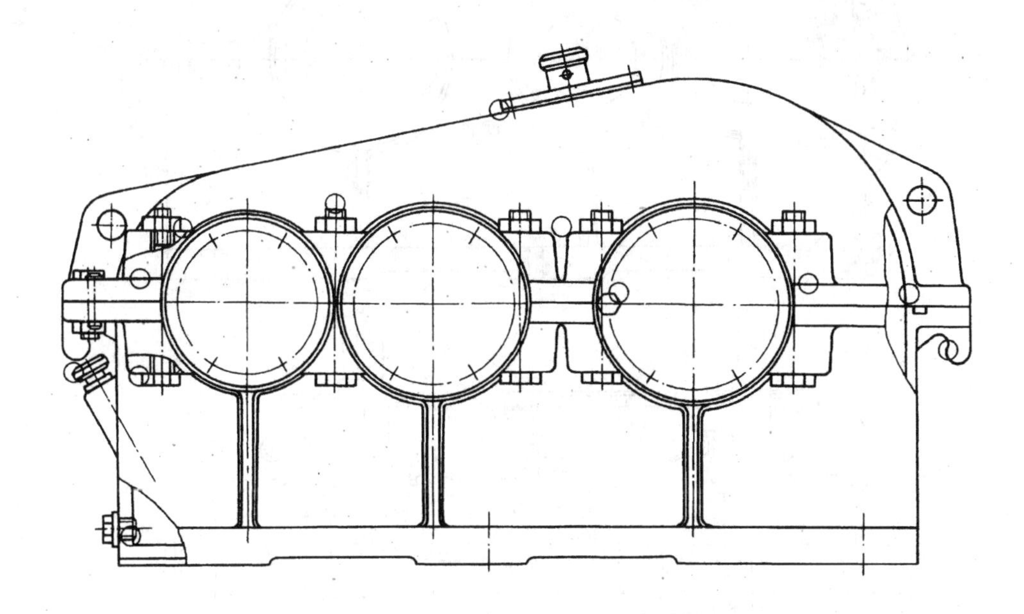

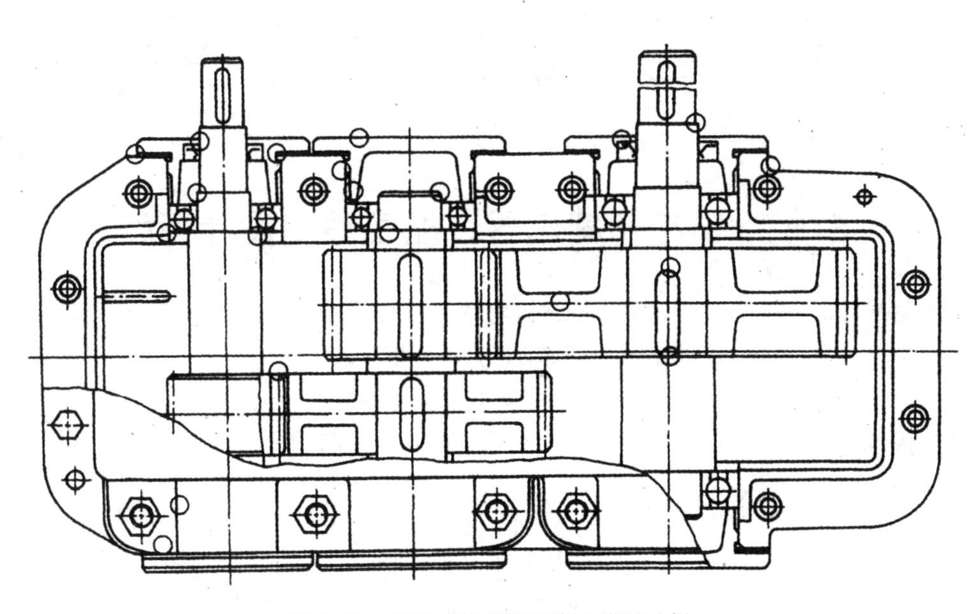

图 5-39　减速器装配底图常见错误示例

注:○表示错误结构或工艺性和装配性不好

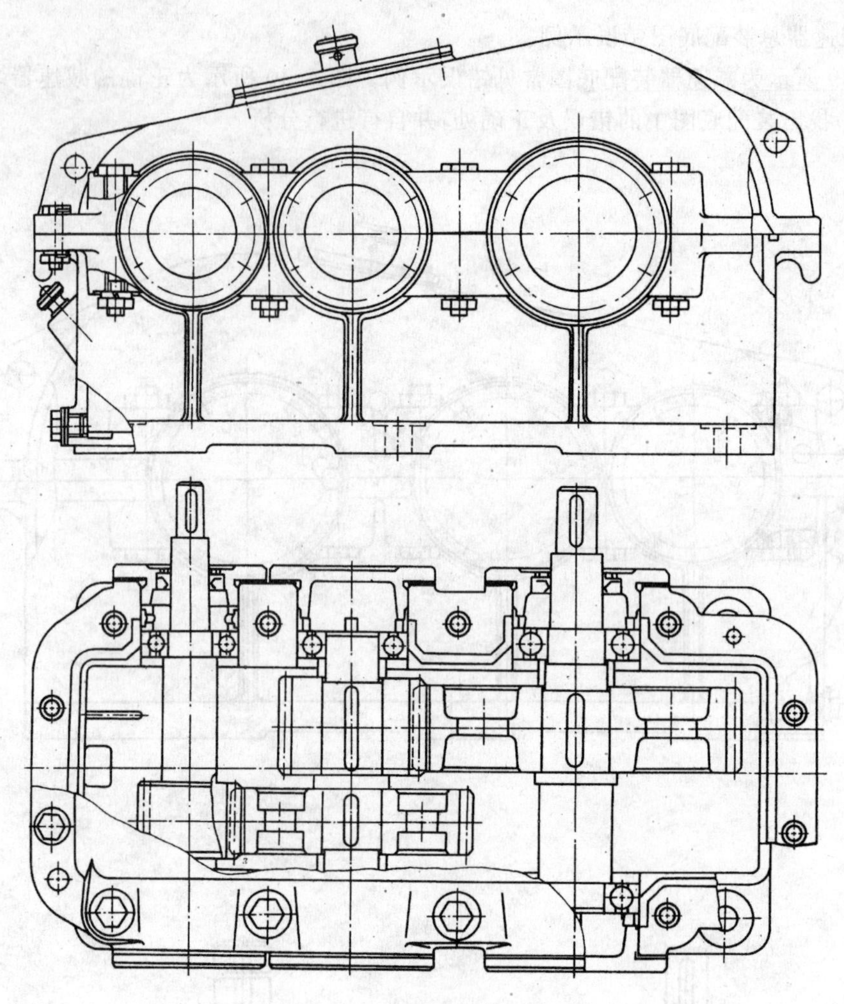

图 5-40　正确的减速器装配底图

5.5　锥齿轮减速器装配底图的设计特点

锥齿轮减速器设计的主要内容为小锥齿轮轴系部件设计、传动件与箱壁位置确定以及大锥齿轮结构设计等。锥齿轮减速器设计步骤与圆柱齿轮减速器的基本相同。下面以常见的锥-圆柱齿轮减速器为例,介绍锥-圆柱齿轮减速器设计的特点。

在结构视图表达方面,锥-圆柱齿轮减速器要以最能反映轴系部件特征的俯视图为主,兼顾其他视图。

锥齿轮减速器有关箱体结构与尺寸分别如图 4-2 和表 4-1 所示。

减速器结构设计,包括轴系部件、箱体和附件等结构设计。轴系部件设计是装配图设计第一阶段的内容。轴系部件包括轴、轴承组合和传动件。

5.5.1　锥齿轮减速器轴系部件设计

1. 确定传动件及箱体轴承座位置

传动件安装在轴上,轴通过轴承支承在箱体轴承座孔中。设计轴系部件,首先要确定传动件及箱体轴承座的位置。

1）**确定传动件中心线位置**

参照图 5-1，根据计算所得锥距和中心距数值，估计所设计减速器的长、宽、高外形尺寸，并考虑标题栏、明细表、技术特性、技术要求以及编号、尺寸标注等所占幅面，确定出三个视图的位置，画出各视图中传动件的中心线。

2）**按大锥齿轮确定箱体两侧轴承座位置**

按所确定的中心线位置，首先画出锥齿轮的轮廓尺寸（见图 5-41）。估取大锥齿轮轮毂长度 $l=(1.1\sim1.2)b$，b 为圆锥齿轮齿宽。当轴径 d 确定后，必要时对 l 值再作调整。大锥齿轮背部端面与轮毂端面间轴向距离较大，为使箱体宽度方向结构紧凑，大锥齿轮轮毂端面与箱体轴承座内端面（常为箱体内壁）间距离应尽量小，其值与轴承的润滑方式有关。当轴承用脂润滑时，取 $\Delta_4=2\sim3$ mm（见图 5-42(a)）；用油润滑时，取 $\Delta_4=(0.6\sim1.0)\delta$（见图 5-42(b)）。

靠近大锥齿轮一侧的箱体轴承座内端面确定后，在俯视图中以小锥齿轮中心线作为箱体宽度方向的中心线，便可确定箱体另一侧轴承座内端面位置。箱体采用对称结构，可以使中间轴及低速轴调头安装，以便根据工作需要改变输出轴位置。

3）**按箱体轴承座内端面确定圆柱齿轮位置**

取 $\Delta_2\approx\delta$ 为轴承座内端面距小圆柱齿轮端面的距离，并使小圆柱齿轮宽度大于大圆柱齿轮宽度 5～8 mm，在俯视图中画出圆柱齿轮轮廓（见图 5-41）。一般情况下，大圆柱齿轮与大锥齿轮之间仍有足够的距离 Δ_5。同时也在主视图中画出齿轮轮廓。

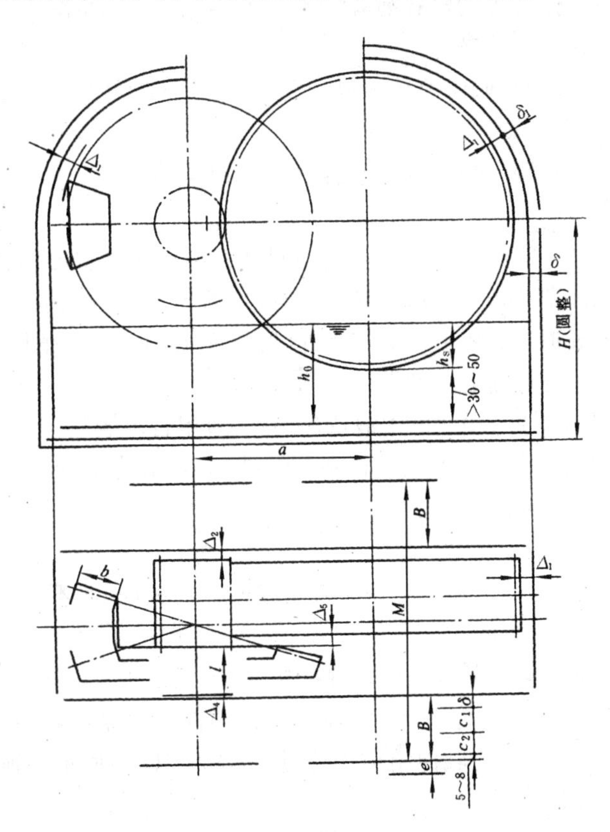

图 5-41　传动件、轴承座端面及箱壁位置

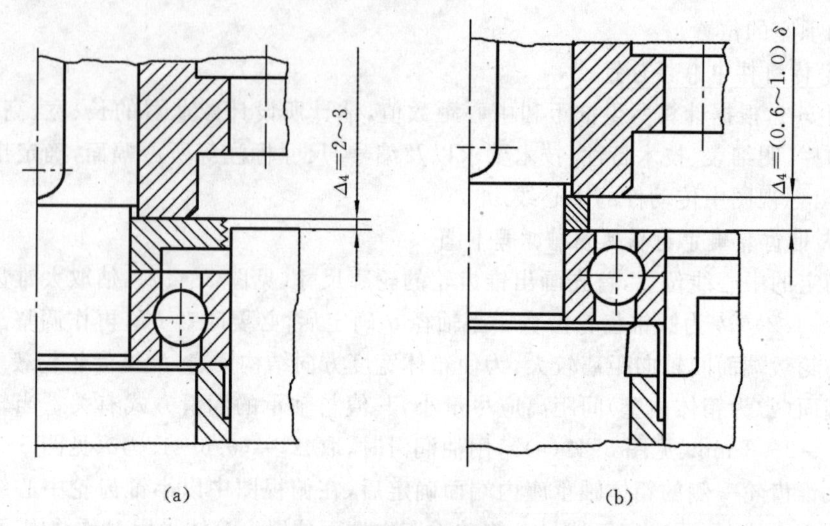

图 5-42　轴承润滑方式与 Δ_4 值

4）按小锥齿轮确定输入端箱体轴承座内端面位置

如图 5-41 所示，取 $\Delta_1\approx\delta$ 为小锥齿轮背锥面距箱盖内壁的距离，画出箱盖及箱座内壁的位置。小锥齿轮轴承座外端面位置暂不考虑，待设计小锥齿轮轴系部件时确定。

5）确定其余箱壁位置

在此之前，与轴系部件有关的箱体轴承座位置已经确定，从绘图程序的连续和方便性考虑，其余箱壁位置也可在此一并确定。

取 $\Delta_1\approx\delta$ 为大圆柱齿轮顶圆距箱体内壁的距离，画出大圆柱齿轮一端箱盖与箱座的箱壁位置(见图 5-41)。

箱底位置由传动件润滑要求确定，减速器中心高 H 应当圆整。

2. 锥齿轮结构

小锥齿轮直径较小，一般可用锻造毛坯或轧制圆钢毛坯制成实心结构。当小锥齿轮齿根圆到键槽底面的距离 $x\leqslant1.6\ m$（m 为大端模数）时(见图 5-43)，应将齿轮和轴制成一体(见图 5-43(a))。当 $x>1.6\ m$ 时，齿轮与轴分开制造(见图 5-43(b))。x 值除与齿轮尺寸有关外，也与轴的径向尺寸有关，需与轴的结构设计一起考虑。

大锥齿轮的直径小于 500 mm 时，用锻造毛坯，一般用自由锻毛坯经车削加工和刨齿而成(见图 5-44(a))。在大量生产并具有模锻设备的条件下，才用模锻毛坯齿轮(见图 5-44(b))。

3. 轴的结构设计和滚动轴承类型选择

1）轴的结构设计

锥齿轮减速器轴的结构设计基本与圆柱齿轮减速器的相同，所不同的主要是小锥齿轮轴的轴向尺寸设计中支点跨距的确定。

因受空间限制，小锥齿轮一般多采用悬臂结构，为了保证轴系刚度，一般取轴承支点跨距 $L_{B1}\approx2L_{C1}$(见图 5-45)。在此条件下，为使轴系部件轴向尺寸紧凑，在结构设计中须力求使 L_{C1} 达到最小。图 5-46(a)所示为轴向结构尺寸过大，图 5-46(b)所示为轴向结构尺寸紧凑。

2）滚动轴承类型选择

滚动轴承类型选择与圆柱齿轮减速器的考虑基本相同。但锥齿轮轴向力较大、载荷大时多采用圆锥滚子轴承。

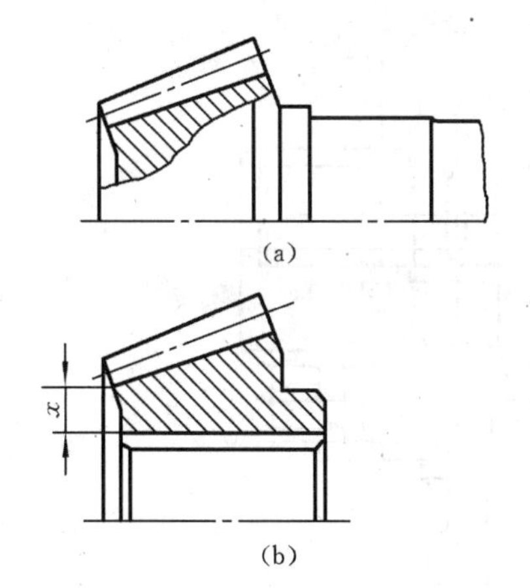

图 5-43　小锥齿轮结构

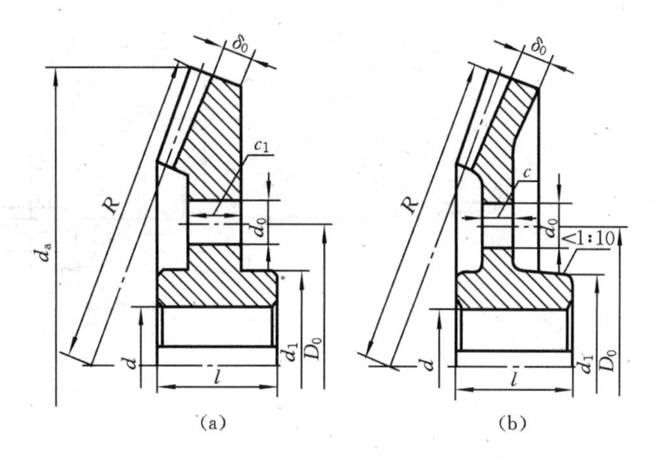

图 5-44　大锥齿轮结构和尺寸

(a) 自由锻；(b) 模锻

$d_a \leqslant 500$ mm 时用锻造锥齿轮，

$d_1=1.6d$，$l=(1.0\sim1.2)d$，$\delta_0=(3\sim4)m\geqslant10$ mm，

$c=(0.1\sim0.13)R$，$c_1=(0.15\sim0.17)R$，D_0、d_0由结构确定

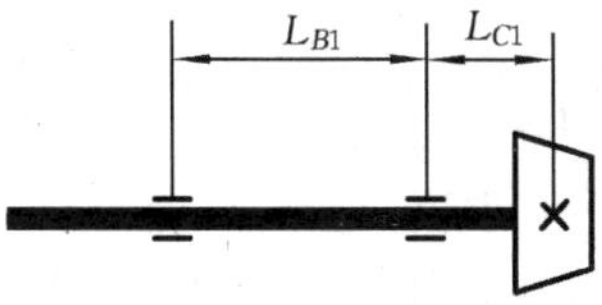

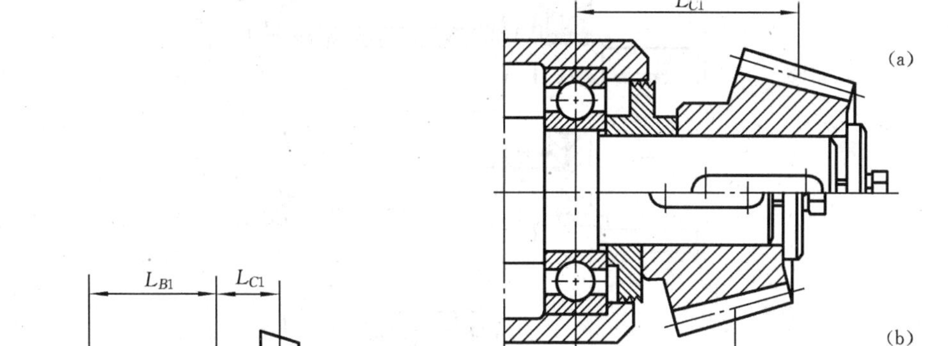

图 5-45　小锥齿轮轴系支点跨距与悬臂长度

图 5-46　小锥齿轮悬臂长度

(a) 不正确；(b) 正确

4. 确定支点、受力点及校核轴、键、轴承

锥-圆柱齿轮减速器初步装配底图如图 5-47 所示。轴、键、轴承校核计算与圆柱齿轮减速器的相同。

5. 小锥齿轮轴系部件的轴承组合设计

1) 轴承支点结构

(1) 两端固定。当轴的热伸长量较小时，常采用两端固定式结构。在图 5-47 中，小锥齿轮轴系为采用深沟球轴承两端固定的结构形式。用圆锥滚子轴承时，轴承有正装与反装两种布置方案，如图 5-48(a)、(b)所示为正装结构；而图 5-48(c)、(d)、(e)所示为反装结构。

在保证 $L_{B1}\approx 2L_{C1}$ 的条件下，图 5-48 中各种不同结构方案的特点如下。

① 反装的圆锥滚子轴承组成的轴系部件，其轴向结构尺寸紧凑。

② 正装且 $d_a<D_3$ 时(见图 5-48(a))，轴系零件装拆方便，因为轴上所有零件都可在套杯外装拆。反装时，若采用图 5-48(d)所示的结构，且 $d_a<D_3$ 时，轴上零件也可在套杯外装拆。

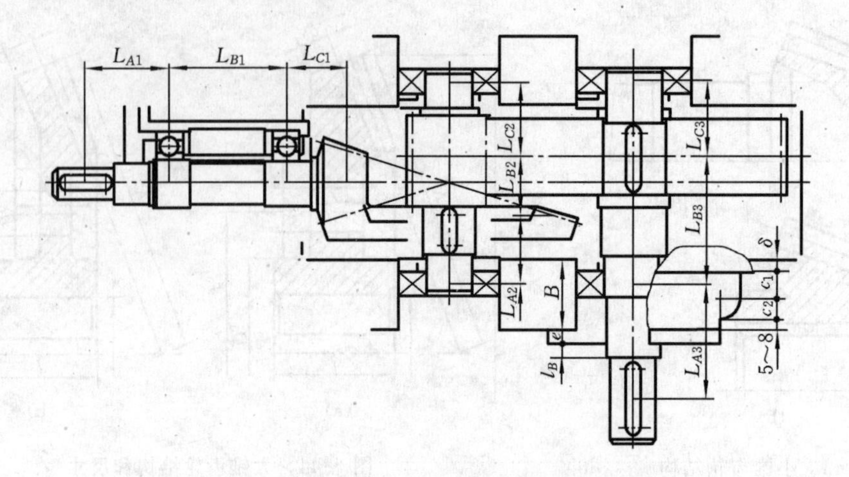

图 5-47　锥-圆柱齿轮减速器初步装配底图

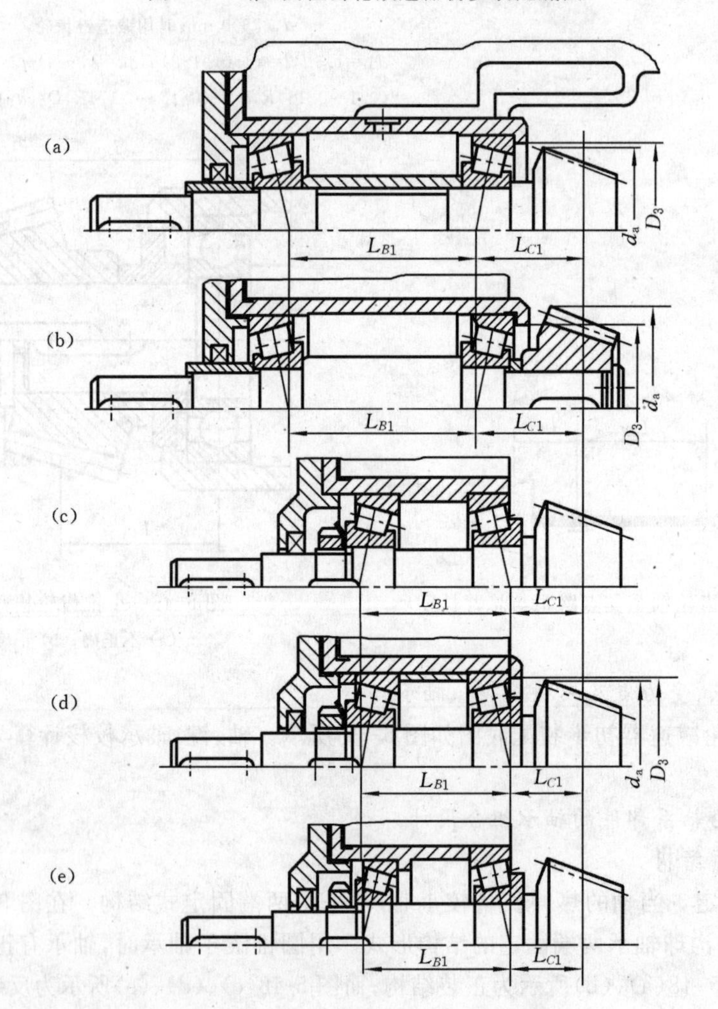

图 5-48　小锥齿轮轴轴承组合结构方案

图 5-48(c)、(e)所示的反装结构装拆不便。

③ 正装时，轴承间隙调整比反装方便。

④ 正装且 $d_a > D_3$ 时，齿轮轴结构装拆不方便；齿轮与轴分开的结构（见图 5-48(b)）装拆

方便，因为轴承可在套杯外装拆。

⑤ 图 5-48(e)所示为反装结构，其轴承尺寸与负荷关系较合理。

(2) 一端固定、一端游动。对于小锥齿轮轴系，采用一端固定、一端游动的结构形式（见图 5-49)，一般不是考虑轴的热伸长影响，而多与结构因素有关。如图 5-49(a)所示，左端用短套杯结构构成固定支点，右端为游动支点，套杯轴向尺寸小，制造容易，成本低，而且装拆方便。如图 5-49(b)所示，左端密封装置直接装在套杯上，不另设轴承盖，左端轴承的双向固定结构简单，装拆方便。但上述两种结构方案的轴承间隙不能调整。

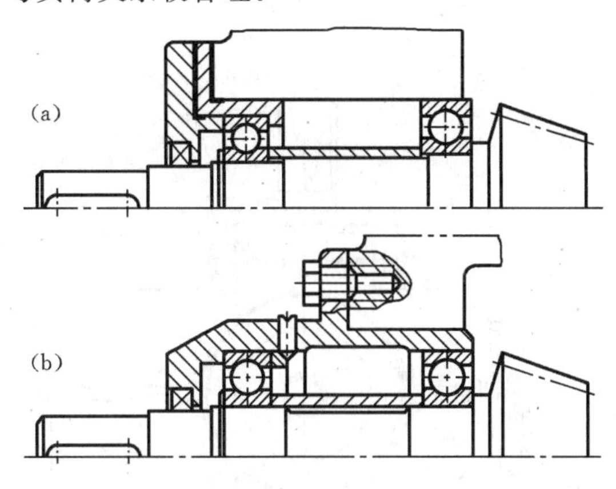

图 5-49　小锥齿轮轴轴承组合结构方案

(3) 套杯。套杯常用铸铁制造，套杯的结构尺寸根据轴承组合结构要求设计。结构尺寸设计参见表 4-17。

2) **轴承润滑**

小锥齿轮轴系部件中轴承用脂润滑时，要在小锥齿轮与相近轴承之间设封油盘（见图 5-50)；用油润滑时，需在箱座剖分面上制出输油沟和在套杯上制出数个进油孔（见图 5-48(a))，将油导入套杯内润滑轴承。

图 5-50 所示为锥-圆柱齿轮减速器第一阶段设计完成后的装配底图。

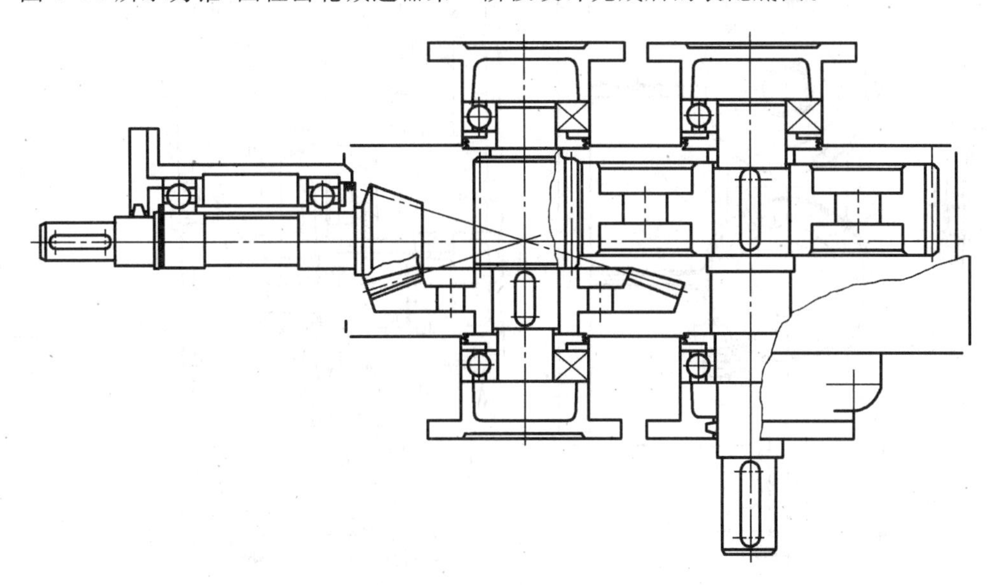

图 5-50　锥-圆柱齿轮减速器第一阶段设计完成后的装配底图

5.5.2　锥齿轮减速器箱体及附件设计

锥-圆柱齿轮减速器箱体及附件结构设计与圆柱齿轮减速器的基本相同，具体设计方法和步骤参见 5.3 节。图 5-51 所示为锥-圆柱齿轮减速器第二阶段设计完成后的装配底图。此图以主视图、俯视图、左视图为主要视图，并辅以局部视图，明确反映了各零部件的位置与相对应的关系。

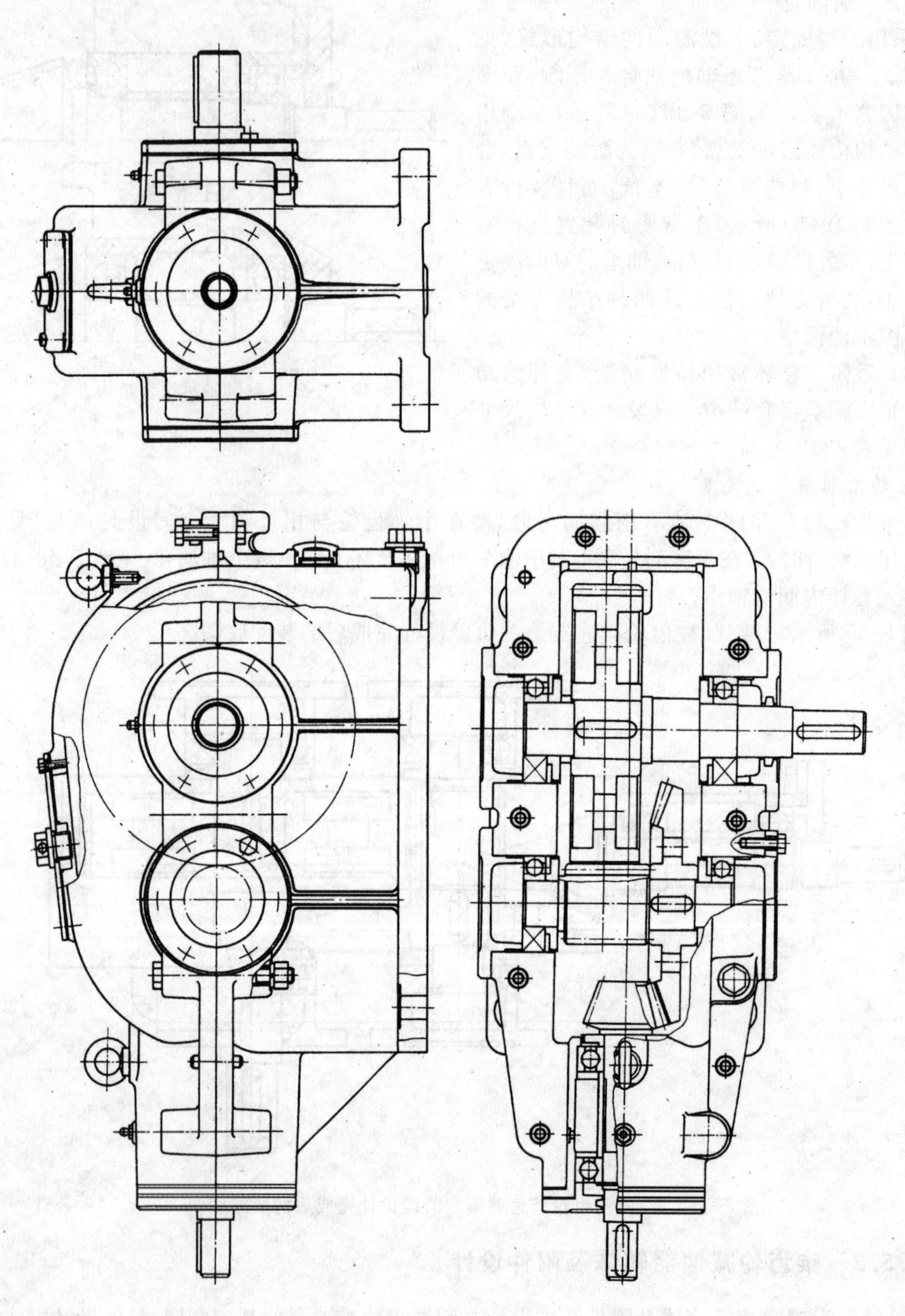

图 5-51　锥-圆柱齿轮减速器第二阶段设计完成后的装配底图

5.6　蜗杆减速器装配底图的设计特点

蜗杆减速器设计的主要内容是蜗杆轴系部件、箱体某些结构以及传动件蜗轮结构等。蜗杆减速器的设计步骤与圆柱齿轮减速器的基本相同。下面以常见的下置式蜗杆减速器为例，介绍蜗杆减速器设计的特点。

在结构视图表达方面，齿轮减速器以俯视图为主，而蜗杆减速器则以最能反映轴系部件及减速器箱体结构特征的主视图、左视图为主。

蜗杆减速器有关箱体结构与尺寸参见图4-3和表4-1。

5.6.1　蜗杆减速器轴系部件设计

1. 确定传动件及箱体轴承座的位置

传动件安装在轴上，轴通过轴承支承在箱体轴承座孔中。设计轴系部件，首先要确定传动件和箱体轴承座的位置。

1) 确定传动件中心线位置

参照图5-1，根据计算所得中心距数值，估计所设计减速器的长、宽、高外形尺寸，并考虑标题栏、明细表、技术特性、技术要求以及零件编号、尺寸标注等所占幅面，确定三个视图的位置，画出各视图中传动件的中心线。

2) 按蜗轮外圆 d_{e2} 确定蜗杆轴承座位置

按所确定的中心线位置，首先画出蜗轮和蜗杆的轮廓尺寸(见图5-52(a))。取 $\Delta_1 \approx \delta$(δ 为箱体壁厚)，在主视图中确定两侧内壁及外壁的位置。取蜗杆轴承座外端面凸台高4～8 mm，确定蜗杆轴承座外端面 F_1 的位置。M_1 为蜗杆轴承座两外端面间的距离。

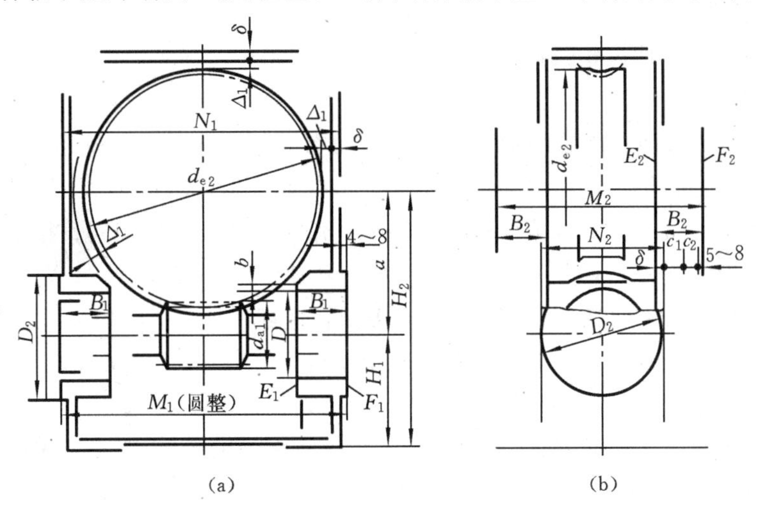

图5-52　传动件、轴承座端面及箱壁位置

(a) 主视图；(b) 左视图

为了提高蜗杆的刚度，应尽量缩短支点间的距离，为此，蜗杆轴承座需伸到箱内。内伸部分长度与蜗轮外径及蜗杆轴承外径或套杯外径有关。内伸轴承座外径与轴承盖外径 D_2 相同。为使轴承座尽量内伸，常将圆柱形轴承座上部靠近蜗轮部分铸出一个斜面(见图5-52(a)及图5-53)，使其与蜗轮外圆间的距离 $\Delta_1 \approx \delta$，再取 $b=0.2(D_2-D)$，从而确定轴承座内端面 E_1 的

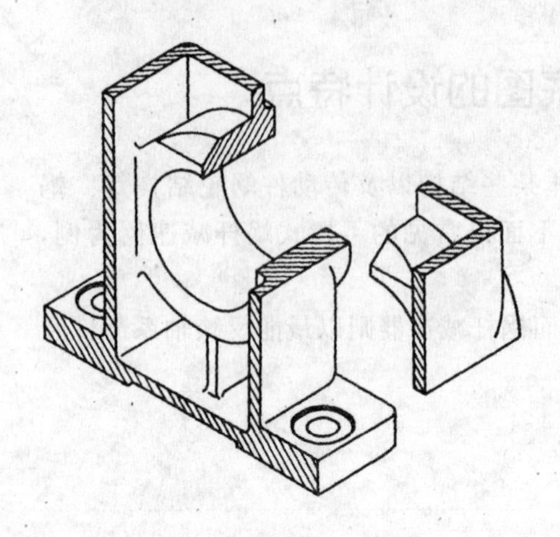

图 5-53　蜗杆轴承座

位置。

3）按蜗杆轴承座径向尺寸确定蜗轮轴承座位置

如图 5-52(b)所示，常取蜗杆减速器宽度等于蜗杆轴承盖外径（等于蜗杆轴承座外径），即 $N_2 \approx D_2$。由箱体外表面宽度可确定内壁 E_2的位置，即蜗轮轴承座内端面位置。其外端面 F_2的位置或轴承座的宽度 B_2，由轴承旁螺栓直径及箱壁厚度确定，即$B_2 = \delta + c_1 + c_2 + (5 \sim 8)$ mm。

4）确定其余箱壁位置

在此之前，与轴系部件结构有关的箱体轴承座位置已经确定。从绘图的方便以及热平衡计算的需要考虑，其余箱壁位置也在此一并确定。如图 5-52 所示，取 $\Delta_1 \approx \delta$ 确定上箱壁位置。对下置式蜗杆减速器，为保证散热，常取蜗轮轴中心高$H_2 = (1.8 \sim 2)a$，a 为传动中心距。此时，蜗杆轴中心高还需满足传动件润滑要求，中心高 H_1、H_2需圆整。有时蜗轮、蜗杆伸出轴用联轴器直接与工作机、原动机连接。如相差不大，最好与工作机、原动机中心高相同，以便于在机架上安装。

2. 热平衡计算

箱体长、宽、高尺寸确定后，应进行热平衡计算（计算过程略，见参考文献 2）。当计算结果不能满足散热要求时，可在箱体上加设散热片。若加散热片仍不能满足散热需要，可在蜗杆端部装风扇进行冷却。

3. 轴的结构设计和轴承选择

1）轴的结构设计

轴的结构设计与圆柱齿轮减速器相同，参见 5.2 节。

2）轴承的选择

(1) 轴承类型的选择。蜗轮轴轴承类型选择的考虑与圆柱齿轮减速器的基本相同，区别是蜗杆轴承支点与齿轮轴承支点受力情况不同。蜗杆轴承承受轴向力大，因此一般可选用能承受较大轴向力的角接触球轴承或圆锥滚子轴承。角接触球轴承较相同直径系列的圆锥滚子轴承的极限转数高。但在一般蜗杆减速器中，蜗杆转速常在 3 000 r/min 以下，而内径为 ϕ90 mm 以下的圆锥滚子轴承，在油润滑条件下，其极限转速都在 3 000 r/min 以上。同时，圆锥滚子轴承较相同直径系列的角接触球轴承基本额定动负荷值高，而且价格又低。因此，蜗杆轴承多选用圆锥滚子轴承。当转数超过圆锥滚子轴承的极限转数时，才选用角接触球轴承。当轴向力非常大而且转速又不高时，可选用双向推力球轴承承受轴向力，同时选用向心轴承承受径向力。

(2) 轴承型号的选择。根据蜗杆轴的结构尺寸来选择，因蜗杆轴轴向力较大，且转速较高，故开始常初选 03（中窄）系列轴承。

4. 确定支点力点及校核轴、键、轴承

蜗杆减速器初步装配图如图 5-54 所示。轴、键、轴承校核计算与圆柱齿轮减速器的相同。

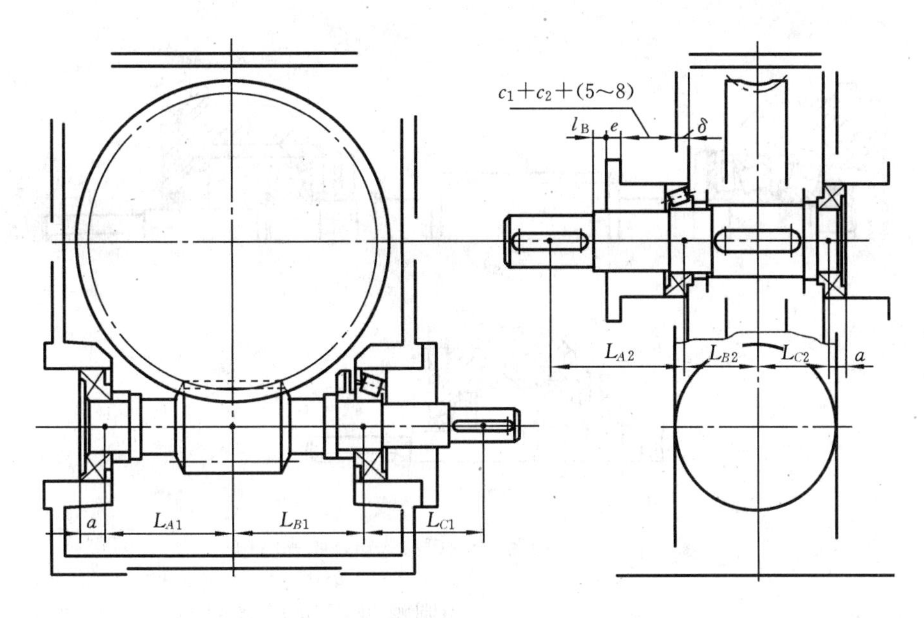

图 5-54　蜗杆减速器初步装配图

5. 蜗杆轴系部件的轴承组合结构设计

1) 轴承支点结构设计

(1) 两端固定。当蜗杆轴较短(支点跨距小于 300 mm),温升不太大时,或虽然蜗杆轴较长但间歇工作、温升较小时,常采用圆锥滚子轴承正装的两端固定结构(见图 5-54 及图 5-55)。

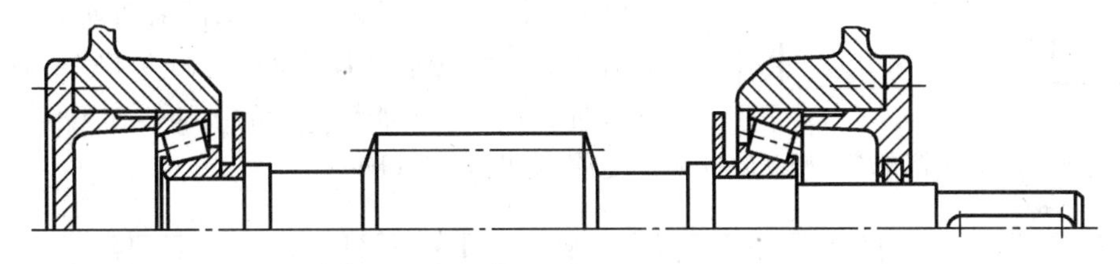

图 5-55　两端固定式蜗杆轴系结构

(2) 一端固定、一端游动。当蜗杆轴较长、温升较大时,热膨胀伸长量大,如果采用两端固定式结构,则轴承间隙减小甚至消失,以至出现较大负值。此时,轴承将承受很大的附加载荷而加速破坏,这是不允许的。这种情况下宜采用一端固定、一端游动的结构(见图 5-56(a))。固定端常采用两个圆锥滚子轴承正装的支承形式。外圈用套杯凸肩和轴承盖双向固定,内圈用轴肩和圆螺母双向固定。游动端可采用深沟球轴承,内圈用轴肩和弹性挡圈双向固定,外圈在座孔中轴向游动的结构。或者采用如图 5-56(b)所示的圆柱滚子轴承,内、外圈双向固定,滚子在外圈内表面轴向游动的结构。

在设计蜗杆轴承座孔时,应使座孔直径大于蜗杆外径以便蜗杆装入。为便于加工,常使箱体两轴承座孔直径相同。

蜗杆轴系中的套杯,主要用于固定支点轴承外圈的轴向固定。套杯的结构和尺寸设计可参见表 4-17。由于蜗杆轴的轴向位置不需要调整,因此,可以采用如图 5-56 中所示的径向结构尺寸较紧凑的小凸缘式套杯。

固定端的轴承承受的轴向力较大,宜用圆螺母而不用弹性挡圈固定。游动端轴承可用弹性挡圈固定。

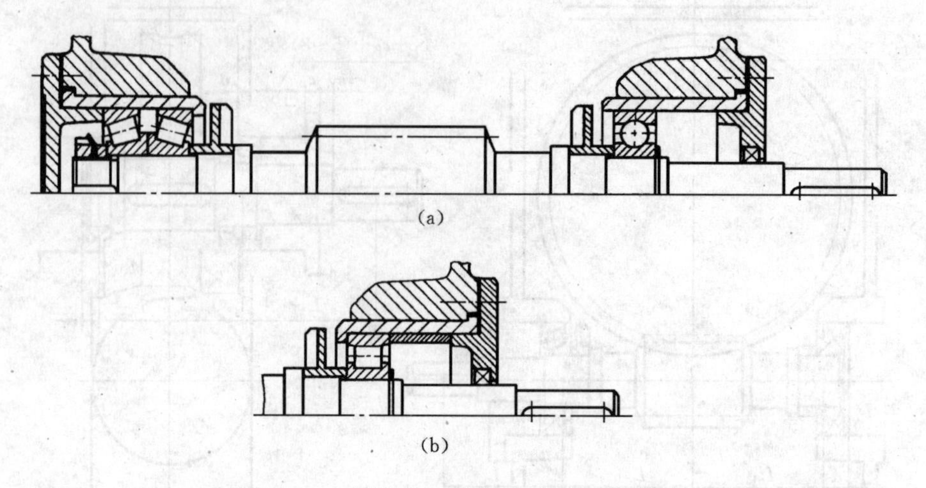

图 5-56 一端固定、一端游动式蜗杆轴系结构

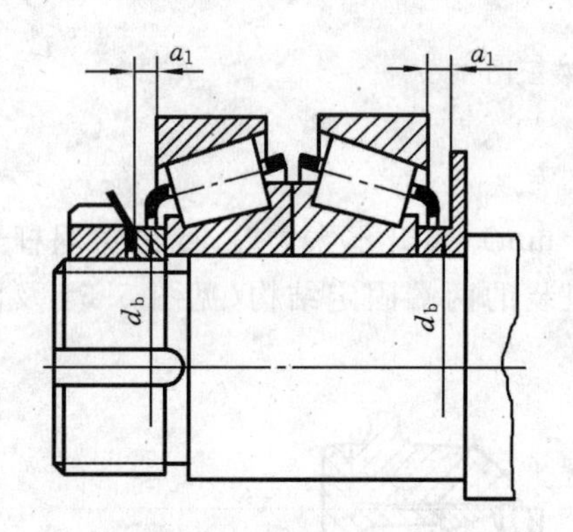

图 5-57 圆螺母固定圆锥滚子轴承的结构

用圆螺母固定正装的圆锥滚子轴承时(见图 5-57),在圆螺母与轴承内圈之间,必须加一个隔离环,否则,圆螺母将与保持架干涉。环的外径和宽度,见圆锥滚子轴承标准中的安装尺寸。

2) 润滑与密封

(1) 润滑。下置蜗杆的轴承用浸油润滑。为避免轴承搅油功率损耗过大,最高油面 h_{0max} 不能超过轴承最下面的滚动体中心(见图 5-58(a));最低油面高度 h_{0min} 应保证最下面的滚动体在工作中能少许浸油(见图 5-58(b)、(c))。

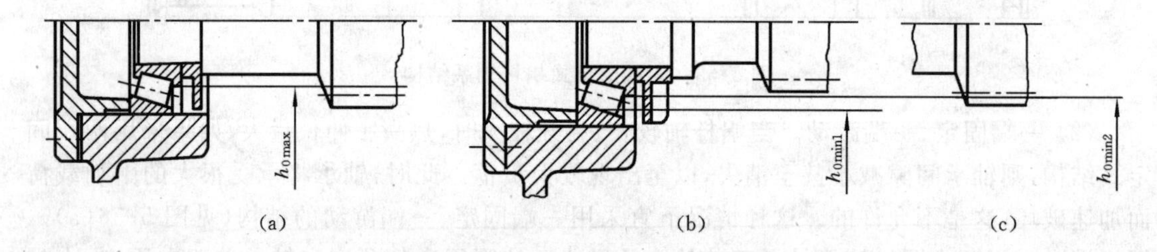

图 5-58 下置式蜗杆减速器的油面高度

(a) 最高油面;(b) 最低油面 1;(c) 最低油面 2

蜗杆传动及轴承润滑方法的选择和设计参见 4.2.1 中有关内容。

(2) 密封。下置蜗杆应采用较可靠的密封形式,如采用橡胶密封圈密封。蜗轮轴轴承的密封与齿轮减速器的相同。

6. 蜗杆和蜗轮结构

1) 蜗杆结构

蜗杆通常与轴制成一体,称为蜗杆轴(见图 5-59)。当蜗杆根圆直径 d_{f1} 略大于轴径 d(见图 5-59(a)),其螺旋部分可以车制,也可以铣制。当 $d_{f1}<d$ 时(见图 5-59(b)),只能铣制。

2）蜗轮结构

蜗轮结构分组合式和整体式两种(见图 5-60)。

为节省有色金属,大多数蜗轮做成组合式结构(见图 5-60(a)、(b)),只有铸铁蜗轮或直径 d_e<100 mm 的青铜蜗轮才用整体式结构(见图 5-60(c))。图 5-60(a)为青铜轮缘用过盈配合装在铸铁轮心上的组合式蜗轮结构,其常用的配合为 H7/s6 或 H7/r6。为增加连接的可靠性,在配合表面接缝处装 4～8 个螺钉。为避免钻孔时钻头偏向软金属青铜轮缘,螺孔中心宜稍偏向较硬的铸铁轮心一侧。图 5-60(b)为轮缘与轮心用铰制孔用螺栓连接的组合式蜗轮结构,其螺栓直径和个数由强度计算确定。这种组合结构工作可靠、装配方便,适用于较大直径的蜗轮。为节省青铜和提高连接强度,在保证必需的轮缘厚度的条件下,螺栓位置应尽量靠近轮缘。

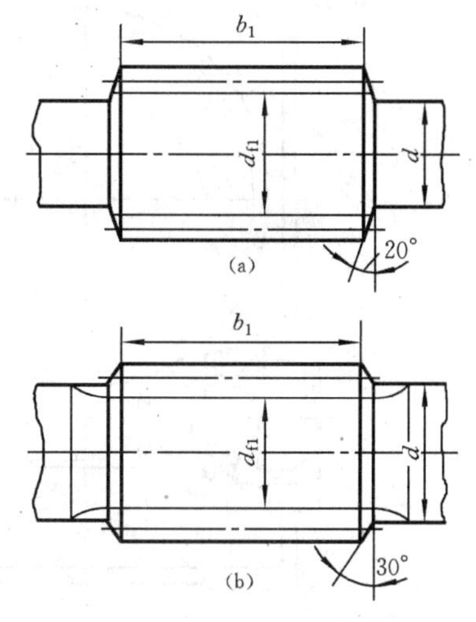

图 5-59　蜗杆结构和尺寸

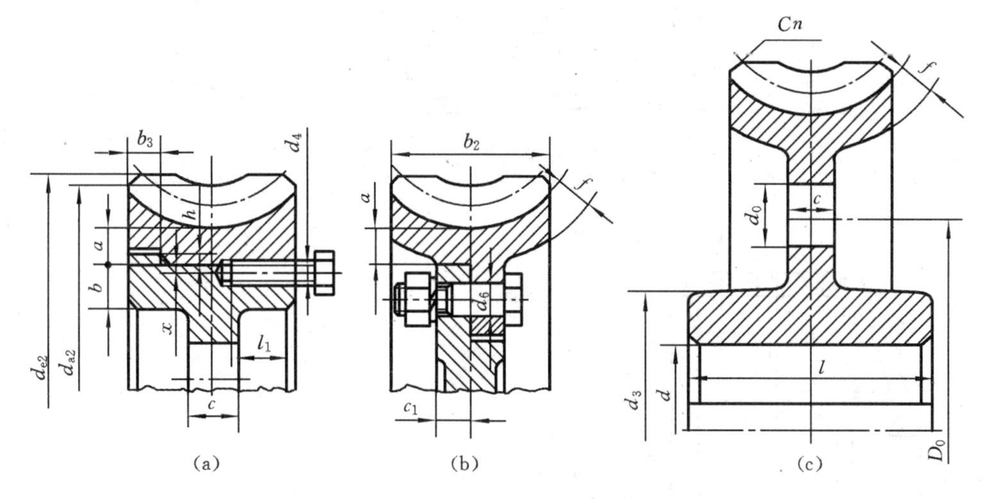

图 5-60　蜗轮结构和尺寸

(a)过盈配合的组合式结构;(b)螺栓连接的组合式结构;(c)整体结构

$d_3=1.6d, l=(1.2\sim1.8)d, c=0.3b_2, c_1=(0.2\sim0.25)b_2, b_3=(0.12\sim0.18)b_2$,

$a=b=2m\geqslant10$ mm, $h=0.5b_3, d_4=(1.2\sim1.5)m\geqslant6$ mm, $l_1=3d_4, x=1\sim2$ mm, $f\geqslant1.7$ mm, $n=2\sim3$ mm,

m 为模数, d_6 按强度计算确定, d_0、D_0 由结构确定

图 5-61 所示为蜗杆减速器第一阶段设计完成后的装配底图。

5.6.2　蜗杆减速器箱体及附件设计

下面简单介绍整体式箱体结构。如图 5-62 所示,整体式箱体两侧一般设两个大端盖孔,蜗轮由此装入,该孔径要稍大于蜗轮外圆的直径。为保证传动啮合的质量,大端盖与箱体间的配合采用 H7/js6 或 H7/g6。

为增加蜗轮轴承座的刚度,大端盖内侧可加肋。为使蜗轮跨过蜗杆装入箱体,蜗轮外圆与箱体上壁间应留有相应的距离 s(见图 5-62)。

当蜗杆减速器需要加设散热片时,散热片的布置一般取竖直方向。若在蜗杆轴端装风扇,

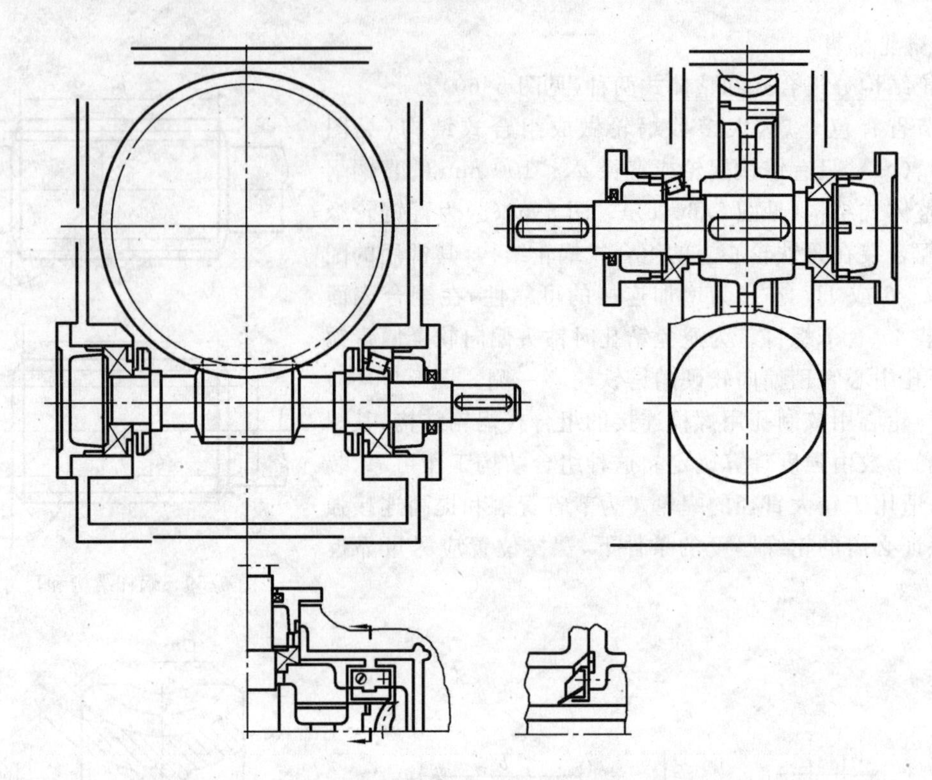

图 5-61　蜗杆减速器第一阶段设计完成后的装配底图

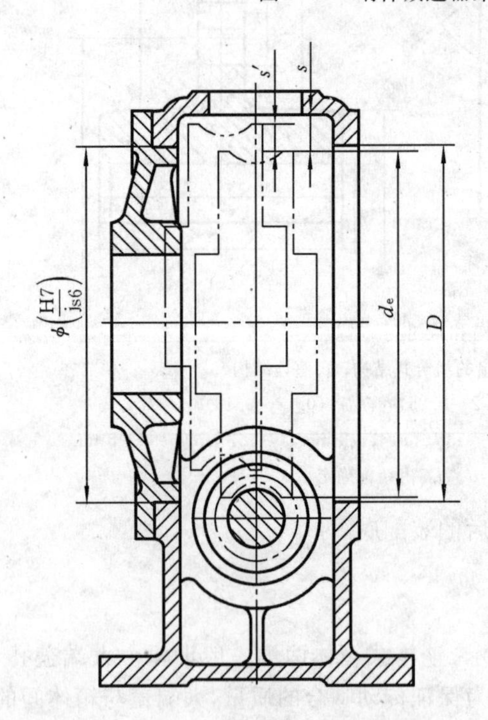

图 5-62　整体式蜗杆减速器箱体结构

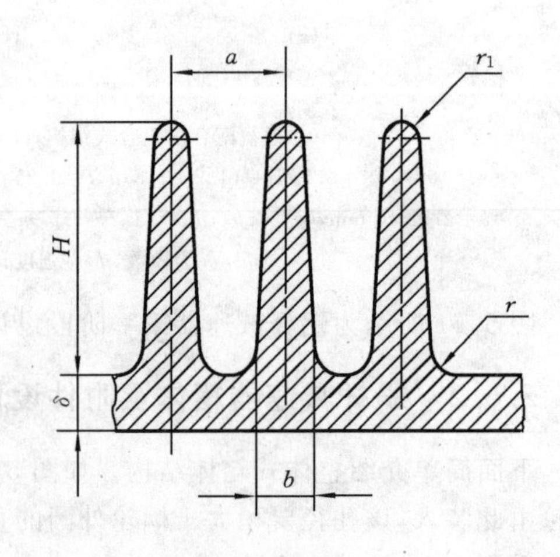

图 5-63　散热片结构尺寸

$H=(4\sim5)\delta, a=2\delta, b=\delta, r=0.5\delta, r_1=0.25\delta$

则散热片布置方向应与风扇气流方向一致。散热片的结构和尺寸如图 5-63 所示。

图 5-64 所示为圆柱蜗杆减速器第二阶段设计完成后的装配底图。

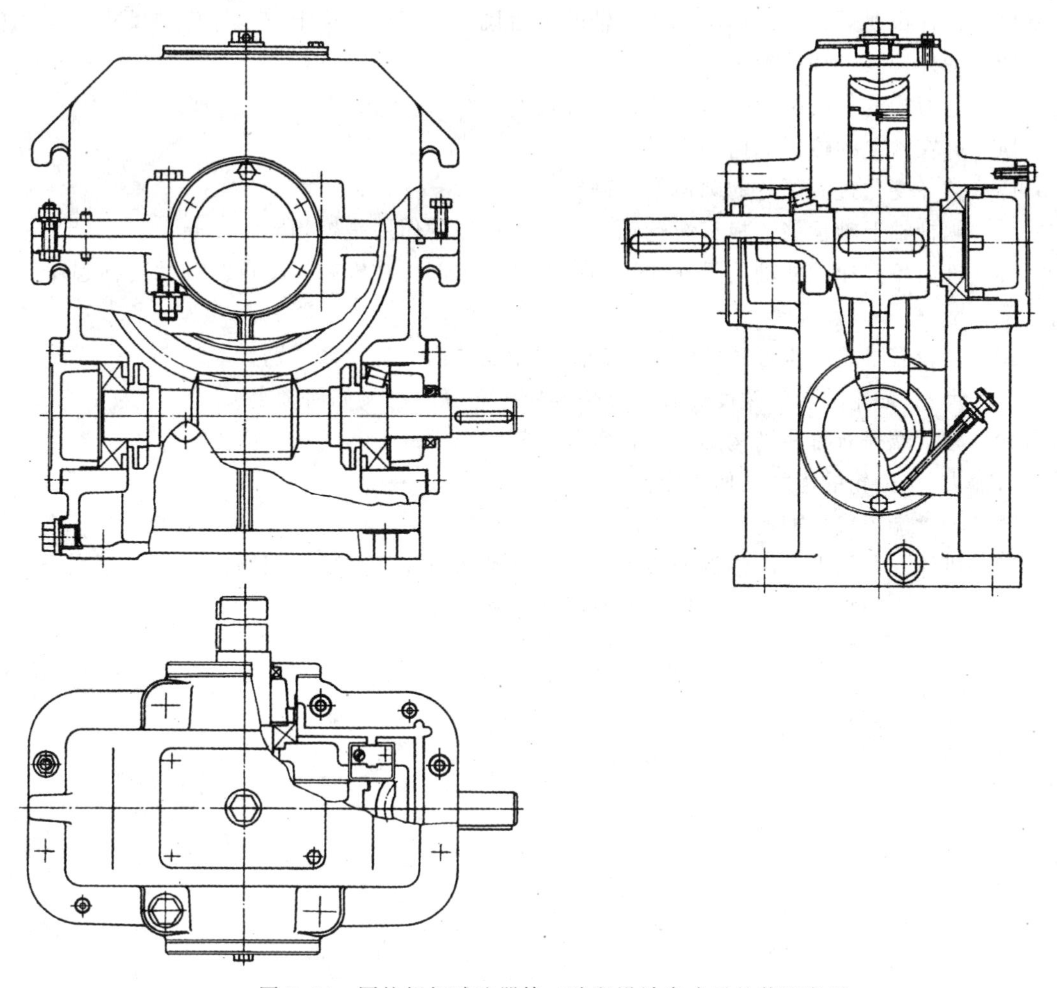

图 5-64　圆柱蜗杆减速器第二阶段设计完成后的装配底图

思　考　题

5-1　绘制减速器装配图从何处入手？装配图在设计过程中起什么作用？

5-2　绘制装配图之前应确定哪些参数和结构？

5-3　如何选择联轴器？在你的设计中,采用的是哪种联轴器？

5-4　在本阶段设计中哪些尺寸必须圆整？

5-5　角接触轴承的支点位置如何确定？

5-6　轴的径向(直径)尺寸变化有什么规律？直径变化断面的位置有何规律？

5-7　阶梯轴各段的长度如何确定？

5-8　轴承在轴承座上的位置如何确定？

5-9　固定轴承时,轴肩(或套筒)的直径如何确定？

5-10　确定轴承座宽度的根据是什么？

5-11 为什么要进行轴的初步计算？轴的最后尺寸是否允许小于初步计算的尺寸？

5-12 轴外伸长度如何确定？

5-13 退刀槽的作用是什么？尺寸如何确定？

5-14 键在轴上的位置如何确定？

5-15 直径变化过渡部分的圆角如何确定？

5-16 蜗杆轴上轴承挡油板和齿轮轴上轴承挡油板的作用是否相同？

5-17 锥齿轮高速轴的轴向尺寸如何确定？其轴承部件结构有何特点？轴承套杯起什么作用？

5-18 齿轮有哪些结构形式？锻造与铸造齿轮在结构上有什么区别？

5-19 齿轮、蜗轮的轮毂宽度和直径如何确定？轮缘厚度又如何确定？

5-20 轴承端盖有哪些结构形式？各有什么特点？

5-21 大、小齿轮的齿宽如何确定？

5-22 轴承端盖尺寸如何确定？

5-23 机体剖分面上润滑油沟如何加工？设计油沟时应注意哪些问题？

5-24 轴承旁的挡油板起什么作用？有哪些结构形式？

第 6 章　减速器装配图的整理

6.1　完善和加深装配底图

装配图设计的第三阶段是减速器装配图的整理。

首先，按机械制图的要求加深底图，加深前必须先全面检查，把错线、多余的线和作图辅助线擦去，加深时所有线条(包括中心线)均需按机械制图线型标准进行加深，加深的顺序是：先细后粗，先曲后直，先水平后垂直。为确保图面整洁，要擦净绘图工具，并尽量减少三角板在已加深的图线上反复移动。

其次，画剖面线时注意同一个机件(特别是上、下箱体)在各个剖视图中的剖面线倾斜方向应相同，间距应相等；某些较薄的零件，如轴承端盖处的调整垫片组、窥视孔盖处的密封件等，其剖面宽度尺寸较小，可用涂黑代替剖面线。

6.2　装配图标注尺寸

在装配图上应标注以下四个方面的尺寸。

1. 特性尺寸

传动零件的中心距及其极限偏差(见表 16-14 和表 16-43)等。

2. 安装尺寸

减速器本身需要安装在基础上或机械设备的某部位上，同时减速器还要与电动机或其他传动零件相连接，这就需要标注安装尺寸。安装尺寸主要有：箱体底面尺寸(长和宽)，地脚螺栓孔的定位尺寸(某一地脚螺栓孔到某轴外伸端中心的距离)，地脚螺栓孔的直径和地脚螺栓孔之间的距离，输入轴和输出轴外伸端直径及配合长度，减速器的中心高度等。

3. 外形尺寸

减速器的总长度、总宽度、总高度等。

4. 配合尺寸、性质及精度

凡是有配合要求的结合部位，都应标注配合尺寸和配合类型，如传动零件与轴、轴承内圈与轴、轴承外圈与箱体轴承座孔、轴承端盖与箱体轴承座孔等。选择配合时，应优先采用基孔制，但标准件除外，例如滚动轴承是标准件，其外圈与孔的配合为基轴制，内圈与轴的配合为基孔制，故特别应注意滚动轴承配合的标注方法与其他零件不同，即只需标出与轴承相配合的轴颈及轴承座孔的公差带符号即可。

减速器主要零件的荐用配合如表 6-1 所示。

表 6-1 中，套筒、封油盘、挡油盘等与轴的配合为间隙配合，当这些零件和滚动轴承装在同一轴段时，由于轴的直径已按滚动轴承配合的要求选定，此时，轴和孔的配合是采用基轴制和不同公差等级组成。同理，轴承盖与轴承座孔或套杯孔的配合也采用基孔制和不同公差等级组成的。

表 6-1　减速器主要零件的荐用配合

应用示例		配合代号
一般情况下的齿轮、蜗轮、带轮、链轮、联轴器与轴的配合		$\frac{H7}{r6}$，$\frac{H7}{n6}$
小锥齿轮及经常拆卸的齿轮、带轮、链轮、联轴器与轴的配合		$\frac{H7}{m6}$，$\frac{H7}{k6}$
蜗轮轮缘与轮芯的配合	轮箍式	$\frac{H7}{s6}$
	螺栓连接式	$\frac{H7}{h6}$
滚动轴承内圈与轴的配合		k6，m6 或见表 13-5
滚动轴承外圈与轴承座孔的配合		H7 或见表 13-6
套筒、封油盘、挡油盘、甩油环与轴的配合		$\frac{D11}{k6}$，$\frac{F9}{k6}$，$\frac{F9}{m6}$，$\frac{H8}{h7}$，$\frac{H8}{h8}$
轴承盖与轴承座孔或套杯孔的配合		$\frac{H7}{d11}$，$\frac{H7}{h8}$
轴承套杯与轴承座孔的配合		$\frac{H7}{h6}$，$\frac{H7}{js6}$
嵌入式轴承端盖凸缘与箱座、箱盖上槽的配合（指宽度方向）		$\frac{H11}{h11}$
与密封件相接触轴段的公差带		f9，h11

上述四个方面的尺寸应尽量集中标注在反映主要结构的视图上，并应使尺寸的布置整齐、清晰、规范。

6.3　制订技术要求

6.3.1　技术特性

在减速器装配图明细表附近适当位置写出减速器的技术特性，包括减速器的输入功率、转速、传动效率、传动特性（如总传动比、各级传动比）等，也可列表表示。下面给出了两级圆柱齿轮减速器技术特性的示范表（见表 6-2）。

表 6-2　两级圆柱齿轮减速器技术特性

输入功率/kW	输入转速/(r/min)	效率 η	总传动比 i	传动特性							
				第一级				第二级			
				m_n	β	z_2/z_1	精度等级	m_n	β	z_2/z_1	精度等级

6.3.2　技术要求

装配图上应写明在视图上无法表示的关于装配、调整、检验、维护等方面的技术要求，主要内容如下。

1. 对零件的要求

装配前所有零件要用煤油或汽油清洗干净。箱体内壁涂防侵蚀的涂料。箱体内应清理干净，不允许有任何杂物存在。

2. 对润滑剂的要求

主要指传动件和轴承所用润滑剂的牌号、用量、补充或更换时间。选择润滑剂时应考虑传动类型、载荷性质、运转速度及工作温度。

对于开式齿轮传动主要采用润滑脂润滑；对于闭式齿轮传动一般采用润滑油润滑。表6-3给出了不同的齿轮材料、不同的强度极限在不同的节圆速度范围内时推荐选用的润滑油运动黏度值。润滑油的黏度是其最主要的性能指标之一，根据黏度值可进一步选出相应的润滑油（见表17-1）。润滑油应装至油面规定高度，即油标上限。换油时间取决于油中杂质多少及氧化、污染的程度，一般为半年左右。

表 6-3　齿轮传动润滑油黏度荐用值

齿轮材料	强度极限 σ_b/MPa	圆周速度 v/(m/s)						
		<0.5	0.5～1	1～2.5	2.5～5	5～12.5	12.5～25	>25
		运动黏度 ν/(mm²/s)(40℃)						
塑料、铸铁、青铜	—	350	220	150	100	80	55	—
钢	450～1 000	500	350	220	150	100	80	55
	1 000～1 250	500	500	350	220	150	100	80
渗碳或表面淬火的钢	1 250～1 580	900	500	500	350	220	150	100

注：1. 多级齿轮传动，采用各级传动圆周速度的平均值来选取润滑油黏度；

2. 对于 σ_b>800 MPa 的镍镉钢质齿轮（不渗碳）的润滑油黏度应取高一挡的数值。

轴承采用脂润滑时，填充量要适宜，过多或不足都会导致轴承发热，一般以填充轴承空间的 1/3～1/2 为宜。每隔半年左右补充或更换一次。

3. 对密封的要求

减速器所有连接接合面和密封处均不允许出现漏油和渗油现象。箱盖与箱座之间不允许使用任何垫片，为增强密封，允许涂密封胶或水玻璃。

4. 传动副的侧隙与接触斑点的要求

减速器安装必须保证齿轮或蜗杆传动所需要的侧隙（见表 16-15 和表 16-44）以及齿面接触斑点（见表 16-12、表 16-28 和表 16-43）。对多级传动，当各级传动的侧隙和接触斑点要求不同时，在技术条件中应分别写明。

5. 滚动轴承轴向间隙的要求

为保证轴承正常工作，技术要求中应提出轴承轴向间隙的数值。对可调间隙轴承，例如，角接触球轴承和圆锥滚子轴承，间隙数值可由表 13-10 查出；通常采用一组厚度不同（总厚度为 1.2～2 mm）的软钢薄片来调整其间隙。对于不可调间隙的轴承，例如深沟球轴承，在两端固定的轴承结构中，可在端盖与轴承外圈端面间留适当的轴向间隙 Δ，以允许轴的热伸长，一般 Δ=0.1～0.4 mm，当轴承支点跨度大、运转温升高时，取较大值。

6. 试验要求

减速器装配后先做空载试验，正、反转各 1 h，要求运转平稳、噪声小、连接固定处不得松动；然后进行负载试验，油池温升不得超过 35 ℃，轴承温升不得超过 40 ℃。

7. 外观、包装及运输要求

箱体表面应涂漆;外伸轴及其他零件需涂油并包装严密;减速器在包装箱内应固定牢靠;包装箱外应写明“不可倒置”、“防雨淋”等字样。

6.4 零部件编号及填写标题栏和明细表

6.4.1 零部件编号

装配图中零件序号编排方法有下列两种。

(1) 装配图中所有零部件包括标准件在内统一编号。

(2) 只将非标准件编号,标准件的名称、数量、标记、标准代号等直接标在编号线上。

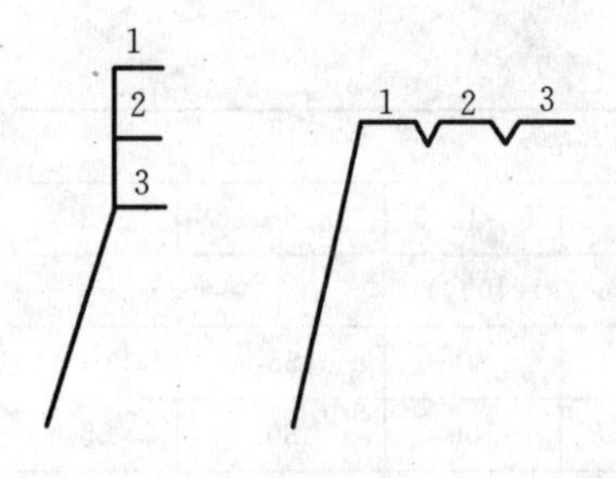

图 6-1 公共引线编号

编号时,相同的零件只能有一个序号,不得重复,也不可遗漏。对各独立组件,如轴承、通气器等,可作为一个零件编号。编号应按顺时针或逆时针方向顺序排列整齐。序号字高可比装配图中尺寸数字的高度大一号或两号。编号引线不应相交,并尽量不与剖面线平行。一组紧固件,例如螺栓、垫片、螺母,可采用公共引线编号(见图 6-1)。

6.4.2 标题栏和明细表

标题栏应布置在图样的右下角。明细表是减速器所有零件的详细目录,明细表由下向上填写,应完整地写出零件名称、材料、主要尺寸及数量;标准件必须按照规定的方法标出并在代号中标明标准代号;传动件必须写出主要参数,如齿轮的模数、齿数及螺旋角等;材料应注明牌号。

做课程设计时,装配图标题栏和明细表可采用国家标准规定的格式,也可采用本书推荐的格式(见图 6-2 和图 6-3)。

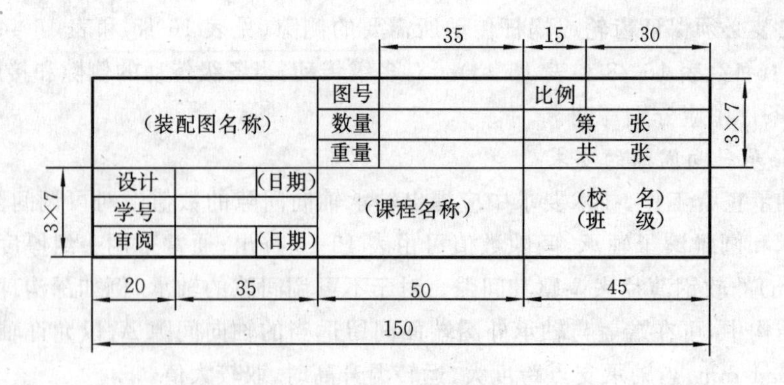

图 6-2 装配图标题栏格式

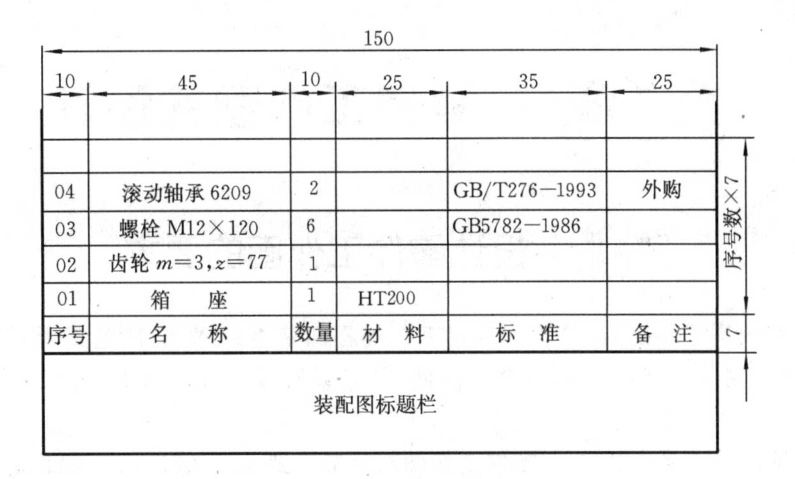

序号	名　称	数量	材　料	标　准	备　注
04	滚动轴承 6209	2		GB/T276—1993	外购
03	螺栓 M12×120	6		GB5782—1986	
02	齿轮 $m=3, z=77$	1			
01	箱　座	1	HT200		
序号	名　称	数量	材　料	标　准	备　注

装配图标题栏

图 6-3　装配图明细表格式

思　考　题

6-1　装配图上应标注哪些尺寸？各有何作用？

6-2　装配图上带轮或链轮、齿轮或蜗轮与轴的配合是如何选定的？滚动轴承与轴和轴承座孔的配合是如何选定的？

6-3　减速器中的齿轮和轴承采用何种润滑方法，选用何种润滑剂？其型号是如何确定的？

6-4　试述你所设计的减速器各轴承组合的装拆过程，并说明轴承的间隙如何确定、如何调整。

6-5　你所设计的减速器属于何种类型？有何特性？

6-6　减速器装配图上应标注哪些技术条件？各说明什么问题？

6-7　齿轮副或蜗杆副的齿侧间隙和接触斑点如何确定？

6-8　如何编排装配图中零件的序号？

6-9　对装配图中的标题栏及明细表有何要求？

第7章 零件工作图的设计

7.1 设计零件工作图的要求

零件工作图是零件制造、检验和制定工艺规程的基本技术文件，它既反映设计意图，又考虑到制造、使用的可能性和合理性。因此，合理设计零件工作图是设计过程中的重要环节。

在机械设计课程设计中，绘制零件工作图的目的主要是锻炼学生的设计能力及掌握零件工作图的内容、要求和绘制方法。

每个零件图应单独绘制在一个标准图幅中，绘制时的基本要求如下。

1. 正确选择和合理安排视图

绘制零件工作图，应以较少的视图和剖视合理布置图面，清楚而正确地表达结构形状及尺寸数值。制图比例优先采用1∶1。对于局部细小结构可另行放大绘制。

2. 合理标注尺寸

根据设计要求和零件的制造工艺正确选择尺寸基准面，重要尺寸应标注在最能反映形体特征的视图上，对要求精确的尺寸及配合尺寸应注明尺寸的极限偏差。应做到尺寸完整，便于加工测量，避免尺寸重复、遗漏、封闭及数值差错。

对装配图中未标明的细小结构，如退刀槽、圆角、倒角和铸件壁厚的过渡尺寸等，在零件工作图中都应绘制并标明。

3. 标注公差及表面粗糙度

根据表面作用及制造经济精度标注零件的表面形状和位置公差。零件的所有加工表面都应注明表面粗糙度，对较多表面具有同样表面粗糙度的数值时，为简便起见可集中标注在图纸的右上角，并加上“其余”字样。

4. 编写技术要求

技术要求是指一些不便在图上用图形或符号标注，但在制造或检测时又必须确保的条件和要求，它需视零件的具体要求而定。

5. 绘制并填写零件工作图标题栏

零件工作图标题栏的绘制及填写如图7-1所示。

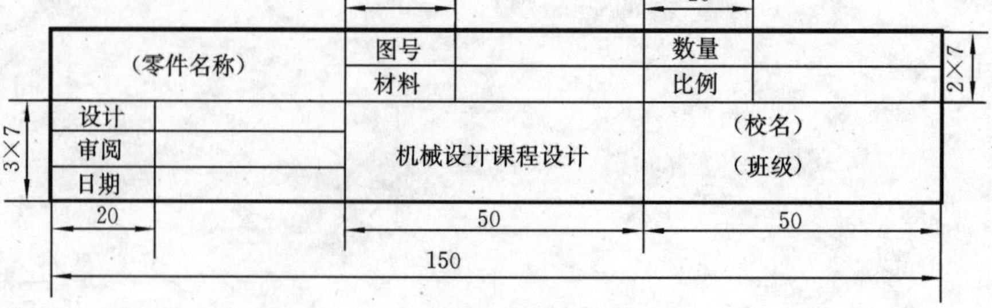

<table>
<tr><td colspan="2" rowspan="2">（零件名称）</td><td>图号</td><td></td><td>数量</td><td></td></tr>
<tr><td>材料</td><td></td><td>比例</td><td></td></tr>
<tr><td>设计</td><td></td><td colspan="2" rowspan="3">机械设计课程设计</td><td colspan="2" rowspan="3">（校名）
（班级）</td></tr>
<tr><td>审阅</td><td></td></tr>
<tr><td>日期</td><td></td></tr>
</table>

20 20 2×7 3×7 20 50 50 150

图7-1 零件工作图标题栏的绘制及填写

7.2　轴类零件工作图的设计

1. 视图

轴类零件的工作图，一般只需一个主视图，在有键槽和孔的地方可增加必要的局部剖视图，对于不易表达的细小结构如退刀槽、中心孔等，可绘制局部放大图。

2. 标注尺寸

轴类零件主要标注径向尺寸和轴向尺寸。标注径向尺寸时，凡有配合处的直径，都应标出尺寸偏差，当各轴段直径有几段相同时，应逐一标注，不得省略。标注轴向尺寸时，既要按照零件尺寸的精度要求，又要符合机械加工的工艺过程，因此，需要考虑基准面和尺寸链问题。

轴类零件的表面加工主要在车床上进行，因此，轴向尺寸的标注形式和选定的定位基准面必须与车削加工过程相适应。图 7-2 所示为轴的轴向尺寸标注示例，它反映了表 7-1 所示的加工工艺过程。在图 7-2 中，齿轮用弹性挡圈固定其轴向位置，所以轴向尺寸$30^{-0.1}_{-0.2}$及$25^{-0.1}_{-0.2}$要求精确，应从基准面一次标出，加工时一次测量，以减少误差。$\phi32$ 轴段长度是次要尺寸，误差大小不影响装配精度，取它作为封闭环，在图上不注尺寸，使加工时的误差积累在该轴段上，避免出现封闭的尺寸链。由于该轴在加工时要调头，所以取 A 面为主要基准面，B 面为辅助基准面。

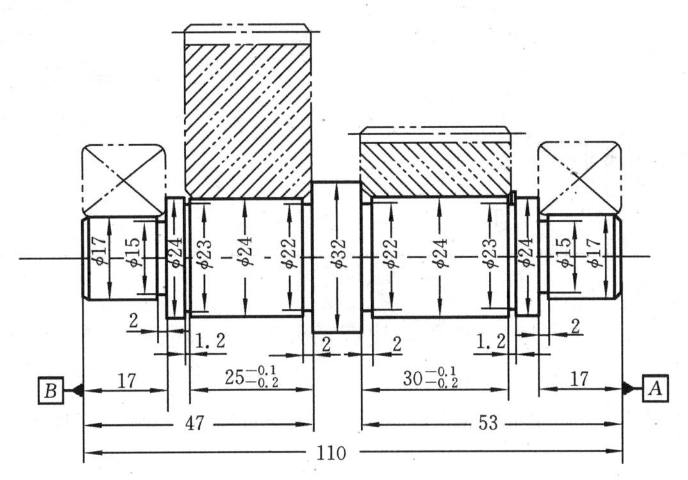

图 7-2　轴的轴向尺寸标注示例

表 7-1　轴的加工过程

序号	说　明	简　图	序号	说　明	简　图
1	车两端面；打中心孔	ϕ35 110	7	车 $\phi17$，长 17(留磨量)	17 ϕ17

续表

序号	说　明	简　图	序号	说　明	简　图
2	中心孔定位；车 ϕ24，长 53	53　ϕ24	8	切槽；倒角	$25_{-0.2}^{-0.1}$
3	车 ϕ17，长 17(留磨量)	17　ϕ17	9	铣键槽	
4	切槽；倒角	$30_{-0.2}^{-0.1}$	10	淬火后磨外圆 ϕ17、ϕ24	ϕ24　ϕ17
5	掉头；车 ϕ32	ϕ32	11	掉头；磨外圆 ϕ17、ϕ24	ϕ24　ϕ17
6	车 ϕ24，长 47	47　ϕ24	—	—	—

3. 尺寸公差和形位公差

有配合要求的轴段应根据配合性质标注直径公差，还应根据标准规定标注键槽的尺寸公差，具体数值查阅手册或附表。

根据传动精度和工作条件等，标注轴的形位公差。图 7-3 为轴的尺寸公差和形位公差标注示例。

表 7-2 列出了在轴上应标注的形位公差项目供设计时参考。

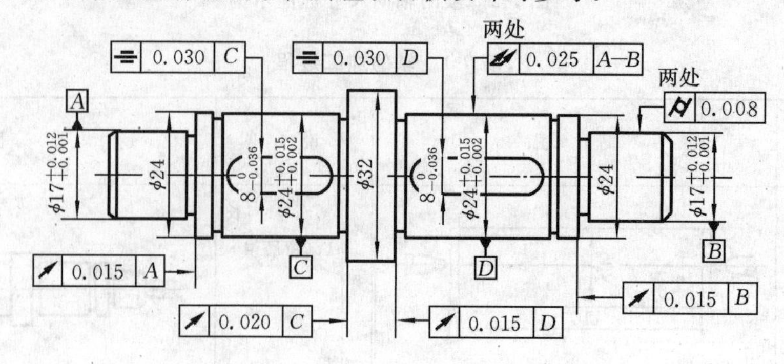

图 7-3　轴的尺寸公差和形位公差标注示例

表 7-2　轴上应标注的形位公差项目

类别	项　　目	等级	作　　用
形状公差	轴承配合表面的圆度或圆柱度	*	影响轴承与轴配合的松紧及对中性，会发生滚道几何变形而缩短轴承性命
	传动件轴孔配合表面的圆度或圆柱度	7～8	影响传动件与轴配合的松紧及对中性
位置公差	轴承配合表面对中心线的圆跳动	6	影响传动件及轴承的运转偏心
	轴承定位端面对中心线的端面圆跳动	*	影响轴承定位，造成套圈歪斜，恶化轴承工作条件
	传动件轴孔配合表面对中心线的圆跳动	6～8	影响齿轮传动件的正常运转，有偏心，精度降低
	传动件定位端面对中心线的端面圆跳动	6～8	影响齿轮传动件的定位及受载均匀性
	键槽对轴中心线的对称度	7～9	影响受载的均匀性及拆装难易程度

注："*"见表 13-8。

4. *表面粗糙度*

轴的各个表面都要进行加工，其表面粗糙度数值可按表 7-3 推荐的确定，或查阅有关手册。

表 7-3　轴的工作表面粗糙度　　μm

<table>
<tr><th>加工表面</th><th>Ra</th><th>加工表面</th><th colspan="4">Ra</th></tr>
<tr><td>与传动件及联轴器轮毂相配合的表面</td><td>3.2～0.8</td><td rowspan="6">密封处的表面</td><td>毡圈</td><td colspan="2">橡胶油封</td><td>间隙及迷宫</td></tr>
<tr><td>与/P0 级滚动轴承相配合的表面</td><td>1.6～0.8</td><td colspan="3">与轴接触处的圆周速度/(m/s)</td><td rowspan="5">3.2～1.6</td></tr>
<tr><td>平键键槽的工作面</td><td>3.2～1.6</td><td>≤3</td><td>>3～5</td><td>5～10</td></tr>
<tr><td>与传动件及联轴器轮毂相配合的轴肩端面</td><td>6.3～3.2</td><td rowspan="3">3.2～1.6</td><td rowspan="3">1.6～0.8</td><td rowspan="3">0.8～0.4</td></tr>
<tr><td>与/P0 级滚动轴承相配合的轴肩端面</td><td>3.2</td></tr>
<tr><td>平键键槽底面</td><td>6.3</td></tr>
</table>

5. *技术要求*

轴类零件工作图中的技术要求主要包括下列几个方面。

(1) 对材料的力学性能和化学成分的要求及允许代用的材料等。

(2) 对材料表面性能的要求，如热处理方法、热处理后的硬度、渗碳层深度及淬火深度等。

(3) 对机械加工的要求，如是否保留中心孔(留中心孔时，应在图中画出或按国家标准加以说明)，或与其他零件一起配合加工(如配钻或配铰等)也应说明。

(4) 对图中未注明的圆角、倒角的说明，个别部位的修饰加工要求，以及对较长的轴要求毛坯校直等。

(5) 对未注公差尺寸的公差等级要求。

7.3　齿轮类零件工作图的设计

齿轮类零件包括齿轮、蜗杆和蜗轮等。在这类零件的工作图中除了零件图形和技术要求外，还应有啮合特性表。

1. 视图

齿轮类零件一般用两个视图表示。对于组合式的蜗轮结构，则应分别画出齿圈、轮心的零件图及蜗轮的组装图。齿轮轴和蜗杆的视图与轴类零件图的相似。为了表达齿形的有关特征及参数(如蜗杆的轴向齿距等),必要时应画出局部剖面图。

2. 标注尺寸

为了保证齿轮加工的精度和有关参数的测量,标注尺寸时要考虑到基准面并规定基准面的尺寸和形位公差。各径向尺寸以轴为基准标出,齿宽方向的尺寸以端面为基准标出。齿轮类零件的分度圆直径虽然不能直接测量,但它是设计的基本尺寸,应该标注。齿轮的齿顶圆作为测量基准时,有两种情况:一是加工时用齿顶圆定位或找正,此时需要控制齿顶圆的径向跳动;一是用齿顶圆定位检测齿厚或基圆齿距的尺寸公差,此时要控制齿顶圆的公差和径向跳动。

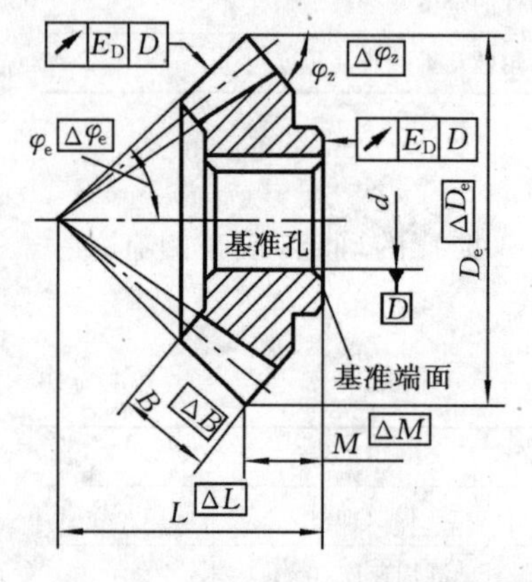

图 7-4　锥齿轮尺寸偏差标注示例

对于齿轮轴,不论车削加工还是切制轮齿都是以中心孔作为基准,当零件刚度较低或齿轮轴较长时以轴颈为基准。

锥齿轮的锥距和锥角是保证啮合的重要尺寸,标注时对锥距应精确到 0.01 mm,对锥角应精确到分。为了控制锥顶的位置,还应标注出分度圆锥锥顶至基准端面的距离 L(见图 7-4),这一尺寸在轮齿加工调整和组件装配时都要用到。

在加工锥齿轮毛坯时,还要控制以下偏差(见图 7-4):

$\Delta\varphi_e$——顶锥角 φ_e 的极限偏差;

$\Delta\varphi_z$——背锥角 φ_z 的极限偏差;

ΔB——齿宽的极限偏差;

ΔD_e——大端顶圆 D_e 的极限偏差;

ΔM——大端齿顶到基准端面间距离 M 的极限偏差;

ΔL——基准端面到锥顶间距离的偏差。

上述尺寸偏差影响锥齿轮的啮合精度,必须在零件图中标出,具体数值可参见本书第 2 篇有关附表或相关手册。

蜗轮工作图的尺寸标注与齿轮的基本相同,只是轴向增加蜗轮中间平面至蜗轮轮毂基准端面的距离,在直径方面增加蜗轮轮齿的外圆直径。对于装配式蜗轮,还应标注配合部分的尺寸。

3. 表面粗糙度

工作面的表面粗糙度可查阅表 7-4 确定。

表 7-4　齿轮、蜗轮工作表面的表面粗糙度 Ra　　μm

加工表面		精度等级			
		6	7	8	9
轮齿工作面		<0.8	1.6～0.8	3.2～1.6	6.3～3.2
齿顶圆	测量基面	1.6	1.6～0.8	3.2～1.6	6.3～3.2
	非测量基面	3.2	6.3～3.2	6.3	12.5～6.3
轮圈与轮心配合面		1.6～0.8		3.2～1.6	6.3～3.2
轴孔配合面		3.2～0.8		3.2～1.6	6.3～3.2
与轴肩配合的端面		3.2～0.8		3.2～1.6	6.3～3.2
其他加工面		6.3～1.6		6.3～3.2	12.5～6.3

4. 齿坯形位公差

齿坯形位公差数值按工作面作用查阅表7-5确定。

表 7-5　齿坯形位公差等级

类　别	项　　目	等　　级	作　　用
形状公差	轴孔的圆柱度	6～8	影响轴孔配合的松紧及对中性
位置公差	齿顶圆对中心线的圆跳动	按齿轮精度等级及尺寸确定	在齿形加工后引起运动误差、齿向误差，影响传动精度及载荷分布的均匀性
	齿轮基准端面对中心线的端面圆跳动		
	轮毂键槽对孔中心线的对称度	7～9	影响键受载的均匀性及装拆的难易

5. 啮合特性表

齿轮(蜗轮)的啮合特性表一般应布置在图幅的右上角。啮合特性表的主要内容包括齿轮(蜗轮)的主要参数、精度等级和相应的误差检测项目等。表7-6所示为圆柱齿轮啮合特性表具体内容，仅供参考。其他可参考第21章中的图例。

表 7-6　圆柱齿轮啮合特性表

模数	$m(m_n)$		精度等级			
齿数	z		配对齿轮图号			
压力角	α		变位系数		x	
分度圆直径	d		误差检验项目			
齿顶高系数	h_a^*					
顶隙系数	c_a^*					
齿全高	h					
螺旋角	β					
轮齿旋向	左或右					

6. 技术要求

齿轮类零件的技术要求主要有以下内容。

(1) 对铸件、锻件或其他类型坯件的要求。

(2) 对材料力学性能和化学成分的要求及允许代用的材料。

(3) 对材料表面力学性能的要求，如热处理方法、热处理后的硬度、渗碳深度及淬火深度等。

(4) 对未注明倒角、圆角的说明。

(5) 对大型或高速齿轮的平衡校验的要求。

7.4　箱体零件工作图的设计

1. 视图

箱体是减速器中结构较为复杂的零件，为了清楚地表明各部分的结构和尺寸，通常除采用三个主要视图外，还应根据结构的复杂程度增加一些必要的局部视图、方向视图及局部放大图。

2. 标注尺寸

箱体尺寸繁多，标注尺寸时，既要考虑铸造和机械加工的工艺性、测量和检验的要求，又要做到多而不乱，不重复，不遗漏。为此，标注时应注意以下几点。

(1) 箱体尺寸可分为形状尺寸和定位尺寸。形状尺寸是机体各部位形状大小的尺寸，如壁厚，各种孔径及其深度，圆角半径，槽的深、宽及机体长、宽、高等。这类尺寸应直接标注，而不应有任何运算。定位尺寸是确定箱体各部位相对于基准的位置尺寸，如孔的中心线、曲线的中心位置及其他有关部位的平面等与基准的距离。定位尺寸都应从基准直接标出。

(2) 对影响机器工作性能的尺寸应直接标出，以保证加工的精确性，如轴孔中心距。对影响零部件装配性能的尺寸也应直接标出，如嵌入式端盖，其在箱体上的沟槽位置尺寸影响轴承的轴向固定，故沟槽外侧两端面间的尺寸应直接标出。

(3) 标注尺寸时要考虑铸造工艺特点。机体大多为铸件，因此标注尺寸要便于木模制作。木模常由许多基本形体拼接而成，在基本形体的定位尺寸标出后，其形状尺寸则以各自的基准标注。

(4) 配合尺寸都应标出其偏差。标注尺寸时应避免出现封闭尺寸链。

(5) 所有圆角、倒角、拔模斜度等都应标注或在技术要求中予以说明。

3. 表面粗糙度

箱体加工表面的表面粗糙度的选择如表 7-7 所示。

表 7-7　箱体加工表面的表面粗糙度的选择

加工表面	表面粗糙度 $Ra/\mu m$
箱体的分箱面	3.2～1.6
与普通精度等级滚动轴承配合的轴承座孔	1.6～0.8
轴承座孔凸缘端面	6.3～3.2
箱体底平面	12.5～6.3
检查孔接合面	12.5～6.3
回油沟表面	25～12.5
圆锥销孔	3.2～1.6
螺栓孔、沉头座表面或凸台表面 箱体上泄油孔和油标孔的外表面	12.5～6.3

4. 形位公差

在箱体零件工作图中，应注明的形位公差项目如下。

(1) 轴承座孔表面的圆柱度公差，采用普通精度等级滚动轴承时，选用 7 级或 8 级公差。

(2) 轴承座孔端面对孔轴心线的垂直度公差，采用凸缘式轴承盖，是为了保证轴承定位准确，选用 7 级或 8 级公差。

(3) 在圆柱齿轮传动的箱体零件工作图中，要注明轴承座孔轴线之间的水平方向和垂直方向的平行度公差，以满足传动精度的要求。在蜗杆传动的箱体零件工作图中，要注明轴承座孔轴线之间的垂直度公差(见有关传动精度等级的规范)。

5. 技术要求

箱体零件工作图的技术要求一般包括以下几个方面。

(1) 剖分面定位销孔应在机盖与机座用螺栓连接后配钻、配铰。

(2) 机盖与机座的轴承孔应在用螺栓连接，并装入定位销后镗孔。
(3) 对铸件清砂、修饰、表面防护(如涂漆)的要求说明，以及铸件的时效处理。
(4) 对铸件质量的要求(如不允许有缩孔、砂眼和渗漏等现象)。
(5) 对未注明的倒角、圆角和铸造斜度的说明。
(6) 组装后分箱面处不许有渗漏现象，必要时可涂密封胶等。
(7) 其他的文字说明等。

思　考　题

7-1　零件图的作用是什么？它包括哪些内容？
7-2　标注尺寸时，如何选取基准？
7-3　轴的标注尺寸如何反映加工工艺及测量的要求？
7-4　为什么不允许出现封闭的尺寸链？
7-5　零件图中哪些尺寸需要圆整？
7-6　如何选择齿轮类零件的误差检验项目？它和齿轮精度的关系如何？
7-7　为什么要标注齿轮的毛坯公差？它包括哪些项目？
7-8　如何标注箱体零件图的尺寸？
7-9　箱体孔的中心距及其偏差如何标注？
7-10　分析箱体的形位公差对减速器工作性能的影响。

第8章 编写设计计算说明书及答辩准备

设计计算说明书是机械设计工作的一个重要组成部分。设计计算说明书是图纸设计的理论依据，是设计计算的整理和总结，是审核设计是否合理的重要技术文件之一。

8.1 编写设计计算说明书的要求

设计计算说明书要求书写工整、计算正确、论述清楚、文字简练、插图明晰。具体要求如下。

(1) 计算内容的书写。需先写出计算公式，再代入相关数据，最后写出计算结果(推导过程不必写出)，并标明单位。

(2) 为了清楚地说明计算内容，应编写必要的各级标题；说明书中应附有必要的插图(如轴的结构简图、受力图等)和表格；对重要的计算结果应写出简短的结论(如"强度足够"等)；对计算过程中所引用的重要计算公式和数据应注明来源(参考资料的编号和页次)。

(3) 不允许用铅笔或彩色笔书写设计计算说明书，设计计算说明书可采用A4或16开的纸，标出页数，编好目录，最后装订成册。

8.2 设计计算说明书的内容

设计说明书内容视不同的设计课题而定，对于以减速器为主的传动系统设计，主要包括以下内容。

(1) 目录(标题和页码)。

(2) 设计任务书。

(3) 传动方案的分析与拟定(说明传动方案拟定的依据并附上传动方案简图)。

(4) 原动机的选择计算。

(5) 传动装置的运动及动力参数的设计计算。

(6) 传动零件的设计计算。

(7) 轴的设计计算。

(8) 轴承的设计计算。

(9) 键连接的设计计算。

(10) 联轴器的选择。

(11) 润滑和密封的选择(包括润滑剂的选择和油量的计算、蜗杆减速器的热平衡计算)。

(12) 其他技术说明(包括箱体的主要结构尺寸的设计计算、减速器附件的选择和说明、装配、拆卸、安装等必要的技术说明)。

(13) 设计小结(对课程设计的体会，设计的优缺点和改进意见等)。

(14) 参考资料(资料编号、作者、书名、出版地、出版单位和出版时间)。

8.3 设计计算说明书编写示例及其书写格式

8.3.1 封面格式

设计计算说明书封面格式如图 8-1 所示。

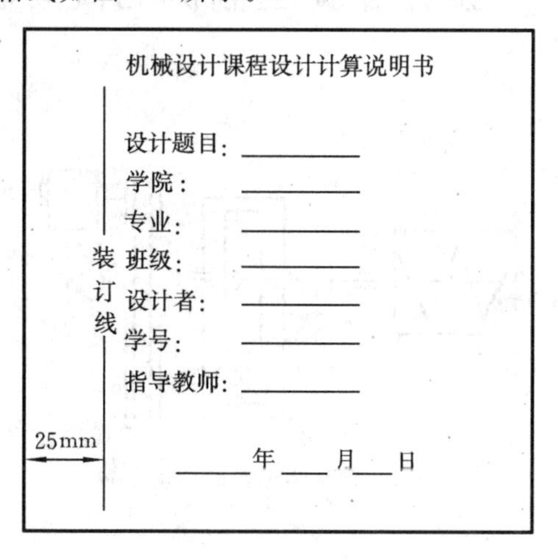

机械设计课程设计计算说明书

设计题目：__________
学院：__________
专业：__________
班级：__________
设计者：__________
学号：__________
指导教师：__________

______年____月____日

装订线

25mm

图 8-1　封面格式

8.3.2 设计计算说明书的书写格式示例

设计计算说明书的书写格式示例如图 8-2 所示。

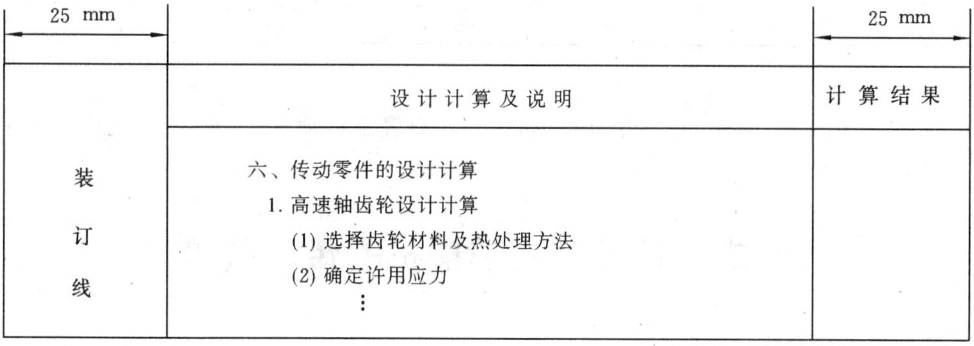

25 mm		25 mm
装订线	设 计 计 算 及 说 明	计 算 结 果
	六、传动零件的设计计算 1. 高速轴齿轮设计计算 (1) 选择齿轮材料及热处理方法 (2) 确定许用应力 ⋮	

图 8-2　设计计算说明书的书写格式示例

8.4 答 辩 准 备

答辩是课程设计的最后一个环节。通过答辩，学生能更加系统地总结经验、巩固和深化机械设计的有关知识。

在答辩前，学生应全面地总结设计过程的经验及找出存在的问题，认真检查装配图、零件图是否存在问题；检查说明书计算依据是否准确可靠，计算结果是否准确；全面分析本次设计的优缺点，发现今后在设计中应注意的问题，提高分析和解决工程实际问题的能力。

在答辩前，应将装订好的设计计算说明书、叠好的图样一起装入文件袋内，准备进行答辩。

第9章　机械设计课程设计题目

9.1　设计螺旋运输机的传动装置

1. 传动装置简图

螺旋运输机的传动装置如图9-1所示。

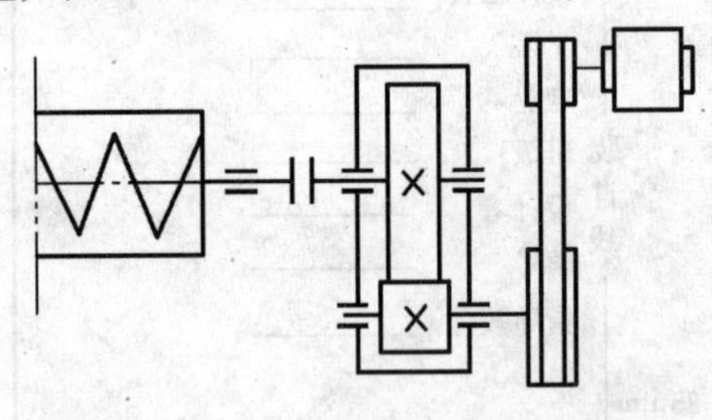

图9-1　螺旋运输机的传动装置

2. 原始数据

螺旋运输机的传动装置原始数据如表9-1所示。

表9-1　螺旋运输机传动装置的原始数据

题　号	1	2	3	4	5	6	7	8	9	10
运输机所需功率 P/kW	1.2	1.2	1.5	2	2.1	2.5	2.6	3	3.5	3.8
运输机工作轴转速 n/(r/min)	100	80	120	75	90	85	75	80	90	100

3. 工作条件

两班制，使用年限10年，连续单向运转，工作时有轻微振动，小批量生产，运输机工作轴转速允许误差为转速的±5%。

9.2　设计链式运输机的传动装置

1. 传动装置简图

链式运输机的传动装置如图9-2所示。

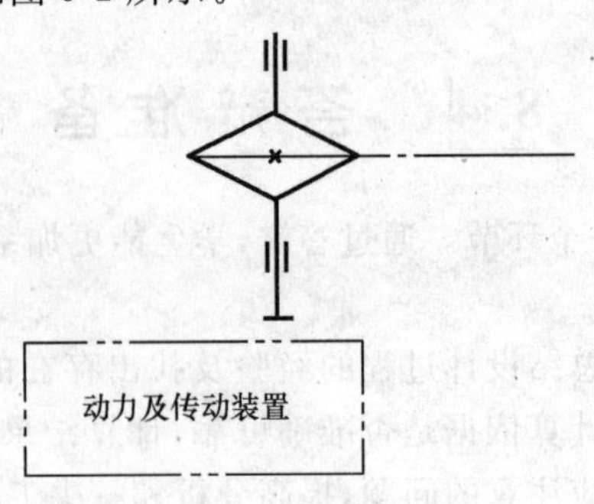

图9-2　链式运输机的传动装置

2. 原始数据

链式运输机的传动装置原始数据如表 9-2 所示。

表 9-2 链式运输机的传动装置原始数据

题　　号	1	2	3	4	5	6	7	8	9	10
运输链牵引力 F/kN	2.5	2.5	2.5	4	4	4	4	4	5	5
运输链速度 v/(m/s)	0.6	0.7	0.9	0.3	0.4	0.5	0.6	0.7	0.5	0.6
链轮节圆直径 D/mm	170	170	170	263	263	263	280	280	280	280

3. 工作条件

三班制，使用年限 10 年，连续单向运转，载荷平稳，小批量生产，运输链速度允许误差为链速度的±5%。

可参考的传动方案如图 9-3 所示。

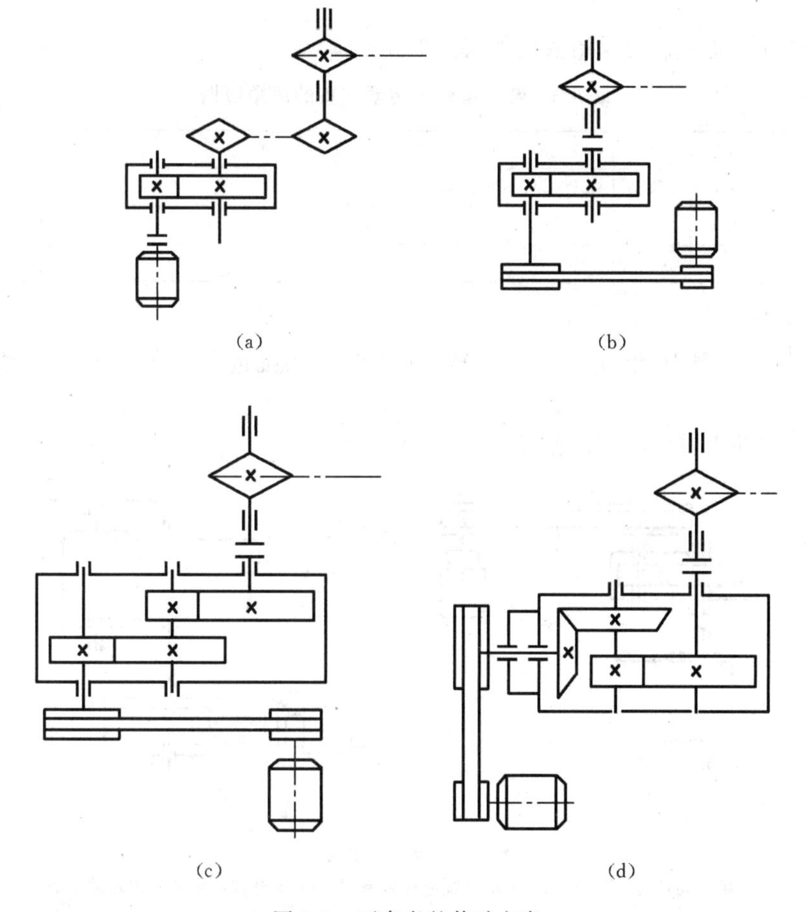

图 9-3　可参考的传动方案

(a) 单级圆柱齿轮减速器；(b) 单级圆柱齿轮减速器；
(c) 展开式两级圆柱齿轮减速器；(d) 锥-圆柱齿轮减速器

9.3 设计带式运输机的传动装置

1. 传动装置简图

带式运输机的传动装置如图 9-4 所示。

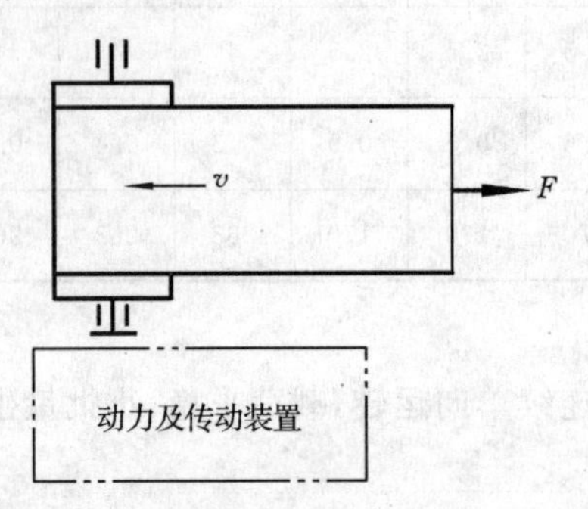

图 9-4 带式运输机的传动装置

2. 原始数据

带式运输机传动装置的原始数据如表 9-3 所示。

表 9-3 带式运输机传动装置的原始数据

题　　号	1	2	3	4	5	6	7	8	9	10
带的圆周力 F/N	500	550	600	650	700	800	900	1000	1100	1200
带速 v/(m/s)	2	1.8	1.8	2	2	2	1.8	1.8	2.2	2
滚筒直径 D/mm	400	350	380	380	400	380	400	380	420	410

3. 工作条件

三班制，使用年限 10 年，连续单向运转，载荷平稳，小批量生产，运输带速度允许误差为带速度的±5%。

可参考的传动方案如图 9-5 所示。

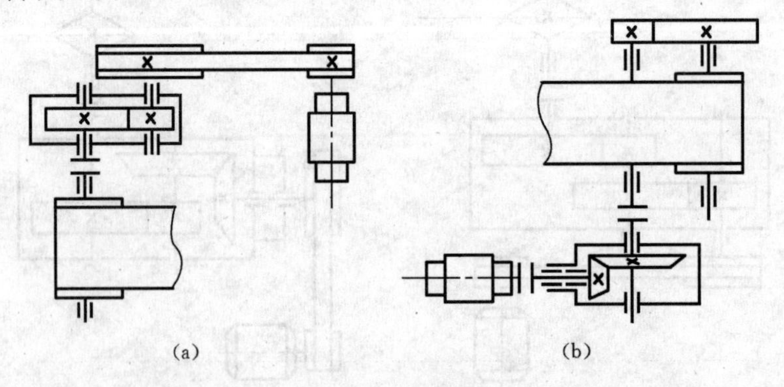

图 9-5 可参考的传动方案

(a) 单级圆柱齿轮减速器；(b) 单级锥齿轮减速器；(c) 展开式两级圆柱齿轮减速器；(d) 锥-圆柱齿轮减速器；(e) 蜗杆减速器；(f) 同轴式两级圆柱齿轮减速器

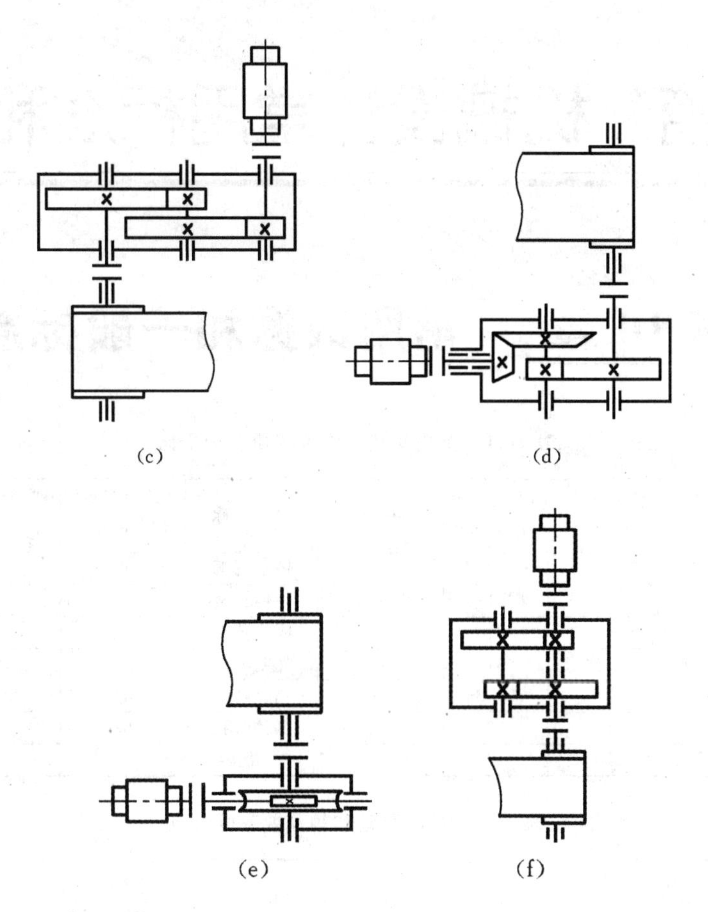

续图 9-5

第2篇 机械设计常用标准和规范

第10章 常用数据和一般标准

表 10-1 常用材料的弹性模量及泊松比

名称	弹性模量 E/GPa	切变模量 G/GPa	泊松比 μ	名称	弹性模量 E/GPa	切变模量 G/GPa	泊松比 μ
灰铸铁、白口铸铁	115～160	45	0.23～0.27	铸铝青铜	105	42	0.25
球墨铸铁	151～160	61	0.25～0.29	硬铝合金	71	27	—
碳钢	200～220	81	0.24～0.28	冷拔黄铜	91～99	35～37	0.32～0.42
合金钢	210	81	0.25～0.30	轧制纯铜	110	40	0.31～0.34
铸钢	175	70～84	0.25～0.29	轧制锌	84	32	0.27
轧制磷青铜	115	42	0.32～0.35	轧制铝	69	26～27	0.32～0.36
轧制锰黄铜	110	40	0.35	铅	17	7	0.42

表 10-2 机械传动和轴承效率概略值

种类		效率 η
圆柱齿轮传动	很好跑合的6级精度和7级精度齿轮传动(油润滑)	0.98～0.99
	8级精度的一般齿轮传动(油润滑)	0.97
	9级精度的齿轮传动(油润滑)	0.96
	加工齿的开式齿轮传动(脂润滑)	0.94～0.96
	铸造齿的开式齿轮传动	0.90～0.93
锥齿轮传动	很好跑合的6级精度和7级精度齿轮传动(油润滑)	0.97～0.98
	8级精度的一般齿轮传动(油润滑)	0.94～0.97
	加工齿的开式齿轮传动(脂润滑)	0.92～0.95
	铸造齿的开式齿轮传动	0.88～0.92
蜗杆传动	自锁蜗杆(油润滑)	0.40～0.45
	单头蜗杆(油润滑)	0.70～0.75
	双头蜗杆(油润滑)	0.75～0.82
	四头蜗杆(油润滑)	0.80～0.92
	环面蜗杆传动(油润滑)	0.85～0.95
带传动	平带无压紧轮的开式传动	0.98
	平带有压紧轮的开式传动	0.97
	平带交叉传动	0.90
	V带传动	0.96
链传动	焊接链	0.93
	片式关节链	0.95
	滚子链	0.96
	齿形链	0.97

种类		效率 η
摩擦传动	平摩擦轮传动	0.85～0.92
	槽摩擦轮传动	0.88～0.90
	卷绳轮	0.95
联轴器	十字滑块联轴器	0.97～0.99
	齿式联轴器	0.99
	弹性联轴器	0.99～0.995
	万向联轴器($\alpha\leqslant3°$)	0.97～0.98
	万向联轴器($\alpha>3°$)	0.95～0.97
滑动轴承	润滑不良	0.94(一对)
	润滑正常	0.97(一对)
	润滑特好(压力润滑)	0.98(一对)
	液体摩擦	0.99(一对)
滚动轴承	球轴承(稀油润滑)	0.99(一对)
	滚子轴承(稀油润滑)	0.98(一对)
卷筒		0.96
减(变)速器	单级圆柱齿轮减速器	0.97～0.98
	双级柱齿轮减速器	0.95～0.96
	行星圆柱齿轮减速器	0.95～0.98
	单级锥齿轮减速器	0.95～0.96
	双级锥-圆柱齿轮减速器	0.94～0.95
	无级变速器	0.92～0.95
	摆线-针轮减速器	0.90～0.97
螺旋传动	滑动螺旋	0.30～0.60
	滚动螺旋	0.85～0.95

表 10-3　图纸幅面、图框格式和图样比例

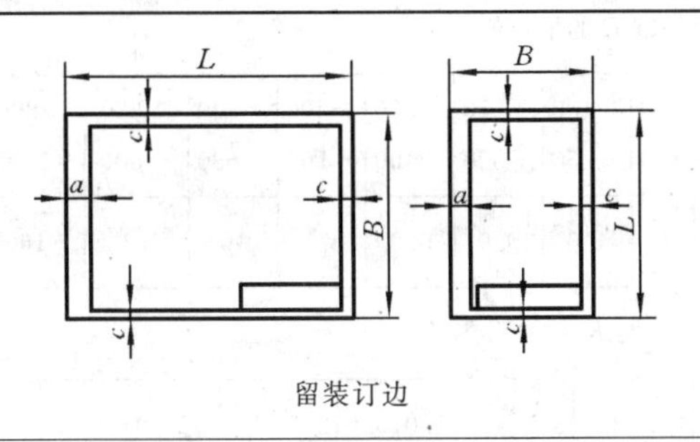

留装订边

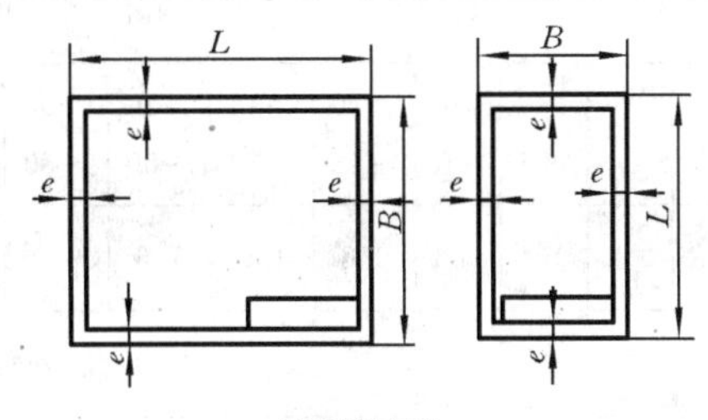

不留装订边

图纸幅面(GB/T 14689—2008 摘录)/mm

基本幅面(第一选择)					加长幅面(第二选择)	
幅面代号	$B\times L$	a	c	e	幅面代号	$B\times L$
A0	841×1 189	25	10	20	A3×3	420×891
A1	594×841				A3×4	420×1189
A2	420×594			10	A4×3	297×630
A3	297×420		5		A4×4	297×841
A4	210×297				A4×5	297×1 051

图样比例(GB/T 14690—1993)

原值比例	缩小比例	放大比例
1:1	1:2　1:2×10^n 1:5　1:5×10^n 1:1×10^n	5:1　5×10^n:1 2:1　2×10^n:1 1×10^n:1
	必要时允许选取 1:1.5　1:1.5×10^n 1:2.5　1:2.5×10^n 1:3　1:3×10^n 1:4　1:4×10^n 1:6　1:6×10^n	必要时允许选取 4:1　4×10^n:1 2.5:1　2.5×10^n:1 n——正整数

注:1. 加长幅面的图框尺寸按所选用的基本幅面大一号图框尺寸确定。例如,对于 A3×4,按 A2 的图框尺寸确定,即 e 为 10(或 c 为 10)。

2. 加长幅面(第三选择)的尺寸见 GB/T 14689—2008。

表 10-4　零件倒圆与倒角的推荐值(GB/T 6403.4—2008 摘录)　mm

倒圆、倒角形式	倒圆、倒角(45°)的四种装配形式
R　R　C　α　C　α	$C_1>R$　$R_1>R$　$C<0.58R_1$　$C_1>C$

倒圆、倒角尺寸

R 或 C												
0.1	0.2	0.3	0.4	0.5	0.6	0.8	1.0	1.2	1.6	2.0	2.5	3.0
4.0	5.0	6.0	8.0	10	12	16	20	25	32	40	50	—

续表

与直径 ϕ 相应的倒角 C、倒圆 R 的推荐值

ϕ	~3	>3~6	>6~10	>10~18	>18~30	>30~50	>50~80	>80~120	>120~180	>180~250	>250~320	>320~400	>400~500	>500~630	>630~800	>800~1 000
C 或 R	0.2	0.4	0.6	0.8	1.0	1.6	2.0	2.5	3.0	4.0	5.0	6.0	8.0	10	12	16

内角倒角、外角倒圆时 $C_{\max}$ 与 R_1 的关系

R_1	0.1	0.2	0.3	0.4	0.5	0.6	0.8	1.0	1.2	1.6	2.0	2.5	3.0	4.0	5.0	6.0	8.0	10	12	16	20	25
$C_{\max}$ ($C<0.58R_1$)	—	0.1		0.2		0.3	0.4	0.5	0.6	0.8	1.0	1.2	1.6	2.0	2.5	3.0	4.0	5.0	6.0	8.0	10	12

注：α 一般采用45°，也可采用30°或60°。

表 10-5　回转面及端面砂轮越程槽（GB/T 6403.5—2008 摘录）

mm

回转面及端面砂轮越程槽的形式及尺寸

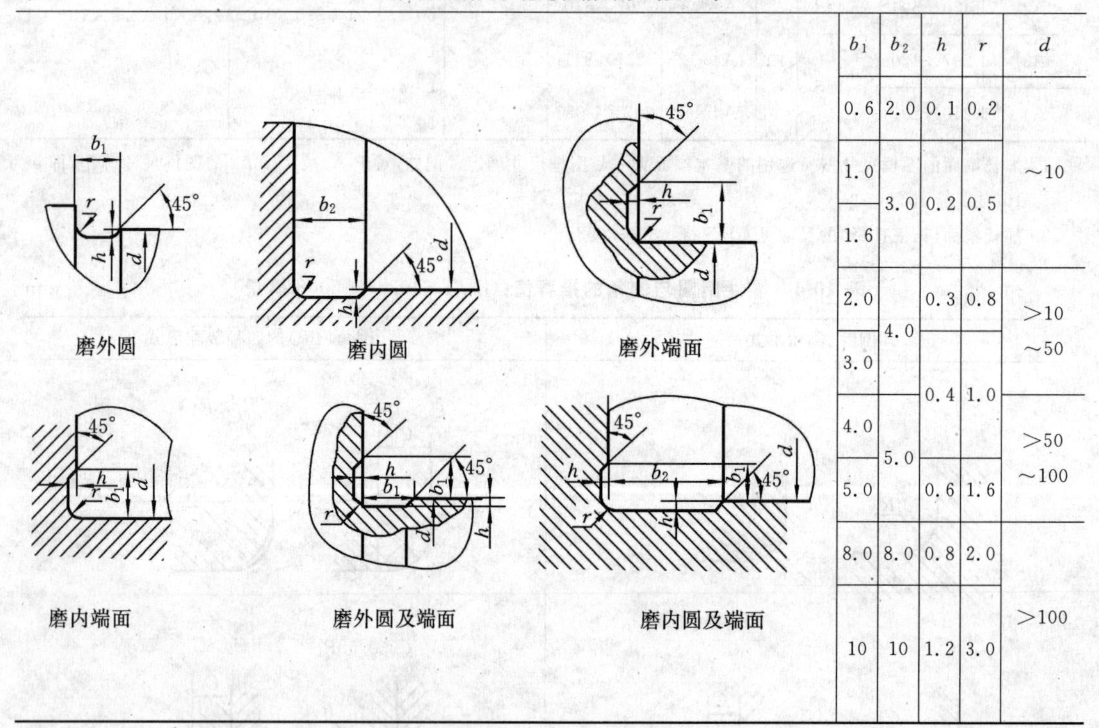

b_1	b_2	h	r	d
0.6	2.0	0.1	0.2	~10
1.0	3.0	0.2	0.5	
1.6				
2.0	4.0	0.3	0.8	>10~50
3.0		0.4	1.0	
4.0	5.0			>50~100
5.0		0.6	1.6	
8.0	8.0	0.8	2.0	>100
10	10	1.2	3.0	

表 10-6　铸件最小壁厚

mm

铸造方法	铸件尺寸	铸钢	灰铸铁	球墨铸铁	可锻铸铁	铝合金	铜合金
砂型	~200×200	8	~6	6	5	3	3~5
	>200×200~500×500	10~12	>6~10	12	8	4	6~8
	>500×500	15~20	15~20	—	—	6	—

表 10-7 轴的标准尺寸（GB/T 2822—2005 摘录） mm

R10	R20	R40	R10	R20	R40	R10	R20	R40	R10	R20	R40
10.0	10.0			35.5	35.5		112	112		355	355
	11.2				37.5			118			375
12.5	12.5	12.5	40.0	40.0	40.0	125	125	125	400	400	400
		13.2			42.5			132			425
	14.0	14.0		45.0	45.0		140	140		450	450
		15.0			47.5			150			475
16.0	16.0	16.0	50.0	50.0	50.0	160	160	160	500	500	500
		17.0			53.0			170			530
	18.0	18.0		56.0	56.0		180	180		560	560
		19.0			60.0			190			600
20.0	20.0	20.0	63.0	63.0	63.0	200	200	200	630	630	630
		21.2			67.0			212			670
	22.4	22.4		71.0	71.0		224	224		710	710
		23.6			75.0			236			750
25.0	25.0	25.0	80.0	80.0	80.0	250	250	250	800	800	800
		26.5			85.0			265			850
	28.0	28.0		90.0	90.0		280	280		900	900
		30.0			95.0			300			950
31.5	31.5	31.5	100.0	100.0	100.0	315	315	315	1 000	1 000	1 000
		33.5			106			335			1 060

第11章　常用工程材料

11.1　钢铁金属材料

表 11-1　钢的常用热处理方法及应用

名　称	说　明	应　用
退火（焖火）	将钢件（或钢坯）加热到适当温度，保温一段时间，然后再缓慢地冷却下来（一般用炉冷）	用来消除铸、锻、焊零件的内应力，降低硬度，以易于切削加工，细化金属晶粒，改善组织，增加冲击韧度
正火（常化）	将钢件加热到相变点以上 30～50 ℃，保温一段时间，然后在空气中冷却，其冷却速度比退火快	用来处理低碳和中碳结构钢材及渗碳零件，使其组织细化，增加强度及冲击韧度，减小内应力，改善切削性能
淬火	将钢件加热到相变点以上某一温度，保温一段时间，然后放入水、盐水或油中（个别材料在空气中）急剧冷却，使其得到高硬度	用来提高钢的硬度和强度极限。但淬火时会引起内应力使钢变脆，所以淬火后必须回火
回火	将淬硬的钢件加热到相变点以下的某一温度，保温一段时间，然后放在空气中或油中冷却下来	用来消除淬火后的脆性和内应力，提高钢的塑性和冲击韧度
调质	淬火后高温回火	用来使钢获得高的冲击韧度和足够的强度，很多重要零件是经过调质处理的
表面淬火	仅对零件表层进行淬火，使零件表层有高的硬度和耐磨性，而心部保持原有的强度和冲击韧度	常用来处理轮齿的表面
时效	将钢加热到低于或等于 120～130 ℃，长时间保温后，随炉或取出在空气中冷却	用来消除或减小淬火后的微观应力，防止变形和开裂，稳定工件形状及尺寸，以及消除机械加工的残余应力
渗碳	使表面增碳，渗碳层深度为 0.4～6 mm 或大于6 mm，硬度为 56～65 HRC	增加钢件的耐磨性能、表面硬度、抗拉强度及疲劳极限。适用于低碳、中碳（w_C＜0.40%）结构钢的中、小型零件和大型的重载荷、受冲击、耐磨的零件
碳氮共渗	使表面增碳与氮，扩散层深度较浅，为 0.02～3.0 mm；硬度高，在共渗层为 0.02～0.04 mm 时具有 66～70 HRC	增加结构钢、工具钢制件的耐磨性能、表面硬度和疲劳极限，提高刀具切削性能和使用寿命。 适用于要求硬度高、耐磨的中、小型及薄片的零件和刀具等
渗氮	表面增氮，渗氮层为 0.025～0.8 mm，而渗氮时间需 40～50 h，硬度很高（1 200 HV），耐磨，耐蚀性能高	增加钢件的耐磨性能、表面硬度、疲劳极限和抗蚀能力。 适用于结构钢和铸铁件，如汽缸套，气门座，机床主轴，丝杠等耐磨零件，以及在潮湿碱水和燃烧气体介质的环境中工作的零件，如水泵轴、排气阀等零件

表 11-2　普通碳素结构钢（GB/T 700—2006 摘录）

牌号	等级	力学性能													冲击试验（V型缺口）		应用举例
		屈服强度 R_{eH}/MPa						抗拉强度 R_m/MPa	断后伸长率 A/(%)						温度/℃	冲击功(纵向)/J	
		厚度(或直径)/mm							厚度(或直径)/mm								
		≤16	>16~40	>40~60	>60~100	>100~150	>150~200		≤40	>40~60	>60~100	>100~150	>150~200				
		不小于							不小于						不大于		
Q195	—	(195)	(185)	—	—	—	—	315~430	33	32	—	—	—		—	—	塑性好，常用其轧制薄板、拉制线材、制件和焊接钢管
Q215	A	215	205	195	185	175	165	335~450	31	30	29	27	26		—	—	金属结构件、拉杆、套圈、铆钉、螺栓、短轴、心轴、凸轮（载荷不大的）、垫圈、渗碳零件及焊接件
	B														20	27	
Q235	A	235	225	215	215	195	185	370~500	26	25	24	22	21		—	—	金属结构件，心部强度要求不高的渗碳或碳氮共渗零件、吊钩、拉杆、套圈、汽缸、齿轮、螺栓、螺母、连杆、轮轴、楔、盖及焊接件
	B														20	27	
	C														0		
	D														−20		
Q275	A	275	265	255	245	225	215	410~540	22	21	20	18	17		—	—	轴、轴销、刹车杆、螺母、螺栓、垫圈、连杆、齿轮以及其他强度要求较高的零件，焊接性尚可
	B														20	27	
	C														0		
	D														−20		

注：括号内的数值仅供参考。表中A、B、C、D为4种质量等级。

表 11-3　优质碳素结构钢（GB/T 699—1999 摘录）

牌号	推荐热处理/℃			试样毛坯尺寸/mm	力学性能					钢材交货状态硬度/HBW		应用举例
	正火	淬火	回火		抗拉强度 σ_b/MPa	屈服强度 σ_s/MPa	伸长率 δ_5/(%)	收缩率 Ψ/(%)	冲击功 A_K/J	不大于		
					不小于					未热处理	退火钢	
08F	930	—	—	25	295	175	35	60	—	131	—	用于需塑性好的零件、管子、垫片、垫圈；心部强度要求不高的渗碳和碳氮共渗零件，如套筒、短轴、挡块、支架、靠模、离合器盘
10	930	—	—	25	335	205	31	55	—	137	—	用于制造拉杆、卡头、钢管垫片、垫圈、铆钉。这种钢无回火脆性，焊接性好，可用来制造焊接零件
15	920	—	—	25	375	225	27	55	—	143	—	用于受力不大、冲击韧度要求较高的零件、渗碳零件、紧固件、冲模锻件及不需要热处理的低载荷零件，如螺栓、螺钉、拉条、法兰盘及化工容器、蒸汽锅炉

续表

牌号	推荐热处理/℃			试样毛坯尺寸/mm	力学性能					钢材交货状态硬度/HBW		应用举例
	正火	淬火	回火		抗拉强度 σ_b/MPa	屈服强度 σ_s/MPa	伸长率 δ_5/(%)	收缩率 Ψ/(%)	冲击功 A_K/J	不大于		
					不小于					未热处理	退火钢	
20	910	—	—	25	410	245	25	55	—	156	—	用于不承受很大应力而要求很大冲击韧度的机械零件，如杠杆、轴套、螺钉、起重钩等。也用于制造压力小于 6 MPa，温度小于 450 ℃，在非腐蚀介质中使用的零件，如管子、导管等。还可用于表面硬度高而心部强度要求不大的渗碳与碳氮共渗零件
25	900	870	600	25	450	275	23	50	71	170	—	用于制造焊接设备，以及经锻造、热冲压和机械加工的不承受高应力的零件，如轴、辊子、联轴器、垫圈、螺栓、螺钉及螺母
35	870	850	600	25	530	315	20	45	55	197	—	用于制造曲轴、转轴、轴销、杠杆、连杆、横梁、链轮、圆盘、套筒钩环、垫圈、螺钉、螺母。这种钢多在正火和调质状态下使用，一般不作焊接
40	860	840	600	25	570	335	19	45	47	217	187	用于制造辊子、轴、曲柄销、活塞杆、圆盘
45	850	840	600	25	600	355	16	40	39	229	197	用于制造齿轮、齿条、链轮、轴、键、销、蒸汽轮机的叶轮、压缩机及泵的零件、轧辊等。可代替渗碳钢做齿轮、轴、活塞销等，但要经高频或火焰表面淬火
50	830	830	600	25	630	375	14	40	31	241	207	用于制造齿轮、拉杆、轧辊、轴、圆盘
55	820	820	600	25	645	380	13	35	—	255	217	用于制造齿轮、连杆、轮缘、扁弹簧及轧辊等
60	810	—	—	25	675	400	12	35	—	255	229	用于制造轧辊、轴、轮箍、弹簧、弹簧垫圈、离合器、凸轮、钢绳等
20 Mn	910	—	—	25	450	275	24	50	—	197	—	用于制造凸轮轴、齿轮、联轴器、铰链、拖杆等
30 Mn	880	860	600	25	540	315	20	45	63	217	187	用于制造螺栓、螺母、螺钉、杠杆及刹车踏板等
40 Mn	860	840	600	25	590	355	17	45	47	229	207	用于制造承受疲劳载荷的零件，如轴、万向联轴器、曲轴、连杆及在高应力下工作的螺栓、螺母等
50 Mn	830	830	600	25	645	390	13	40	31	255	217	用于制造耐磨性要求很高、在高载荷作用下的热处理零件，如齿轮、齿轮轴、摩擦盘、凸轮和截面直径在 80 mm 以下的心轴等
60 Mn	810	—	—	25	695	410	11	35	—	269	229	用于制造弹簧、弹簧垫圈、弹簧环和片以及冷拔钢丝（≤7 mm）与发条

注：表中所列正火推荐保温时间不少于 30 min，空冷；淬火推荐保温时间不少于 30 min，水冷；回火推荐保温时间不少于 1 h。

表 11-4　合金结构钢（GB/T 3077—1999 摘录）

牌号	热处理				试样毛坯尺寸/mm	力学性能					钢材退火或高温回火供应状态布氏硬度/HB (10/3 000)	特性及应用举例
	淬火		回火			抗拉强度 σ_b/MPa	屈服强度 σ_s/MPa	伸长率 δ_5/(%)	收缩率 Ψ/(%)	冲击功 A_K/J		
	温度/℃	冷却剂	温度/℃	冷却剂		不小于					不大于	
20Mn2	850 880	水、油	200 440	水、空气 水、空气	15	785	590	10	40	47	187	截面小时与 20Cr 相当，可用做渗碳小齿轮、小轴、钢套、链板等，渗碳淬火后硬度为 56～62 HRC
35Mn2	840	水	500	水	25	835	685	12	45	55	207	对于截面较小的零件可代替 40Cr，可用做直径不大于 15 mm 的重要用途的冷镦螺栓及小轴等，表面淬火硬度为 40～50 HRC
45Mn2	840	油	550	水、油	25	885	735	10	45	47	217	用于制造在较高应力与磨损条件下的零件。直径不大于 60 mm 时，与 40Cr 相当。可制造万向联轴器、齿轮、蜗杆、曲轴、齿轮轴、连杆、花键轴和摩擦盘等，表面淬火后硬度为 45～55 HRC
35SiMn	900	水	570	水、油	25	885	735	15	45	47	229	除了要求低温（－20 ℃以下）及冲击韧度很高的情况外，可以全面代替 40Cr 作调质钢，也可部分代替 40CrNi，可制造中、小型轴类、齿轮等零件以及在 430 ℃以下工作的重要紧固件，表面淬火后硬度为 45～55 HRC
42SiMn	880	水	590	水	25	885	735	15	40	47	229	与 35SiMn 钢同。可代替 40Cr、34CrMo 钢做大齿圈。适合制造表面淬火件，表面淬火后硬度为 45～55 HRC
20MnV	880	水、油	200	水、空气	15	785	590	10	40	55	187	相当于 20CrNi 渗碳钢，渗碳淬火后硬度为 56～62 HRC
40MnB	850	油	500	水、油	25	980	785	10	45	47	207	可代替 40Cr 制造重要调质件，如齿轮、轴、连杆、螺栓等
37SiMn2MoV	870	水、油	650	水、空气	25	980	835	12	50	63	269	可代替 34CrNiMo 等，制造高强度重载荷轴、曲轴、齿轮、蜗杆等零件，表面淬火后硬度为 50～55 HRC
20CrMnTi	第一次 880 第二次 870	油	200	水、空气	15	1 080	850	10	45	55	217	强度、冲击韧度均高，是铬镍钢的代用品。用于制造承受高速、中等或重载荷以及冲击磨损等的重要零件，如渗碳齿轮、凸轮等，表面淬火后硬度为 56～62 HRC

续表

牌号	热处理				试样毛坯尺寸/mm	力学性能					钢材退火或高温回火供应状态布氏硬度/HB (10/3 000)	特性及应用举例
	淬火		回火			抗拉强度 σ_b/MPa	屈服强度 σ_s/MPa	伸长率 δ_5/(%)	收缩率 Ψ/(%)	冲击功 A_K/J		
	温度/℃	冷却剂	温度/℃	冷却剂		不小于					不大于	
20CrMnMo	850	油	200	水、空气	15	1 180	885	10	45	55	217	用于要求表面硬度高、耐磨、心部有较高强度、冲击韧度的零件，如传动齿轮和曲轴等，渗碳淬火后硬度为56～62 HRC
38CrMoAl	940	水、油	640	水、油	30	980	835	14	50	71	229	用于要求高耐磨性、高疲劳强度和相当高的强度且热处理变形最小的零件，如镗杆、主轴、蜗杆、齿轮、套筒、套环等，渗氮后表面硬度为1 100 HV
20Cr	第一次880 第二次780～820	水、油	200	水、空气	15	835	540	10	40	47	179	用于要求心部强度较高，承受磨损、尺寸较大的渗碳零件，如齿轮、齿轮轴、蜗杆、凸轮、活塞销等；也用于速度较大、受中等冲击的调质零件，渗碳淬火后硬度为56～62 HRC
40Cr	850	油	520	水、油	25	980	785	9	45	47	207	用于承受交变载荷、中等速度、中等载荷、强烈磨损而无很大冲击的重要零件，如重要的齿轮、轴、曲轴、连杆、螺栓、螺母等零件，并用于直径大于400 mm、要求低温冲击韧度的轴与齿轮等，表面淬火后硬度为48～55 HRC
20CrNi	850	水、油	460	水、油	25	785	590	10	50	63	197	用于承受较高载荷的渗碳零件，如齿轮、轴、花键轴、活塞销等
40CrNi	820	油	500	水、油	25	980	785	10	45	55	241	用于要求强度高、冲击韧度高的零件，如齿轮、轴、链条、连杆等
40CrNiMoA	850	油	600	水、油	25	980	835	12	55	78	269	用于特大截面的重要调质件，如机床主轴、传动轴、转子轴等

注：表中HB(10/3 000)表示试验用球直径的平方为100 mm^2，试验力为3 000 kgf。

表 11-5　灰铸铁（GB/T 9439—1988）

牌　号	铸件壁厚/mm	最小抗拉强度 σ_b/MPa	硬度/HBW	应用举例
HT100	>2.5～10	130	110～166	盖、外罩、油盘、手轮、手把、支架等
	>10～20	100	93～140	
	>20～30	90	87～131	
	>30～50	80	82～122	
HT150	>2.5～10	175	137～205	端盖、汽轮泵体、轴承座、阀壳、管子及管路附件、手轮、一般机床底座、床身及其他复杂零件、滑座、工作台等
	>10～20	145	119～179	
	>20～30	130	110～166	
	>30～50	120	141～157	
HT200	>2.5～10	220	157～236	汽缸、齿轮、底架、箱体、飞轮、齿条、衬筒、一般机床铸有导轨的床身及中等压力(8 MPa 以下)油缸、液压泵和阀的壳体等
	>10～20	195	148～222	
	>20～30	170	134～200	
	>30～50	160	128～192	
HT250	>4.0～10	270	175～262	阀壳、油缸、汽缸、联轴器、箱体、齿轮、齿轮箱外壳、飞轮、衬筒、凸轮、轴承座等
	>10～20	240	164～246	
	>20～30	220	157～236	
	>30～50	200	150～225	
HT300	>10～20	290	182～272	齿轮、凸轮、车床卡盘、剪床、压力机的机身导板、转塔自行车床及其他重载荷机床铸有导轨的床身、高压油缸、液压泵和滑阀的壳体等
	>20～30	250	168～251	
	>30～50	230	161～241	
HT350	>10～20	340	199～299	
	>20～30	290	182～272	
	>30～50	260	171～257	

注：灰铸铁的硬度，由经验关系式计算：当 $\sigma_b \geqslant 196$ MPa 时，HBW＝RH(100＋0.438 σ_b)；
当 $\sigma_b < 196$ MPa 时，HBW＝RH(44＋0.724 σ_b)。RH 称为相对硬度，一般取 0.80～1.20。

11.2　非铁金属材料

表 11-6　铸造铜合金、铸造铝合金和铸造轴承合金

合金牌号	金属名称（或代号）	铸造方法	合金状态	力学性能（不低于） 拉伸强度 σ_b/MPa	 屈服强度 $\sigma_{0.2}$/MPa	 伸长率 δ_5/(%)	 布氏硬度/HBW	应用举例
铸造铜合金（GB/T 1176—1987 摘录）								
ZCuSn5Pb5Zn5	5-5-5 锡青铜	S、J Li、La	—	200 250	90 100	13	590* 635*	较高载荷、中速下工作的耐磨、耐腐蚀件，如轴瓦、衬套、缸套及蜗轮等
ZCuSn10Pb1	10-1 锡青铜	S J Li La	—	220 310 330 360	130 170 170 170	3 2 4 6	785* 885* 885* 885*	高载荷(20 MPa 以下)和高滑动速度(8 m/s)下工作的耐磨件，如连杆、衬套、轴瓦、蜗轮等
ZCuSn10Pb5	10-5 锡青铜	S J	—	195 245	—	10	685	耐蚀、耐酸件及破碎机衬套、轴瓦等
ZCuPb17Sn4Zn4	17-4-4 铅青铜	S J	—	150 175	—	5 7	540 590	一般耐磨件、轴承等

续表

合金牌号	金属名称（或代号）	铸造方法	合金状态	力学性能（不低于）				应用举例
				拉伸强度 σ_b/MPa	屈服强度 $\sigma_{0.2}$/MPa	伸长率 δ_5/(%)	布氏硬度/HBW	
ZCuAl10Fe3	10-3 铝青铜	S	—	490	180	13	980 *	要求强度高、耐磨、耐蚀的零件，如轴套、螺母、蜗轮、齿轮等
		J		540	200	15	1 080 *	
		Li、La		540	200	15	1 080 *	
ZCuAl10Fe3Mn2	10-3-2 铝青铜	S	—	490	—	15	1 080	
		J		540		20	1 175	
ZCuZn38	38 黄铜	S	—	295	—	30	590	一般结构件和耐蚀件，如法兰、阀座、螺母等
		J					685	
ZCuZn40Pb2	40-2 铅黄铜	S	—	220	120	15	785 *	一般用途的耐磨、耐蚀件，如轴套、齿轮等
		J		280		20	885 *	
ZCuZn38Mn2Pb2	38-2-2 锰黄铜	S	—	245	—	10	685	一般用途的结构件，如套筒、衬套、轴瓦、滑块等
		J		345		18	785	
ZCuZn16Si4	16-4 硅黄铜	S	—	345	—	15	885	接触海水工作的管配件以及水泵、叶轮等
		J		390		20	980	
铸造铝合金（GB/T 1173—1995 摘录）								
ZAlSi12	ZL102 铝硅合金	SB、JB、RB、KB	F	145	—	4	50	汽缸活塞以及高温工作的承受冲击载荷的复杂薄壁零件
			T2	135				
		J	F	155		2		
			T2	145		3		
ZAlSi9Mg	ZL104 铝硅合金	S、J、R、K	F	145	—	2	50	形状复杂的高温静载荷或受冲击作用的大型零件，如扇风机叶片、水冷汽缸头
		J	T1	195		1.5	65	
		SB、RB、KB	T6	225		2	70	
		J、JB	T6	235		2	70	
ZAlMg5Si1	ZL303 铝镁合金	S、J、R、K	F	145	—	1	55	高耐蚀性或在高温度下工作的零件
ZAlZn11Si7	ZL401 铝锌合金	S、R、K	T1	195	—	2	80	铸造性能较好，可不热处理，用于形状复杂的大型薄壁零件，耐蚀性差
		J		245		1.5	90	
铸造轴承合金（GB/T 1174—1992 摘录）								
ZSnSb12Pb10Cu4	锡基轴承合金	J	—	—	—	—	29	汽轮机、压缩机、机车、发电机、球磨机、轧机减速器、发动机等各种机器的滑动轴承衬
ZSnSb11Cu6		J					27	
ZSnSb8Cu4		J					24	
ZPbSb16Sn16Cu2	铅基轴承合金	J	—	—	—	—	30	
ZPbSb15Sn10		J					24	
ZPbSb15Sn5		J					20	

注：1. 铸造方法代号：S—砂型铸造；J—金属型铸造；Li—离心铸造；La—连续铸造；R—熔模铸造；K—壳型铸造；B—变质处理。

2. 合金状态代号：F—铸态；T1—人工时效；T2—退火；T6—固溶处理加人工完全时效。

3. 铸造铜合金的布氏硬度试验力的单位为 N，有 * 者为参考值。

11.3　型钢及型材

表 11-7　冷轧钢板和钢带（GB/T 708—2006 摘录）

厚度	范围在 0.30～4.00 mm，厚度小于 1 mm 的钢板取 0.05 mm 倍数的任何尺寸，厚度不小于 1 mm 的钢板取 0.1 mm 倍数的任何尺寸
宽度	范围在 600～2 050 mm，取 10 mm 倍数的任何尺寸
长度	范围在 1 000～6 000 mm，取 50 mm 倍数的任何尺寸

表 11-8　热轧钢板（GB/T709—2006 摘录）

厚度	单轧钢板	范围在 3～400 mm，厚度小于 30 mm 的钢板取 0.5 mm 倍数的任何尺寸，厚度不小于30 mm的钢板取 1 mm 倍数的任何尺寸
	连轧钢板	范围在 0.8～25.4 mm，取 0.1 mm 倍数的任何尺寸
宽度	单轧钢板	范围在 600～4 800 mm，取 10 mm 或 50 mm 倍数的任何尺寸
	连轧钢板	范围在 600～2 200 mm，取 10 mm 倍数的任何尺寸
长度	范围在 2 000～20 000 mm，取 50 mm 或 100 mm 倍数的任何尺寸	

表 11-9　热轧圆钢直径和方钢边长尺寸（GB/T 702—2008 摘录）

5.5	6	6.5	7	8	9	10	11	12	13	14	15	16	17	18	19	20	21
22	23	24	25	26	27	28	29	30	31	32	33	34	35	36	38	40	42
45	48	50	53	55	56	58	60	63	65	68	70	75	80	85	90	95	100
105	110	115	120	125	130	140	150	160	170	180	190	200	210	220	230	240	250

注：1. 本标准适用于直径为 5.5～310 mm 的热轧圆钢和边长为 5.5～200 mm 的热轧方钢。

2. 普通质量钢的长度为 4～12 m（截面尺寸不大于 25 mm）、3～12 m（截面尺寸大于 25 mm），工具钢（截面尺寸大于 75 mm）的长度为 1～8 m，优质及特殊质量钢的长度为 2～12 m。

表 11-10　热轧等边角钢（GB/T 706—2008 摘录）

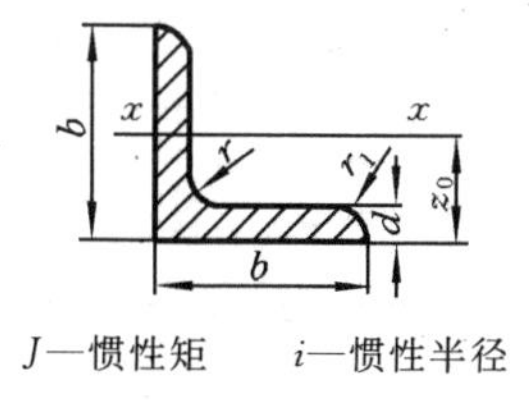

J—惯性矩　i—惯性半径

标记示例

热轧等边角钢 $\frac{100\times100\times16\text{-GB/T 706—2008}}{\text{Q235-A-GB/T 700—2006}}$

（碳素结构钢 Q235-A，尺寸为 100 mm×100 mm×16 mm 的热轧等边角钢）

续表

角钢号数	尺寸/mm			截面面积/cm^2	参考数值 $x—x$		重心距离
	b	d	r		I_x/cm^4	i_x/cm	z_0/cm
2	20	3	3.5	1.132	0.40	0.59	0.60
		4		1.459	0.50	0.58	0.64
2.5	25	3		1.432	0.82	0.76	0.73
		4		1.859	1.03	0.74	0.76
3.0	30	3	4.5	1.749	1.46	0.91	0.85
		4		2.276	1.84	0.90	0.89
3.6	36	3		2.109	2.58	1.11	1.00
		4		2.756	3.29	1.09	1.04
		5		3.382	3.95	1.08	1.07
4	40	3		2.359	3.59	1.23	1.09
		4		3.086	4.60	1.22	1.13
		5		3.791	5.53	1.21	1.17
4.5	45	3	5	2.659	5.17	1.40	1.22
		4		3.486	6.65	1.38	1.26
		5		4.292	8.04	1.37	1.30
		6		5.076	9.33	1.36	1.33
5	50	3	5.5	2.971	7.18	1.55	1.34
		4		3.897	9.29	1.54	1.38
		5		4.803	11.21	1.53	1.42
		6		5.688	13.05	1.52	1.46
5.6	56	3	6	3.343	10.19	1.75	1.48
		4		4.390	13.18	1.73	1.53
		5		5.415	16.02	1.72	1.57
		8		8.367	23.63	1.68	1.68
6.3	63	4	7	4.978	19.03	1.96	1.70
		5		6.143	23.17	1.94	1.74
		6		7.288	27.12	1.93	1.78
		8		9.515	34.46	1.90	1.85
		10		11.657	41.09	1.88	1.93

角钢号数	尺寸/mm			截面面积/cm^2	参考数值 $x—x$		重心距离
	b	d	r		I_x/cm^4	i_x/cm	z_0/cm
7	70	4	8	5.570	26.39	2.18	1.86
		5		6.875	32.21	2.16	1.91
		6		8.160	37.77	2.15	1.95
		7		9.424	43.09	2.14	1.99
		8		10.667	48.17	2.12	2.03
7.5	75	5	9	7.412	39.97	2.33	2.04
		6		8.797	46.95	2.31	2.07
		7		10.160	53.57	2.30	2.11
		8		11.503	59.96	2.28	2.15
		10		14.126	71.98	2.26	2.22
8	80	5	9	7.912	48.79	2.48	2.15
		6		9.397	57.35	2.47	2.19
		7		10.860	65.58	2.46	2.23
		8		12.303	73.49	2.44	2.27
		10		15.126	88.43	2.42	2.35
9	90	6	10	10.637	82.77	2.79	2.44
		7		12.301	94.83	2.78	2.48
		8		13.944	106.47	2.76	2.52
		10		17.167	128.58	2.74	2.59
		12		20.306	149.22	2.71	2.67
10	100	6	12	11.932	114.95	3.10	2.67
		7		13.796	131.86	3.09	2.71
		8		15.638	148.24	3.08	2.76
		10		19.261	179.51	3.05	2.84
		12		22.800	208.90	3.03	2.91
		14		26.256	236.53	3.00	2.99
		16		29.627	262.53	2.98	3.06

注：$r_1=1/3\ d$。

表 11-11 热轧槽钢（GB/T 706—2008 摘录）

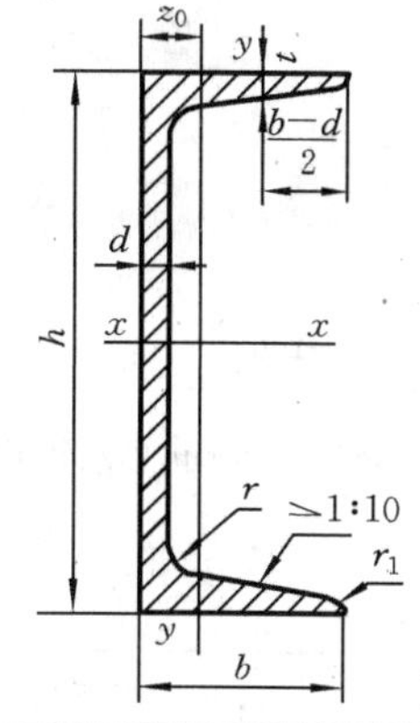

W_x,W_y——截面系数

标记示例

热轧槽钢

$\frac{180\times70\times9\text{-GB/T 706—2008}}{\text{Q235-A-GB/T 700—2006}}$

（碳素结构钢 Q235-A,尺寸为 180 mm×70 mm×9 mm 的热轧槽钢）

型号	尺寸/mm						截面面积/cm²	参考数值		重心距离 z_0/cm
								x—x	y—y	
	h	b	d	t	r	r_1		W_x /cm³	W_y /cm³	
5	50	37	4.5	7.0	7.0	3.5	6.93	10.4	3.55	1.35
6.3	63	40	4.8	7.5	7.5	3.8	8.45	16.1	4.50	1.36
8	80	43	5.0	8.0	8.0	4.0	10.25	25.3	5.79	1.43
10	100	48	5.3	8.5	8.5	4.2	12.75	39.7	7.80	1.52
12.6	126	53	5.5	9.0	9.0	4.5	15.69	62.1	10.20	1.59
14 a	140	58	6.0	9.5	9.5	4.8	18.52	80.5	13.0	1.71
14 b	140	60	8.0	9.5	9.5	4.8	21.32	87.1	14.1	1.67
16 a	160	63	6.5	10.0	10.0	5.0	21.96	108	16.3	1.80
16 b	160	65	8.5	10.0	10.0	5.0	25.16	117	17.6	1.75
18 a	180	68	7.0	10.5	10.5	5.2	25.70	141	20.0	1.88
18 b	180	70	9.0	10.5	10.5	5.2	29.30	152	21.5	1.84
20 a	200	73	7.0	11.0	11.0	5.5	28.84	178	24.2	2.01
20 b	200	75	9.0	11.0	11.0	5.5	32.84	191	25.9	1.95
22 a	220	77	7.0	11.5	11.5	5.8	31.85	218	28.2	2.10
22 b	220	79	9.0	11.5	11.5	5.8	36.25	234	30.1	2.03
25 a	250	78	7.0	12.0	12.0	6.0	34.92	270	30.6	2.07
25 b	250	80	9.0	12.0	12.0	6.0	39.92	282	32.7	1.98
25 c	250	82	11.0	12.0	12.0	6.0	44.92	295	35.9	1.92
28 a	280	82	7.5	12.5	12.5	6.2	40.03	340	35.7	2.10
28 b	280	84	9.5	12.5	12.5	6.2	45.63	366	37.9	2.02
28 c	280	86	11.5	12.5	12.5	6.2	51.23	393	40.3	1.95
32 a	320	88	8.0	14.0	14.0	7.0	48.51	475	46.5	2.24
32 b	320	90	10.0	14.0	14.0	7.0	54.91	509	49.2	2.16
32 c	320	92	12.0	14.0	14.0	7.0	61.31	543	52.6	2.09
36 a	360	96	9.0	16.0	16.0	8.0	60.91	660	63.5	2.44
36 b	360	98	11.0	16.0	16.0	8.0	68.11	703	66.9	2.37
36 c	360	100	13.0	16.0	16.0	8.0	75.31	746	70.0	2.34

表 11-12　热轧工字钢（GB/T 706—2008 摘录）

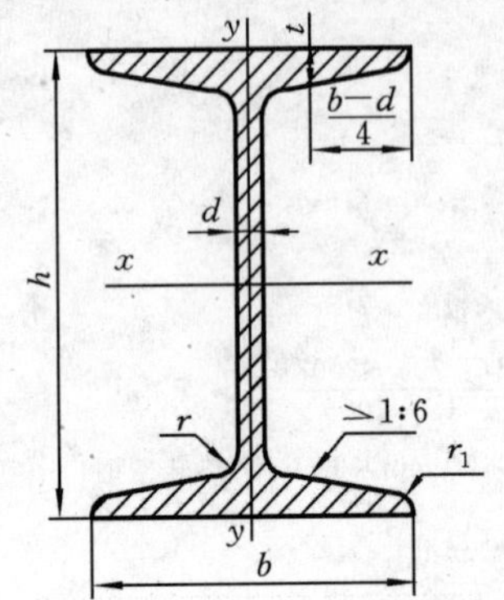

W_x, W_y——截面系数

标记示例

热轧工字钢 $\frac{400\times144\times12.5\text{-GB/T 706—2008}}{\text{Q235-A-GB/T 700—2006}}$

（碳素结构钢 Q235-A，尺寸为 400 mm×144 mm×12.5 mm 的热轧工字钢）

型号	尺寸/mm						截面面积/cm²	参考数值	
								x—x	y—y
	h	b	d	t	r	r_1		W_x	W_y
								/cm³	
10	100	68	4.5	7.6	6.5	3.3	14.35	49.0	9.7
12.6	126	74	5.0	8.4	7.0	3.5	18.12	77.5	12.7
14	140	80	5.5	9.1	7.5	3.8	21.52	102	16.1
16	160	88	6.0	9.9	8.0	4.0	26.13	141	21.2
18	180	94	6.5	10.7	8.5	4.3	30.76	185	26.0
20 a	200	100	7.0	11.4	9.0	4.5	35.58	237	31.5
20 b	200	102	9.0	11.4	9.0	4.5	39.58	250	33.1
22 a	220	110	7.5	12.3	9.5	4.8	42.13	309	40.9
22 b	220	112	9.5	12.3	9.5	4.8	46.53	325	42.7
25 a	250	116	8.0	13.0	10.0	5.0	48.54	402	48.3
25 b	250	118	10.0	13.0	10.0	5.0	53.54	423	52.4
28 a	280	122	8.5	13.7	10.5	5.3	55.40	508	56.6
28 b	280	124	10.5	13.7	10.5	5.3	61.00	534	61.2
32 a	320	130	9.5	15.0	11.5	5.8	67.16	692	70.8
32 b	320	132	11.5	15.0	11.5	5.8	73.56	726	76
32 c	320	134	13.5	15.0	11.5	5.8	79.96	760	81.2
36 a	360	136	10.0	15.8	12.0	6.0	76.48	875	81.2
36 b	360	138	12.0	15.8	12.0	6.0	83.68	919	84.3
36 c	360	140	14.0	15.8	12.0	6.0	90.88	962	87.4
40 a	400	142	10.5	16.5	12.5	6.3	86.11	1 090	93.2
40 b	400	144	12.5	16.5	12.5	6.3	94.11	1 140	96.2
40 c	400	146	14.5	16.5	12.5	6.3	102.11	1 190	99.6
45 a	450	150	11.5	18.0	13.5	6.8	102.45	1 430	114
45 b	450	152	13.5	18.0	13.5	6.8	111.45	1 500	118
45 c	450	154	15.5	18.0	13.5	6.8	120.45	1 570	122
50 a	500	158	12.0	20.0	14.0	7.0	119.30	1 860	142
50 b	500	160	14.0	20.0	14.0	7.0	129.30	1 940	146
50 c	500	162	16.0	20.0	14.0	7.0	139.30	2 080	151

11.4　非金属材料

表 11-13　常用工程塑料

品种	力学性能							热性能				应用举例
	抗拉强度/MPa	抗压强度/MPa	抗弯强度/MPa	伸长率/(%)	冲击韧度/(MJ·m^{-2})	弹性模量/(10^3 MPa)	硬度	熔点/℃	马丁耐热/℃	脆化温度/℃	线胀系数/(10^{-5} $℃^{-1}$)	
尼龙 6	53～77	59～88	69～98	150～250	带缺口 0.003 1	0.83～2.6	85～114 HRR	215～223	40～50	－20～－30	7.9～8.7	具有优良的机械强度和耐磨性，广泛用作机械、化工及电气零件，例如轴承、齿轮、凸轮、滚子、辊轴、泵叶轮、风扇叶轮、蜗轮、螺钉、螺母、垫圈、高压密封圈、阀座、输油管、储油容器等。尼龙粉末还可喷涂于各种零件表面，以提高耐磨损性能和密封性能
尼龙 9	57～64	—	79～84	—	无缺口 0.25～0.30	0.97～1.2	—	209～215	12～48	—	8～12	
尼龙 66	66～82	88～118	98～108	60～200	带缺口 0.003 9	1.4～3.3	100～118 HRR	265	50～60	－25～－30	9.1～10.0	
尼龙 610	46～59	69～88	69～98	100～240	带缺口 0.003 5～0.005 5	1.2～2.3	90～113 HRR	210～223	51～56	—	9.1～12.0	
尼龙 1010	51～54	108	81～87	100～250	带缺口 0.004 0～0.005 0	1.6	7.1 HBS	200～210	45	－60	10.5	
MC尼龙（无填充）	90	105	156	20	无缺口 0.520～0.624	3.6（拉伸）	21.3 HBS	—	55	—	8.3	强度特高，用于制造大型齿轮、蜗轮、轴套、大型阀门密封面、导向环、导轨、滚动轴承保持架、船尾轴承、起重汽车吊索绞盘蜗轮、柴油发动机燃料泵齿轮、矿山铲掘机轴承、水压机立柱导套、大型轧钢机辊道轴瓦等
聚甲醛（均聚物）	69（屈服）	125	96	15	带缺口 0.007 6	2.9（弯曲）	17.2 HBS	—	60～64	—	8.1～10.0（当温度在0～40 ℃时）	具有良好的减摩、耐磨性能，尤其是优越的干摩擦性能。用于制造轴承、齿轮、凸轮、滚轮、辊子、阀门上的阀杆螺母、垫圈、法兰、垫片、泵叶轮、鼓风机叶轮、弹簧、管道等

续表

品种	力学性能							热性能				应用举例
	抗拉强度/MPa	抗压强度/MPa	抗弯强度/MPa	伸长率/(%)	冲击韧度/(MJ·m^{-2})	弹性模量/(10^3 MPa)	硬度	熔点/℃	马丁耐热/℃	脆化温度/℃	线胀系数/(10^{-5} ℃$^{-1}$)	
聚碳酸酯	65～69	82～86	104	100	带缺口 0.064～0.075	2.2～2.5（拉伸）	9.7～10.4 HBS	220～230	110～130	－100	6～7	具有高的冲击韧度和优异的尺寸稳定性。用于制造齿轮、蜗轮、蜗杆、齿条、凸轮、心轴、轴承、滑轮、铰链、传动链、螺栓、螺母、垫圈、铆钉、泵叶轮、汽车化油器部件、节流阀、各种外壳等
聚砜	84（屈服）	87～95	106～125	20～100	带缺口 0.007 0～0.008 1	2.5～2.8（拉伸）	120 HRR	—	156	－100	5.0～5.2	具有高的热稳定性，长期使用温度可达 150～174 ℃，是一种高强度材料。用于制造齿轮、凸轮、电表上的接触器、线圈骨架、仪器仪表零件、计算机和洗涤机零件及各种薄膜、板材、管道等

第 12 章　常用连接件与紧固件

12.1　螺纹及螺纹连接件

表 12-1　普通螺纹（GB 196—2003 摘录）　　mm

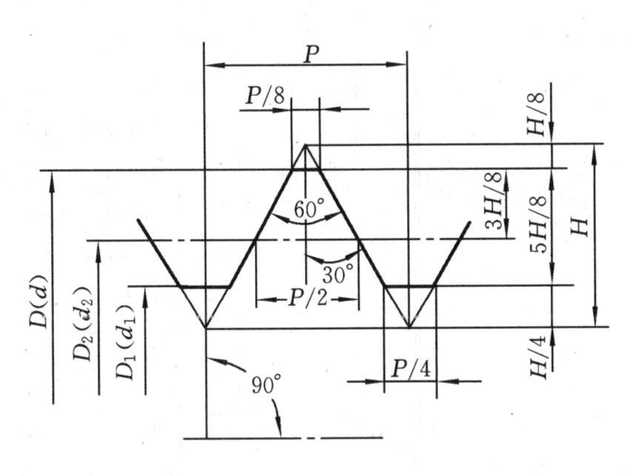

$H=0.866P$

$d_2=d-0.6495P$

$d_1=d-1.0825P$

D、d——内、外螺纹大径

D_2、d_2——内、外螺纹中径

D_1、d_1——内、外螺纹小径

P——螺距

标记示例

M24（粗牙普通螺纹，直径 24 mm，螺距 3 mm）

M24×1.5（细牙普通螺纹：直径 24 mm，螺距 1.5 mm）

公称直径 D、d 第一系列	公称直径 D、d 第二系列	螺距 P 粗牙	螺距 P 细牙	中径 D_2、d_2	小径 D_1、d_1
3		0.5		2.675	2.459
			0.35	2.773	2.621
	3.5	0.6		3.110	2.850
			0.35	3.273	3.121
4		0.7		3.545	3.242
			0.5	3.675	3.549
	4.5	0.75		4.013	3.688
			0.5	4.175	3.959
5		0.8		4.480	4.134
			0.5	4.675	4.459
6		1		5.350	4.917
			0.75	5.513	5.188
	7	1		6.350	5.917
			0.75	6.513	6.188
8		1.25		7.188	6.647
			1	7.350	6.917
			0.75	7.513	7.188

公称直径 D、d 第一系列	公称直径 D、d 第二系列	螺距 P 粗牙	螺距 P 细牙	中径 D_2、d_2	小径 D_1、d_1
10		1.5		9.026	8.376
			1.25	9.188	8.647
			1	9.350	8.917
			0.75	9.513	9.188
12		1.75		10.863	10.106
			1.5	11.026	10.376
			1.25	11.188	10.647
			1	11.350	10.917
	14	2		12.701	11.835
			1.5	13.026	12.376
			(1.25)	13.188	12.647
			1	13.350	12.917
16		2		14.701	13.835
			1.5	15.026	14.376
			1	15.350	14.917
	18	2.5		16.376	15.294
			2	16.701	15.835
			1.5	17.026	16.376
			1	17.350	16.917

公称直径 D、d 第一系列	公称直径 D、d 第二系列	螺距 P 粗牙	螺距 P 细牙	中径 D_2、d_2	小径 D_1、d_1
20		2.5		18.376	17.294
			2	18.701	17.835
			1.5	19.026	18.376
			1	19.350	18.917
	22	5		20.376	19.294
			2	20.701	19.838
			1.5	21.026	20.376
			1	21.350	20.917
24		3		22.051	20.752
			2	22.701	21.835
			1.5	23.026	22.376
			1	23.350	22.917
	27	3		25.051	23.752
			2	25.701	24.835
			1.5	26.026	25.376
			1	26.350	25.917

续表

公称直径 D、d 第一系列	公称直径 D、d 第二系列	螺距 P 粗牙	螺距 P 细牙	中径 D_2、d_2	小径 D_1、d_1
30		3.5		27.727	26.211
			(3)	28.051	26.752
			2	28.701	27.835
			1.5	29.026	28.376
			1	29.350	28.917
	33	3.5		30.727	9.211
			(3)	31.051	29.752
			2	31.701	30.835
			1.5	32.026	31.0376
36		4		33.402	31.670
			3	34.051	32.752
			2	34.701	33.835
			1.5	35.026	34.376
	39	4		36.402	34.670
			3	37.051	35.752
			2	37.701	36.835
			1.5	38.026	37.376

公称直径 D、d 第一系列	公称直径 D、d 第二系列	螺距 P 粗牙	螺距 P 细牙	中径 D_2、d_2	小径 D_1、d_1
42		4.5		39.077	37.129
			(4)	39.402	37.670
			3	40.051	38.752
			2	40.701	39.835
			1.5	41.026	40.376
	45	4.5		42.077	40.129
			(4)	42.402	40.670
			3	43.051	41.752
			2	43.701	42.835
			1	44.026	42.376
48		5		44.752	42.587
			3	45.402	43.670
			2	46.051	44.752
			1.5	46.701	45.835
				47.026	46.376
	52	5		48.752	46.587
			(4)	49.402	47.670
			3	50.051	48.752
			2	50.701	49.835
			1.5	51.026	50.376

公称直径 D、d 第一系列	公称直径 D、d 第二系列	螺距 P 粗牙	螺距 P 细牙	中径 D_2、d_2	小径 D_1、d_1
56		5.5		52.428	50.046
			4	53.402	51.670
			3	54.051	52.752
			2	54.701	53.835
			1.5	55.026	54.376
	60	(5.5)		56.428	54.046
			4	57.402	55.670
			3	58.051	56.752
			2	58.701	57.835
			1.5	59.026	58.376
64		6		60.103	57.505
			4	61.402	59.670
			3	62.051	60.750
			2	62.701	61.835
			1.5	63.026	62.376

注：优先选用第一系列，其次选用第二系列，尽量不用第三系列（表中未列出）；括号内的尺寸尽量不用。

表 12-2 六角头螺栓-A 级和 B 级（GB/T 5782—2000 摘录）和
六角头螺栓-全螺纹-A 级和 B 级（GB/T 5783—2000 摘录）

mm

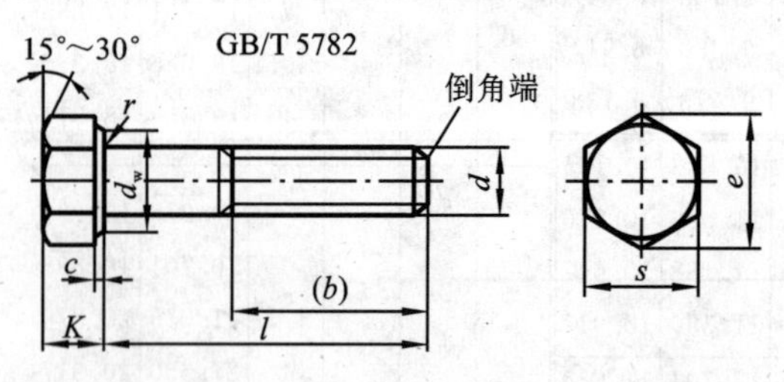

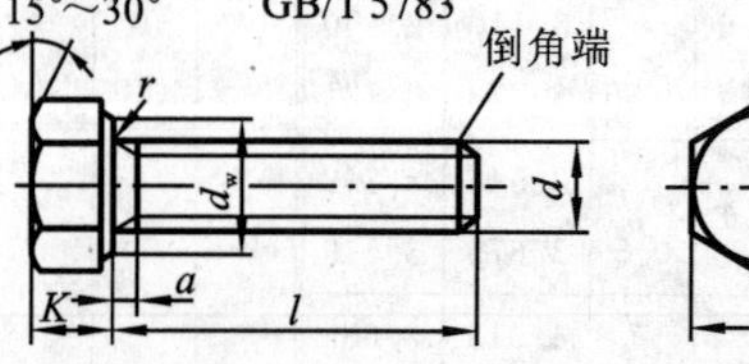
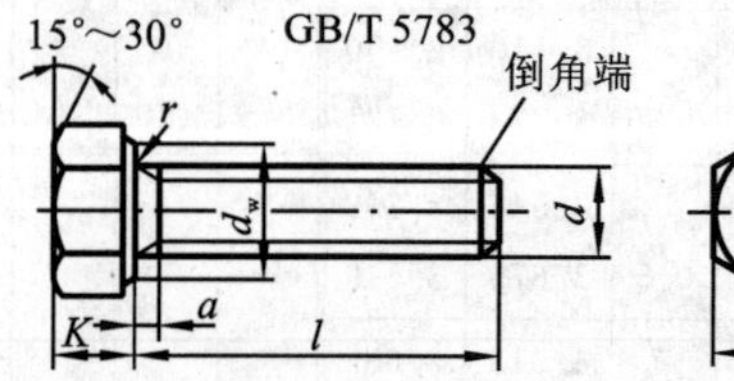

标记示例

螺纹规格 d＝M12、公称长度 l＝80、性能等级为 8.8级、表面氧化、A 级的六角头螺栓的标记为

螺栓 GB/T 5782 M12×80

标记示例

螺纹规格 d＝M12、公称长度 l＝80、性能等级为 8.8级、表面氧化、全螺纹、A 级的六角头螺栓的标记为

螺栓 GB/T 5783 M12×80

螺纹规格 d		M3	M4	M5	M6	M8	M10	M12	(M14)	M16	(M18)	M20	(M22)	M24	(M27)	M30	M36
b 参考	l≤125	12	14	16	18	22	26	30	34	38	42	46	50	54	60	66	
	125＜l≤200	18	20	22	24	28	32	36	40	44	48	52	56	60	66	72	84
	l＞200	31	33	33	37	41	45	49	53	57	61	65	69	73	79	85	97
a	max	1.5	2.1	2.4	3	3.75	4.5	5.25	6	6	7.5	7.5	7.5	9	9	10.5	12

续表

螺纹规格 d			M3	M4	M5	M6	M8	M10	M12	(M14)	M16	(M18)	M20	(M22)	M24	(M27)	M30	M36
c	max		0.4	0.4	0.5	0.5	0.6	0.6	0.6	0.6	0.8	0.8	0.8	0.8	0.8	0.8	0.8	0.8
	min		0.15	0.15	0.15	0.15	0.15	0.15	0.15	0.15	0.2	0.2	0.2	0.2	0.2	0.2	0.2	0.2
d_w	min	A	4.6	5.9	6.9	8.9	11.6	14.6	16.6	19.6	22.5	25.3	28.2	31.7	33.6	—	—	—
		B	4.5	5.7	6.7	8.7	11.5	14.5	16.5	19.2	22	24.9	27.7	31.4	33.6	38	42.8	51.1
e	min	A	6.01	7.66	8.79	11.05	14.38	17.77	20.03	23.35	26.75	30.14	33.53	37.72	39.98	—	—	—
		B	5.88	7.50	8.63	10.89	14.20	17.59	19.85	22.78	26.17	29.56	32.95	37.29	39.55	45.2	50.85	60.79
K	公称		2	2.8	3.5	4	5.3	6.4	7.5	8.8	10	11.5	12.5	14	15	17	18.7	22.5
r	min		0.1	0.2	0.2	0.25	0.4	0.4	0.6	0.6	0.6	0.6	0.8	0.8	0.8	1	1	1
s	公称		5.5	7	8	10	13	16	18	21	24	27	30	34	36	41	46	55
l 范围			20～30	25～40	25～50	30～60	35～80	40～100	45～120	60～140	55～160	60～180	65～200	70～220	80～240	90～260	90～300	110～360
l 范围（全螺线）			6～30	8～40	10～50	12～60	16～80	20～100	25～120	30～140	30～150	35～180	40～150	45～200	50～150	55～200	60～200	70～200
l 系列			6,8,10,12,16,20～70(5 进位),80～160(10 进位),180～360(20 进位)															

技术条件	材料	力学性能等级	螺纹公差	公差产品等级	表面处理
	钢	8.8	6g	A 级用于 $d\leqslant24$ 和 $l\leqslant10d$ 或 $l\leqslant150$ B 级用于 $d>24$ 或 $l>10d$ 或 $l>150$	氧化或镀锌钝化

注：1. A、B 为产品等级，A 级最精确、C 级最不精确，C 级产品详见 GB/T 5780—2000、GB/T 5781—2000。

2. l 系列中，M14 中的 55、65，M18 和 M20 中的 65，全螺纹中的 55、65 等规格尽量不采用。

3. 括号内为第二系列螺纹直径规格，尽量不采用。

表 12-3　六角头铰制孔用螺栓-A 级和 B 级（GB/T 27—1988 摘录）　mm

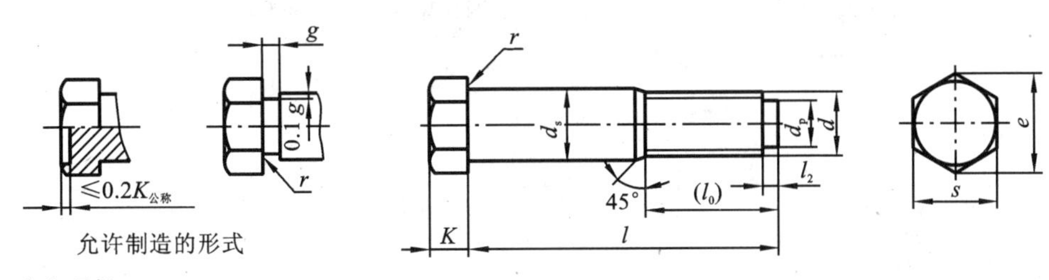

标记示例

螺纹规格 d=M12、d_s 尺寸按表 3-10 规定，公称长度 l=80、性能等级为 8.8 级、表面氧化处理、A 级的六角头铰制孔用螺栓的标记为

螺栓　GB/T 27　M12×80

当 d_s 按 m6 制造时应标记为　螺栓　GB/T 27　M12　m6×80

螺纹规格 d		M6	M8	M10	M12	(M14)	M16	(M18)	M20	(M22)	M24	(M27)	M30	M36
d_s(h9)	max	7	9	11	13	15	17	19	21	23	25	28	32	38
s	max	10	13	16	18	21	24	27	30	34	36	41	46	55
K	公称	4	5	6	7	8	9	10	11	12	13	15	17	20
r	min	0.25	0.4	0.4	0.6	0.6	0.6	0.6	0.8	0.8	0.8	1	1	1

续表

螺纹规格 d		M6	M8	M10	M12	(M14)	M16	(M18)	M20	(M22)	M24	(M27)	M30	M36
d_p		4	5.5	7	8.5	10	12	13	15	17	18	21	23	28
l_2		1.5		2		3			4			5		6
e_{min}	A	11.05	14.38	17.77	20.03	23.35	26.75	30.14	33.53	37.72	39.98	—	—	—
	B	10.89	14.20	17.59	19.85	22.78	26.17	29.56	32.95	37.29	39.55	45.2	50.85	60.79
g		2.5				3.5						5		
l_0		12	15	18	22	25	28	30	32	35	38	42	50	55
l 范围		25～65	25～80	30～120	35～180	40～180	45～200	50～200	55～200	60～200	65～200	75～200	80～230	90～300
l 系列		25,(28),30,(32),35,(38),40,45,50,(55),60,(65),70,(75),80,85,90,(95),100～260(10 进位),280,300												

注：1. 技术条件见表 3-9。

2. 尽可能不采用括号内的规格。

3. 根据使用要求，螺杆上无螺纹部分杆径（ds）允许按 m6、u8 制造。

表 12-4 Ⅰ型六角螺母-A 级和 B 级（GB/T 6170—2000 摘录）和六角薄螺母-A 级和 B 级-倒角（GB/T 6172.1—2000 摘录）

mm

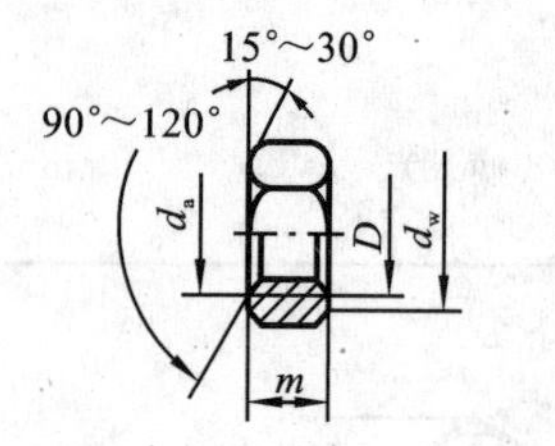

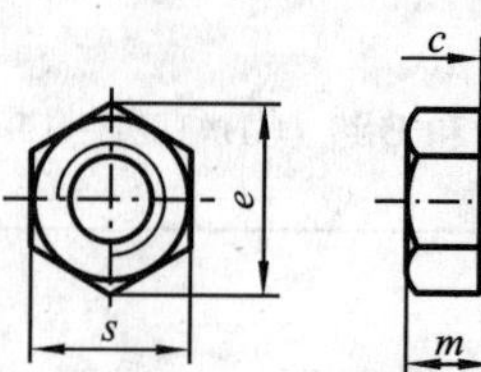

允许制造形式(GB/T 6170)

标记示例

螺纹规格D=M12、性能等级为8级、不经表面处理、A级的Ⅰ型六角螺母的标记为

螺母　GB/T 6170　M12

螺纹规格D=M12、性能等级为04级、不经表面处理、A级的六角薄螺母的标记为

螺母　GB/T 6172.1　M12

螺纹规格 D		M3	M4	M5	M6	M8	M10	M12	(M14)	M16	(M18)	M20	(M22)	M24	(M27)	M30	M36
d_a	max	3.45	4.6	5.75	6.75	8.75	10.8	13	15.1	17.30	19.5	21.6	23.7	25.9	29.1	32.4	38.9
d_w	min	4.6	5.9	6.9	8.9	11.6	14.6	16.6	19.6	22.5	24.9	27.7	31.4	33.3	38	42.8	51.1
e	min	6.01	7.66	8.79	11.05	14.38	17.77	20.03	23.36	26.75	29.56	32.95	37.29	39.55	45.2	50.85	60.79
s	max	5.5	7	8	10	13	16	18	21	24	27	30	34	36	41	46	55
c	max	0.4	0.4	0.5	0.5	0.6	0.6	0.6	0.6	0.8	0.8	0.8	0.8	0.8	0.8	0.8	0.8
m	六角螺母	2.4	3.2	4.7	5.2	6.8	8.4	10.8	12.8	14.8	15.8	18	19.4	21.5	23.8	25.6	31
(max)	薄螺母	1.8	2.2	2.7	3.2	4	5	6	7	8	9	10	11	12	13.5	15	18

技术条件	材料	性能等级	螺纹公差	表面处理	公差产品等级
	钢	六角螺母 6,8,10 薄螺母 04、05	6H	不经处理或 镀锌钝化	A 级用于 $D \leqslant$ M16 B 级用于 $D >$ M16

注：尽可能不采用括号内的规格。

表 12-5 小垫圈、平垫圈 mm

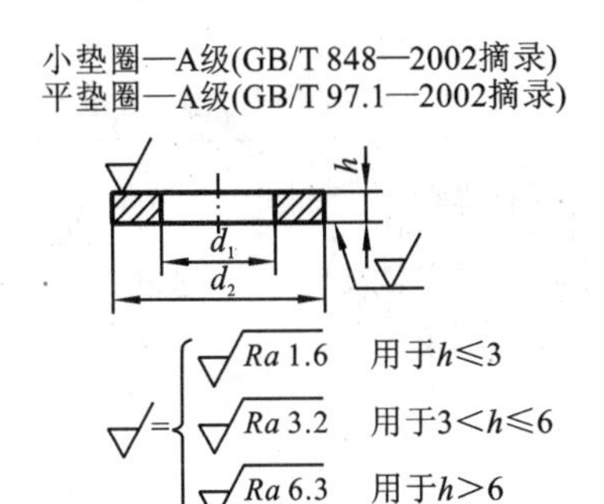

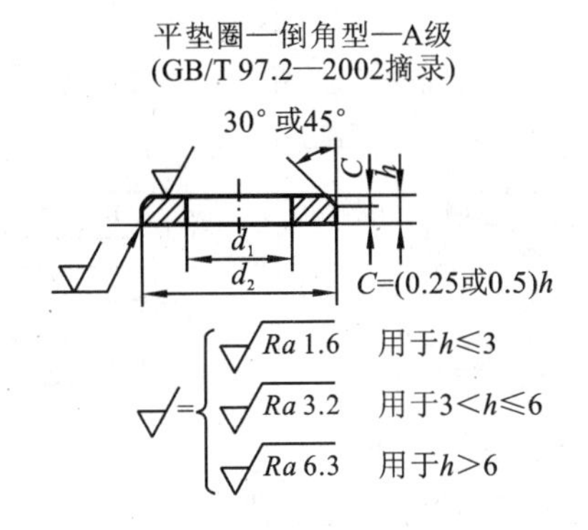

标记示例

小系列(或标准系列)、公称尺寸为 8 mm，由钢制造的硬度等级为 200HV 级、不经表面处理、产品等级为 A 级的平垫圈：垫圈 GB/T 8488(或 GB/T 97.1 8 或 GB/T 97.2 8)

<table>
<tr><th colspan="2">公称尺寸(螺纹大径 d)</th><th>1.6</th><th>2</th><th>2.5</th><th>3</th><th>4</th><th>5</th><th>6</th><th>8</th><th>10</th><th>12</th><th>(14)</th><th>16</th><th>20</th><th>24</th><th>30</th><th>36</th></tr>
<tr><td rowspan="3">d_1</td><td>GB/T 848—2002</td><td rowspan="2">1.7</td><td rowspan="2">2.2</td><td rowspan="2">2.7</td><td rowspan="2">3.2</td><td rowspan="2">4.3</td><td rowspan="3">5.3</td><td rowspan="3">6.4</td><td rowspan="3">8.4</td><td rowspan="3">10.5</td><td rowspan="3">13</td><td rowspan="3">15</td><td rowspan="3">17</td><td rowspan="3">21</td><td rowspan="3">25</td><td rowspan="3">31</td><td rowspan="3">37</td></tr>
<tr><td>GB/T 97.1—2002</td></tr>
<tr><td>GB/T 97.2—2002</td><td>—</td><td>—</td><td>—</td><td>—</td><td>—</td></tr>
<tr><td rowspan="3">d_2</td><td>GB/T 848—2002</td><td>3.5</td><td>4.5</td><td>5</td><td>6</td><td>8</td><td>9</td><td>11</td><td>15</td><td>18</td><td>20</td><td>24</td><td>28</td><td>34</td><td>39</td><td>50</td><td>60</td></tr>
<tr><td>GB/T 97.1—2002</td><td>4</td><td>5</td><td>6</td><td>7</td><td>9</td><td rowspan="2">10</td><td rowspan="2">12</td><td rowspan="2">16</td><td rowspan="2">20</td><td rowspan="2">24</td><td rowspan="2">28</td><td rowspan="2">30</td><td rowspan="2">37</td><td rowspan="2">44</td><td rowspan="2">56</td><td rowspan="2">66</td></tr>
<tr><td>GB/T 97.2—2002</td><td>—</td><td>—</td><td>—</td><td>—</td><td>—</td></tr>
<tr><td rowspan="3">h</td><td>GB/T 848—2002</td><td rowspan="2">0.3</td><td rowspan="2">0.3</td><td rowspan="2">0.5</td><td rowspan="2">0.5</td><td>0.5</td><td rowspan="3">1</td><td rowspan="3">1.6</td><td rowspan="3">1.6</td><td>1.6</td><td>2</td><td rowspan="3">2.5</td><td>2.5</td><td rowspan="3">3</td><td rowspan="3">4</td><td rowspan="3">4</td><td rowspan="3">5</td></tr>
<tr><td>GB/T 97.1—2002</td><td>0.8</td><td rowspan="2">2</td><td rowspan="2">2.5</td><td rowspan="2">3</td></tr>
<tr><td>GB/T 97.2—2002</td><td>—</td><td>—</td><td>—</td><td>—</td><td>—</td></tr>
</table>

表 12-6 标准型弹簧垫圈(GB/T 93—1987 摘录) mm

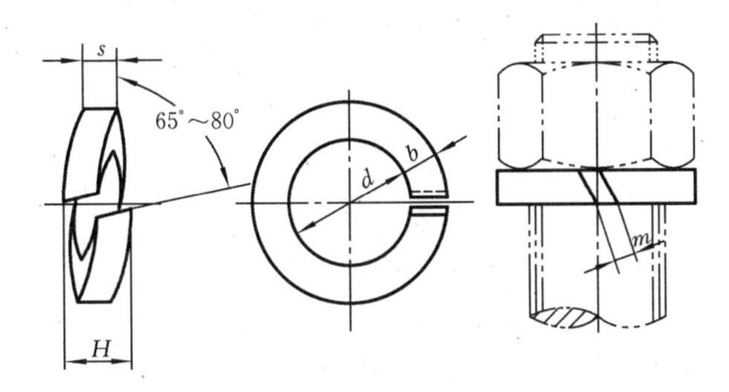

标记示例

规格 16 mm，材料为 65Mn，表面氧化的标准型弹簧垫圈：

垫圈 GB/T 93—1987 16

规格(螺纹大径)		5	6	8	10	12	(14)	16	(18)	20	(22)	24	(27)	30
d	min	5.1	6.1	8.1	10.2	12.2	14.2	16.2	18.2	20.2	22.5	24.5	27.5	30.5
s(b)	公称	1.3	1.6	2.1	2.6	3.1	3.6	4.1	4.5	5	5.5	6	6.8	7.5
H	max	3.25	4	5.25	6.5	7.75	9	10.25	11.25	12.5	13.75	15	17	18.75
m≤		0.65	0.8	1.05	1.3	1.55	1.8	2.05	2.25	2.5	2.75	3	3.4	3.75

注：尽可能不采用括号内的规格。

表 12-7　螺栓和螺钉通孔及沉孔尺寸　mm

螺纹规格	螺栓和螺钉通孔直径 d_h（GB/T 5277—1985 摘录）			沉头螺钉及半沉头螺钉的沉孔（GB/T 152.2—1988 摘录）				内六角圆柱头螺钉的圆柱头沉孔（GB/T 152.3—1988 摘录）				六角头螺栓和六角螺母的沉孔（GB/T 152.4—1988 摘录）			
d	精装配	中等装配	粗装配	d_2	$t\approx$	d_1	$\alpha/(°)$	d_2	t	d_3	d_1	d_2	d_3	d_1	t
M3	3.2	3.4	3.6	6.4	1.6	3.4		6.0	3.4		3.4	9		3.4	
M4	4.3	4.5	4.8	9.6	2.7	4.5		8.0	4.6		4.5	10		4.5	
M5	5.3	5.5	5.8	10.6	2.7	5.5		10.0	5.7		5.5	11		5.5	
M6	6.4	6.6	7	12.8	3.3	6.6		11.0	6.8	—	6.6	13	—	6.6	
M8	8.4	9	10	17.6	4.6	9		15.0	9.0		9.0	18		9.0	
M10	10.5	11	12	20.3	5.0	11		18.0	11.0		11.0	22		11.0	
M12	13	13.5	14.5	24.4	6.0	13.5		20.0	13.0	16	13.5	26	16	13.5	
M14	15	15.5	16.5	28.4	7.0	15.5		24.0	15.0	18	14.5	30	18	13.5	只要能制出与通孔轴线垂直的圆平面即可
M16	17	18.5	18.5	32.4	8.0	17.5	90^{-2}_{-4}	26.0	17.5	20	17.5	33	20	17.5	
M18	19	20	21	—	—	—		—	—	—	—	36	22	20.0	
M20	21	22	24	40.4	10.0	22		33.0	21.5	24	22.0	40	24	22.0	
M22	23	24	26					—	—	—	—	43	26	24	
M24	25	26	28					40.0	25.5	28	26.0	48	28	26	
M27	28	30	32	—	—	—		—	—	—	—	53	33	30	
M30	31	33	35					48.0	32.0	36	33.0	61	36	33	
M36	37	39	42					57.0	38.0	42	39.0	71	42	39	

表 12-8　普通螺纹内、外螺纹余留长度、钻孔余留深度、螺栓突出螺母末端长度（JB/ZQ 4247—1997）mm

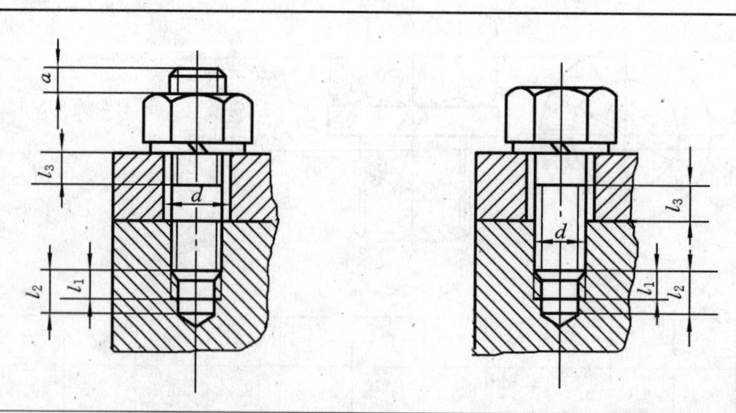

螺　距	螺纹直径		余留长度			末端长度
	粗牙	细牙	内螺纹	钻孔	外螺纹	
p	d		l_1	l_2	l_3	a
0.5	3	5	1	4	2	1～2

续表

螺距	螺纹直径		余留长度			末端长度
	粗牙	细牙	内螺纹	钻孔	外螺纹	
0.7	4	—	1.5	5	2.5	2~3
0.75	—	6				
0.8	5	—		6		
1	6	8,10,14,16,18	2	7	3.5	2.5~4
1.25	8	12	2.5	9	4	
1.5	10	14,16,18,20,22,24,27,30,33	3	10	4.5	3.5~5
1.75	12	—	3.5	13	5.5	
2	14,16	24,27,30,33,36,39,45,48,52	4	14	6	4.5~6.5
2.5	18,20,22	—	5	17	7	
3	24,27	36,39,42,45,48,56,60,64,72,76	6	20	8	5.5~8
3.5	30	—	7	23	10	
4	36	56,60,64,68,72,76	8	26	11	7~11
4.5	42	—	9	30	12	
5	48	—	10	33	13	10~15
5.5	56	—	11	36	16	
6	64,72,76	—	12	40	18	

12.2 键与销连接

表 12-9 普通平键(GB/T 1095—2003 摘录、GB/T 1096—2003 摘录) mm

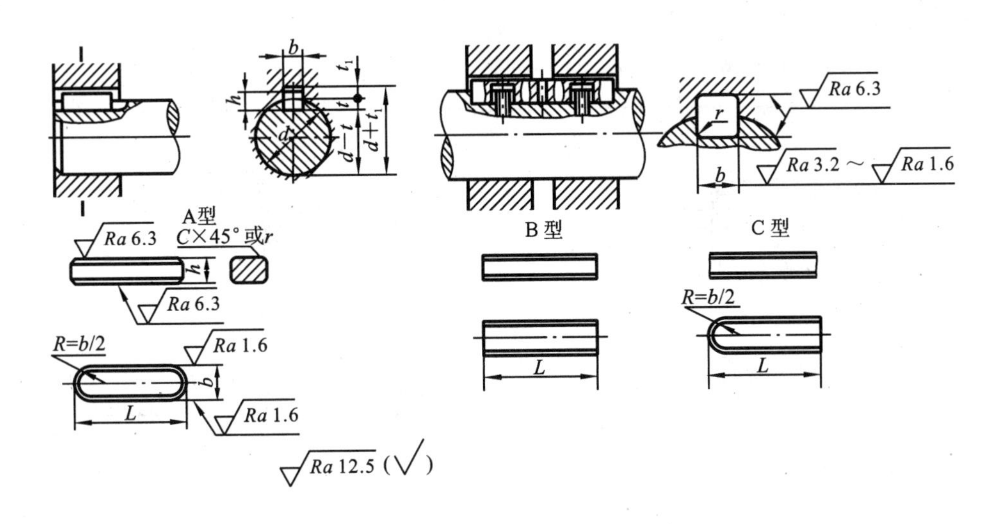

标记示例

b=16 mm、h=10 mm、L=100 mm 的圆头普通平键:GB/T 1096 键 16×10×100

b=16 mm、h=10 mm、L=100 mm 的平头普通平键:GB/T 1096 键 B16×10×100

b=16 mm、h=10 mm、L=100 mm 的单圆头普通平键:GB/T 1096 键 C16×10×100

续表

轴	键	键槽											
公称直径 d	公称尺寸 $b\times h$	宽度 b						深度				半径 r	
		公称尺寸 b	极限偏差					轴 t		毂 t_1			
			松连接		正常连接		紧密连接						
			轴 H9	毂 D10	轴 N9	毂 Js9	轴和毂 P9	公称尺寸	极限偏差	公称尺寸	极限偏差	最小	最大
>6～8	2×2	2	+0.025	+0.060	−0.004	±0.0125	−0.006	1.2		1.0			
>8～10	3×3	3	0	+0.020	−0.029		−0.031	1.8	+0.1	1.4	+0.1	0.08	0.16
>10～12	4×4	4	+0.030	+0.078	0		−0.012	2.5	0	1.8	0		
>12～17	5×5	5	0	+0.030	−0.030	±0.015	−0.042	3.0		2.3			
>17～22	6×6	6						3.5		2.8		0.16	0.25
>22～30	8×7	8	+0.036	+0.098	0	±0.018	−0.015	4.0		3.3			
>30～38	10×8	10	0	+0.040	−0.036		−0.051	5.0		3.3			
>38～44	12×8	12						5.0		3.3			
>44～50	14×9	14	+0.043	+0.120	0	±0.0215	−0.018	5.5		3.8		0.25	0.40
>50～58	16×10	16	0	+0.050	−0.043		−0.061	6.0	+0.2	4.3	+0.2		
>58～65	18×11	18						7.0	0	4.4	0		
>65～75	20×12	20						7.5		4.9			
>75～85	22×14	22	+0.052	+0.149	0	±0.026	−0.022	9.0		5.4			
>85～95	25×14	25	0	+0.065	−0.052		−0.074	9.0		5.4		0.40	0.60
>95～110	28×16	28						10.0		6.4			
键的长度系列	6,8,10,12,14,16,18,20,22,25,28,32,36,40,45,50,56,63,70,80,90,100,110,125,140,160,180,200,220,250,280,320,360												

注：1. 在工作图中，轴槽深用 t_1 或 $(d-t)$ 标注，轮毂槽深用 $(d+t_1)$ 标注。

2. $(d-t)$ 和 $(d+t_1)$ 两组组合尺寸的极限偏差按相应的 t 和 t_1 极限偏差选取，但 $(d-t)$ 极限偏差值应取负号（−）。

3. 键尺寸的极限偏差 b 为 h8，h 为 h11，L 为 h14。

4. 键材料的抗拉强度应不小于 590 MPa。

表 12-10　圆柱销（GB/T 119.1—2000 摘录）、**圆锥销**（GB/T 117—2000 摘录）　mm

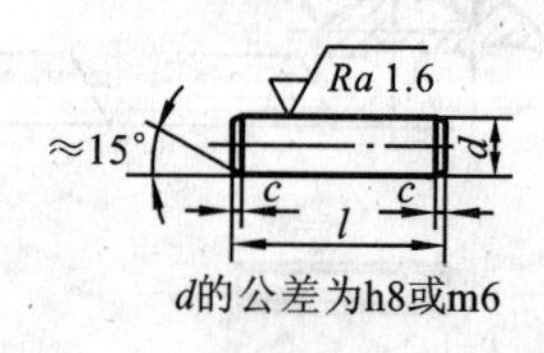

公差m6：表面粗糙度 $Ra\leqslant0.8\ \mu m$
公差h8：表面粗糙度 $Ra\leqslant1.6\ \mu m$

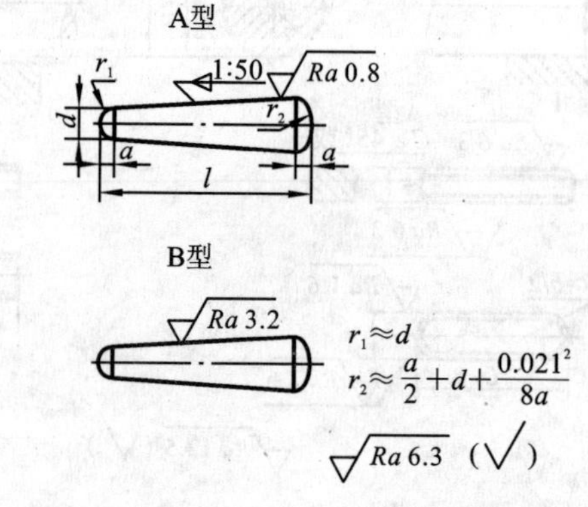

标记示例

公称直径 d=6 mm、公差为 m6、公称长度 l=30 mm、材料为钢、不经淬火、不经表面处理的圆锥销：

销　GB/T 119.1　6　m6×30

公称直径 d=6 mm、长度 l=30 mm、材料为 35 钢、热处理硬度 28～38HRC、表面氧化处理的 A 型圆锥销：

销　GB/T 117　6×30

续表

公称直径 d			3	4	5	6	8	10	12	16	20	25
圆柱销	dh8 或 m6		3	4	5	6	8	10	12	16	20	25
	$c\approx$		0.5	0.63	0.8	1.2	1.6	2.0	2.5	3.0	3.5	4.0
	l(公称)		8～30	8～40	10～50	12～60	14～80	18～95	22～140	26～180	35～200	50～200
圆锥销	dh10	min	2.96	3.95	4.95	5.95	7.94	9.94	11.93	15.93	19.92	24.92
		max	3	4	5	6	8	10	12	16	20	25
	$a\approx$		0.4	0.5	0.63	0.8	1.0	1.2	1.6	2.0	2.5	3.0
	l(公称)		12～45	14～55	18～60	22～90	22～120	26～160	32～180	40～200	45～200	50～200
l(公称)的系列			12～32(2进位),35～100(5进位),100～200(20进位)									

12.3　轴系零件的紧固件

表 12-11　轴肩挡圈(GB/T 886—1986 摘录)　mm

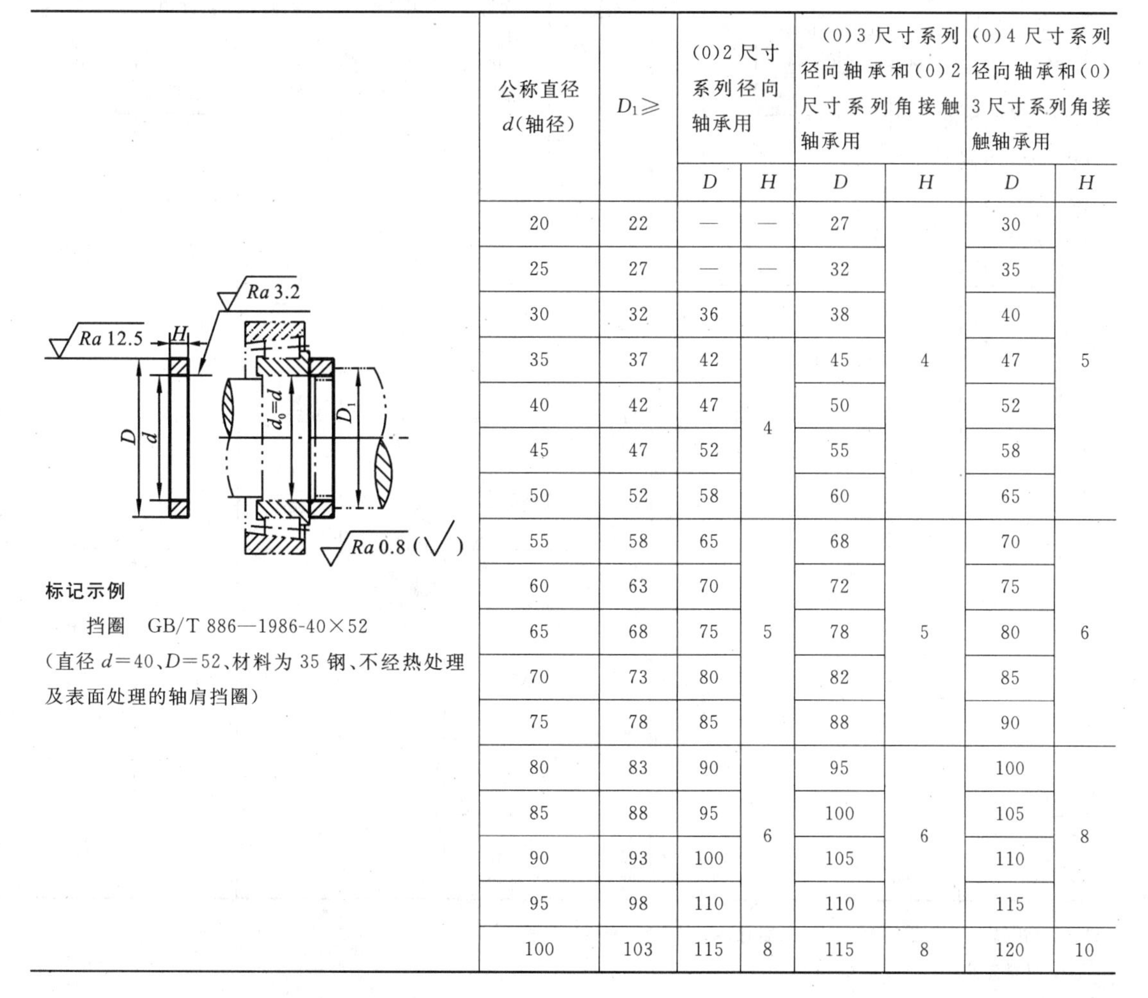

标记示例

挡圈　GB/T 886—1986-40×52

(直径 d=40、D=52、材料为35钢、不经热处理及表面处理的轴肩挡圈)

公称直径 d(轴径)	$D_1\geqslant$	(0)2尺寸系列径向轴承用		(0)3尺寸系列径向轴承和(0)2尺寸系列角接触轴承用		(0)4尺寸系列径向轴承和(0)3尺寸系列角接触轴承用	
		D	H	D	H	D	H
20	22	—	—	27	4	30	5
25	27	—	—	32		35	
30	32	36		38		40	
35	37	42	4	45		47	
40	42	47		50		52	
45	47	52		55		58	
50	52	58		60		65	
55	58	65	5	68	5	70	6
60	63	70		72		75	
65	68	75		78		80	
70	73	80		82		85	
75	78	85		88		90	
80	83	90	6	95	6	100	8
85	88	95		100		105	
90	93	100		105		110	
95	98	110		110		115	
100	103	115	8	115	8	120	10

表 12-12　螺钉(栓)紧固轴端挡圈（GB/T 891—1986、GB/T 892—1986 摘录）　mm

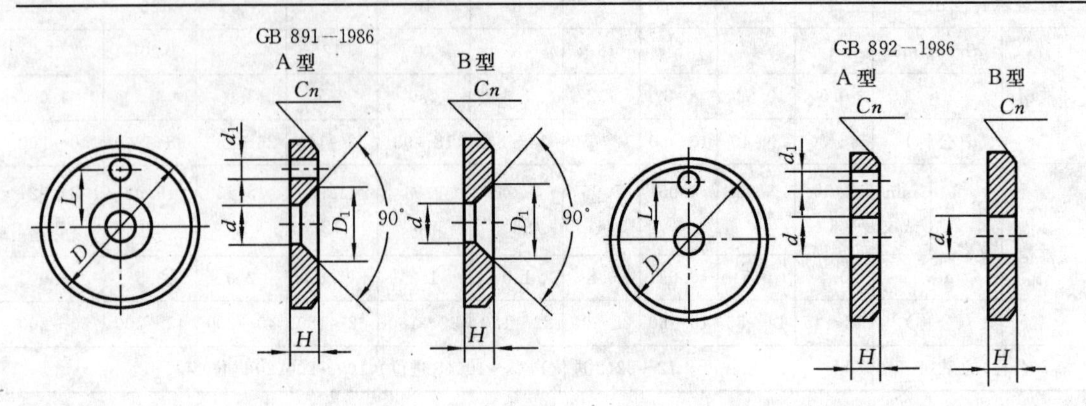

标记示例

公称直径 D=45 mm，材料为 Q235A，不经表面处理的 A 型螺钉紧固轴端挡圈：

挡圈 GB/T 891—1986　45 按 B 型制造，应加标记 B：挡圈 GB/T 891—1986　B45

轴径 ≤	公称直径 D	H 基本尺寸	H 极限偏差	L 基本尺寸	L 极限偏差	d	d_1	C	GB 891—1986 D_1	GB 891—1986 螺钉 GB 68—1985（推荐）	GB 891—1986 圆柱销 GB 119—1986（推荐）	GB 892—1986 螺栓 GB 5783—1985（推荐）	GB 892—1986 圆柱销 GB 119—1986（推荐）	GB 892—1986 垫圈 GB 93—1987（推荐）
14	20	4	0 −0.30	—	±0.11	5.5	2.1	0.5	11	M5×12	A2×10	M5×16	A2×10	5
16	22	4		—										
18	25	4		—										
20	28	4		7.5										
22	30	4		7.5										
25	32	5	0 −0.30	10	±0.11	6.6	3.2	1	13	M6×16	A3×12	M6×20	A3×12	6
28	35	5		10										
30	38	5		10										
32	40	5		12	±0.135									
35	45	5		12										
40	50	5		12										
45	55	6		16		9	4.2	1.5	17	M8×20	A4×14	M8×25	A4×14	8
50	60	6		16										
55	65	6		16										
60	70	6		20	±0.165									
65	75	6		20										
70	80	6		20										
75	90	8	0 −0.36	25		13	5.2	2	25	M12×25	A5×16	M12×30	A5×16	12
85	100	8		25										

注：1. 挡圈装在带有螺纹中心孔的轴端时，紧固用螺栓允许加长。

2. 材料为 Q235A、35 钢和 45 钢。

3. 用于轴端上固定零(部)件。

表 12-13　轴用弹性挡圈（GB/T 894.1—1986 摘录）　　mm

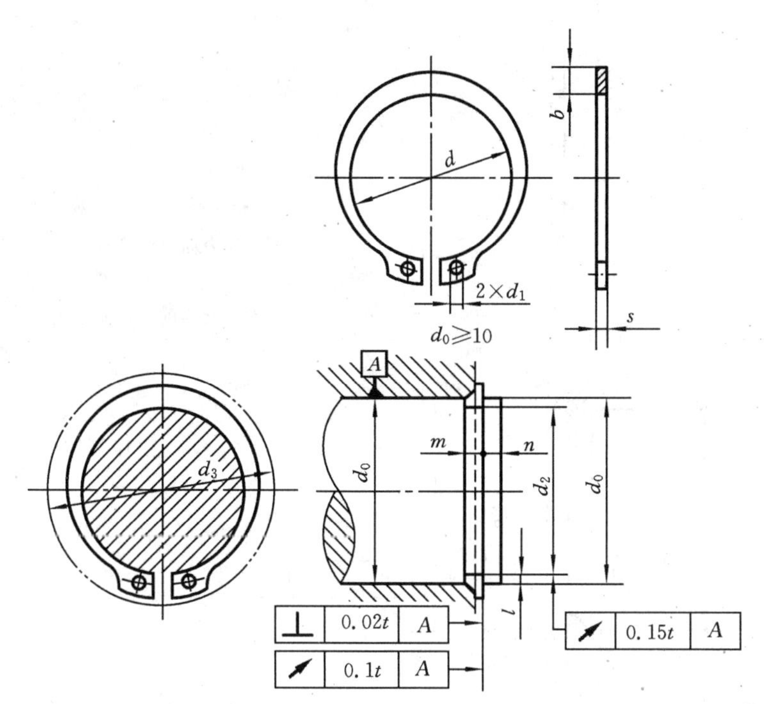

标记示例

挡圈 GB/T 894.1—1986 50

（轴径 d_0＝50 mm，材料为 65 Mn，热处理 44～51 HRC，经表面氧化处理的 A 型轴用弹性挡圈）

d_3——允许套入的最小孔径

轴径 d_0	挡圈				沟槽（推荐）			孔	轴径 d_0	挡圈				沟槽（推荐）			孔
	d	s	$b\approx$	d_1	d_2	m	$n\geqslant$	$d_3\geqslant$		d	s	$b\approx$	d_1	d_2	m	$n\geqslant$	$d_3\geqslant$
18	16.5	1	2.48	1.7	17	1.1	1.5	27	50	45.8	2	5.48	3	47	2.2	4.5	64.8
19	17.5			2	18			28	52	47.8				49			67
20	18.5		2.68		19			29	55	50.8				52			70.4
21	19.5				20			31	56	51.8		6.12		53			71.7
22	20.5				21			32	58	53.8				55			73.6
24	22.2	1.2	3.32		22.9	1.3	1.7	34	60	55.8				57			75.8
25	23.2				23.9			35	62	57.8				59			79
26	24.2				24.9			36	63	58.8	2.5			60	2.7		79.6
28	25.9		3.60		26.6		2.1	38.4	65	60.8				62			81.6
29	26.9		3.72		27.6			39.8	68	63.5		6.32		65			85
30	27.9				28.6			42	70	65.5				67			87.2
32	29.6		3.92	2.5	30.3		2.6	44	72	67.5				69			89.4
34	31.5	1.5	4.32		32.3	1.7		46	75	70.5				72			92.8
35	32.2		4.52		33		3	48	78	73.5		7.0		75			96.2
36	33.2				34			49	80	74.5				76.5		5.3	98.2
37	34.2				35			50	82	76.5				78.5			101
38	35.2		5.0		36			51	85	79.5				81.5			104
40	36.5				37.5		3.8	53	88	82.5				84.5			107.3
42	38.5				39.5			56	90	84.5		7.6		86.5			110
45	41.6				42.5			59.4	95	89.5		9.2		91.5			115
48	43.5				45.5			62.8	100	94.5				96.5			121

表 12-14　孔用弹性挡圈(GB/T 893.1—1986 摘录) mm

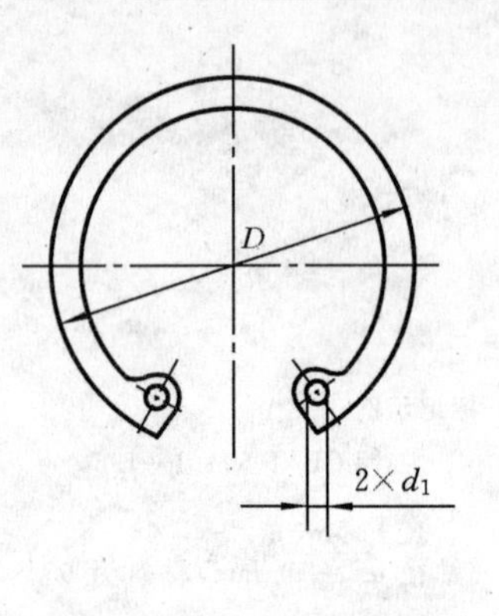

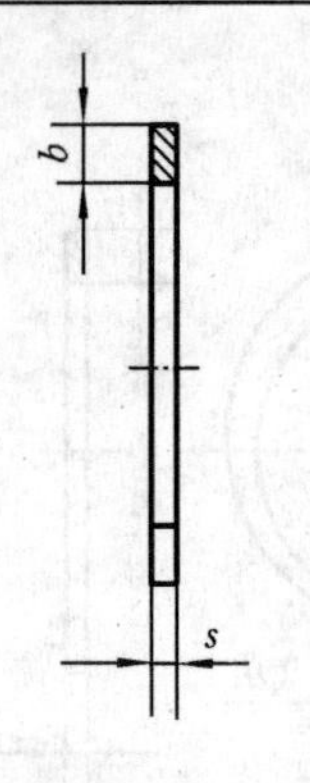

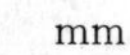

标记示例

挡圈 GB/T 893.1—1986　50(孔径 d_0=50 mm,材料为 65 Mn,热处理硬度 44～51 HRC,经表面氧化处理的 A 型孔用弹性挡圈)

d_3——允许套入的最大轴径

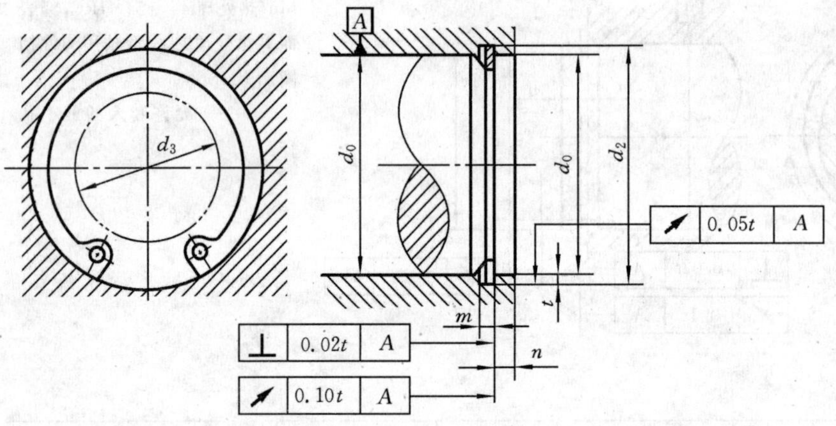

孔径	挡圈				沟槽(推荐)			轴	孔径	挡圈				沟槽(推荐)			轴
d_0	D	s	b≈	d_1	d_2	m	n≥	d_3≤	d_0	D	s	b≈	d_1	d_2	m	n≥	d_3≤
30	32.1				31.4		2.1	18	65	69.2		5.2		68			48
31	33.4	1.2	3.2		32.7	1.3		19	68	72.5				71			50
32	34.4				33.7		2.6	20	70	74.5		5.7		73		4.5	53
34	36.5			2.5	35.7			22	72	76.5				75			55
35	37.8				37			23	75	79.5		6.3		78			56
36	38.8		3.6		38		3	24	78	82.5				81			60
37	39.8				39			25	80	85.5				83.5			63
38	40.8	1.5			40	1.7		26	82	87.5	2.5	6.8	3	85.5	2.7		65
40	43.5			3	42.5			27	85	90.5				88.5			68
42	45.5		4		44.5			29	88	93.5		7.3		91.5			70
45	48.5				47.5		3.8	31	90	95.5				93.5		5.3	72
47	50.5		4.7		49.5			32	92	97.5				95.5			73
48	51.5	1.5			50.5	1.7	3.8	33	95	100.5		7.7		98.5			75
50	54.2		4.7		53			36	98	103.5				101.5			78
52	56.2			3	55			38	100	105.5				103.5			80
55	59.2				58			40	102	108		8.1		106			82
56	60.2	2			59	2.2	4.5	41	105	112				109			83
58	62.2				61			43	108	115				112			86
60	64.2		5.2		63			44	110	117	3	8.8	4	114	3.2	6	88
62	66.2				65			45	112	119		9.3		116			89
63	67.2				66			46	—	—		—		—			—

表 12-15　圆螺母（GB/T 812—1988）与小圆螺母（GB/T 810—1988 摘录）　　mm

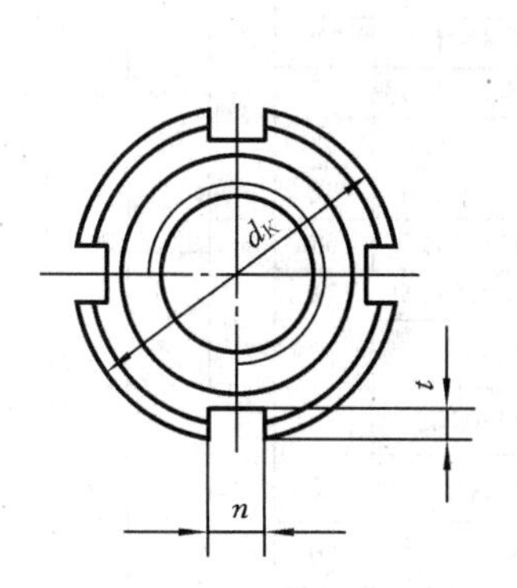

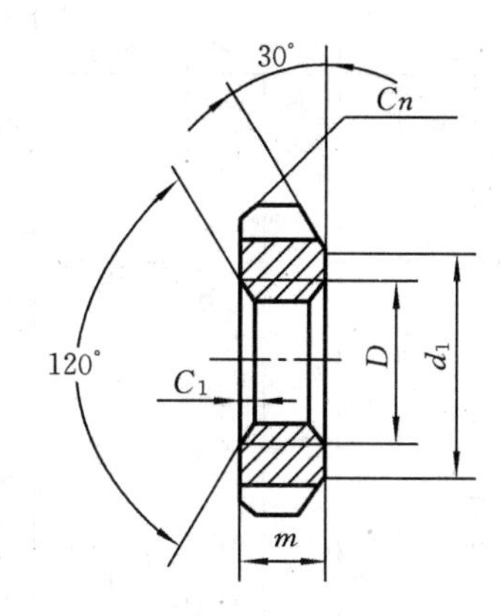

标记示例

螺纹规格 D 为 M16 mm×1.5 mm，材料为 45 钢，槽或全部热处理后硬度为 35～45 HRC，表面氧化的圆螺母的标记为：

螺母 GB/T 812—1988M16×1.5

圆螺母

<table>
<tr><th>螺纹规格</th><th rowspan="2">d_K</th><th rowspan="2">d_1</th><th rowspan="2">m</th><th colspan="2">n</th><th colspan="2">t</th><th rowspan="2">C</th><th rowspan="2">C_1</th></tr>
<tr><th>D×P</th><th>max</th><th>min</th><th>max</th><th>min</th></tr>
<tr><td>M10×1</td><td>22</td><td>16</td><td rowspan="6">8</td><td rowspan="3">4.3</td><td rowspan="3">4</td><td rowspan="3">2.6</td><td rowspan="3">2</td><td rowspan="7">0.5</td><td rowspan="14">0.5</td></tr>
<tr><td>M12×1.25</td><td>25</td><td>19</td></tr>
<tr><td>M14×1.5</td><td>28</td><td>20</td></tr>
<tr><td>M16×1.5</td><td>30</td><td>22</td><td rowspan="8">5.3</td><td rowspan="8">5</td><td rowspan="8">3.1</td><td rowspan="8">2.5</td></tr>
<tr><td>M18×1.5</td><td>32</td><td>24</td></tr>
<tr><td>M20×1.5</td><td>35</td><td>27</td></tr>
<tr><td>M22×1.5</td><td>38</td><td>30</td><td rowspan="8">10</td></tr>
<tr><td>M24×1.5</td><td rowspan="2">42</td><td rowspan="2">34</td><td rowspan="7">1</td></tr>
<tr><td>M25×1.5*</td></tr>
<tr><td>M27×1.5</td><td>45</td><td>37</td></tr>
<tr><td>M30×1.5</td><td>48</td><td>40</td></tr>
<tr><td>M33×1.5</td><td rowspan="2">52</td><td rowspan="2">43</td><td rowspan="3">6.3</td><td rowspan="3">6</td><td rowspan="3">3.6</td><td rowspan="3">3</td></tr>
<tr><td>M35×1.5*</td></tr>
<tr><td>M36×1.5</td><td>55</td><td>46</td></tr>
</table>

小圆螺母

<table>
<tr><th>螺纹规格</th><th rowspan="2">d_K</th><th rowspan="2">m</th><th colspan="2">n</th><th colspan="2">t</th><th rowspan="2">C</th><th rowspan="2">C_1</th></tr>
<tr><th>D×P</th><th>max</th><th>min</th><th>max</th><th>min</th></tr>
<tr><td>M10×1</td><td>20</td><td rowspan="6">6</td><td rowspan="4">4.3</td><td rowspan="4">4</td><td rowspan="4">2.6</td><td rowspan="4">2</td><td rowspan="8">0.5</td><td rowspan="11">0.5</td></tr>
<tr><td>M12×1.25</td><td>22</td></tr>
<tr><td>M14×1.5</td><td>25</td></tr>
<tr><td>M16×1.5</td><td>28</td></tr>
<tr><td>M18×1.5</td><td>30</td><td rowspan="7">5.3</td><td rowspan="7">5</td><td rowspan="7">3.1</td><td rowspan="7">2.5</td></tr>
<tr><td>M20×1.5</td><td>32</td></tr>
<tr><td>M22×1.5</td><td>35</td><td rowspan="5">8</td></tr>
<tr><td>M24×1.5</td><td>38</td></tr>
<tr><td>M27×1.5</td><td>42</td><td rowspan="3">1</td></tr>
<tr><td>M30×1.5</td><td>45</td></tr>
<tr><td>M33×1.5</td><td>48</td></tr>
</table>

续表

圆螺母

螺纹规格 $D\times P$	d_K	d_1	m	n max	n min	t max	t min	C	C_1
M39×1.5	58	49	10	6.3	6	3.6	3	1.5	0.5
M40×1.5*									
M42×1.5	62	53							
M45×1.5	68	59							
M48×1.5	72	61	12	8.36	8	4.25	3.5		
M50×1.5*									
M52×1.5	78	67							
M55×2*									
M56×2	85	74							1
M60×2	90	79							
M64×2	95	84							
M65×2*									
M68×2	100	88		10.36	10	4.75	4		
M72×2	105	93	15						
M75×2*									
M76×2	110	98							
M80×2	115	103							
M85×2	120	108							
M90×2	125	112	18	12.43	12	5.75	5		
M95×2	130	117							
M100×2	135	122							
M105×2	140	127							

小圆螺母

螺纹规格 $D\times P$	d_K	m	n max	n min	t max	t min	C	C_1
M36×1.5	52	8	6.3	6	3.6	3	1	0.5
M39×1.5	55							
M42×1.5	58							
M45×1.5	62							
M48×1.5	68	10						
M52×1.5	72		8.36	8	4.25	3.5		
M56×2	78							1
M60×2	80							
M64×2	85							
M68×2	90							
M72×2	95	12						
M76×2	100		10.36	10	4.75	4		
M80×2	105						1.5	
M85×2	110							
M90×2	115							
M95×2	120							
M100×2	125		12.43	12	5.75	5		
M105×2	130	15						

注：1. 当 $D\times P\leqslant$M100 mm×2 mm 时，槽数为 4；当 $D\times P\geqslant$M105 mm×2 mm 时，槽数为 6。

2. * 仅用于滚动轴承锁紧装置。

表 12-16　圆螺母用止动垫圈（GB/T 858—1988 摘录）　mm

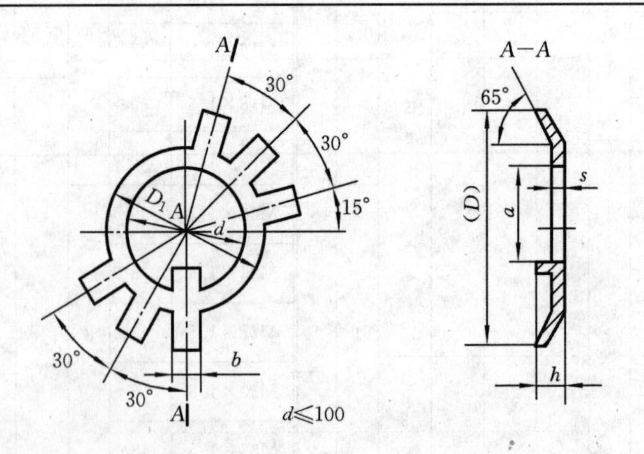

标记示例

规格为 16 mm，材料为 Q235A，经退火、表面氧化的圆螺母用止动垫圈的标记：

垫圈 GB/T 858—1988　16

续表

规格(螺纹大径)	d	D(参见)	D_1	s	b	a	h	规格(螺纹大径)	d	D(参见)	D_1	s	b	a	h
18	18.5	35	24	1	4.8	15	4	52	52.5	82	67	1.5	7.7	49	6
20	20.5	38	27			17		55*	56					52	
22	22.5	42	30			19		56	57	90	74			53	
24	24.5	45	34			21		60	61	94	79			57	
25*	25.5					22		64	65	100	84			61	
27	27.5	48	37			24	5	65*	66					62	
30	30.5	52	40			27		68	69	105	88			65	
33	33.5	56	43	1.5	5.7	30		72	73	110	93		9.6	69	7
35*	35.5					32		75*	76					71	
36	36.5	60	46			33		76	77	115	98			72	
39	39.5	62	49			36		80	81	120	103			76	
40*	40.5					37		85	86	125	108			81	
42	42.5	66	53			39		90	91	130	112	2	11.6	86	
45	45.5	72	59			42		95	96	135	117			91	
48	48.5	76	61		7.7	45		100	101	140	122			96	
50*	50.5					47		105	106	145	127			101	

注：* 仅用于滚动轴承锁紧装置。

表 12-17　轴上固定螺钉用孔（JB/ZQ 4251—1997）　mm

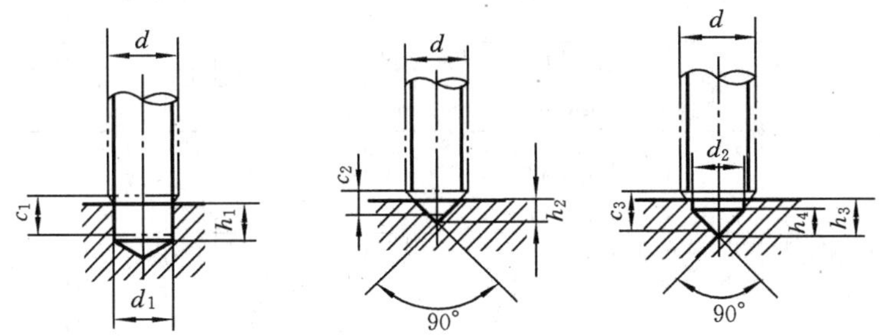

d	3	4	6	8	10	12	16	20	24
d_1	—	—	4.5	6	7	9	12	15	18
d_2	—	—	—	—	7	9	12	15	—
c_1	—	—	4	5	6	7	8	10	12
c_2	1.5	2	3	3	3.5	4	5	6	—
c_3	—	—	—	—	6	7	8	10	—
$h_1 \geqslant$	—	—	4	5	6	7	8	10	12
h_2	1.5	2	3	3	3.5	4	5	6	—
$h_3 \leqslant$	—	—	—	—	6	7	8	10	—
h_4	—	—	—	—	3.5	4.5	6	7.5	—

注：工作图上除 c_1、c_2 和 c_3 外，其他尺寸应全部标出。

第13章 滚动轴承

13.1 常用滚动轴承

表 13-1 圆锥滚子轴承（摘自 GB/T 297—1994）

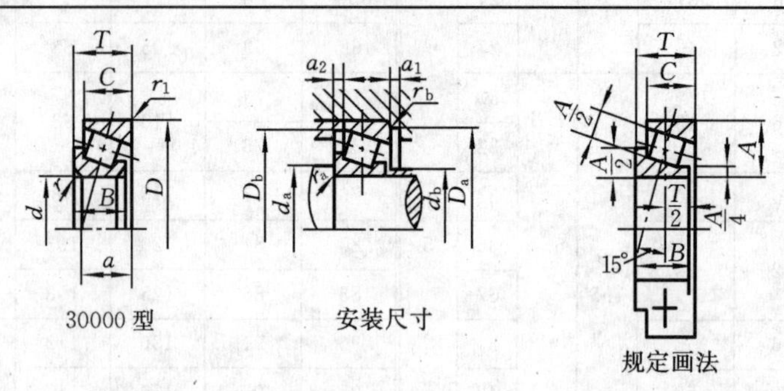

30000型　　安装尺寸　　规定画法

标记示例　滚动轴承 30206 GB/T 297—1994

径向当量动载荷	径向当量静载荷
当 $F_a/F_r \leqslant e, P_r=F_r$ 当 $F_a/F_r>e, P_r=0.4F_r+YF_a$	$P_{0r}=F_r$ $P_{0r}=0.5F_r+Y_0F_a$ 取上列两式计算结果的较大值

轴承代号	基本尺寸/mm								安装尺寸/mm									计算系数			基本额定		极限转速/(r/min)	
	d	D	T	B	C	r_s min	r_{1s} min	a ≈	d_a min	d_b max	D_a min	D_a max	D_b min	a_1 min	a_2 min	r_{as} max	r_{bs} max	e	Y	Y_0	动载荷 C_r/kN	静载荷 C_{0r}/kN	脂润滑	油润滑
30203	17	40	13.25	12	11	1	1	9.9	23	23	34	34	37	2	2.5	1	1	0.35	1.7	1	20.8	21.8	9000	12000
30204	20	47	15.25	14	12	1	1	11.2	26	27	40	41	43	2	3.5	1	1	0.35	1.7	1	28.2	30.5	8000	10000
30205	25	52	16.25	15	13	1	1	12.5	31	31	44	46	48	2	3.5	1	1	0.37	1.6	0.9	32.2	37.0	7000	9000
30206	30	62	17.25	16	14	1	1	13.8	36	37	53	56	58	2	3.5	1	1	0.37	1.6	0.9	43.2	50.5	6000	7500
30207	35	72	18.25	17	15	1.5	1.5	15.3	42	44	62	65	67	3	3.5	1.5	1.5	0.37	1.6	0.9	54.2	63.5	5300	6700
30208	40	80	19.75	18	16	1.5	1.5	16.9	47	49	69	73	75	3	4	1.5	1.5	0.37	1.6	0.9	63.0	74.0	5000	6300
30209	45	85	20.75	19	16	1.5	1.5	18.6	52	53	74	78	80	3	5	1.5	1.5	0.4	1.5	0.8	67.8	83.5	4500	5600
30210	50	90	21.75	20	17	1.5	1.5	20	57	58	79	83	86	3	5	1.5	1.5	0.42	1.4	0.8	73.2	92.0	4300	5300
30211	55	100	22.75	21	18	2	1.5	21	64	64	88	91	95	4	5	2	1.5	0.4	1.5	0.8	90.8	115	3800	4800
30212	60	110	23.75	22	19	2	1.5	22.3	69	69	96	101	103	4	5	2	1.5	0.4	1.5	0.8	102	130	3600	4500
30213	65	120	24.75	23	20	2	1.5	23.8	74	77	106	111	114	4	5	2	1.5	0.4	1.5	0.8	120	152	3200	4000
30214	70	125	26.25	24	21	2	1.5	25.8	79	81	110	116	119	4	5.5	2	1.5	0.42	1.4	0.8	132	175	3000	3800
30215	75	130	27.25	25	22	2	1.5	27.4	84	85	115	121	125	4	5.5	2	1.5	0.44	1.4	0.8	138	185	2800	3600
30216	80	140	28.25	26	22	2.5	2	28.1	90	90	124	130	133	4	6	2.1	2	0.42	1.4	0.8	160	212	2600	3400
30217	85	150	30.5	28	24	2.5	2	30.3	95	96	132	140	142	5	6.5	2.1	2	0.42	1.4	0.8	178	238	2400	3200
30218	90	160	32.5	30	26	2.5	2	32.3	100	102	140	150	151	5	6.5	2.1	2	0.42	1.4	0.8	200	270	2200	3000
30219	95	170	34.5	32	27	3	2.5	34.2	107	108	149	158	160	5	7.5	2.5	2.1	0.42	1.4	0.8	228	308	2000	2800
30220	100	180	37	34	29	3	2.5	36.4	112	114	157	168	169	5	8	2.5	2.1	0.42	1.4	0.8	255	350	1900	2600
30302	15	42	14.25	13	11	1	1	9.6	21	22	36	36	38	2	3.5	1	1	0.29	2.1	1.2	22.8	21.5	9000	12000
30303	17	47	15.25	14	12	1	1	10.4	23	25	40	41	43	3	3.5	1	1	0.29	2.1	1.2	28.2	27.2	8500	11000
30304	20	52	16.25	15	13	1.5	1.5	11.1	27	28	44	45	48	3	3.5	1.5	1.5	0.3	2	1.1	33.0	33.2	7500	9500
30305	25	62	18.25	17	15	1.5	1.5	13	32	34	54	55	58	3	3.5	1.5	1.5	0.3	2	1.1	46.8	48.0	6300	8000

续表

轴承代号	基本尺寸/mm								安装尺寸/mm										计算系数			基本额定		极限转速/(r/min)	
	d	D	T	B	C	r_s min	r_{1s} min	a ≈	d_a min	d_b max	D_a min	D_a max	D_b min	a_1 min	a_2 min	r_{as} max	r_{bs} max	e	Y	Y_0	动载荷 C_r/kN	静载荷 C_{0r}/kN	脂润滑	油润滑
30306	30	72	20.75	19	16	1.5	1.5	15.3	37	40	62	65	66	3	5	1.5	1.5	0.31	1.9	1.1	59.0	63.0	5600	7000
30307	35	80	22.75	21	18	2	1.5	16.8	44	45	70	71	74	3	5	2	1.5	0.31	1.9	1.1	75.2	82.5	5000	6300
30308	40	90	25.25	23	20	2	1.5	19.5	49	52	77	81	84	3	5.5	2	1.5	0.35	1.7	1	90.8	108	4500	5600
30309	45	100	27.25	25	22	2	1.5	21.3	54	59	86	91	94	3	5.5	2	1.5	0.35	1.7	1	108	130	4000	5000
30310	50	110	29.25	27	23	2.5	2	23	60	65	95	100	103	4	6.5	2	2	0.35	1.7	1	130	158	3800	4800
30311	55	120	31.5	29	25	2.5	2	24.9	65	70	104	110	112	4	6.5	2.5	2	0.35	1.7	1	152	188	3400	4300
30312	60	130	33.5	31	26	3	2.5	26.6	72	76	112	118	121	5	7.5	2.5	2.1	0.35	1.7	1	170	210	3200	4000
30313	65	140	36	33	28	3	2.5	28.7	77	83	122	128	131	5	8	2.5	2.1	0.35	1.7	1	195	242	2800	3600
30314	70	150	38	35	30	3	2.5	30.7	82	89	130	138	141	5	8	2.5	2.1	0.35	1.7	1	218	272	2600	3400
30315	75	160	40	37	31	3	2.5	32	87	95	139	148	150	5	9	2.5	2.1	0.35	1.7	1	252	318	2400	3200
30316	80	170	42.5	39	33	3	2.5	34.4	92	102	148	158	160	5	9.5	2.5	2.1	0.35	1.7	1	278	352	2200	3000
30317	85	180	44.5	41	34	4	3	35.9	99	107	156	166	168	6	10.5	3	2.5	0.35	1.7	1	305	388	2000	2800
30318	90	190	46.5	43	36	4	3	37.5	104	113	165	176	178	6	10.5	3	2.5	0.35	1.7	1	342	440	1900	2600
30319	95	200	49.5	45	38	4	3	40.1	109	118	172	186	185	6	11.5	3	2.5	0.35	1.7	1	370	478	1800	2400
30320	100	215	51.5	47	39	4	3	42.2	114	127	184	201	199	6	12.5	3	2.5	0.35	1.7	1	405	525	1600	2000
32206	30	62	21.25	20	17	1	1	15.6	36	36	52	56	58	3	4.5	1	1	0.37	1.6	0.9	51.8	63.8	6000	7500
32207	35	72	24.25	23	19	1.5	1.5	17.9	42	42	61	65	68	3	5.5	1.5	1.5	0.37	1.6	0.9	70.5	89.5	5300	6700
32208	40	80	24.75	23	19	1.5	1.5	18.9	47	48	68	73	75	3	6	1.5	1.5	0.37	1.6	0.9	77.8	97.2	5000	6300
32209	45	85	24.75	23	19	1.5	1.5	20.1	52	53	73	78	81	3	6	1.5	1.5	0.4	1.5	0.8	80.8	105	4500	5600
32210	50	90	24.75	23	19	1.5	1.5	21	57	57	78	83	86	3	6	1.5	1.5	0.42	1.4	0.8	82.8	108	4300	5300
32211	55	100	26.75	25	21	2	1.5	22.8	64	62	87	91	96	4	6	2	1.5	0.4	1.5	0.8	108	142	3800	4800
32212	60	110	29.75	28	24	2	1.5	25	69	68	95	101	105	4	6	2	1.5	0.4	1.5	0.8	132	180	3600	4500
32213	65	120	32.75	31	27	2	1.5	27.3	74	75	104	111	115	4	6	2	1.5	0.4	1.5	0.8	160	222	3200	4000
32214	70	125	33.25	31	27	2	1.5	28.8	79	79	108	116	120	4	6.5	2	1.5	0.42	1.4	0.8	168	238	3000	3800
32215	75	130	33.25	31	27	2	1.5	30	84	84	115	121	126	4	6.5	2	1.5	0.44	1.4	0.8	170	242	2800	3600
32216	80	140	35.25	33	28	2.5	2	31.4	90	89	122	130	135	5	7.5	2.1	2	0.42	1.4	0.8	198	278	2600	3400
32217	85	150	38.5	36	30	2.5	2	33.9	95	95	130	140	143	5	8.5	2.1	2	0.42	1.4	0.8	228	325	2400	3200
32218	90	160	42.5	40	34	2.5	2	36.8	100	101	138	150	153	5	8.5	2.1	2	0.42	1.4	0.8	270	395	2200	3000
32219	95	170	45.5	43	37	3	2.5	39.2	107	106	145	158	163	5	8.5	2.5	2.1	0.42	1.4	0.8	302	448	2000	2800
32220	100	180	49	46	39	3	2.5	41.9	112	113	154	168	172	5	10	2.5	2.1	0.42	1.4	0.8	340	512	1900	2600
32303	17	47	20.25	19	16	1	1	12.3	23	24	39	41	43	3	4.5	1	1	0.29	2.1	1.2	35.2	36.2	8500	11000
32304	20	52	22.25	21	18	1.5	1.5	13.6	27	26	43	45	48	3	4.5	1.5	1.5	0.3	2	1.1	42.8	46.2	7500	9500
32305	25	62	25.25	24	20	1.5	1.5	15.9	32	32	52	55	58	3	5.5	1.5	1.5	0.3	2	1.1	61.5	68.8	6300	8000
32306	30	72	28.75	27	23	1.5	1.5	18.9	37	38	59	65	66	4	6	1.5	1.5	0.31	1.9	1.1	81.5	96.5	5600	7000
32307	35	80	32.75	31	25	2	1.5	20.4	44	43	66	71	74	4	8.5	2	1.5	0.31	1.9	1.1	99.0	118	5000	6300
32308	40	90	35.25	33	27	2	1.5	23.3	49	49	73	81	83	4	8.5	2	1.5	0.35	1.7	1	115	148	4500	5600
32309	45	100	38.25	36	30	2	1.5	25.6	54	56	82	91	93	4	8.5	2	1.5	0.35	1.7	1	145	188	4000	5000
32310	50	110	42.25	40	33	2.5	2	28.2	60	61	90	100	102	5	9.5	2	2	0.35	1.7	1	178	235	3800	4800
32311	55	120	45.5	43	35	2.5	2	30.4	65	66	99	110	111	5	10	2.5	2	0.35	1.7	1	202	270	3400	4300
32312	60	130	48.5	46	37	3	2.5	32	72	72	107	118	122	6	11.5	2.5	2.1	0.35	1.7	1	228	302	3200	4000
32313	65	140	51	48	39	3	2.5	34.3	77	79	117	128	131	6	12	2.5	2.1	0.35	1.7	1	260	350	2800	3600
32314	70	150	54	51	42	3	2.5	36.5	82	84	125	138	141	6	12	2.5	2.1	0.35	1.7	1	298	408	2600	3400
32315	75	160	58	55	45	3	2.5	39.4	87	91	133	148	150	7	13	2.5	2.1	0.35	1.7	1	348	482	2400	3200
32316	80	170	61.5	58	48	3	2.5	42.1	92	97	142	158	160	7	13.5	2.5	2.1	0.35	1.7	1	388	542	2200	3000
32317	85	180	63.5	60	49	4	3	43.5	99	102	150	166	168	8	14.5	3	2.5	0.35	1.7	1	422	592	2000	2800
32318	90	190	67.5	64	53	4	3	46.2	104	107	157	176	178	8	14.5	3	2.5	0.35	1.7	1	478	682	1900	2600
32319	95	200	71.5	67	55	4	3	49	109	114	166	186	187	8	16.5	3	2.5	0.35	1.7	1	515	738	1800	2400
32320	100	215	77.5	73	60	4	3	52.9	114	122	177	201	201	8	17.5	3	2.5	0.35	1.7	1	600	872	1600	2000

注：1. 表中C_r值适用于轴承为真空脱气轴承钢材料。如为普通电炉钢，C_r值降低；如为真空重熔或电渣重熔轴承钢，C_r值提高。

2. 表中的r_{smin}、r_{1smin}分别为r、r_1的单向最小倒角尺寸，r_{asmax}、r_{bsmax}分别为r_a、r_b的单向最大倒角尺寸。

表 13-2 深沟球轴承（摘自 GB/T 276—1994）

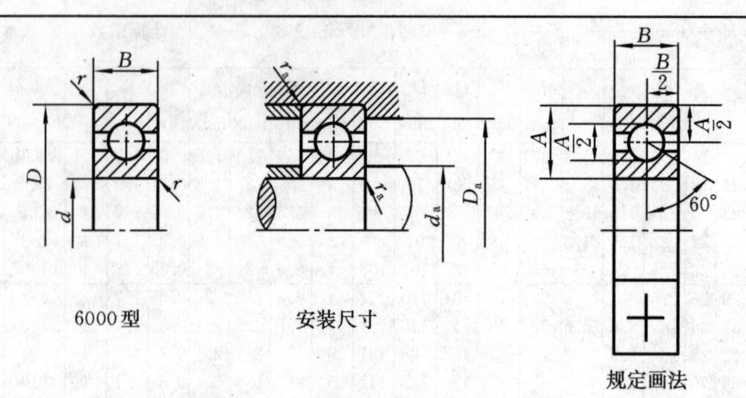

标记示例 滚动轴承 6306 GB/T 276—1994

F_a/C_{0r}	e	Y	径向当量动载荷	径向当量静载荷
0.014	0.19	2.30	当 $F_a/F_r > e$， $P_r = 0.56F_r + YF_a$	$P_{0r} = 0.6F_r + 0.5F_a$ 取上列两式计算结果的较大值
0.028	0.22	1.99		
0.056	0.26	1.71		
0.084	0.28	1.55		
0.11	0.30	1.45		
0.17	0.34	1.31		
0.28	0.38	1.15		
0.42	0.42	1.04		
0.56	0.44	1.00		

轴承代号	基本尺寸/mm				安装尺寸/mm			基本额定动载荷 C_r/kN	基本额定静载荷 C_{0r}/kN	极限转速/（r/min）	
	d	D	B	r_s min	d_a min	D_a max	r_{as} max			脂润滑	油润滑
6000	10	26	8	0.3	12.4	23.6	0.3	4.58	1.98	20 000	28 000
6001	12	28	8	0.3	14.4	25.6	0.3	5.10	2.38	19 000	26 000
6002	15	32	9	0.3	17.4	29.6	0.3	5.58	2.85	18 000	24 000
6003	17	35	10	0.3	19.4	32.6	0.3	6.00	3.25	17 000	22 000
6004	20	42	12	0.6	25	37	0.6	9.38	5.02	15 000	19 000
6005	25	47	12	0.6	30	42	0.6	10.0	5.85	13 000	17 000
6006	30	55	13	1	36	49	1	13.2	8.30	10 000	14 000
6007	35	62	14	1	41	56	1	16.2	10.5	9 000	12 000
6008	40	68	15	1	46	62	1	17.0	11.8	8 500	11 000
6009	45	75	16	1	51	69	1	21.0	14.8	8 000	10 000
6010	50	80	16	1	56	74	1	22.0	16.2	7 000	9 000
6011	55	90	18	1.1	62	83	1	30.2	21.8	6 300	8 000
6012	60	95	18	1.1	67	88	1	31.5	24.2	6 000	7 500
6013	65	100	18	1.1	72	93	1	32.0	24.8	5 600	7 000
6014	70	110	20	1.1	77	103	1	38.5	30.5	5 300	6 700
6015	75	115	20	1.1	82	108	1	40.2	33.2	5 000	6 300
6016	80	125	22	1.1	87	118	1	47.5	39.8	4 800	6 000
6017	85	130	22	1.1	92	123	1	50.8	42.8	4 500	5 600
6018	90	140	24	1.5	99	131	1.5	58.0	49.8	4 300	5 300
6019	95	145	24	1.5	104	136	1.5	57.8	50.0	4 000	5 000
6020	100	150	24	1.5	109	141	1.5	64.5	56.2	3 800	4 800
6200	10	30	9	0.6	15	25	0.6	5.10	2.38	19 000	26 000
6201	12	32	10	0.6	17	27	0.6	6.82	3.05	18 000	24 000
6202	15	35	11	0.6	20	30	0.6	7.65	3.72	17 000	22 000
6203	17	40	12	0.6	22	35	0.6	9.58	4.78	16 000	20 000
6204	20	47	14	1	26	41	1	12.8	6.65	14 000	18 000

续表

轴承代号	基本尺寸/mm				安装尺寸/mm			基本额定动载荷 C_r/kN	基本额定静载荷 C_{0r}/kN	极限转速/(r/min)	
	d	D	B	r_s min	d_a min	D_a max	r_{as} max			脂润滑	油润滑
6205	25	52	15	1	31	46	1	14.0	7.88	12 000	16 000
6206	30	62	16	1	36	56	1	19.5	11.5	9 500	13 000
6207	35	72	17	1.1	42	65	1	25.5	15.2	8 500	11 000
6208	40	80	18	1.1	47	73	1	29.5	18.0	8 000	10 000
6209	45	85	19	1.1	52	78	1	31.5	20.5	7 000	9 000
6210	50	90	20	1.1	57	83	1	35.0	23.2	6 700	8 500
6211	55	100	21	1.5	64	91	1.5	43.2	29.2	6 000	7 500
6212	60	110	22	1.5	69	101	1.5	47.8	32.8	5 600	7 000
6213	65	120	23	1.5	74	111	1.5	57.2	40.0	5 000	6 300
6214	70	125	24	1.5	79	116	1.5	60.8	45.0	4 800	6 000
6215	75	130	25	1.5	84	121	1.5	66.0	49.5	4 500	5 600
6216	80	140	26	2	90	130	2	71.5	54.2	4 300	5 300
6217	85	150	28	2	95	140	2	83.2	63.8	4 000	5 000
6218	90	160	30	2	100	150	2	95.8	71.5	3 800	4 800
6219	95	170	32	2.1	107	158	2.1	110	82.8	3 600	4 500
6220	100	180	34	2.1	112	168	2.1	122	92.8	3 400	4 300
6300	10	35	11	0.6	15	30	0.6	7.65	3.48	18 000	24 000
6301	12	37	12	1	18	31	1	9.72	5.08	17 000	22 000
6302	15	42	13	1	21	36	1	11.5	5.42	16 000	20 000
6303	17	47	14	1	23	41	1	13.5	6.58	15 000	19 000
6304	20	52	15	1.1	27	45	1	15.8	7.88	13 000	17 000
6305	25	62	17	1.1	32	55	1	22.2	11.5	10 000	14 000
6306	30	72	19	1.1	37	65	1	27.0	15.2	9 000	12 000
6307	35	80	21	1.5	44	71	1.5	33.2	19.2	8 000	10 000
6308	40	90	23	1.5	49	81	1.5	40.8	24.0	7 000	9 000
6309	45	100	25	1.5	54	91	1.5	52.8	31.8	6 300	8 000
6310	50	110	27	2	60	100	2	61.8	38.0	6 000	7 500
6311	55	120	29	2	65	110	2	71.5	44.8	5 300	6 700
6312	60	130	31	2.1	72	118	2.1	81.8	51.8	5 000	6 300
6313	65	140	33	2.1	77	128	2.1	93.8	60.5	4 500	5 600
6314	70	150	35	2.1	82	138	2.1	105	68.0	4 300	5 300
6315	75	160	37	2.1	87	148	2.1	112	76.8	4 000	5 000
6316	80	170	39	2.1	92	158	2.1	122	86.5	3 800	4 800
6317	85	180	41	3	99	166	2.5	132	96.5	3 600	4 500
6318	90	190	43	3	104	176	2.5	145	108	3 400	4 300
6319	95	200	45	3	109	186	2.5	155	122	3 200	4 000
6320	100	215	47	3	114	201	2.5	172	140	2 800	3 600
6403	17	62	17	1.1	24	55	1	22.5	10.8	11 000	15 000
6404	20	72	19	1.1	27	65	1	31.0	15.2	9 500	13 000
6405	25	80	21	1.5	34	71	1.5	38.2	19.2	8 500	11 000
6406	30	90	23	1.5	39	81	1.5	47.5	24.5	8 000	10 000
6407	35	100	25	1.5	44	91	1.5	56.8	29.5	6 700	8 500
6408	40	110	27	2	50	100	2	65.5	37.5	6 300	8 000
6409	45	120	29	2	55	110	2	77.5	45.5	5 600	7 000
6410	50	130	31	2.1	62	118	2.1	92.2	55.2	5 300	6 700
6411	55	140	33	2.1	67	128	2.1	100	62.5	4 800	6 000
6412	60	150	35	2.1	72	138	2.1	108	70.0	4 500	5 600
6413	65	160	37	2.1	77	148	2.1	118	78.5	4 300	5 300
6414	70	180	42	3	84	166	2.5	140	99.5	3 800	4 800
6415	75	190	45	3	89	176	2.5	155	115	3 600	4 500
6416	80	200	48	3	94	186	2.5	162	125	3 400	4 300
6417	85	210	52	4	103	192	3	175	138	3 200	4 000
6418	90	225	54	4	108	207	3	192	158	2 800	3 600
6420	100	250	58	4	118	232	3	222	195	2 400	3 200

注：1. 表中 C_r 值适用于轴承为真空脱气轴承钢材料。如为普通电炉钢，C_r 值降低；如为真空重熔或电渣重熔轴承钢，C_r 值提高。

2. 表中的 r_{smin} 为 r 的单向最小倒角尺寸，r_{asmax} 为 r_a 的单向最大倒角尺寸。

表 13-3　角接触球轴承（摘自 GB/T 292—2007）

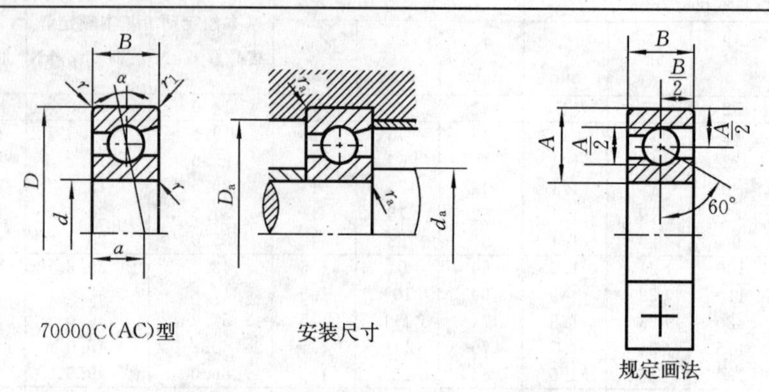

70000C(AC)型　　安装尺寸　　规定画法

标记示例　滚动轴承 7306C GB/T 292—2007

F_a/C_{0r}	e	Y	70000C 型	70000AC 型
0.015	0.38	1.47	径向当量动载荷	径向当量动载荷
0.029	0.40	1.40	当 $F_a/F_r \leqslant e, P_r=F_r$	当 $F_a/F_r \leqslant 0.68, P_r=F_r$
0.058	0.43	1.30	当 $F_a/F_r > e$, $P_r=0.44F_r+YF_a$	当 $F_a/F_r > 0.68, P_r=0.41F_r+0.87F_a$
0.087	0.46	1.23		
0.12	0.47	1.19	径向当量静载荷	径向当量静载荷
0.17	0.50	1.12	$P_{0r}=F_r$	$P_{0r}=F_r$
0.29	0.55	1.02	$P_{0r}=0.5F_r+0.46F_a$	$P_{0r}=0.5F_r+0.38F_a$
0.44	0.56	1.00	取上列两式计算结果的较大值	取上列两式计算结果的较大值
0.58	0.56	1.00		

轴承代号		基本尺寸/mm					安装尺寸/mm			70000C ($\alpha=15°$)			70000AC ($\alpha=25°$)			极限转速 /(r/min)	
		d	D	B	r_s	r_{1s}	d_a	D_a	r_{as}	a /mm	基本额定动载荷 C_r /kN	基本额定静载荷 C_{0r} /kN	a /mm	基本额定动载荷 C_r /kN	基本额定静载荷 C_{0r} /kN	脂润滑	油润滑
					min		min	max									
7000C	7000AC	10	26	8	0.3	0.15	12.4	23.6	0.3	6.4	4.92	2.25	8.2	4.75	2.12	19 000	28 000
7001C	7001AC	12	28	8	0.3	0.15	14.4	25.6	0.3	6.7	5.42	2.65	8.7	5.20	2.55	18 000	26 000
7002C	7002AC	15	32	9	0.3	0.15	17.4	29.6	0.3	7.6	6.25	3.42	10	5.95	3.25	17 000	24 000
7003C	7003AC	17	35	10	0.3	0.15	19.4	32.6	0.3	8.5	6.60	3.85	11.1	6.30	3.68	16 000	22 000
7004C	7004AC	20	42	12	0.6	0.15	25	37	0.6	10.2	10.5	6.08	13.2	10.0	5.78	14 000	19 000
7005C	7005AC	25	47	12	0.6	0.15	30	42	0.6	10.8	11.5	7.45	14.4	11.2	7.08	12 000	17 000
7006C	7006AC	30	55	13	1	0.3	36	49	1	12.2	15.2	10.2	16.4	14.5	9.85	9 500	14 000
7007C	7007AC	35	62	14	1	0.3	41	56	1	13.5	19.5	14.2	18.3	18.5	13.5	8 500	12 000
7008C	7008AC	40	68	15	1	0.3	46	62	1	14.7	20.0	15.2	20.1	19.0	14.5	8 000	11 000
7009C	7009AC	45	75	16	1	0.3	51	69	1	16	25.8	20.5	21.9	25.8	19.5	7 500	10 000
7010C	7010AC	50	80	16	1	0.3	56	74	1	16.7	26.5	22.0	23.2	25.2	21.0	6 700	9 000
7011C	7011AC	55	90	18	1.1	0.6	62	83	1	18.7	37.2	30.5	25.9	35.2	29.2	6 000	8 000
7012C	7012AC	60	95	18	1.1	0.6	67	88	1	19.4	38.2	32.8	27.1	36.2	31.5	5 600	7 500
7013C	7013AC	65	100	18	1.1	0.6	72	93	1	20.1	40.0	35.5	28.2	38.0	33.8	5 300	7 000
7014C	7014AC	70	110	20	1.1	0.6	77	103	1	22.1	48.2	43.5	30.9	45.8	41.5	5 000	6 700
7015C	7015AC	75	115	20	1.1	0.6	82	108	1	22.7	49.5	46.5	32.2	46.8	44.2	4 800	6 300
7016C	7016AC	80	125	22	1.5	0.6	89	116	1.5	24.7	58.5	55.8	34.9	55.5	53.2	4 500	6 000
7017C	7017AC	85	130	22	1.5	0.6	94	121	1.5	25.4	62.5	60.2	36.1	59.2	57.2	4 300	5 600
7018C	7018AC	90	140	24	1.5	0.6	99	131	1.5	27.4	71.5	69.8	38.8	67.5	66.5	4 000	5 300
7019C	7019AC	95	145	24	1.5	0.6	104	136	1.5	28.1	73.5	73.2	40	69.5	69.8	3 800	5 000
7020C	7020AC	100	150	24	1.5	0.6	109	141	1.5	28.7	79.2	78.5	41.2	75	74.8	3 800	5 000
7200C	7200AC	10	30	9	0.6	0.15	15	25	0.6	7.2	5.82	2.95	9.2	5.58	2.82	18 000	26 000
7201C	7201AC	12	32	10	0.6	0.15	17	27	0.6	8	7.35	3.52	10.2	7.10	3.35	17 000	24 000

续表

轴承代号		基本尺寸/mm					安装尺寸/mm			70000C ($\alpha=15°$)			70000AC ($\alpha=25°$)			极限转速 /(r/min)	
		d	D	B	r_s min	r_{1s} min	d_a min	D_a max	r_{as} max	a /mm	基本额定动载荷 C_r /kN	基本额定静载荷 C_{0r} /kN	a /mm	基本额定动载荷 C_r /kN	基本额定静载荷 C_{0r} /kN	脂润滑	油润滑
7202C	7202AC	15	35	11	0.6	0.15	20	30	0.6	8.9	8.68	4.62	11.4	8.35	4.40	16 000	22 000
7203C	7203AC	17	40	12	0.6	0.3	22	35	0.6	9.9	10.8	5.95	12.8	10.5	5.65	15 000	20 000
7204C	7204AC	20	47	14	1	0.3	26	41	1	11.5	14.5	8.22	14.9	14.0	7.82	13 000	18 000
7205C	7205AC	25	52	15	1	0.3	31	46	1	12.7	16.5	10.5	16.4	15.8	9.88	11 000	16 000
7206C	7206AC	30	62	16	1	0.3	36	56	1	14.2	23.0	15.0	18.7	22.0	14.2	9 000	13 000
7207C	7207AC	35	72	17	1.1	0.6	42	65	1	15.7	30.5	20.0	21	29.0	19.2	8 000	11 000
7208C	7208AC	40	80	18	1.1	0.6	47	73	1	17	36.8	25.8	23	35.2	24.5	7 500	10 000
7209C	7209AC	45	85	19	1.1	0.6	52	78	1	18.2	38.5	28.5	24.7	36.8	27.2	6 700	9 000
7210C	7210AC	50	90	20	1.1	0.6	57	83	1	19.4	42.8	32.0	26.3	40.8	30.5	6 300	8 500
7211C	7211AC	55	100	21	1.5	0.6	64	91	1.5	20.9	52.8	40.5	28.6	50.5	38.5	5 600	7 500
7212C	7212AC	60	110	22	1.5	0.6	69	101	1.5	22.4	61.0	48.5	30.8	58.2	46.2	5 300	7 000
7213C	7213AC	65	120	23	1.5	0.6	74	111	1.5	24.2	69.8	55.2	33.5	66.5	52.5	4 800	6 300
7214C	7214AC	70	125	24	1.5	0.6	79	116	1.5	25.3	70.2	60.0	35.1	69.2	57.5	4 500	6 000
7215C	7215AC	75	130	25	1.5	0.6	84	121	1.5	26.4	79.2	65.8	36.6	75.2	63.0	4 300	5 600
7216C	7216AC	80	140	26	2	1	90	130	2	27.7	89.5	78.2	38.9	85.0	74.5	4 000	5 300
7217C	7217AC	85	150	28	2	1	95	140	2	29.9	99.8	85.0	41.6	94.8	81.5	3 800	5 000
7218C	7218AC	90	160	30	2	1	100	150	2	31.7	122	105	44.2	118	100	3 600	4 800
7219C	7219AC	95	170	32	2.1	1.1	107	158	2.1	33.8	135	115	46.9	128	108	3 400	4 500
7220C	7220AC	100	180	34	2.1	1.1	112	168	2.1	35.8	148	128	49.7	142	122	3 200	4 300
7301C	7301AC	12	37	12	1	0.3	18	31	1	8.6	8.10	5.22	12	8.08	4.88	16 000	22 000
7302C	7302AC	15	42	13	1	0.3	21	36	1	9.6	9.38	5.95	13.5	9.08	5.58	15 000	20 000
7303C	7303AC	17	47	14	1	0.3	23	41	1	10.4	12.8	8.62	14.8	11.5	7.08	14 000	19 000
7304C	7304AC	20	52	15	1.1	0.6	27	45	1	11.3	14.2	9.68	16.3	13.8	9.10	12 000	17 000
7305C	7305AC	25	62	17	1.1	0.6	32	55	1	13.1	21.5	15.8	19.1	20.8	14.8	9 500	14 000
7306C	7306AC	30	72	19	1.1	0.6	37	65	1	15	26.5	19.8	22.2	25.2	18.5	8 500	12 000
7307C	7307AC	35	80	21	1.5	0.6	44	71	1.5	16.6	34.2	26.8	24.5	32.8	24.8	7 500	10 000
7308C	7308AC	40	90	23	1.5	0.6	49	81	1.5	18.5	40.2	32.3	27.5	38.5	30.5	6 700	9 000
7309C	7309AC	45	100	25	1.5	0.6	54	91	1.5	20.2	49.2	39.8	30.2	47.5	37.2	6 000	8 000
7310C	7310AC	50	110	27	2	1	60	100	2	22	53.5	47.2	33	55.5	44.5	5 600	7 500
7311C	7311AC	55	120	29	2	1	65	110	2	23.8	70.5	60.5	35.8	67.2	56.8	5 000	6 700
7312C	7312AC	60	130	31	2.1	1.1	72	118	2.1	25.6	80.5	70.2	38.7	77.8	65.8	4 800	6 300
7313C	7313AC	65	140	33	2.1	1.1	77	128	2.1	27.4	91.5	80.5	41.5	89.8	75.5	4 300	5 600
7314C	7314AC	70	150	35	2.1	1.1	82	138	2.1	29.2	102	91.5	44.3	98.5	86.0	4 000	5 300
7315C	7315AC	75	160	37	2.1	1.1	87	148	2.1	31	112	105	47.2	108	97.0	3 800	5 000
7316C	7316AC	80	170	39	2.1	1.1	92	158	2.1	32.8	122	118	50	118	108	3 600	4 800
7317C	7317AC	85	180	41	3	1.1	99	166	2.5	34.6	132	128	52.8	125	122	3 400	4 500
7318C	7318AC	90	190	43	3	1.1	104	176	2.5	36.4	142	142	55.6	135	135	3 200	4 300
7319C	7319AC	95	200	45	3	1.1	109	186	2.5	38.2	152	158	58.5	145	148	3 000	4 000
7320C	7320AC	100	215	47	3	1.1	114	201	2.5	40.2	162	175	61.9	165	178	2 600	3 600
—	7406AC	30	90	23	1.5	0.6	39	81	1	—	—	—	26.1	42.5	32.2	7 500	10 000
	7407AC	35	100	25	1.5	0.6	44	91	1.5				29	53.8	42.5	6 300	8 500
	7408AC	40	110	27	2	1	50	100	2				31.8	62.0	49.5	6 000	8 000
	7409AC	45	120	29	2	1	55	110	2				34.6	66.8	52.8	5 300	7 000
	7410AC	50	130	31	2.1	1.1	62	118	2.1				37.4	76.5	64.2	5 000	6 700
—	7412AC	60	150	35	2.1	1.1	72	138	2.1	—	—	—	43.1	102	90.8	4 300	5 600
	7414AC	70	180	42	3	1.1	84	166	2.5				51.5	125	125	3 600	4 800
	7416AC	80	200	48	3	1.1	94	186	2.5				58.1	152	162	3 200	4 300
	7418AC	90	215	54	4	1.5	108	197	3				64.8	178	205	2 800	3 600

注：1. 表中 C_r 值对(1)0、(0)2 系列为真空脱气轴承钢的载荷能力，对(0)3、(0)4 系列为电炉轴承钢的载荷能力。

2. 表中的 r_{smin}、r_{1smin} 分别为 r、r_1 的单向最小倒角尺寸，r_{asmax} 为 r_a 的单向最大倒角尺寸。

表 13-4　圆柱滚子轴承（摘自 GB/T 283—2007）

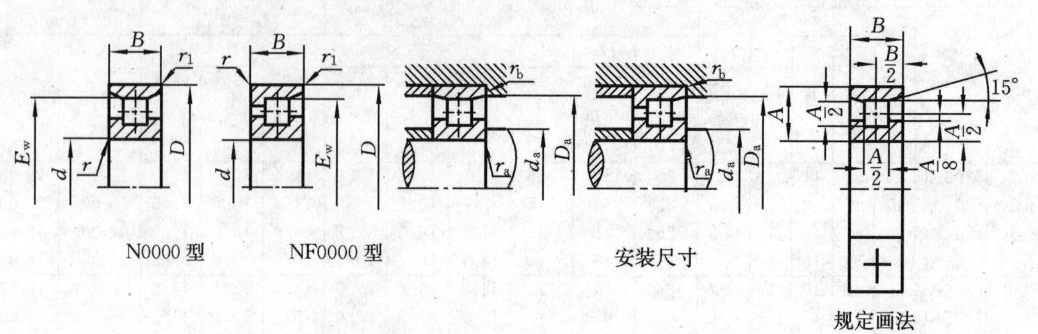

N0000 型　NF0000 型　安装尺寸　规定画法

标记示例　滚动轴承 N206E GB/T 283—2007

径向当量动载荷		径向当量静载荷
$P_r=F_r$	对轴向承载的轴承（NF 型 2、3 系列） 当 $0\leqslant F_a/F_r\leqslant 0.12$，$P_r=F_r+0.3F_a$ 当 $0.12\leqslant F_a/F_r\leqslant 0.3$，$P_r=0.94F_r+0.8F_a$	$P_{0r}=F_r$

轴承代号		尺寸/mm							安装尺寸/mm				基本额定动载荷 C_r/kN		基本额定静载荷 C_{0r}/kN		极限转速/(r/min)	
		d	D	B	r_s	r_{1s}	E_w		d_a	D_a	r_{as}	r_{bs}						
					min		N 型	NF 型	min		max		N 型	NF 型	N 型	NF 型	脂润滑	油润滑
N204E	NF204	20	47	14	1	0.6	41.5	40	25	42	1	0.6	25.8	12.5	24.0	11.0	12 000	16 000
N205E	NF205	25	52	15	1	0.6	46.5	45	30	47	1	0.6	27.5	14.2	26.8	12.8	10 000	14 000
N206E	NF206	30	62	16	1	0.6	55.5	53.5	36	56	1	0.6	36.0	19.5	35.5	18.2	8 500	11 000
N207E	NF207	35	72	17	1.1	0.6	64	61.8	42	64	1	0.6	46.5	28.5	48.0	28.0	7 500	9 500
N208E	NF208	40	80	18	1.1	1.1	71.5	70	47	72	1	1	51.5	37.5	53.0	38.2	7 000	9 000
N209E	NF209	45	85	19	1.1	1.1	76.5	75	52	77	1	1	58.5	39.8	63.8	41.0	6 300	8 000
N210E	NF210	50	90	20	1.1	1.1	81.5	80.4	57	83	1	1	61.2	43.2	69.2	48.5	6 000	7 500
N211E	NF211	55	100	21	1.5	1.1	90	88.5	64	91	1.5	1	80.2	52.8	95.5	60.2	5 300	6 700
N212E	NF212	60	110	22	1.5	1.5	100	97	69	100	1.5	1.5	89.8	62.8	102	73.5	5 000	6 300
N213E	NF213	65	120	23	1.5	1.5	108.5	105.5	74	108	1.5	1.5	102	73.2	118	87.5	4 500	5 600
N214E	NF214	70	125	24	1.5	1.5	113.5	110.5	79	114	1.5	1.5	112	73.2	135	87.5	4 300	5 300
N215E	NF215	75	130	25	1.5	1.5	118.5	118.3	84	120	1.5	1.5	125	89.0	155	110	4 000	5 000
N216E	NF216	80	140	26	2	2	127.3	125	90	128	2	2	132	102	165	125	3 800	4 800
N217E	NF217	85	150	28	2	2	136.5	135.5	95	137	2	2	158	115	192	145	3 600	4 500
N218E	NF218	90	160	30	2	2	145	143	100	146	2	2	172	142	215	178	3 400	4 300
N219E	NF219	95	170	32	2.1	2.1	154.5	151.5	107	155	2.1	2.1	208	152	262	190	3 200	4 000
N220E	NF220	100	180	34	2.1	2.1	163	160	112	164	2.1	2.1	235	168	302	212	3 000	3 800
N304E	NF304	20	52	15	1.1	0.6	45.5	44.5	26.5	47	1	0.6	29.0	18.0	25.5	15.0	11 000	15 000
N305E	NF305	25	62	17	1.1	1.1	54	53	31.5	55	1	1	38.5	25.5	35.8	22.5	9 000	12 000
N306E	NF306	30	72	19	1.1	1.1	62.5	62	37	64	1	1	49.2	33.5	48.2	31.5	8 000	10 000
N307E	NF307	35	80	21	1.5	1.1	70.2	68.2	44	71	1.5	1	62.0	41.0	63.2	39.2	7 000	9 000
N308E	NF308	40	90	23	1.5	1.5	80	77.5	49	80	1.5	1.5	76.8	48.8	77.8	47.5	6 300	8 000
N309E	NF309	45	100	25	1.5	1.5	88.5	86.5	54	89	1.5	1.5	93.0	66.8	98.0	66.8	5 600	7 000
N310E	NF310	50	110	27	2	2	97	95	60	98	2	2	105	76.0	112	79.5	5 300	6 700
N311E	NF311	55	120	29	2	2	106.5	104.5	65	107	2	2	128	97.8	138	105	4 800	6 000
N312E	NF312	60	130	31	2.1	2.1	115	113	72	116	2.1	2.1	142	118	155	128	4 500	5 600
N313E	NF313	65	140	33	2.1	2.1	124.5	121.5	77	125	2.1	2.1	170	125	188	135	4 000	5 000
N314E	NF314	70	150	35	2.1	2.1	133	130	82	134	2.1	2.1	195	145	220	162	3 800	4 800
N315E	NF315	75	160	37	2.1	2.1	143	139.5	87	143	2.1	2.1	228	165	260	188	3 600	4 500

续表

轴承代号		尺寸/mm							安装尺寸/mm				基本额定动载荷 C_r/kN		基本额定静载荷 C_{0r}/kN		极限转速/(r/min)	
		d	D	B	r_s	r_{1s}	E_w		d_a	D_a	r_{as}	r_{bs}						
					min		N型	NF型	min		max		N型	NF型	N型	NF型	脂润滑	油润滑
N316E	NF316	80	170	39	2.1	2.1	151	147	92	151	2.1	2.1	245	175	282	200	3 400	4 300
N317E	NF317	85	180	41	3	3	160	156	99	160	2.5	2.5	280	212	332	242	3 200	4 000
N318E	NF318	90	190	43	3	3	169.5	165	104	169	2.5	2.5	298	228	348	265	3 000	3 800
N319E	NF319	95	200	45	3	3	177.5	173.5	109	178	2.5	2.5	315	245	380	288	2 800	3 600
N320E	NF320	100	215	47	3	3	191.5	185.5	114	190	2.5	2.5	365	282	425	240	2 600	3 200
N406		30	90	23	1.5	1.5	73		39	—	1.5	1.5	57.2		53.0		7 000	9 000
N407		35	100	25	1.5	1.5	83		44	—	1.5	1.5	70.8		68.2		6 000	7 500
N408		40	110	27	2	2	92		50	—	2	2	90.5		89.8		5 600	7 000
N409		45	120	29	2	2	100.5		55	—	2	2	102		100		5 000	6 300
N410		50	130	31	2.1	2.1	110.8		62	—	2.1	2.1	120		120		4 800	6 000
N411		55	140	33	2.1	2.1	117.2		67	—	2.1	2.1	128		132		4 300	5 300
N412		60	150	35	2.1	2.1	127		72	—	2.1	2.1	155		162		4 000	5 000
N413		65	160	37	2.1	2.1	135.3		77	—	2.1	2.1	170		178		3 800	4 800
N414		70	180	42	3	3	152		84	—	2.5	2.5	215		232		3 400	4 300
N415		75	190	45	3	3	160.5		89	—	2.5	2.5	250		272		3 200	4 000
N416		80	200	48	3	3	170		94	—	2.5	2.5	285		315		3 000	3 800
N417		85	210	52	4	4	179.5		103	—	3	3	312		345		2 800	3 600
N418		90	225	54	4	4	191.5		108	—	3	3	352		392		2 400	3 200
N419		95	240	55	4	4	201.5		113	—	3	3	378		428		2 200	3 000
N420		100	250	58	4	4	211		118	—	3	3	418		480		2 000	2 800
N2204E		20	47	18	1	0.6	41.5		25	42	1	0.6	30.8		30.0		12 000	16 000
N2205E		25	52	18	1	0.6	46.5		30	47	1	0.6	32.8		33.8		11 000	14 000
N2206E		30	62	20	1	0.6	55.5		36	56	1	0.6	45.5		48.0		8 500	11 000
N2207E		35	72	23	1.1	0.6	64		42	64	1	0.6	57.5		63.0		7 500	9 500
N2208E		40	80	23	1.1	1.1	71.5		47	72	1	1	67.5		75.2		7 000	9 000
N2209E		45	85	23	1.1	1.1	76.5		52	77	1	1	71.0		82.0		6 300	8 000
N2210E		50	90	23	1.1	1.1	81.5		57	83	1	1	74.2		88.8		6 000	7 500
N2211E		55	100	25	1.5	1.1	90		64	91	1.5	1	94.8		118		5 300	6 700
N2212E		60	110	28	1.5	1.5	100		69	100	1.5	1.5	122		152		5 000	6 300
N2213E		65	120	31	1.5	1.5	108.5		74	108	1.5	1.5	142		180		4 500	5 600
N2214E		70	125	31	1.5	1.5	113.5		79	114	1.5	1.5	148		192		4 300	5 300
N2215E		75	130	31	1.5	1.5	118.5		84	120	1.5	1.5	155		205		4 000	5 000
N2216E		80	140	33	2	2	127.3		90	128	2	2	178		242		3 800	4 800
N2217E		85	150	36	2	2	136.5		95	137	2	2	205		272		3 600	4 500
N2218E		90	160	40	2	2	145		100	146	2	2	230		312		3 400	4 300
N2219E		95	170	43	2.1	2.1	154.5		107	155	2.1	2.1	275		368		3 200	4 000
N2220E		100	180	46	2.1	2.1	163		112	164	2.1	2.1	318		440		3 000	3 800

注：1. 表中 C_r 值适用于轴承为真空脱气轴承钢材料。如为普通电炉钢，C_r 值降低；如为真空重熔或电渣重熔轴承钢，C_r 值提高。

2. 表中的 r_{smin}、r_{1smin} 分别为 r、r_1 的单向最小倒角尺寸，r_{asmax}、r_{bsmax} 分别为 r_a、r_b 的单向最大倒角尺寸。

3. 后缀带 E 为加强型圆柱滚子轴承，应优先选用。

13.2 滚动轴承的配合和游隙

表 13-5　安装向心轴承和角接触轴承的轴公差带（摘自 GB/T 275—1993）

运转状态		载荷状态	深沟球轴承、调心球轴承和角接触球轴承	圆柱滚子轴承和圆锥滚子轴承	调心滚子轴承	公差带
说明	举例	轴承公称内径 d/mm				
内圈相对于载荷方向旋转或摆动	一般通用机械、电动机、泵、机床主轴、内燃机、铁路车辆和电车的轴箱、破碎机等	轻载荷	$d\leqslant18$	—	—	h5
			$18<d\leqslant100$	$d\leqslant40$	$d\leqslant40$	j6①
			$100<d\leqslant200$	$40<d\leqslant140$	$40<d\leqslant100$	k6①
		正常载荷	$d\leqslant18$	—	—	j5,js5
			$18<d\leqslant100$	$d\leqslant40$	$d\leqslant40$	k5②
			$100<d\leqslant140$	$40<d\leqslant100$	$40<d\leqslant65$	m5②
			$140<d\leqslant200$	$100<d\leqslant140$	$65<d\leqslant100$	m6
		重载荷	—	$50<d\leqslant140$	$50<d\leqslant100$	n6
			—	$140<d\leqslant200$	$100<d\leqslant140$	p6③
内圈相对于载荷方向静止	静止轴上的各种轮子、张紧轮、绳索轮	所有载荷	所有尺寸			f6 g6① h6 j6
仅有轴向载荷	所有应用场合		所有尺寸			j6,js6

注：1. 凡对精度有较高要求的场合，应用 j5、k5…代替 j6、k6…。
2. 圆锥滚子轴承、角接触球轴承配合对游隙影响不大，可用 k6、m6 代替 k5、m5。
3. 重载荷下轴承游隙应选大于 0 组。
4. 有关轻载荷、正常载荷、重载荷的说明见表 13-7。

表 13-6　安装向心轴承和角接触轴承的外壳孔公差带（摘自 GB/T 275—1993）

外圈工作条件				应用举例	公差带①	
运转状态	载荷	轴向位移的限度	其他情况		球轴承	滚子轴承
外圈相对于载荷方向静止	轻、正常和重载荷	轴向容易移动	轴处于高温场合	有调心滚子轴承的大电动机	G7②	
			剖分式外壳	一般机械、铁路车辆轴箱	H7	
	冲击载荷	轴向能移动	整体式或剖分式外壳	铁路车辆轴箱轴承	J7,Js7	
外圈相对于载荷方向摆动	轻和正常载荷			电动机、泵、曲轴主轴承		
	正常和重载荷	轴向不移动	整体式外壳	电动机、泵、曲轴主轴承	K7	
	冲击载荷			牵引电动机	M7	
外圈相对于载荷方向旋转	轻载荷			张紧滑轮	J7	K7
	正常载荷			装有球轴承的轮毂	K7	M7
					M7	N7
	重载荷		整体式外壳	装有滚子轴承的轮毂	—	N7
						P7

注：1. 并列公差带随尺寸的增大从左至右选择。对旋转精度有较高要求时，可相应提高一个公差等级。
2. 不适用于剖分式外壳。
3. 有关轻载荷、正常载荷、重载荷的说明见表 13-7。

表 13-7　载荷与基本额定动载荷的关系

P	球轴承	滚子轴承(圆锥轴承除外)	圆锥滚子轴承
轻载荷	$P\leqslant 0.07C_r$	$P\leqslant 0.08C_r$	$P\leqslant 0.13C_r$
正常载荷	$0.07C_r<P\leqslant 0.15C_r$	$0.08C_r<P\leqslant 0.18C_r$	$0.13C_r<P\leqslant 0.26C_r$
重载荷	$P>0.15C_r$	$P>0.18C_r$	$P>0.26C_r$

表 13-8　轴和外壳孔的几何公差

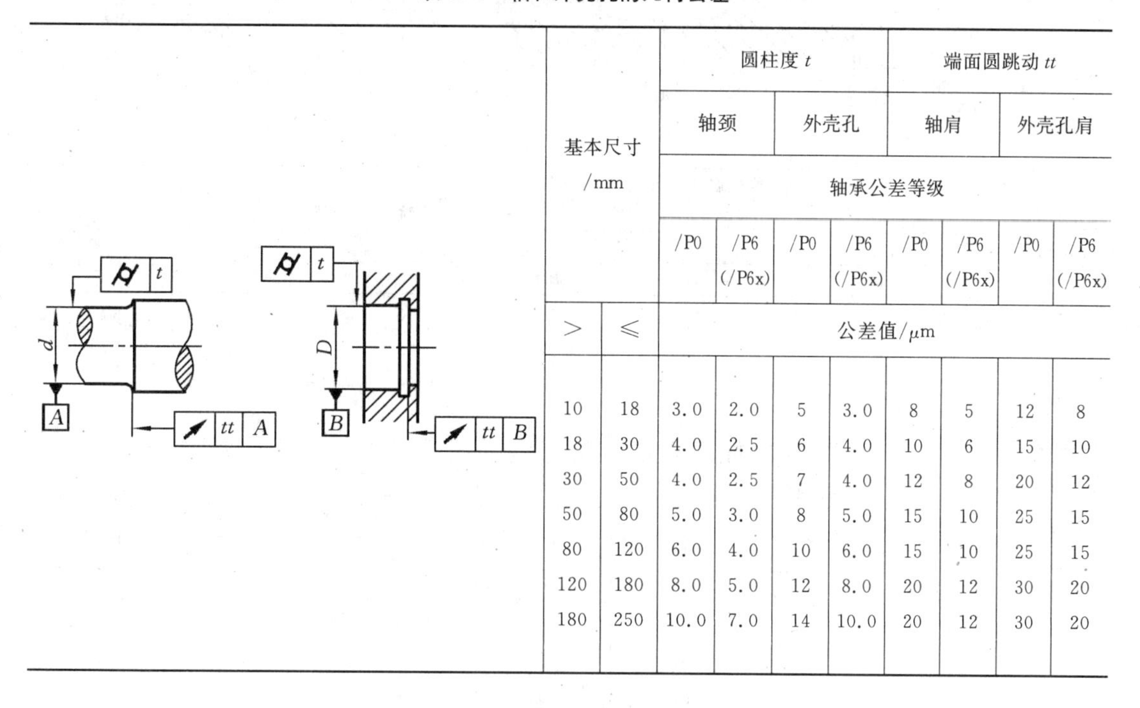

基本尺寸/mm		圆柱度 t				端面圆跳动 tt			
		轴颈		外壳孔		轴肩		外壳孔肩	
		轴承公差等级							
		/P0	/P6(/P6x)	/P0	/P6(/P6x)	/P0	/P6(/P6x)	/P0	/P6(/P6x)
>	≤	公差值/μm							
10	18	3.0	2.0	5	3.0	8	5	12	8
18	30	4.0	2.5	6	4.0	10	6	15	10
30	50	4.0	2.5	7	4.0	12	8	20	12
50	80	5.0	3.0	8	5.0	15	10	25	15
80	120	6.0	4.0	10	6.0	15	10	25	15
120	180	8.0	5.0	12	8.0	20	12	30	20
180	250	10.0	7.0	14	10.0	20	12	30	20

表 13-9　配合面的表面粗糙度

轴或轴承座直径/mm		轴或外壳配合表面直径公差等级								
		IT7			IT6			IT5		
		表面粗糙度/μm								
>	≤	Rz	Ra 磨	Ra 车	Rz	Ra 磨	Ra 车	Rz	Ra 磨	Ra 车
80	80	10	1.6	3.2	6.3	0.8	1.6	4	0.4	0.8
	500	16	1.6	3.2	10	1.6	3.2	6.3	0.8	1.6
端面		25	3.2	6.3	25	3.2	6.3	10	1.6	3.2

表 13-10　角接触轴承的轴向间隙

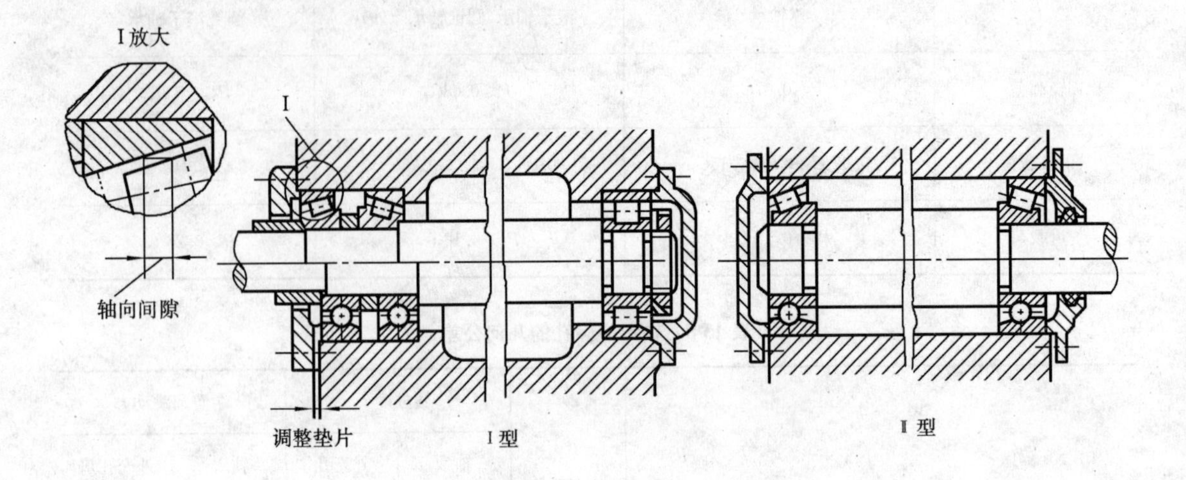

轴承内径 d/mm	角接触球轴承允许的轴向间隙值/μm						Ⅱ型轴承间允许的距离（大概值）
	接触角 $\alpha=15°$				接触角 $\alpha=25°$、$\alpha=40°$		
	Ⅰ型		Ⅱ型		Ⅰ型		
	最小	最大	最小	最大	最小	最大	
～30	20	40	30	50	10	20	$8d$
＞30～50	30	50	40	70	15	30	$7d$
＞50～80	40	70	50	100	20	40	$6d$
＞80～120	50	100	60	150	30	50	$5d$

轴承内径 d/mm	圆锥滚子轴承允许的轴向间隙值/μm						Ⅱ型轴承间允许的距离（大概值）
	接触角 $\alpha=10°\sim18°$				接触角 $\alpha=27°\sim30°$		
	Ⅰ型		Ⅱ型		Ⅰ型		
	最小	最大	最小	最大	最小	最大	
～30	20	40	40	70	—	—	$11d$
＞30～50	40	70	50	100	20	40	$12d$
＞50～80	50	100	80	150	30	50	$11d$
＞80～120	80	150	120	200	40	70	$10d$

注:1. 本表不属于 GB/T 275—1993,仅供参考。

2. 工作时,不致因轴的热胀冷缩造成轴承损坏时,可取表中最小值;反之取最大值。

第14章 联 轴 器

14.1 联轴器常用轴孔及连接形式与尺寸

表14-1 联轴器轴孔和键槽的形式、代号及系列尺寸(GB/T 3852—2008摘录) mm

轴孔直径 $d、d_2$	长度			沉孔		键槽							
	Y型	J、J_1、Z、Z_1型				A型、B型、B_1型					C型		
							t		t_1			t_2	
	L	L_1	L	d_1	R	b	公称尺寸	极限偏差	公称尺寸	极限偏差	b	公称尺寸	极限偏差
16	42	30	42	38	1.5	5	18.3	$^{+0.1}_{0}$	20.6	$^{+0.2}_{0}$	3	8.7	$^{+0.1}_{0}$
18						6	20.8		23.6		4	10.1	
19							21.8		24.6			10.6	
20	52	38	52				22.8		25.6			10.9	
22							24.8		27.6			11.9	
24						8	27.3	$^{+0.2}_{0}$	30.6	$^{+0.4}_{0}$	5	13.4	
25	62	44	62	48			28.3		31.6			13.7	
28							31.3		34.6			15.2	
30	82	60	82	55			33.3		36.6			15.8	
32					2	10	35.3		38.6		6	17.3	
35							38.3		41.6			18.3	
38				65			41.3		44.6			20.3	
40	112	84	112			12	43.3		46.6		10	21.2	$^{+0.2}_{0}$
42							45.3		48.6			22.2	
45				80		14	48.8		52.6		12	23.7	
48							51.8		55.6			25.2	
50				95			53.8		57.6			26.2	
55					2.5	16	59.3		63.6		14	29.2	
56							60.3		64.6			29.7	
60	142	107	142	105		18	64.4		68.8		16	31.7	
63							67.4		71.8			32.2	
65							69.4		73.8			34.2	
70				120		20	74.9		79.8		18	36.8	
71							75.9		80.8			37.3	
75							79.9		84.8			39.3	
80	172	132	172	140		22	85.4		90.8		20	41.6	
85					3		90.4		95.8			44.1	
90				160		25	95.4		100.8		22	47.1	
95							100.4		105.8			49.6	
100	212	167	212	180		28	106.4		112.8		25	51.3	
110							116.4		122.8			56.3	
120				210		32	127.4		134.8		28	62.3	
125					4		132.4		139.8			64.8	
130	252	202	252	235			137.4		144.8			66.4	
140							148.4	$^{+0.3}_{0}$	156.8	$^{+0.6}_{0}$		72.4	
150				264		36	158.4		166.8		32	77.4	

续表

圆柱形和圆锥形轴孔、键槽	长圆柱形轴孔（Y型）	有沉孔的短圆柱形轴孔（J型）	无沉孔的短圆柱形轴孔（J_1型）	有沉孔的圆锥形轴孔（Z型）	无沉孔的圆锥形轴孔（Z_1型）
	平键单键槽（A型）	120°布置平键双键槽（B型）	180°布置平键双键槽（B_1型）	键槽（C型）	

注：1. 轴孔与轴伸出端的配合：当 $d=6\sim30$ 时，配合为 H7/j6；当 $d>30\sim50$ 时，配合为 H7/k6；当 $d>50$ 时，配合为 H7/m6。根据使用要求也可选用 H7/r6 或 H7/n6 的配合。

2. 圆锥形轴孔 d_2 的极限偏差为 Js10（圆锥角度及圆锥形状公差不得超过直径公差范围）。

3. 键槽宽度 b 的极限偏差为 P9（或 Js9、D10）。

14.2 固定式联轴器

表 14-2 凸缘式联轴器（GB/T 5843—2003） mm

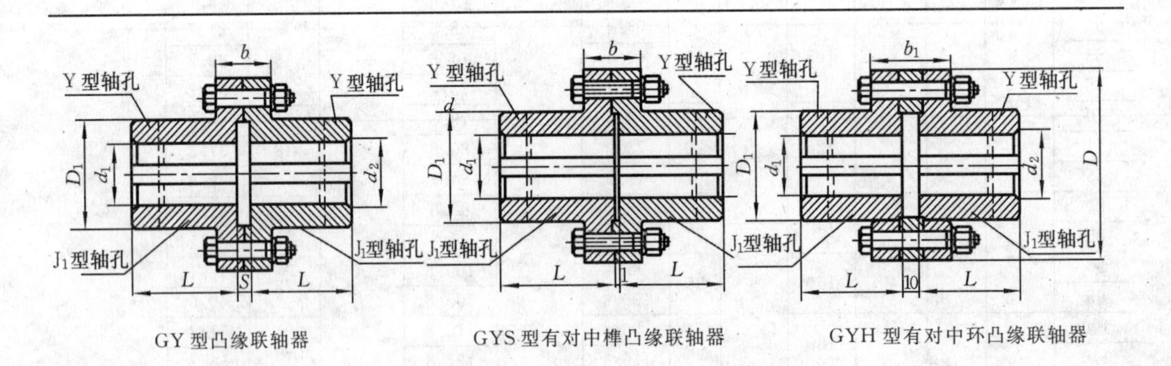

GY 型凸缘联轴器　　GYS 型有对中榫凸缘联轴器　　GYH 型有对中环凸缘联轴器

标记示例 GY3 凸缘联轴器

主动端：Y 型轴孔，$d_1=20$ mm，$L_1=52$ mm；　从动端：J_1 型轴孔，$d_2=28$ mm，$L_1=44$ mm

标记为：GY3 联轴器 $\frac{Y20\times52}{J_1 28\times44}$ GB/T 5843—2003

续表

型号	公称转矩 T_n/(N·m)	许用转速 [n]/(r/min)	轴孔直径 d_1,d_2	轴孔长度 L		D	D_1	b	b_1	S	转动惯量 I/(kg·m^2)	质量 m/kg
				Y	J_1							
GY1 GYS1 GYH1	25	12 000	12,14	32	27	80	30	26	42	6	0.000 8	1.16
			16,18 19	42	30							
GY2 GYS2 GYH2	63	10 000	16,18,19	42	30	90	40	28	44	6	0.001 5	1.72
			20,22,24	52	38							
			25	62	44							
GY3 GYS3 GYH3	112	9 500	20,22 24	52	38	100	45	30	46	6	0.002 5	2.38
			25,28	62	44							
GY4 GYS4 GYH4	224	9 000	25,28 30	62	44	105	55	32	48	6	0.003	3.15
			32,35	82	60							
GY5 GYS5 GYH5	400	8 000	30,32 35,38	82	60	120	68	36	52	8	0.007	5.43
			40,42	112	84							
GY6 GYS6 GYH6	900	6 800	38	82	60	140	80	40	56	8	0.015	7.59
			40,42,45 48,50	112	84							
GY7 GYS7 GYH7	1 600	6 000	48,50 55,56	112	84	160	100	40	56	8	0.031	13.1
			60,63	142	107							

14.3 弹性联轴器

表 14-3 LT 型弹性套柱销联轴器（GB/T 4323—2002） mm

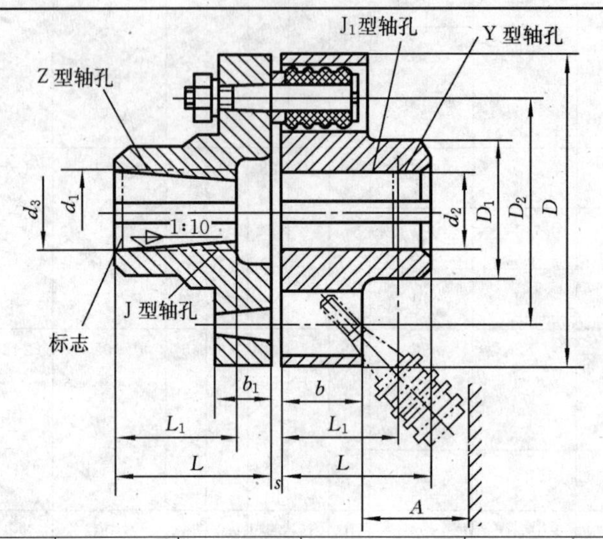

标记示例

LT3 弹性套柱销联轴器

主动端：Z 型轴孔，C 型键槽

$d_2=16$ mm，$L_1=30$ mm

从动端：J 型轴孔，B 型键槽

$d_3=18$ mm，$L_1=30$ mm

标记为：

LT3 联轴器 $\frac{\text{ZC16}\times 30}{\text{JB18}\times 30}$

GB/T 4323—2002

型号	公称转矩 T_n/(N·m)	许用转速 [n]/(r/min)	轴孔直径 d_1,d_2,d_3	轴孔长度 Y型 L	J,J_1,Z型 L_1	J,J_1,Z型 L	L_{max}	D	b	A≥	质量 m/kg	转动惯量 I/(kg·m²)
LT1	6.3	8 800	9	20	14		25	71	16	18	0.82	0.000 5
			10,11	25	17							
			12,14	32	20							
LT2	16	7 600	12,14				35	80			1.20	0.000 8
			16,18,19	42	30	42						
LT3	31.5	6 300	16,18,19				38	95	23	35	2.20	0.002 3
			20,22	52	38	52						
LT4	63	5 700	20,22,24				40	106			2.84	0.003 7
			25,28	62	44	62						
LT5	125	4 600	25,28				50	130	38	45	6.05	0.012 0
			30,32,35	82	60	82						
LT6	250	3 800	30,32,35				55	160			9.57	0.028 0
			40,42	112	84	112						
LT7	500	3 600	40,42,45,48				65	190			14.01	0.055 0
LT8	710	3 000	45,48,50,55,56				70	224	48	65	23.12	0.134 0
			60,63	142	107	142						
LT9	1 000	2 850	50,55,56	112	84	112	80	250			30.69	0.213 0
			60,63,65,70,71	142	107	142						
LT10	2 000	2 300	63,65,70,71,75				10	315	58	80	61.40	0.660 0
			80,85,90,95	172	132	172	0					
LT11	4 000	1 800	80,85,90,95				11	400	73	100	120.7	2.122 0
			100,110	212	167	212	5					

注：1. 优先选用轴孔长度 L_{max}。

2. 质量、转动惯量按材料为铸钢、最大轴孔、L_{max} 计算的近似值。

3. 尺寸 b 摘自重型机械标准。

表 14-4　LX型弹性柱销联轴器（GB/T 5014—2003）　　mm

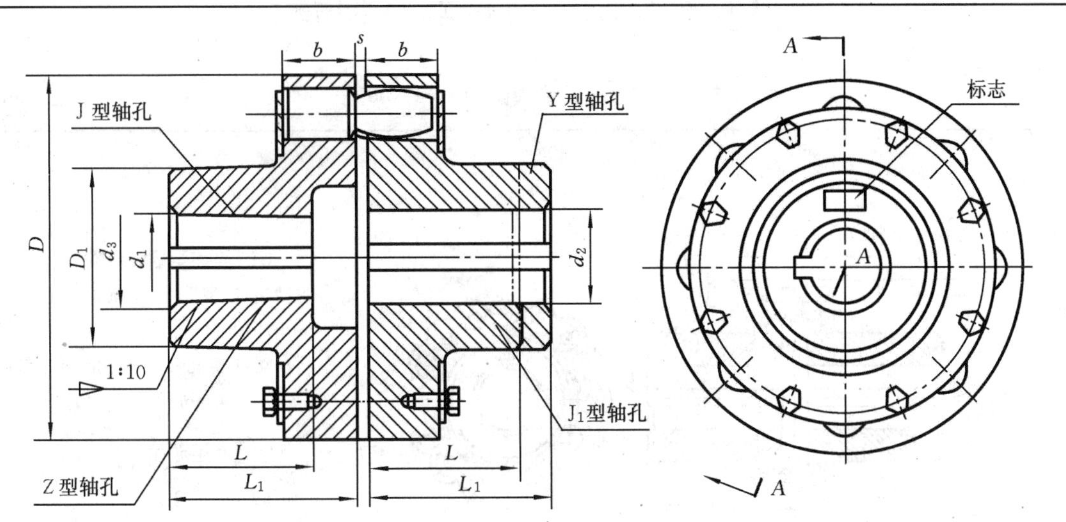

标记示例　LX3 弹性柱销联轴器　　主动端：Z 型轴孔，C 型键槽　　$d_2=30$ mm，$L_1=60$ mm

从动端：J 型轴孔，B 型键槽　　$d_3=40$ mm，$L_1=84$ mm

标记为：LX3 联轴器 $\frac{ZC30\times60}{JB40\times84}$　　GB/T 5014—2003

型号	公称转矩 T_n/(N·m)	许用转速 [n]/(r/min)	轴孔直径 d_1,d_2,d_3	轴孔长度 Y型 L	轴孔长度 J,J_1,Z型 L	轴孔长度 J,J_1,Z型 L_1	D	D_1	b	s	转动惯量 I/(kg·m²)	质量 m/kg
LX1	250	8 500	12,14	32	27		90	40	20	2.5	0.002	2
			16,18,19	42	30	42						
			20,22,24	52	38	52						
LX2	560	6 300	20,22,24				120	55	28		0.009	5
			25,28	62	44	62						
			30,32,35	82	60	82						
LX3	1 250	4 750	30,32,35,38				160	75	36		0.026	8
			40,42,45,48	112	84	112						
LX4	2 500	3 870	40,42,45,48,50,50,56				195	100	45	3	0.109	22
			60,63	142	107	142						
LX5	3 150	3 450	50,55,56	112	84	112	220	120	45		0.191	30
			60,63,65,70,71,75	142	107	142						
LX6	6 300	2 720	60,63,65,70,71,75				280	140	56	4	0.543	53
			80,85	172	132	172						
LX7	11 200	2 360	70,71,75	142	107	142	320	170	56		1.314	98
			80,85,90,95	172	132	172						
			100,110	212	167	212						

注：质量、转动惯量按 J/Y 轴孔组合型式和最小轴孔直径计算的近似值。

14.4　刚性可移式联轴器

表 14-5　GL 型滚子链联轴器(GB/T 6069—2002)　　mm

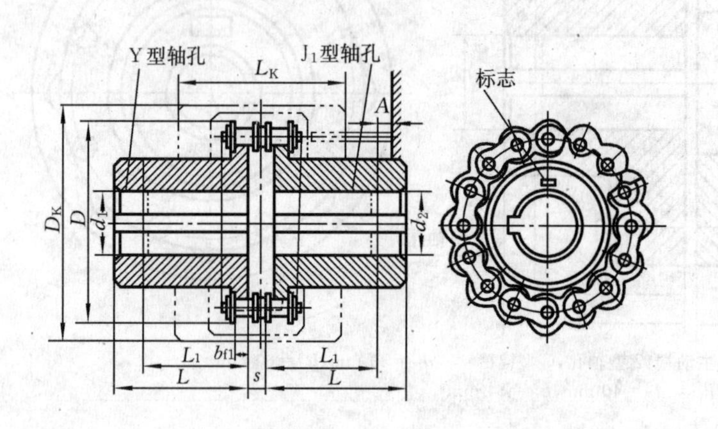

标记示例

GL7 型滚子链联轴器

主动端:J_1型孔,B 型键槽,$d_1=45$ mm,$L=84$ mm

从动端:J 型孔,B_1型键槽,$d_2=50$ mm,$L=84$ mm

GL7 联轴器$\frac{J_1B45\times84}{JB_150\times84}$

GB/T 6069—2002

(B 型键槽:120°布置平键双键槽。B_1型键槽:180°布置平键双键槽)

型号	公称转矩 T_n/(N·m)	许用转速 [n]/(r/min) 不装罩壳	许用转速 [n]/(r/min) 安装罩壳	轴孔直径 (d_1,d_2) /mm	轴孔长度/mm Y 型 L	轴孔长度/mm L_1型 L	链号	链条节距 p/mm	齿数 z	D (mm)	b_{f1} (mm)	s (mm)	A (mm)	D_K max (mm)	L_K max (mm)	质量 m/kg	转动惯量 I/(kg·m²)
GL1	40	1 400	4 500	16	42	—	06B	9.525	14	51.06	5.3	4.9	—	70	70	0.40	0.000 10
				18	42	—							—				
				19	42	—							—				
				20	52	38							4				
GL2	63	1 250	4 500	19	42	—	06B	9.525	16	57.08	5.3	4.9	—	75	75	0.70	0.000 20
				20	52	38							4				
				22	52	38							4				
				24	52	38							4				
GL3	100	1 000	4 000	20	52	38	08B	12.7	14	68.88	7.2	6.7	12	85	80	1.1	0.000 38
				22	52	38							12				
				24	52	38							12				
				25	62	44							6				
GL4	160	1 000	4 000	24	52	—	08B	12.7	16	76.91	7.2	6.7	—	95	88	1.8	0.000 86
				25	62	44							6				
				28	62	44							6				
				30	82	60							—				
				32	82	60							—				
GL5	250	800	3 150	28	62	—	10A	15.875	16	94.46	8.9	9.2	—	112	100	3.2	0.002 5
				30	82	60							—				
				32	82	60							—				
				35	82	60							—				
				38	82	60							—				
				40	112	84							—				

续表

型号	公称转矩 T_n/(N·m)	许用转速 $[n]$/(r/min)		轴孔直径 (d_1,d_2)/mm	轴孔长度/mm		链号	链条节距 p/mm	齿数 z	D	b_{f1}	s	A	D_K max	L_K max	质量 m/kg	转动惯量 I/(kg·m^2)
		不装罩壳	安装罩壳		Y型 L	L_1型 L				mm							
GL6	400	630	2 500	32	82	60	10A	15.875	20	116.57	8.9	9.2	—	140	105	5.0	0.005 8
				35	82	60							—				
				38	82	60							—				
				40	112	84							—				
				42	112	84							—				
				45	112	84							—				
				48	112	84							—				
				50	112	84							—				
GL7	630	630	2 500	40	112	84	12A	19.05	18	127.78	11.9	10.9	—	150	122	7.4	0.012
				42	112	84							—				
				45	112	84							—				
				48	112	84							—				
				50	112	84							—				
				55	112	84							—				
				60	142	107							—				
GL8	1 000	500	2 240	45	112	84	16A	25.40	16	154.33	15.0	14.3	12	181	135	11.1	0.025
				48	112	84							12				
				50	112	84							12				
				55	112	84							12				
				60	142	107							—				
				65	142	107							—				
				70	142	107							—				
GL9	1 600	400	2 000	50	112	84	16A	25.40	20	186.50	15.0	14.3	12	215	145	20.0	0.061
				55	112	84							12				
				60	142	107							—				
				65	142	107							—				
				70	142	107							—				
				75	142	107							—				
				80	172	132							—				
GL10	2 500	315	1 600	60	142	107	20A	31.75	18	213.02	18.0	17.8	6	245	165	26.1	0.079
				65	142	107							6				
				70	142	107							6				
				75	142	107							6				
				80	172	132							—				
				85	172	132							—				
				90	172	132							—				

注：1. 有罩壳时，在型号后加“F”，例如GL5型联轴器，有罩壳时改为GL5F。

2. 表中联轴器质量、转动惯量均为近似值。

表 14-6　GICL 型鼓形齿式联轴器（JB/T 8854.3—2001）　　mm

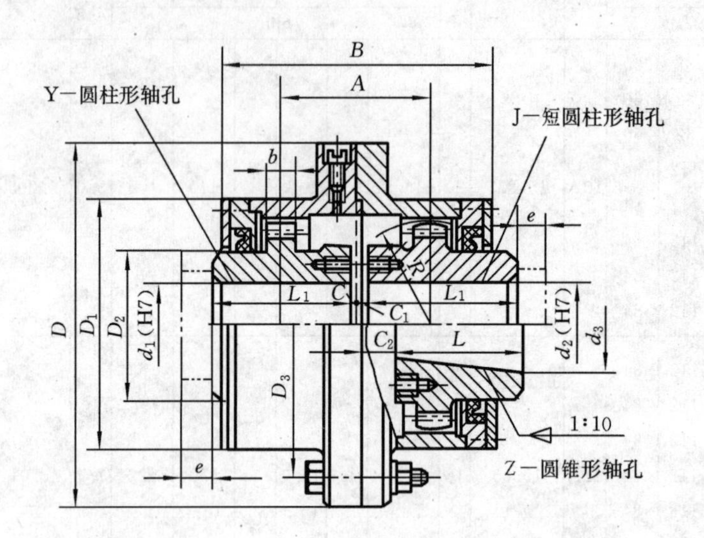

标记示例

GICL 型齿轮联轴器

主动端：Y 型轴孔，A 型键槽，d_1＝45 mm，L＝112 mm

从动端：J_1 型轴孔，B 型键槽，d_2＝40 mm，L＝84 mm

标记为：

GICL4 联轴器 $\frac{45\times 112}{J_1B40\times 84}$ JB/T 8854.3—2001

型号	公称转矩 T_n/(N·m)	许用转速[n] /(r/min)	轴孔直径 d_1,d_2,dz	轴孔长度 L Y 型	L_1，Z 型	D	D_1	D_2	B	A	C	C_1	C_2	e	转动惯量 I/(kg·m²)	质量 m/kg
GICL1	800	7 100	16,18,19	42		125	95	60	115	75	20			30	0.009	5.9
			20,22,24	52	38						10		24			
			25,28	62	44						25		19			
			30,32,35,38	82	60							15	22			
GICL2	1 400	6 300	25,28	62	44	145	120	75	135	88	105		29		0.02	9.7
			30,32,35,38	82	60						25	125	30			
			40,42,45,48	112	84							135	28			
GICL3	2 800	5 900	30,32,35,38	82	60	170	140	95	155	106	3	245	25		0.047	17.2
			40,42,45,48,50,55,56	112	84							17	28			
													35			
			60	142	107											
GICL4	5 000	5 400	32,35,38	82	60	195	165	115	178	125	14	37	32		0.091	24.9
			40,42,45,48,50,55,56	112	84						3	17	28			
			60,63,65,70	142	107								35			
GICL5	8 000	5 000	40,42,45,48,50,55,56	112	84	225	183	130	198	142	3	25	28		0.167	38
			60,63,65,70,71,75	142	107							20	35			
			80	172	132							22	43			
GICL6	11 200	4 800	48,50,55,56	112	84	240	200	145	218	160	6	35			0.267	48.2
			60,63,65,70,71,75	142	107						4	20	35			
			80,85,90	172	132							22	43			

表 14-7　滑块式联轴器（JB/ZQ 4387—1997）

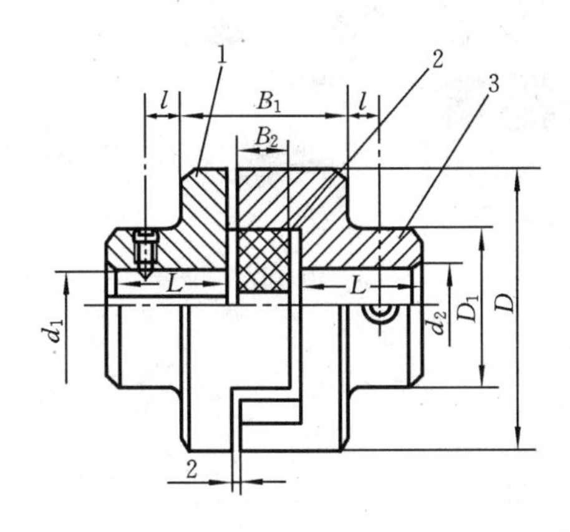

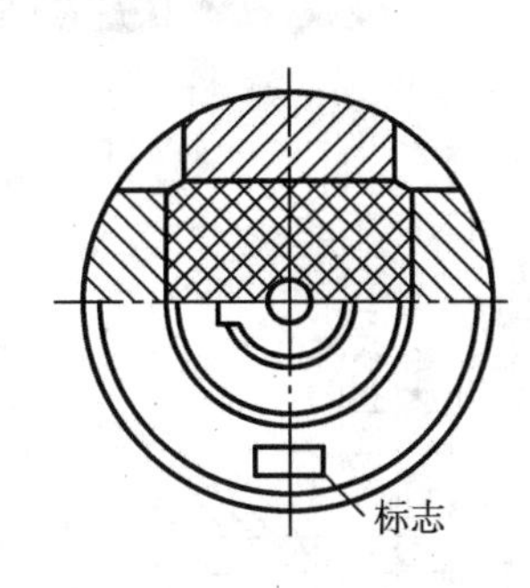

标记示例

WH2 滑块式联轴器

主动端：Y 型轴孔，C 型键槽

$d_1=16$ mm，$L=32$ mm

从动端：Z_1 型轴孔，B 型键槽

$d_2=18$ mm，$L=32$ mm

标记为：

WH2 联轴器 $\frac{\text{YC16}\times 32}{\text{Z}_1\text{B18}\times 32}$

JB/ZQ4387—1997

型号	公称转矩 T_n/(N·m)	许用转速 [n]/(r/min)	轴孔直径 d_1、d_2	轴孔长度 Y 型	J₁型	D	D_1	B_1	B_2	l	质量 m/kg	转动惯量 I /(kg·m²)
				L								
			/mm									
WH1	16	10 000	10,11	25	22	40	30	52	13	5	0.6	0.000 7
			12,14	32	27							
WH2	31.5	8 200	12,14	32	27	50	32	56	18	5	1.5	0.003 8
			16,18	42	30							
WH3	63	7 000	18,19	42	30	70	40	60	18	5	1.8	0.006 3
			20,22	52	38							
WH4	160	5 700	20,22,24	52	38	80	50	64	18	8	2.5	0.013
			25,28	62	44							
WH5	280	4 700	25,28	62	44	100	70	75	23	10	5.8	0.045
			30,32,35	82	60							
WH6	500	3 300	30,32,35,38	82	60	120	80	90	33	15	9.5	0.12
			40,42,45	112	84							
WH7	900	3 200	40,42,45,48	112	84	150	100	120	38	25	25	0.43
			50,55									
WH8	1 800	2 400	50,55	112	84	190	120	150	48	25	55	1.98
			60,63,65,70	142	107							
WH9	3 500	1 800	65,70,75	142	107	250	150	180	58	25	85	4.9
			80,85	172	132							
WH10	5 000	1 500	80,85,90,95	172	132	330	190	180	58	40	120	73.5
			100	212	167							

注：1. 表中 I，m 是按最小轴孔和最大长度计算的近似值。

2. 工作环境温度－20～70 ℃。

第 15 章 极限与配合、几何公差及表面粗糙度

15.1 极限与配合

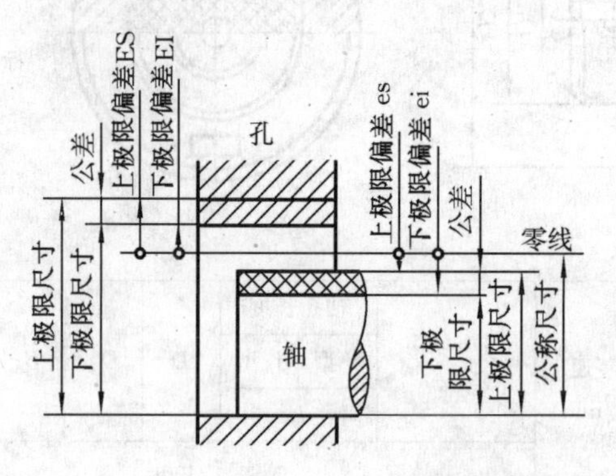

图 15-1 极限与配合的部分术语及相应关系

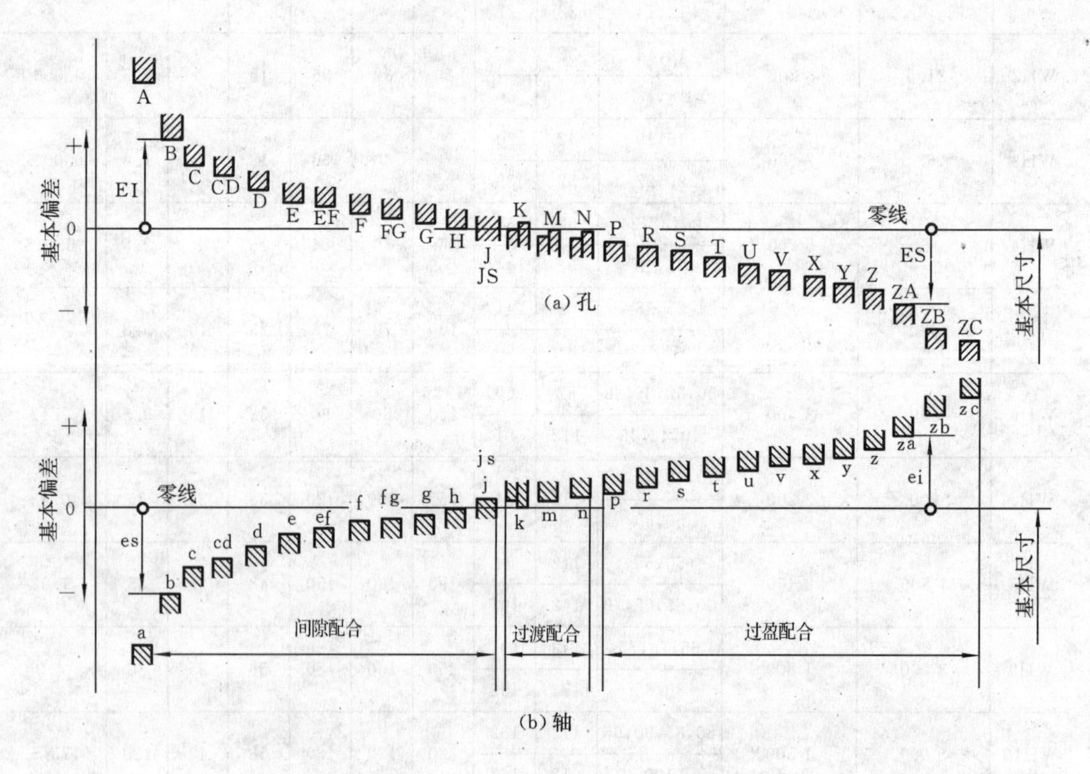

图 15-2 基本偏差系列示意图

表 15-1　标准公差数值（摘自 GB/T 1800.6—2009）

基本尺寸/mm	标准公差等级																	
	IT1	IT2	IT3	IT4	IT5	IT6	IT7	IT8	IT9	IT10	IT11	IT12	IT13	IT14	IT15	IT16	IT17	IT18
	μm											mm						
≤3	0.8	1.2	2	3	4	6	10	14	25	40	60	0.10	0.14	0.25	0.40	0.60	1.0	1.4
>3～6	1	1.5	2.5	4	5	8	12	18	30	48	75	0.12	0.18	0.30	0.48	0.75	1.2	1.8
>6～10	1	1.5	2.5	4	6	9	15	22	36	58	90	0.15	0.22	0.36	0.58	0.90	1.5	2.2
>10～18	1.2	2	3	5	8	11	18	27	43	70	110	0.18	0.27	0.43	0.70	1.10	1.8	2.7
>18～30	1.5	2.5	4	6	9	13	21	33	52	84	130	0.21	0.33	0.52	0.84	1.30	2.1	3.3
>30～50	1.5	2.5	4	7	11	16	25	39	62	100	160	0.25	0.39	0.62	1.00	1.60	2.5	3.9
>50～80	2	3	5	8	13	19	30	46	74	120	190	0.30	0.46	0.74	1.20	1.90	3.0	4.6
>80～120	2.5	4	6	10	15	22	35	54	87	140	220	0.35	0.54	0.87	1.40	2.20	3.5	5.4
>120～180	3.5	5	8	12	18	25	40	63	100	160	250	0.40	0.63	1.00	1.60	2.50	4.0	6.3
>180～250	4.5	7	10	14	20	29	46	72	115	185	290	0.46	0.72	1.15	1.85	2.90	4.6	7.2
>250～315	6	8	12	16	23	32	52	81	130	210	320	0.52	0.81	1.30	2.10	3.20	5.2	8.1
>315～400	7	9	13	18	25	36	57	89	140	230	360	0.57	0.89	1.40	2.30	3.60	5.7	8.9
>400～500	8	10	15	20	27	40	63	97	155	250	400	0.63	0.97	1.55	2.50	4.00	6.3	9.7

注：基本尺寸小于或等于 1 mm 时，无 IT14 至 IT18。

表 15-2　轴的极限偏差数值（摘自 GB/T 1800.1—2009）　μm

基本尺寸/mm	公差带							
	a	b	c	d				
	11*	11*	10*	7	8*	9▲	10*	11*
～3	−270 −330	−140 −200	−60 −100	−20 −30	−20 −34	−20 −45	−20 −60	−20 −80
>3～6	−270 −345	−140 −215	−70 −118	−30 −42	−30 −48	−30 −60	−30 −78	−30 −105
>6～10	−280 −370	−150 −240	−80 −138	−40 −55	−40 −62	−40 −76	−40 −98	−40 −130
>10～14 >14～18	−290 −400	−150 −260	−95 −165	−50 −68	−50 −77	−50 −93	−50 −120	−50 −160
>18～24 >24～30	−300 −430	−160 −290	−110 −194	−65 −86	−65 −98	−65 −117	−65 −149	−65 −195
>30～40	−310 −470	−170 −330	−120 −220	−80 −105	−80 −119	−80 −142	−80 −180	−80 −240
>40～50	−320 −480	−180 −340	−130 −230					
>50～65	−340 −530	−190 −380	−140 −260	−100 −130	−100 −146	−100 −174	−100 −220	−100 −290
>65～80	−360 −550	−200 −390	−150 −270					
>80～100	−380 −600	−220 −440	−170 −310	−120 −155	−120 −174	−120 −207	−120 −260	−120 −340
>100～120	−410 −630	−240 −460	−180 −320					
>120～140	−460 −710	−260 −510	−200 −360	−145 −185	−145 −208	−145 −245	−145 −305	−145 −395
>140～160	−520 −770	−280 −530	−210 −370					
>160～180	−580 −830	−310 −560	−230 −390					
>180～200	−660 −950	−340 −630	−240 −425	−170 −216	−170 −242	−170 −285	−170 −355	−170 −460
>200～225	−740 −1 030	−380 −670	−260 −445					
>225～250	−820 −1 110	−420 −710	−280 −465					

续表

基本尺寸/mm	公差带							
	a	b	c	d				
	11 *	11 *	10 *	7	8 *	9▲	10 *	11 *
>250～280	−920 −1 240	−480 −800	−300 −510	−190 −232	−190 −271	−190 −320	−190 −400	−190 −510
>280～315	−1 050 −1 370	−540 −860	−330 −540					
>315～355	−1 200 −1 560	−600 −960	−360 −590	−210 −267	−210 −299	−210 −350	−210 −440	−210 −570
>355～400	−1 350 −1 710	−680 −1 040	−400 −630					
>400～450	−1 500 −1 900	−760 −1 160	−440 −690	−230 −293	−230 −327	−230 −385	−230 −480	−230 −630
>450～500	−1 650 −2 050	−840 −1 240	−480 −730					

基本尺寸/mm	公差带													
	e			f					g			h		
	7 *	8 *	9 *	5 *	6 *	7▲	8 *	9 *	5 *	6▲	7 *	5 *	6▲	7▲
～3	−14 −24	−14 −28	−14 −39	−6 −10	−6 −12	−6 −16	−6 −20	−6 −31	−2 −6	−2 −8	−2 −12	0 −4	0 −6	0 −10
>3～6	−20 −32	−20 −38	−20 −50	−10 −15	−10 −18	−10 −22	−10 −28	−10 −40	−4 −9	−4 −12	−4 −16	0 −5	0 −8	0 −12
>6～10	−25 −40	−25 −47	−25 −61	−13 −19	−13 −22	−13 −28	−13 −35	−13 −49	−5 −11	−5 −14	−5 −20	0 −6	0 −9	0 −15
>10～14 >14～18	−32 −50	−32 −59	−32 −75	−16 −24	−16 −27	−16 −34	−16 −43	−16 −59	−6 −14	−6 −17	−6 −24	0 −8	0 −11	0 −18
>18～24 >24～30	−40 −61	−40 −73	−40 −92	−20 −29	−20 −33	−20 −41	−20 −53	−20 −72	−7 −16	−7 −20	−7 −28	0 −9	0 −13	0 −21
>30～40 >40～50	−50 −75	−50 −89	−50 −112	−25 −36	−25 −41	−25 −50	−25 −64	−25 −87	−9 −20	−9 −25	−9 −34	0 −11	0 −16	0 −25
>50～60 >65～80	−60 −90	−60 −106	−60 −134	−30 −43	−30 −49	−30 −60	−30 −76	−30 −104	−10 −23	−10 −29	−10 −40	0 −13	0 −19	0 −30
>80～100 >100～120	−72 −107	−72 −126	−72 −159	−36 −51	−36 −58	−36 −71	−36 −90	−36 −123	−12 −27	−12 −34	−12 −47	0 −15	0 −22	0 −35
>120～140 >140～160 >160～180	−85 −125	−85 −148	−85 −185	−43 −61	−43 −68	−43 −83	−43 −106	−43 −143	−14 −32	−14 −39	−14 −54	0 −18	0 −25	0 −40
>180～200 >200～225 >225～250	−100 −146	−100 −172	−100 −215	−50 −70	−50 −79	−50 −96	−50 −122	−50 −165	−15 −35	−15 −44	−15 −61	0 −20	0 −29	0 −46
>250～280 >280～315	−110 −162	−110 −191	−110 −240	−56 −79	−56 −88	−56 −108	−56 −137	−56 −186	−17 −40	−17 −49	−17 −69	0 −23	0 −32	0 −52
>315～355 >355～400	−125 −182	−125 −214	−125 −265	−62 −87	−62 −98	−62 −119	−62 −151	−62 −202	−18 −43	−18 −54	−18 −75	0 −25	0 −36	0 −57
>400～450 >450～500	−135 −198	−135 −232	−135 −290	−68 −95	−68 −108	−68 −131	−68 −165	−68 −223	−20 −47	−20 −60	−20 −83	0 −27	0 −40	0 −63

注：1. 基本尺寸小于 1 mm 时，各级的 a 和 b 均不采用。

2. ▲为优先公差带，* 为常用公差带，其余为一般用途公差带。

续表

基本尺寸/mm	公差带										
	h				j		js				
	8 *	9▲	10 *	11▲	6	7	6 *	7 *	8	9	10▲
~3	0 −14	0 −25	0 −40	0 −60	+4 −2	+6 −4	±3	±5	±7	±12	±20
>3~6	0 −18	0 −30	0 −48	0 −75	+6 −2	+8 −4	±4	±6	±9	±15	±24
>6~10	0 −22	0 −36	0 −58	0 −90	+7 −2	+10 −5	±4.5	±7	±11	±18	±29
>10~14 >14~18	0 −27	0 −43	0 −70	0 −110	+8 −3	+12 −6	±5.5	±9	±13	±21	±35
>18~24 >24~30	0 −33	0 −52	0 −84	0 −130	+9 −4	+13 −8	±6.5	±10	±16	±26	±42
>30~40 >40~50	0 −39	0 −62	0 −100	0 −160	+11 −5	+15 −10	±8	±12	±19	±31	±50
>50~65 >65~80	0 −46	0 −74	0 −120	0 −190	+12 −7	+18 −12	±9.5	±15	±23	±37	±60
>80~100 >100~120	0 −54	0 −87	0 −140	0 −220	+13 −9	+20 −15	±11	±17	±27	±43	±70
>120~140 >140~160 >160~180	0 −63	0 −100	0 −160	0 −250	+14 −11	+22 −18	±12.5	±20	±31	±50	±80
>180~200 >200~225 >225~250	0 −72	0 −115	0 −185	0 −290	+16 −13	+25 −21	±14.5	±23	±36	±57	±92
>250~280 >280~315	0 −81	0 −130	0 −210	0 −320	—	—	±16	±26	±40	±65	±105
> 315~355 >355~400	0 −89	0 −140	0 −230	0 −360	—	+29 −28	±18	±28	±44	±70	±115
>400~450 >450~500	0 −97	0 −155	0 −250	0 −400	—	+31 −32	±20	±31	±48	±77	±125

续表

基本尺寸/mm	公差带									
	k		m		n		p		r	
	6▲	7*	6*	7*	6▲	7*	6▲	7*	6*	7*
~3	+6 0	+10 0	+8 +2	+12 +2	+10 +4	+14 +4	+12 +6	+16 +6	+16 +10	+20 +10
>3~6	+9 +1	+6 +1	+12 +4	+16 +4	+16 +8	+20 +8	+20 +12	+24 +12	+23 +15	+27 +15
>6~10	+10 +1	+7 +1	+15 +6	+21 +6	+19 +10	+25 +10	+24 +15	+30 +15	+28 +19	+34 +19
>10~14 >14~18	+12 +1	+9 +1	+18 +7	+25 +7	+23 +12	+30 +12	+29 +18	+36 +18	+34 +23	+41 +23
>18~24 >24~30	+15 +2	+11 +2	+21 +8	+29 +8	+28 +15	+36 +15	+35 +22	+43 +22	+41 +28	+49 +28
>30~40 >40~50	+18 +2	+13 +2	+25 +9	+34 +9	+33 +17	+42 +17	+42 +26	+51 +26	+50 +34	+59 +34
>50~65	+21 +2	+15 +2	+30 +11	+41 +11	+39 +20	+50 +20	+51 +32	+62 +32	+60 +41	+71 +41
>65~80									+62 +43	+73 +43
>80~100	+25 +3	+18 +3	+35 +13	+48 +13	+45 +23	+58 +23	+59 +37	+72 +37	+73 +51	+86 +51
>100~120									+76 +54	+89 +54
>120~140	+28 +3	+21 +3	+40 +15	+55 +15	+52 +27	+67 +27	+68 +43	+83 +43	+88 +63	+103 +63
>140~160									+90 +65	+105 +65
>160~180									+93 +68	+108 +68
>180~200	+33 +4	+24 +4	+46 +17	+63 +17	+60 +31	+77 +31	+79 +50	+96 +50	+106 +77	+123 +77
>200~225									+109 +80	+126 +80
>225~250									+113 +84	+130 +84
>250~280	+36 +4	+27 +4	+52 +20	+72 +20	+66 +34	+86 +34	+88 +56	+108 +56	+126 +94	+146 +94
>280~315									+130 +98	+150 +98
>315~355	+40 +4	+29 +4	+57 +21	+78 +21	+73 +37	+94 +37	+98 +62	+119 +62	+144 +108	+165 +108
>355~400									+150 +114	+171 +114
>400~450	+45 +5	+32 +5	+63 +23	+86 +23	+80 +40	+103 +40	+108 +68	+131 +68	+166 +126	+189 +126
>450~500									+172 +132	+195 +132

续表

基本尺寸/mm	公差带									
	s		t		u		v	x	y	z
	6▲	7 *	6 *	7 *	6▲	7 *	6 *	6 *	6 *	6 *
～3	+20 +14	+24 +14	—	—	+24 +18	+28 +18	—	+26 +20	—	+32 +26
>3～6	+27 +19	+31 +19	—	—	+31 +23	+35 +23	—	+36 +28	—	+43 +35
>6～10	+32 +23	+38 +23	—	—	+37 +28	+43 +28	—	+43 +34	—	+51 +42
>10～14	+39 +38	+46 +28	—	—	+44 +33	+51 +33	—	+51 +40	—	+61 +50
>14～18							+50 +39	+56 +45	—	+71 +60
>18～24	+48 +35	+56 +35	—	—	+54 +41	+62 +41	+60 +47	+67 +54	+76 +63	+86 +73
>24～30			+54 +41	+62 +41	+61 +48	+69 +48	+68 +55	+77 +64	+88 +75	+101 +88
>30～40	+59 +43	+68 +43	+64 +48	+73 +48	+76 +60	+85 +60	+84 +68	+96 +80	+110 +94	+128 +112
>40～50			+70 +54	+79 +54	+86 +70	+95 +70	+97 +81	+113 +97	+130 +114	+152 +136
>50～65	+72 +53	+83 +53	+85 +66	+96 +66	+106 +87	+117 +87	+121 +102	+141 +122	+163 +144	+191 +172
>65～80	+78 +59	+89 +59	+94 +75	+105 +75	+121 +102	+132 +102	+139 +120	+165 +146	+193 +174	+229 +210
>80～100	+93 +71	+106 +71	+113 +91	+126 +91	+146 +124	+159 +124	+168 +146	+200 +178	+236 +214	+280 +258
>100～120	+101 +79	+114 +79	+126 +104	+139 +104	+166 +144	+179 +144	+194 +172	+232 +210	+276 +254	+332 +310
>120～140	+117 +92	+132 +92	+147 +122	+162 +122	+195 +170	+210 +170	+227 +202	+273 +248	+325 +300	+390 +365
>140～160	+125 +100	+140 +100	+159 +134	+174 +134	+215 +190	+230 +190	+253 +228	+305 +280	+365 +340	+440 +415
>160～180	+133 +108	+148 +108	+171 +146	+186 +146	+235 +210	+250 +210	+277 +252	+335 +310	+405 +380	+490 +465
>180～200	+151 +122	+168 +122	+195 +166	+212 +166	+265 +236	+282 +236	+313 +284	+379 +350	+454 +425	+549 +520
>200～225	+159 +130	+176 +130	+209 +180	+226 +180	+287 +257	+304 +258	+339 +310	+414 +385	+499 +470	+604 +575
>225～250	+169 +140	+186 +140	+225 +196	+242 +196	+313 +284	+330 +284	+369 +340	+454 +425	+549 +520	+669 +640
>250～280	+190 +158	+210 +158	+250 +218	+270 +218	+347 +315	+367 +315	+417 +385	+507 +475	+612 +580	+742 +710
>280～315	+202 +170	+222 +170	+273 +240	+292 +240	+402 +350	+431 +350	+457 +425	+557 +525	+682 +650	+822 +790
>315～355	+226 +190	+247 +190	+304 +268	+325 +268	+426 +390	+447 +390	+511 +475	+626 +590	+766 +730	+936 +900
>355～400	+244 +208	+265 +208	+330 +294	+3351 +294	+471 +435	+492 +435	+566 +530	+696 +660	+856 +820	+1 036 +1 000
>400～450	+272 +232	+295 +232	+370 +330	+1393 +330	+530 +490	+553 +490	+635 +595	+780 +740	+960 +920	+1 140 +1 100
>450～500	+292 +252	+315 +252	+400 +360	+423 +360	+580 +540	+603 +540	+700 +660	+860 +820	+1 040 +1 000	+1 290 +1 250

表 15-3 孔的极限偏差数值（摘自 GB/T 1800.1—2009） μm

基本尺寸/mm	公差带										
	A	B	C	D					E		F
	11*	11*	10	7	8*	9▲	10*	11*	8*	9*	6*
~3	+330 +270	+200 +140	+100 +60	+30 +20	+34 +20	+45 +20	+60 +20	+80 +20	+28 +14	+39 +14	+12 +6
>3~6	+345 +270	+215 +140	+118 +70	+42 +30	+48 +30	+60 +30	+78 +30	+105 +30	+38 +20	+50 +20	+18 +10
>6~10	+370 +280	+240 +150	+138 +80	+55 +40	+62 +40	+76 +40	+98 +40	+130 +40	+47 +25	+61 +25	+22 +13
>10~14	+400 +290	+260 +150	+165 +95	+68 +50	+77 +50	+93 +50	+120 +50	+160 +50	+59 +32	+75 +32	+27 +16
>14~18											
>18~24	+430 +300	+290 +160	+194 +110	+86 +65	+98 +65	+117 +65	+149 +65	+195 +65	+73 +40	+92 +40	+33 +20
>24~30											
>30~40	+470 +310	+330 +170	+220 +120	+105 +80	+119 +80	+142 +80	+180 +80	+240 +80	+89 +50	+112 +50	+41 +25
>40~50	+480 +320	+340 +180	+230 +130								
>50~65	+530 +340	+380 +190	+260 +140	+130 +100	+146 +100	+174 +100	+220 +100	+290 +100	+106 +60	+134 +60	+49 +30
>65~80	+550 +360	+390 +200	+270 +150								
>80~100	+600 +380	+440 +220	+310 +170	+155 +120	+174 +120	+207 +120	+260 +120	+340 +120	+126 +72	+159 +72	+58 +36
>100~120	+630 +410	+460 +240	+320 +180								
>120~140	+710 +460	+510 +260	+360 +200	+185 +145	+208 +145	+245 +145	+305 +145	+395 +145	+148 +85	+185 +85	+68 +43
>140~160	+770 +520	+530 +280	+370 +210								
>160~180	+830 +580	+560 +310	+390 +230								
>180~200	+950 +660	+630 +340	+425 +240	+216 +170	+242 +170	+285 +170	+355 +170	+460 +170	+172 +100	+215 +100	+79 +50
>200~225	+1030 +740	+670 +380	+445 +260								
>225~250	+1110 +820	+710 +420	+465 +280								
>250~280	+1 240 +920	+800 +480	+510 +300	+242 +190	+271 +190	+320 +190	+400 +190	+510 +190	+191 +110	+240 +110	+88 +56
>280~315	+1370 +1050	+860 +540	+540 +330								
>315~355	+1 560 +1 200	+960 +600	+590 +360	+267 +210	+299 +210	+350 +210	+440 +210	+570 +210	+214 +125	+265 +125	+98 +62
>355~400	+1 710 +1 350	+1 040 +680	+630 +400								
>400~450	+1 900 +1 500	+1 160 +760	+690 +440	+293 +230	+327 +230	+385 +230	+480 +230	+630 +230	+232 +135	+290 +135	+108 +68
>450~500	+2 050 +1 650	+1 240 +840	+730 +480								

注：1. 基本尺寸小于 1 mm 时，各级的 A 和 B 均不采用。

2. ▲为优先公差带，* 为常用公差带，其余为一般用途公差带。

续表

基本尺寸/mm	公差带												
	F			G		H							
	7∗	8▲	9∗	6∗	7▲	5	6∗	7▲	8▲	9▲	10∗	11▲	12∗
～3	+16 +6	+20 +6	+31 +6	+8 +2	+12 +2	+4 0	+6 0	+10 0	+14 0	+25 0	+40 0	+60 0	+100 0
＞3～6	+22 +10	+28 +10	+40 +10	+12 +4	+16 +4	+5 0	+8 0	+12 0	+18 0	+30 0	+48 0	+75 0	+120 0
＞6～10	+28 +13	+35 +13	+49 +13	+14 +5	+20 +5	+6 0	+9 0	+15 0	+22 0	+36 0	+58 0	+90 0	+150 0
＞10～14 ＞14～18	+34 +16	+43 +16	+59 +16	+17 +6	+24 +6	+8 0	+11 0	+18 0	+27 0	+43 0	+70 0	+110 0	+180 0
＞18～24 ＞24～30	+41 +20	+53 +20	+72 +20	+20 +7	+28 +7	+9 0	+13 0	+21 0	+33 0	+52 0	+84 0	+130 0	+210 0
＞30～40 ＞40～50	+50 +25	+64 +25	+87 +25	+25 +9	+34 +9	+11 0	+16 0	+25 0	+39 0	+62 0	+100 0	+160 0	+250 0
＞50～65 ＞65～80	+60 +30	+76 +30	+104 +30	+29 +10	+40 +10	+13 0	+19 0	+30 0	+46 0	+74 0	+120 0	+190 0	+300 0
＞80～100 ＞100～120	+71 +36	+90 +36	+123 +36	+34 +12	+47 +12	+15 0	+22 0	+35 0	+54 0	+87 0	+140 0	+220 0	+350 0
＞120～140 ＞140～160 ＞160～180	+83 +43	+106 +43	+143 +43	+39 +14	+54 +14	+18 0	+25 0	+40 0	+63 0	+100 0	+160 0	+250 0	+400 0
＞180～200 ＞200～225 ＞225～250	+96 +50	+122 +50	+165 +50	+44 +15	+61 +15	+20 0	+29 0	+46 0	+72 0	+115 0	+185 0	+290 0	+460 0
＞250～280 ＞280～315	+108 +56	+137 +56	+186 +56	+49 +17	+69 +17	+23 0	+32 0	+52 0	+81 0	+130 0	+210 0	+320 0	+520 0
＞315～355 ＞355～400	+119 +62	+151 +62	+202 +62	+54 +18	+75 +18	+25 0	+36 0	+57 0	+89 0	+140 0	+230 0	+360 0	+570 0
＞400～450 ＞450～500	+131 +68	+165 +68	+223 +68	+60 +20	+83 +20	+27 0	+40 0	+63 0	+97 0	+155 0	+250 0	+400 0	+630 0

续表

基本尺寸/mm	公差带												
	J		JS					K			M		
	6	7	6*	7*	8*	9	10	6*	7▲	8*	6*	7*	8*
~3	+2 -4	+4 -6	±3	±5	±7	±12	±20	0 -6	0 -10	0 -14	-2 -8	-2 -12	-2 -16
>3~6	+5 -3	—	±4	±6	±9	±15	±24	+2 -6	+3 -9	+5 -13	-1 -9	0 -12	+2 -16
>6~10	+5 -4	+8 -7	±4.5	±7	±11	±18	±29	+2 -7	+5 -10	+6 -16	-3 -12	0 -15	+1 -21
>10~14 >14~18	+6 -5	+10 -8	±5.5	±9	±13	±21	±25	+2 -9	+6 -12	+8 -19	-4 -15	0 -18	+2 -25
>18~24 >24~30	+8 -5	+12 -9	±6.5	±10	±16	±26	±42	+2 -11	+6 -15	+10 -23	-4 -17	0 -20	+4 -29
>30~40 >40~50	+10 -6	+14 -11	±8	±12	±19	±31	±50	+3 -13	+7 -18	+12 -27	-4 -20	0 -25	+5 -34
>50~65 >65~80	+13 -6	+18 -12	±9.5	±15	±23	±37	±60	+4 -15	+9 -21	+14 -32	-5 -24	0 -30	+5 -41
>80~100 >100~120	+16 -6	+22 -13	±11	±17	±27	±43	±70	+4 -18	+10 -25	+16 -38	-6 -28	0 -35	+6 -48
>120~140 >140~160 >160~180	+18 -7	+26 -14	±12.5	±20	±31	±50	±80	+4 -21	+12 -28	+20 -43	-8 -33	0 -40	+8 -55
>180~200 >200~225 >225~250	+22 -7	+30 -16	±14.5	±23	±36	±57	±92	+5 -24	+13 -33	+22 -50	-8 -37	0 -46	+9 -63
>250~280 >280~315	+25 -7	+36 -16	±16	±26	±40	±65	±105	+5 -27	+16 -36	+25 -56	-9 -41	0 -52	+9 -72
>315~355 >355~400	+29 -7	+39 -18	±18	±28	±44	±70	±115	+7 -29	+17 -40	+28 -61	-10 -46	0 -57	+11 -78
>400~450 >450~500	+33 -7	+43 -20	±20	±31	±48	±77	±125	+8 -32	+18 -45	+29 -68	-10 -50	0 -63	+11 -86

注：当基本尺寸大于 250～315 mm 时，M6 的 ES 等于－9（不等于－11）。

续表

基本尺寸/mm	公差带													
	N			P				R		S		T		U
	6＊	7▲	8＊	6＊	7▲	8	9	6＊	7＊	6＊	7▲	6＊	7＊	7▲
～3	-4 -10	-4 -14	-4 -18	-6 -12	-6 -16	-6 -20	-6 -31	-10 -16	-10 -20	-14 -20	-14 -24	—	—	-18 -28
>3～6	-5 -13	-4 -16	-2 -20	-9 -17	-8 -20	-12 -30	-12 -42	-12 -20	-11 -23	-16 -24	-15 -27	—	—	-19 -31
>6～10	-7 -16	-4 -19	-3 -25	-12 -21	-9 -24	-15 -37	-15 -51	-16 -25	-13 -28	-20 -29	-17 -32	—	—	-22 -37
>10～14 >14～18	-9 -20	-5 -23	-3 -30	-15 -26	-11 -29	-18 -45	-18 -61	-20 -31	-16 -34	-25 -36	-21 -39	—	—	-26 -44
>18～24	-11 -24	-7 -28	-3 -36	-18 -31	-14 -35	-22 -55	-22 -74	-24 -37	-20 -41	-31 -44	-27 -48	—	—	-33 -54
>24～30												-37 -50	-33 -54	-40 -61
>30～40	-12 -28	-8 -33	-3 -42	-21 -37	-17 -42	-26 -65	-26 -88	-29 -45	-25 -30	-38 -54	-34 -59	-43 -59	-39 -64	-51 -76
>40～50												-49 -65	-45 -70	-61 -86
>50～65	-14 -33	-9 -39	-4 -50	-26 -45	-21 -51	-32 -78	-32 -106	-35 -54	-30 -60	-47 -66	-42 -72	-60 -79	-55 -85	-76 -106
>65～80								-37 -56	-32 -62	-53 -72	-48 -78	-69 -88	-64 -94	-91 -121
>80～100	-16 -38	-10 -45	-4 -58	-30 -52	-24 -59	-37 -91	-37 -124	-44 -66	-38 -73	-64 -86	-58 -93	-84 -106	-78 -113	-111 -146
>100～120								-47 -69	-41 -76	-72 -94	-66 -101	-97 -119	-91 -126	-131 -166
>120～140	-20 -45	-12 -52	-4 -67	-36 -61	-28 -68	-43 -106	-43 -143	-56 -81	-48 -88	-85 -110	-77 -117	-115 -140	-107 -147	-155 -195
>140～160								-58 -83	-50 -90	-93 -118	-85 -125	-127 -152	-119 -159	-175 -215
>160～180								-61 -86	-53 -93	-101 -126	-93 -133	-139 -164	-131 -171	-195 -235
>180～200	-22 -51	-14 -60	-5 -77	-41 -70	-33 -79	-50 -122	-50 -165	-68 -97	-60 -106	-113 -142	-105 -151	-157 -186	-149 -195	-219 -265
>200～225								-71 -100	-63 -109	-121 -150	-113 -159	-171 -200	-163 -209	-241 -287
>225～250								-75 -104	-67 -113	-131 -160	-123 -169	-187 -216	-179 -225	-267 -313
>250～280	-25 -57	-14 -66	-5 -86	-47 -79	-36 -88	-56 -137	-56 -186	-85 -117	-74 -126	-149 -181	-138 -190	-209 -241	-198 -250	-295 -347
>280～315								-89 -121	-78 -130	-161 -193	-150 -202	-231 -263	-220 -272	-330 -382
>315～355	-26 -62	-16 -73	-5 -94	-51 -87	-41 -98	-62 -151	-62 -202	-97 -133	-87 -144	-179 -215	-169 -226	-257 -293	-247 -304	-369 -426
>355～400								-103 -139	-93 -150	-197 -233	-187 -244	-283 -319	-273 -330	-414 -471
>400～450	-27 -67	-17 -80	-6 -103	-55 -95	-45 -108	-68 -165	-68 -223	-113 -153	-103 -166	-219 -259	-209 -272	-317 -357	-307 -370	-467 -530
>450～500								-119 -159	-109 -172	-239 -279	-229 -292	-347 -387	-337 -400	-517 -580

注：基本尺寸小于 1 mm 时，大于 IT8 级的 N 不采用。

表 15-4　未注公差的线性尺寸的极限偏差数值(摘自 GB/T 1804—2000)　mm

公差等级	基本尺寸分段							
	0.5～3	>3～6	>6～30	>30～120	>120～400	>400～1 000	>1 000～2 000	>2 000～4 000
精密 f	±0.05	±0.05	±0.1	±0.15	±0.2	±0.3	±0.5	—
中等 m	±0.1	±0.1	±0.2	±0.3	±0.5	±0.8	±1.2	±2
粗糙 c	±0.2	±0.3	±0.5	±0.8	±1.2	±2	±3	±4
最粗 v	—	±0.5	±1	±1.5	±2.5	±4	±6	±8

注:1. 一般公差系指在车间通常加工条件下可保证的公差。对于采用一般公差的尺寸,在该尺寸后不注出极限偏差。
　2. 当采用 GB/T 1804—1992 规定的一般公差时,在图样上、技术文件中或标准中的表示方法为:用线性尺寸一般公差国标号和公差等级符号,中间用短横线分隔来表示,例如选用中等级时,表示为:GB/T 1804-m。

表 15-5　倒圆半径和倒角高度尺寸的极限偏差数值(摘自 GB/T 1804—2000)　mm

公差等级	基本尺寸分段			
	0.5～3	>3～6	>6～30	>30
精密 f 中等 m	±0.2	±0.5	±1	±2
粗糙 c 最粗 v	±0.4	±1	±2	±4

表 15-6　优先配合特性及应用举例

基孔制	基轴制	优先配合特性及应用举例
$\frac{H11}{c11}$	$\frac{C11}{h11}$	间隙非常大,用于很松的、转动很慢的动配合;要求大公差与大间隙的外露组件;要求装配方便的、很松的配合
$\frac{H9}{d9}$	$\frac{D9}{h9}$	间隙很大的自由转动配合,用于精度为非主要要求时,或有大的温度变动、高转速或大的轴颈压力时
$\frac{H8}{f7}$	$\frac{F8}{h7}$	间隙不大的转动配合,用于中等转速与中等轴颈压力的精确转动;也用于装配较易的中等定位配合
$\frac{H7}{g6}$	$\frac{G7}{h6}$	间隙很小的动配合,用于不希望自由转动,但可自由移动和滑动并精密定位时,也可用于要求明确的定位配合
$\frac{H7}{h6}$ $\frac{H8}{h7}$ $\frac{H9}{h9}$ $\frac{H11}{h11}$	$\frac{H7}{h6}$ $\frac{H8}{h7}$ $\frac{H9}{h9}$ $\frac{H11}{h11}$	均为间隙定位配合,零件可自由装拆,而工作时一般相对静止不动。在最大实体条件下的间隙为零,在最小实体条件下的间隙由公差等级决定
$\frac{H7}{k6}$	$\frac{K7}{h6}$	过渡配合,用于精密定位
$\frac{H7}{n6}$	$\frac{N7}{h6}$	过渡配合,允许有较大过盈的更精密定位
$\frac{H7^*}{p6}$	$\frac{P7}{h6}$	过盈定位配合,即小过盈配合,用于定位精度特别重要时,能以更好的定位精度达到部件的刚性及对中性要求,而对内孔承受压力无特殊要求,不依靠配合的紧固性传递摩擦负荷
$\frac{H7}{s6}$	$\frac{S7}{h6}$	中等压入配合,适用于一般钢件;或用于薄壁的冷缩配合,用于铸铁件可得到最紧的配合
$\frac{H7}{u6}$	$\frac{U7}{h6}$	压入配合,适用于可以承受压入力或不宜承受大压入力的冷缩配合

注:“*”配合在小于或等于 3 mm 时为过渡配合。

表 15-7　轴的各种基本偏差的应用

配合种类	基本偏差	配合特性及应用
间隙配合	a、b	可得到特别大的间隙，很少应用
	c	可得到很大的间隙，一般适用于缓慢、松弛的动配合；用于工作条件较差（如农业机械），受力变形，或为了便于装配而必须保证有较大的间隙时；推荐配合为 H11/c11，其较高级的配合，如 H8/c7适用于轴在高温时工作的紧密动配合，例如内燃机排气阀和导管
	d	配合一般用于 IT7～IT11 级，适用于松的转动配合，如密封盖、滑轮、空转带轮等与轴的配合；也适用于大直径滑动轴承配合，如透平机、球磨机、轧滚成型和重型弯曲机及其他重型机械中的一些滑动支承
	e	多用于 IT7～IT9 级，通常适用于要求有明显间隙、易于转动的支承配合，如大跨距、多支点支承等；高等级的 e 轴适用于大型、高速、重载的支承配合，如涡轮发电机、大型电动机、内燃机、凸轮轴及摇臂支承等
	f	多用于 IT6～IT8 级的一般转动配合；当温度影响不大时，被广泛用于普通润滑油（或润滑脂）润滑的支承，如齿轮箱、小电动机、泵等的转轴与滑动支承的配合
	g	配合间隙很小，制造成本高，除很轻载荷的精密装置外，不推荐用于转动配合；多用于 IT5～IT7 级，最适合不回转的精密滑动配合，也用于插销等定位配合，如精密连杆轴承、活塞、滑阀及连杆销等
	h	多用于 IT4～IT11 级；广泛用于无相对转动的零件，作为一般的定位配合；若没有温度、变形的影响，也用于精密滑动配合
过渡配合	js	为完全对称偏差（±IT/2），平均为稍有间隙的配合，多用于 IT4～IT7 级，要求间隙比 h 轴小，并允许略有过盈的定位配合，如联轴器，可用手或木槌装配
	k	平均为没有间隙的配合，适用于 IT4～IT7 级，推荐用于稍有过盈的定位配合，例如，为了消除振动用的定位配合，一般用木槌装配
	m	平均为具有小过盈的过渡配合；适用于 IT4～IT7 级，一般用木槌装配，但在最大过盈时，要求相当的压入力
	n	平均过盈比 m 轴稍大，很少得到间隙，适用于 IT4～IT7 级，用锤子或压力机装配，通常推荐用于紧密的组件配合；H6/n5 配合时为过盈配合
过盈配合	p	与 H6 孔或 H7 孔配合时是过盈配合，与 H8 孔配合时则为过渡配合；对非铁类零件，为较轻的压入配合，当需要时易于拆卸，对钢、铸铁或铜、钢组件装配，是标准的压入配合
	r	对铁类零件，为中等打入配合；对非铁类零件，为轻打入的配合，当需要时可以拆卸；与 H8 孔配合，直径在 100 mm 以上时为过盈配合，直径小时为过渡配合
	s	用于钢和铁制零件的永久性和半永久装配，可产生相当大的结合力；当用弹性材料，如轻合金时，配合性质与铁类零件的 p 轴相当，例如套环压装在轴上、阀座与机体的配合等。尺寸较大时，为了避免损伤配合表面，需用热胀或冷缩法装配
	t、u、v、x、y、z	过盈量依次增大，一般不推荐采用

表 15-8　公差等级与加工方法的关系

加工方法	公差等级/IT												
	4	5	6	7	8	9	10	11	12	13	14	15	16
珩	—	—	—	—									
圆磨、平磨		—	—	—	—								
拉削		—	—	—	—								
铰孔			—	—	—	—	—						
车、镗				—	—	—	—	—					
铣					—	—	—	—					
刨、插							—	—					
钻孔							—	—	—	—			
冲压							—	—	—	—	—		
砂型铸造、气割													—
锻造												—	

15.2　几何公差(摘自 GB/T 1182—2008、GB/T 1184—1996)

表 15-9　被测要素、基准要素的标注要求及其他符号

说明		符号	说明	符号	说明	符号
被测要素的标注	直接		理论正确尺寸	50	可逆要求	Ⓡ
	用字母	A	包容要求	Ⓔ	延伸公差带	Ⓡ
基准要素的标注		A	最大实体要求	Ⓜ	自由状态(非刚性零件)条件	Ⓟ
基准目标的标注		ϕ2 A1	最小实体要求	Ⓛ	全周(轮廓)	Ⓕ
公差框格	— 0.1　// 0.1 A　⊕ ϕ0.1Ⓜ A B C　h　2h　2h		公差要求在矩形方框中给出,该方框由 2 格或多格组成。框格中的内容从左至右按以下次序填写: ——公差特征的符号; ——公差值及与被测要素有关的符号; ——基准字母及与基准要素有关的符号。 (h 为图样中采用字体的高度)			

表 15-10　几何公差附加要求

含义	符号	举例
只许中间向材料内凹下	(—)	— t (—)
只许中间向材料外凸出	(+)	▱ t (+)
只许从左至右减小	(▷)	⌭ t (▷)
只许从右至左减小	(◁)	⌭ t (◁)

表 15-11 直线度和平面度公差 μm

主参数 L 图例

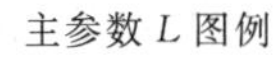

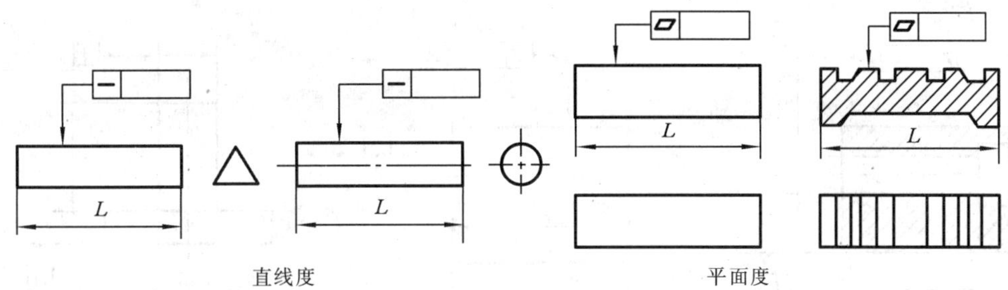

直线度 平面度

公差等级	主参数 L/mm										应用举例
	>16 ~25	>25 ~40	>40 ~63	>63 ~100	>100 ~160	>160 ~250	>250 ~400	>400 ~630	>630 ~1 000	>1 000 ~1 600	
5	3	4	5	6	8	10	12	15	20	25	用于1级平面，普通机床导轨面，柴油机进、排气门导杆，机体结合面
6	5	6	8	10	12	15	20	25	30	40	
7	8	10	12	15	20	25	30	40	50	60	用于2级平面，机床传动箱体的结合面，减速器箱体的结合面
8	12	15	20	25	30	40	50	60	80	100	
9	20	25	30	40	50	60	80	100	120	150	用于3级平面，法兰的连接面；辅助机构及手动机械的支承面
10	30	40	50	60	80	100	120	150	200	250	

注：1. 主参数 L 指被测要素的长度。
2. 应用举例栏仅供参考。

表 15-12 圆度和圆柱度公差 μm

主参数 $d(D)$ 图例

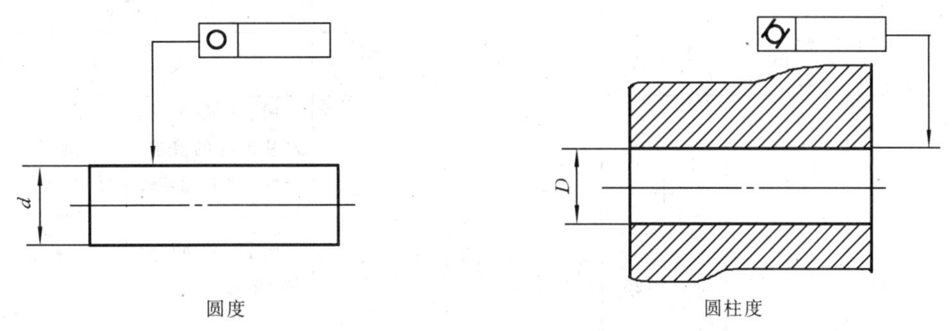

圆度 圆柱度

公差等级	主参数 $d(D)$/mm										应用举例
	>6 ~10	>10 ~18	>18 ~30	>30 ~50	>50 ~80	>80 ~120	>120 ~180	>180 ~250	>250 ~315	>315 ~400	
5	1.5	2	2.5	2.5	3	4	5	7	8	9	用于装P6、P0级精度滚动轴承的配合面，通用减速器轴颈，一般机床主轴及箱孔
6	2.5	3	4	4	5	6	8	10	12	13	
7	4	5	6	7	8	10	12	14	16	18	用于千斤顶或液压缸活塞、水泵及一般减速器轴颈，液压传动系统的分配机构
8	6	8	9	11	13	15	18	20	23	25	
9	9	11	13	16	19	22	25	29	32	36	用于通用机械杠杆与拉杆同套筒销子，吊车、起重机的滑动轴承轴颈
10	15	18	21	25	30	35	40	46	52	57	

注：1. 主参数 $d(D)$ 为被测轴(孔)的直径。
2. 应用举例栏仅供参考。

表 15-13　平行度、垂直度和倾斜度公差　　μm

主参数 L、$d(D)$图例

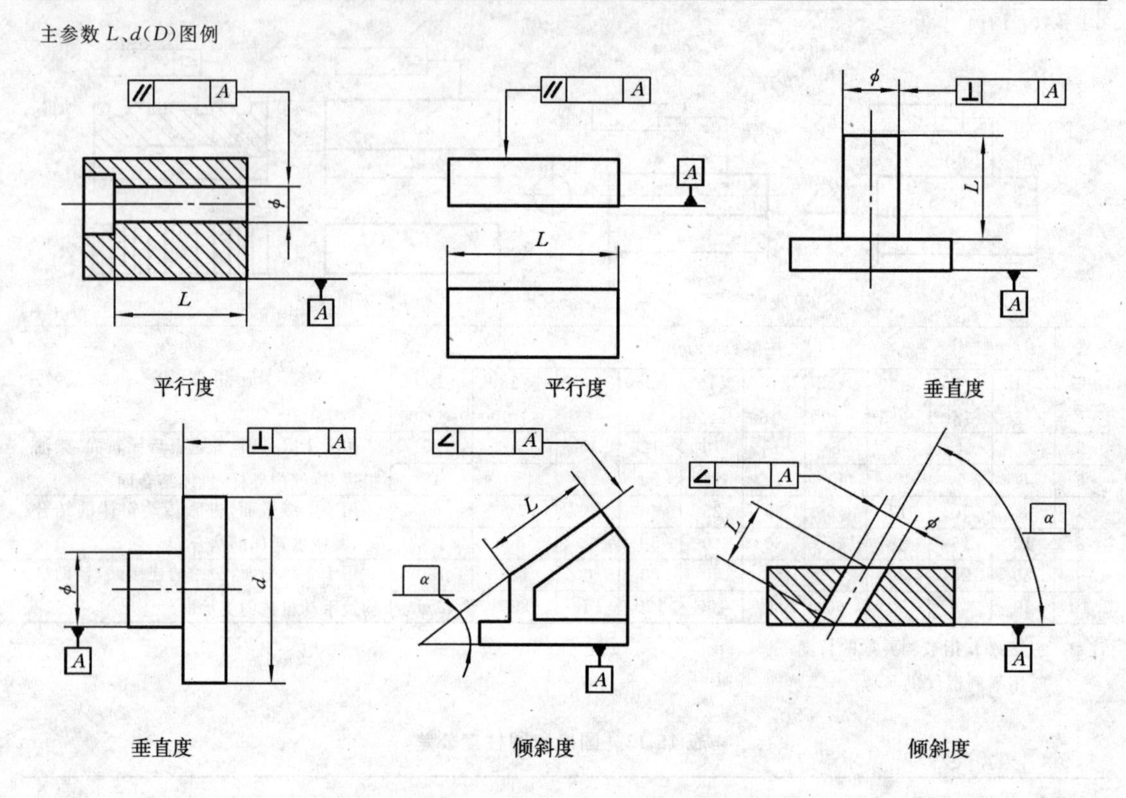

公差等级	主参数 L、$d(D)$/mm										应用举例	
	≤10	>10～16	>16～25	>25～40	>40～63	>63～100	>100～160	>160～250	>250～400	>400～630	平行度	垂直度和倾斜度
5	5	6	8	10	12	15	20	25	30	40	用于重要轴承孔对基准面的要求，一般减速器箱体孔的中心线等	用于装 P4、P5 级轴承的箱体的凸肩，发动机轴和离合器的凸缘
6	8	10	12	15	20	25	30	40	50	60	用于一般机械中箱体孔中心线间的要求，如减速器箱体的轴承孔、7～10级精度齿轮传动箱体孔的中心线	用于装 P6、P0 级轴承的箱体孔的中心线，低精度机床主要基准面和工作面
7	12	15	20	25	30	40	50	60	80	100		
8	20	25	30	40	50	60	80	100	120	150	用于重型机械轴承盖的端面，手动传动装置中的传动轴	用于一般导轨，普通传动箱体中的轴肩
9	30	40	50	60	80	100	120	150	200	250	用于低精度零件、重型机械滚动轴承端盖	用于花键轴肩端面，减速器箱体平面等
10	50	60	80	100	120	150	200	250	300	400		

注：1. 主参数 L、$d(D)$是被测要素的长度或直径。
　　2. 应用举例栏仅供参考。

表 15-14 同轴度、对称度、圆跳动和全跳动公差 μm

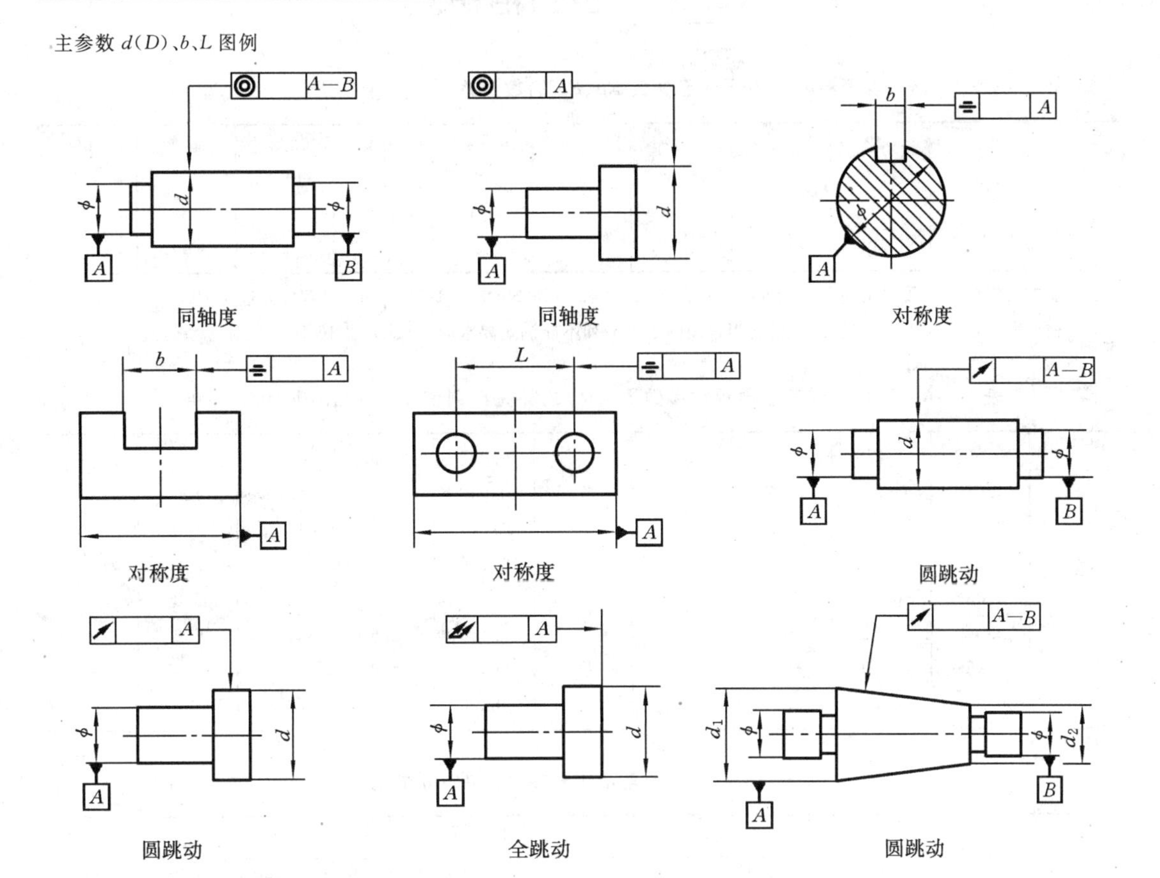

公差等级	主参数 $d(D)$、b、L/mm								应用举例
	>3 ~6	>6 ~10	>10 ~18	>18 ~30	>30 ~50	>50 ~120	>120 ~250	>250 ~500	
5	3	4	5	6	8	10	12	15	用于机床轴颈、高精度滚动轴承外圈、一般精度轴承内圈、6～7 级精度齿轮轴的配合面
6	5	6	8	10	12	15	20	25	
7	8	10	12	15	20	25	30	40	用于齿轮轴、凸轮轴、水泵轴轴颈、P0 级精度滚动轴承内圈、8～9 级精度齿轮轴的配合面
8	12	15	20	25	30	40	50	60	
9	25	30	40	50	60	80	100	120	用于 9 级精度以下齿轮轴、自行车中轴、摩托车活塞的配合面
10	50	50	60	100	120	150	200	250	

注：1. 主参数 $d(D)$、b、L 为被测要素的直径、宽度及间距。

2. 应用举例栏仅供参考。

3. 当被测要素为圆锥面时，取 $d=\frac{d_1+d_2}{2}$。

15.3 表面粗糙度

表 15-15 表面粗糙度主要评定参数 Ra、Rz 的数值系列（摘自 GB/T 1031—2009） μm

<table>
<tr><td rowspan="4">Ra</td><td>0.012</td><td>0.2</td><td>3.2</td><td>50</td><td rowspan="4">Rz</td><td>0.025</td><td>0.4</td><td>6.3</td><td>100</td><td>1 600</td></tr>
<tr><td>0.025</td><td>0.4</td><td>6.3</td><td>100</td><td>0.05</td><td>0.8</td><td>12.5</td><td>200</td><td>—</td></tr>
<tr><td>0.05</td><td>0.8</td><td>12.5</td><td>—</td><td>0.1</td><td>1.6</td><td>25</td><td>400</td><td>—</td></tr>
<tr><td>0.1</td><td>1.6</td><td>25</td><td>—</td><td>0.2</td><td>3.2</td><td>50</td><td>800</td><td>—</td></tr>
</table>

注：1. 在表面粗糙度参数常用的参数范围内（Ra 为 0.025～6.3 μm，Rz 为 0.1～25 μm），推荐优先选用 Ra。

2. 根据表面功能和生产的经济合理性，当选用的数值系列不能满足要求时，可选取表 15-16 中的补充系列值。

表 15-16 表面粗糙度主要评定参数 Ra、Rz 的补充系列值（摘自 GB/T 1031—2009） μm

<table>
<tr><td rowspan="8">Ra</td><td>0.008</td><td>0.125</td><td>2.0</td><td>32</td><td rowspan="8">Rz</td><td>0.032</td><td>0.50</td><td>8.0</td><td>125</td><td>—</td></tr>
<tr><td>0.010</td><td>0.160</td><td>2.5</td><td>40</td><td>0.040</td><td>0.63</td><td>10.0</td><td>160</td><td>—</td></tr>
<tr><td>0.016</td><td>0.25</td><td>4.0</td><td>63</td><td>0.063</td><td>1.00</td><td>16.0</td><td>250</td><td>—</td></tr>
<tr><td>0.020</td><td>0.32</td><td>5.0</td><td>80</td><td>0.080</td><td>1.25</td><td>20</td><td>320</td><td>—</td></tr>
<tr><td>0.032</td><td>0.50</td><td>8.0</td><td>—</td><td>0.125</td><td>2.0</td><td>32</td><td>500</td><td>—</td></tr>
<tr><td>0.040</td><td>0.63</td><td>10.0</td><td>—</td><td>0.160</td><td>2.5</td><td>40</td><td>630</td><td>—</td></tr>
<tr><td>0.063</td><td>1.00</td><td>16.0</td><td>—</td><td>0.25</td><td>4.0</td><td>63</td><td>1 000</td><td>—</td></tr>
<tr><td>0.080</td><td>1.25</td><td>20</td><td>—</td><td>0.32</td><td>5.0</td><td>80</td><td>1 250</td><td>—</td></tr>
</table>

表 15-17 与公差带代号相适应的 Ra 数值 μm

<table>
<tr><th rowspan="2">公差带代号</th><th colspan="10">基本尺寸/mm</th></tr>
<tr><th>>6
～10</th><th>>10
～18</th><th>>18
～30</th><th>>30
～50</th><th>>50
～80</th><th>>80
～120</th><th>>120
～180</th><th>>180
～260</th><th>>260
～360</th><th>>360
～500</th></tr>
<tr><td>H7</td><td colspan="3">0.8～1.6</td><td colspan="5">1.6～3.2</td><td colspan="2" rowspan="2">3.2～6.3</td></tr>
<tr><td>S7，u5，u6，r6，s6</td><td colspan="4">0.8～1.6</td><td colspan="4">1.6～3.2</td></tr>
<tr><td>n6，m6，k6，js6，h6，g6</td><td colspan="2">0.4～0.8</td><td colspan="4">0.8～1.6</td><td colspan="4">1.6～3.2</td></tr>
<tr><td>f7</td><td>0.4～0.8</td><td colspan="4">0.8～1.6</td><td colspan="3">1.6～3.2</td><td colspan="2" rowspan="2">3.2～6.3</td></tr>
<tr><td>e8</td><td colspan="3">0.8～1.6</td><td colspan="5">1.6～3.2</td></tr>
<tr><td rowspan="2">H8，d8，n7，j7，js7，h7，m7，k7</td><td colspan="2" rowspan="2">0.8～1.6</td><td colspan="5">1.6～3.2</td><td colspan="3">3.2～6.3</td></tr>
<tr><td colspan="6">1.6～3.2</td><td colspan="2">3.2～6.3</td></tr>
<tr><td rowspan="2">H8，H9，h8，h9，f9</td><td colspan="6" rowspan="2">1.6～3.2</td><td colspan="3">3.2～6.3</td><td>6.3～12.5</td></tr>
<tr><td colspan="2">3.2～6.3</td><td colspan="2">6.3～12.5</td></tr>
<tr><td>H10，h10</td><td colspan="3">1.6～3.2</td><td colspan="4">3.2～6.3</td><td colspan="3">6.3～12.5</td></tr>
<tr><td>H11，h11，d11，a11，b11，c10，c11</td><td colspan="2">1.6～3.2</td><td colspan="4">3.2～6.3</td><td colspan="4">6.3～12.5</td></tr>
<tr><td>H12，H13，h12，h13，b12，c12，c13</td><td colspan="5">1.6～3.2</td><td colspan="4">3.2～6.3</td><td>12.5～50</td></tr>
</table>

表 15-18　表面粗糙度的参数值、加工方法及选择

$Ra/\mu m$	表面状况	加工方法	适用范围
100	除净毛刺	铸造、锻、热轧、冲切	不加工的平滑表面，如砂型铸造、冷铸、压力铸造、轧材、锻压、热压及各种型锻的表面
50,25	可用手触及刀痕	粗车、镗、刨、钻	工序间加工时所得到的粗糙表面，亦即预先经过机械加工，如粗车、粗铣等的零件表面
12.5	可见刀痕	粗车、刨、铣、钻	
6.3	微见加工刀痕	车、镗、刨、钻、铣、锉、磨、粗铰、铣齿	不重要零件的非配合表面，如支柱、轴、外壳、衬套、盖等的表面；紧固零件的自由表面，不要求定心及配合特性的表面，如用钻头钻的螺栓孔等的表面；固定支承表面，如与螺栓头相接触的表面、键的非结合表面
3.2	看不清加工刀痕	车、镗、刨、铣、刮 1～2点/cm²、拉、磨、锉、滚压、铣齿	和其他零件连接而又不是配合表面，如外壳凸耳、扳手等的支撑表面；要求有定心及配合特性的固定支承表面，如定心的轴肩、槽等的表面；不重要的紧固螺纹表面
1.6	可见加工痕迹方向	车、镗、刨、铣、铰、拉、磨、滚压、刮 1～2点/cm²	要求不精确的定心及配合特性的固定支承表面，如衬套、轴承和定位销的压入孔；不要求定心及配合特性的活动支承面，如活动关节、花键连接、传动螺纹工作面等；重要零件的配合表面，如导向件等
0.8	微见加工痕迹的方向	车、镗、拉、磨、立铣、刮 3～10点/cm²、滚压	要求保证定心及配合特性的表面，如锥形销和圆柱销表面、安装滚动轴承的孔、滚动轴承的轴颈等；不要求保证定心及配合特性的活动支承表面，如高精度活动球接头表面、支承垫圈、磨削的轮齿
0.4	微辨加工痕迹的方向	铰、磨、镗、拉、刮 3～10点/cm²、滚压	要求能长期保持所规定配合特性的轴和孔的配合表面，如导柱、导套的工作表面；要求保证定心及配合特性的表面，如精密球轴承的压入座、轴瓦的工作表面、机床顶尖表面等；工作时承受反复应力的重要零件表面；在不破坏配合特性下工作要保证其耐久性和疲劳强度所要求的表面，圆锥定心表面，如曲轴和凸轮轴的工作表面
0.2	不可辨加工痕迹的方向	精磨、珩磨、研磨、超级加工	工作时承受反复应力的重要零件表面，保证零件的疲劳强度、防腐性和耐久性，并在工作时不破坏配合特性的表面，如轴颈表面、活塞和柱塞表面；IT5、IT6 公差等级配合的表面；圆锥定心表面；摩擦表面
0.1	暗光泽面	超级加工	工作时承受较大反复应力的重要零件表面，保证零件的疲劳强度，防腐性及在活动接头工作中的耐久性的表面，如活塞销表面、液压传动用的孔的表面；保证精确定心的圆锥表面
0.05	亮光泽面	超级加工	精密仪器及附件的摩擦面，量具工作面
0.025	镜状光泽面		
0.012	雾状镜面		

表 15-19　表面粗糙度图形符号、代号及其注法（摘自 GB/T 131—2006）

表面粗糙度符号及意义		表面粗糙度数值及其有关的规定在符号中注写的位置
符　号	意义及说明	
	基本符号，表示表面可用任何方法获得，当不加注粗糙度参数值或有关说明（例如表面处理、局部热处理状况等）时，仅适用于简化代号标注	e d b c a a——表面结构的单一要求，表面结构参数代号、极限值和传输带或取样长度； b——如果需要，在位置 b 注写第二个表面结构要求； c——注写加工方法； d——注写表面纹理和方向； e——加工余量，mm
	基本符号上加一短画，表示表面是用去除材料方法获得。例如车、铣、钻、磨、剪切、抛光、腐蚀、电火花加工、气割等	
	基本符号上加一小圆，表示表面是用不去除材料的方法获得。例如铸、锻、冲压变形、热轧、冷轧、粉末冶金等。或者是用于保持原供应状况的表面（包括保持上道工序的状况）	
	在上述三个符号的长边上均可加一横线，用于标注有关参数和说明	
	在上述三个符号上均可加一小圆，表示所有表面具有相同的表面粗糙度要求	

表 15-20　表面粗糙度标注方法示例（摘自 GB/T 131—2006）

表面粗糙度符号，代号一般注在可见轮廓线、尺寸界线、引出线或它们的延长线上。符号的尖端必须从材料外指向表面

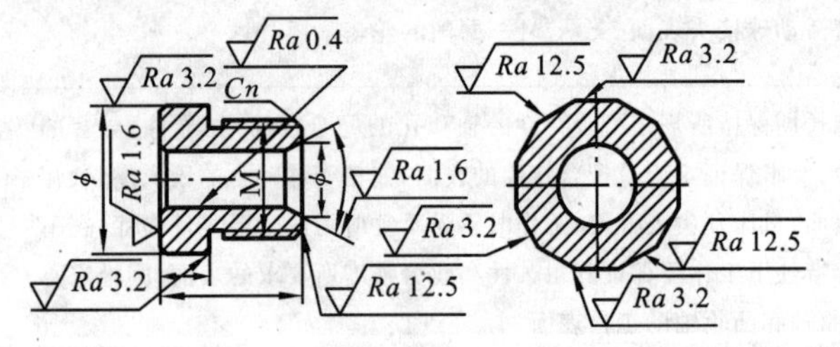

同一表面有不同的表面粗糙度要求时，须用细实线画出其分界线，并注出相应的表面粗糙度的代号和尺寸

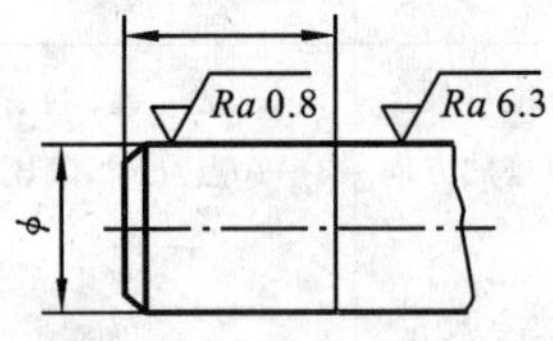

中心孔的工作表面、键槽工作面、倒角、圆角的表面，可以简化标注

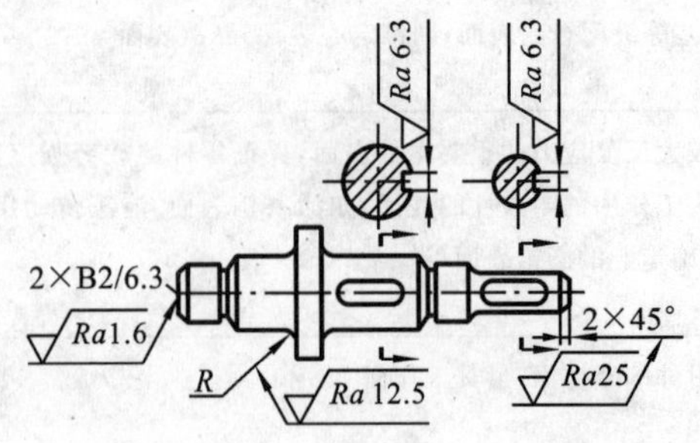

需要将零件局部热处理或局部镀涂时，应用粗点画线画出其范围并标注相应的尺寸，也可将其要求注写在表面粗糙度符号长边的横线上

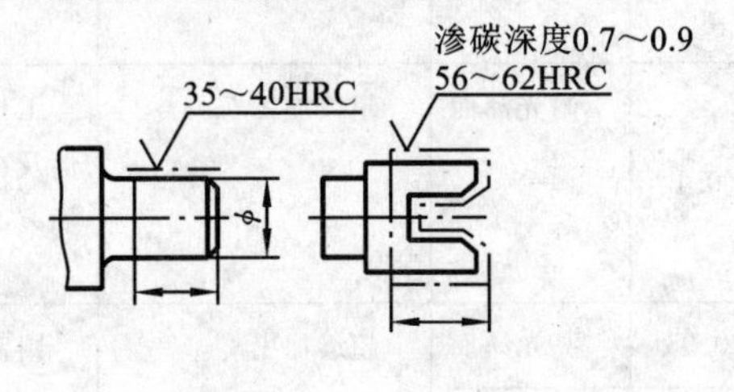

续表

<table>
<tr>
<td>齿轮、渐开线花键、螺纹等工作表面没有画出齿(牙)形时的标注方法
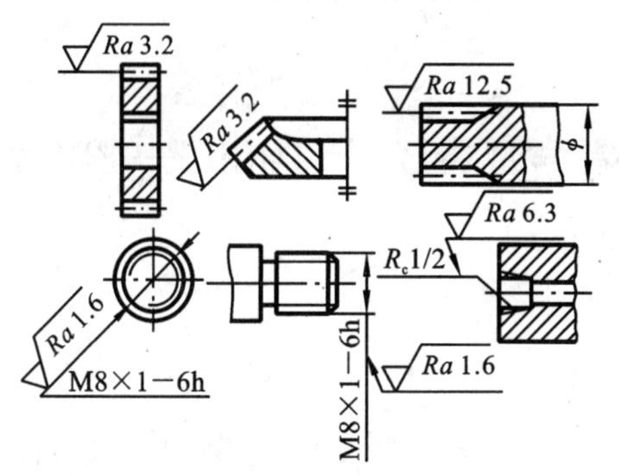</td>
<td>零件上连续表面及重复要素(孔、槽、齿等)的表面和用细实线连接不连续的同一表面,其表面粗糙度符号代号只标注一次
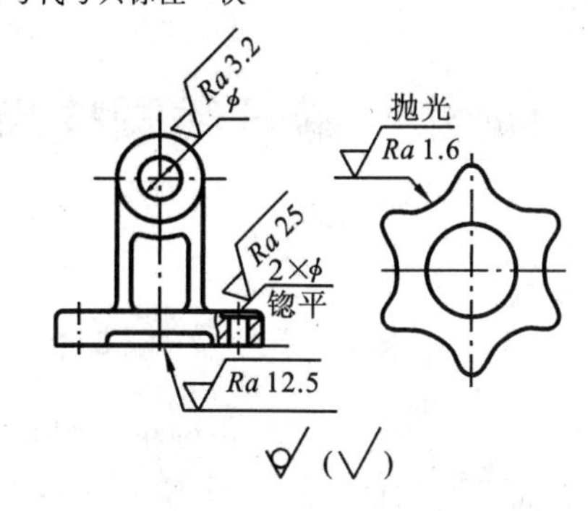</td>
</tr>
<tr>
<td>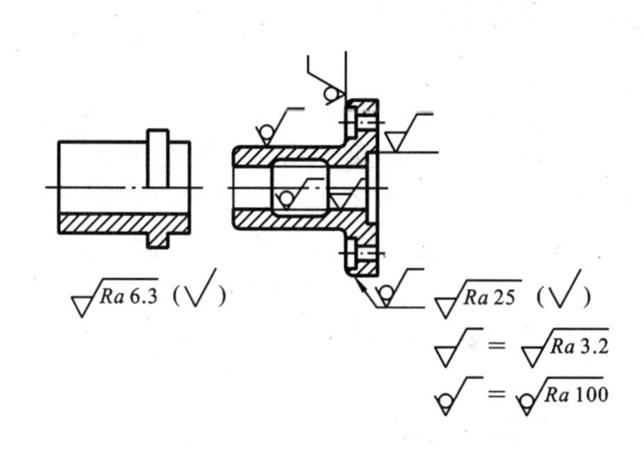</td>
<td>如果在工件的多数(包括全部)表面有相同的表面结构要求,则其表面结构要求可统一标注在图样的标题栏附近。
零件的人部分表面具有相同的表面粗糙度要求时,可采用简化标注,可用带字母的完整符号,以等式的形式,在图形或标题栏附近,对有相同表面粗糙度要求的表面进行简化标注。
为了简化标注方法,或位置受到限制时,可以标注简化代号,也可采用省略注法,但必须在标题栏附近说明这些简化代号的意义。
当用统一标注和简化标注方法时,其符号、代号和文字说明的高度均应是图形上其他表面所注代号和文字的1.4倍</td>
</tr>
</table>

第 16 章 齿轮的精度

16.1 渐开线圆柱齿轮的精度（GB/T 10095—2008 及 GB/Z 18620—2008）

16.1.1 精度等级及其选择

GB/T 10095.1—2008 对轮齿同侧齿面公差规定了 13 个精度等级，其中 0 级最高，12 级最低。如果要求的齿轮精度等级为 GB/T 10095—2008 的某一等级，而又无其他规定时，则齿距、齿廓、螺旋线等各项偏差的允许值均按该精度等级确定。也可以按协议对工作和非工作齿面规定不同的精度等级，或对不同偏差项目规定不同的精度等级。另外，也可仅对工作齿面规定精度等级。

GB/T 10095.2—2008 对径向综合公差规定了 9 个精度等级，其中 4 级最高，12 级最低；对径向跳动规定了 13 个精度等级，其中 0 级最高，12 级最低。如果要求的齿轮精度等级为 GB/T 10095.2—2008 的某一等级，而又无其他规定时，则径向综合与径向跳动的各项偏差的公差均按该精度等级确定。也可根据协议，供需双方共同对任意质量要求规定不同的公差。

径向综合偏差的精度等级不一定与 GB/T 10095.1—2008 中的要素偏差（如齿距、齿廓、螺旋线等）选用相同的等级。当文件需要描述齿轮精度要求时，应注明 GB/T 10095.1—2008 或 GB/T 10095.2—2008。

齿轮的精度等级应根据传动用途、使用条件、传递功率和圆周速度以及其他经济、技术条件来确定。目前常用经验法，表 16-1 和表 16-2 可供选用时参考。

表 16-1 各类机械传动中所应用的齿轮精度等级

产品类型	精度等级	产品类型	精度等级	产品类型	精度等级	产品类型	精度等级
测量齿轮	2～5	汽车底盘	5～8	拖拉机	6～9	矿用绞车	8～10
透平齿轮	3～6	轻型汽车	5～8	通用减速器	6～9	起重机械	7～10
金属切削机床	3～8	载重汽车	6～9	轧钢机	6～10	农业机械	8～11
内燃机车	6～7	航空发动机	4～8				

注：本表不属于国家标准内容，仅供参考。

表 16-2 圆柱齿轮传动各级精度的应用范围

要素	精度等级					
	4	5	6	7	8	9
切齿方法	在周期误差很小的精密机床上用展成法加工	在周期误差很小的精密机床上用展成法加工	在精密机床上用展成法加工	在较精密机床上用展成法加工	在展成法机床上加工	在展成法机床上或用分度法精细加工

续表

<table>
<tr><td colspan="2" rowspan="2">要　素</td><td colspan="12">精 度 等 级</td></tr>
<tr><td colspan="2">4</td><td colspan="2">5</td><td colspan="2">6</td><td colspan="2">7</td><td colspan="2">8</td><td colspan="2">9</td></tr>
<tr><td colspan="2">齿面最后加工</td><td colspan="4">精密磨齿；对软或中硬齿面的大齿轮，精密滚齿后研齿或剃齿</td><td colspan="2">磨齿、精密滚齿或剃齿</td><td colspan="2">高精度滚齿、插齿和剃齿；对渗碳淬火齿轮必须作最后加工（磨齿、精刮齿、有修正能力的珩齿等）</td><td colspan="2">滚齿、插齿，必要时剃齿或刮齿或珩齿</td><td colspan="2">一般滚齿、插齿工艺</td></tr>
<tr><td rowspan="2">齿面粗糙度</td><td>齿面</td><td>硬化</td><td>调质</td><td>硬化</td><td>调质</td><td>硬化</td><td>调质</td><td>硬化</td><td>调质</td><td>硬化</td><td>调质</td><td>硬化</td><td>调质</td></tr>
<tr><td>$Ra/\mu m$</td><td>≤0.4</td><td colspan="2">≤0.8</td><td>≤1.6</td><td>≤0.8</td><td colspan="2">≤1.6</td><td colspan="2">≤3.2</td><td>≤6.3</td><td>≤3.2</td><td>≤6.3</td></tr>
<tr><td>工作条件及应用范围</td><td>动力传动</td><td colspan="2">用于很高速度的燃气轮机传动齿轮。
圆周速度 $v>70$ m/s 的斜齿轮</td><td colspan="2">用于高速的燃气轮机传动齿轮，重型机械进给机构和高速重载齿轮。
圆周速度 $v>30$ m/s 的斜齿轮</td><td colspan="2">用于高速传动的齿轮，工业机械有高可靠性要求的齿轮，重型机械的大功率传动齿轮，作业率很高的起重运输机械齿轮。
圆周速度 $v<30$ m/s 的斜齿轮</td><td colspan="2">用于高速和适度功率或大功率和适度速度条件下的齿轮，冶金、矿山、石油、林业、轻工等行业的工程机械和小型工业齿轮箱（普通减速器）上有可靠性要求的齿轮。
圆周速度 $v<25$ m/s 的斜齿轮；
圆周速度 $v<15$ m/s 的直齿轮</td><td colspan="2">用于中等速度较平稳传动的齿轮，冶金、矿山、石油、林业、轻工、工程机械、起重运输机械和小型工业齿轮箱（普通减速器）的齿轮。
圆周速度 $v<15$ m/s 的斜齿轮；
圆周速度 $v<10$ m/s 的直齿轮</td><td colspan="2">用于一般性工作和噪声要求不高的齿轮，受载低于计算载荷的传动齿轮，速度大于 1 m/s的开式齿轮传动的齿轮。
圆周速度 $v\leqslant 4$ m/s 的直齿轮；
圆周速度 $v\leqslant 6$ m/s 的斜齿轮</td></tr>
<tr><td colspan="2">单级传动效率</td><td colspan="6">不低于 0.99（包括轴承不低于 0.985）</td><td colspan="2">不低于 0.98（包括轴承不低于 0.975）</td><td colspan="2">不低于 0.97（包括轴承不低于 0.965）</td><td colspan="2">不低于 0.96（包括轴承不低于 0.95）</td></tr>
</table>

注：本表不属于国家标准内容，仅供参考。

16.1.2　推荐的检验项目

表 16-3　齿轮的检验项目和建议的检验组

<table>
<tr><td rowspan="2">单项检验项目</td><td colspan="2">综合检验项目</td><td colspan="2">建议的检验组</td><td rowspan="2">备　注</td></tr>
<tr><td>单面啮合综合检验</td><td>双面啮合综合检验</td><td>组号</td><td>检验组</td></tr>
<tr><td>齿距偏差
f_{pt}、F_{pk}、F_p</td><td>切向综合总偏差 F_i'</td><td>径向综合总偏差 F_i''</td><td>1</td><td>f_{pt}、F_p、F_α、F_β、F_r</td><td rowspan="5">1. 标准未推荐齿厚偏差的极限偏差，设计者可按齿轮副侧隙计算（由表16-18中的公式确定）。
2. 标准没有像旧标准那样规定齿轮的检验组。建议供货方根据齿轮的使用要求、生产批量，在建议的检验组中选取一个检验组来评定齿轮质量</td></tr>
<tr><td>齿廓总偏差
F_α</td><td>一齿切向综合偏差
f_i'</td><td>一齿径向综合偏差
f_i''</td><td>2</td><td>F_{pk}、f_{pt}、F_p、F_α、F_β、F_r</td></tr>
<tr><td>螺旋线总偏差 F_β</td><td></td><td></td><td>3</td><td>F_i''、f_i''</td></tr>
<tr><td>齿厚偏差</td><td></td><td></td><td>4</td><td>f_{pt}、F_r（10～12 级）</td></tr>
<tr><td>径向跳动 F_r</td><td></td><td></td><td>5</td><td>F_i'、f_i'（有协议要求时）</td></tr>
</table>

16.1.3 齿轮精度允许值数值表

表 16-4 单个齿距极限偏差 $\pm f_{pt}$、齿距累积总偏差 F_p 及齿廓总偏差 F_α

分度圆直径 d/mm	法向模数 m_n/mm	$\pm f_{pt}/\mu m$				$F_p/\mu m$				$F_\alpha/\mu m$			
		精度等级											
		6	7	8	9	6	7	8	9	6	7	8	9
$20<d\leqslant50$	$2<m_n\leqslant3.5$	7.5	11.0	15.0	22.0	21.0	30.0	42.0	59.0	10.0	14.0	20.0	29.0
	$3.5<m_n\leqslant6$	8.5	12.0	17.0	24.0	22.0	31.0	44.0	62.0	12.0	18.0	25.0	35.0
$50<d\leqslant125$	$2<m_n\leqslant3.5$	8.5	12.0	17.0	23.0	27.0	38.0	53.0	76.0	11.0	16.0	22.0	31.0
	$3.5<m_n\leqslant6$	9.0	13.0	18.0	26.0	28.0	39.0	55.0	78.0	13.0	19.0	27.0	38.0
	$6<m_n\leqslant10$	10.0	15.0	21.0	30.0	29.0	41.0	58.0	82.0	16.0	23.0	33.0	46.0
$125<d\leqslant280$	$2<m_n\leqslant3.5$	9.0	13.0	18.0	26.0	35.0	50.0	70.0	100.0	13.0	18.0	25.0	36.0
	$3.5<m_n\leqslant6$	10.0	14.0	20.0	28.0	36.0	51.0	72.0	102.0	15.0	21.0	30.0	42.0
	$6<m_n\leqslant10$	11.0	16.0	23.0	32.0	37.0	53.0	75.0	106.0	18.0	25.0	36.0	50.0
$280<d\leqslant560$	$2<m_n\leqslant3.5$	10.0	14.0	20.0	29.0	46.0	65.0	92.0	131.0	15.0	21.0	29.0	41.0
	$3.5<m_n\leqslant6$	11.0	16.0	22.0	31.0	47.0	66.0	94.0	133.0	17.0	24.0	34.0	48.0
	$6<m_n\leqslant10$	12.0	17.0	25.0	35.0	48.0	68.0	97.0	137.0	20.0	28.0	40.0	56.0

表 16-5 f_i'/K 的比值、齿廓形状偏差 $f_{f\alpha}$ 及齿廓倾斜偏差 $\pm f_{H\alpha}$

分度圆直径 d/mm	法向模数 m_n/mm	$(f_i'/K)/\mu m$				$f_{f\alpha}/\mu m$				$\pm f_{H\alpha}/\mu m$			
		精度等级											
		6	7	8	9	6	7	8	9	6	7	8	9
$20<d\leqslant50$	$2<m_n\leqslant3.5$	24.0	34.0	48.0	68.0	8.0	11.0	16.0	22.0	6.5	9.0	13.0	18.0
	$3.5<m_n\leqslant6$	27.0	38.0	54.0	77.0	9.5	14.0	19.0	27.0	8.0	11.0	16.0	22.0
$50<d\leqslant125$	$2<m_n\leqslant3.5$	25.0	36.0	51.0	72.0	8.5	12.0	17.0	24.0	7.0	10.0	14.0	20.0
	$3.5<m_n\leqslant6$	29.0	40.0	57.0	81.0	10.0	15.0	21.0	29.0	8.5	12.0	17.0	24.0
	$6<m_n\leqslant10$	33.0	47.0	66.0	93.0	13.0	18.0	25.0	36.0	10.0	15.0	21.0	29.0
$125<d\leqslant280$	$2<m_n\leqslant3.5$	28.0	39.0	56.0	79.0	9.5	14.0	19.0	28.0	8.0	11.0	16.0	23.0
	$3.5<m_n\leqslant6$	31.0	44.0	62.0	88.0	12.0	16.0	23.0	33.0	9.5	13.0	19.0	27.0
	$6<m_n\leqslant10$	35.0	50.0	70.0	100.0	14.0	20.0	28.0	39.0	11.0	16.0	23.0	32.0
$280<d\leqslant560$	$2<m_n\leqslant3.5$	31.0	44.0	62.0	87.0	11.0	16.0	22.0	32.0	9.0	13.0	18.0	26.0
	$3.5<m_n\leqslant6$	34.0	48.0	68.0	96.0	13.0	18.0	26.0	37.0	11.0	15.0	21.0	30.0
	$6<m_n\leqslant10$	38.0	54.0	76.0	108.0	15.0	22.0	31.0	43.0	13.0	18.0	25.0	35.0

注：K 及 f_i' 的计算见表 16-13。

表 16-6 螺旋线总偏差 F_β、螺旋线形状偏差 $f_{f\beta}$ 及螺旋线倾斜偏差 $\pm f_{H\beta}$

分度圆直径 d/mm	齿宽 b/mm	$F_\beta/\mu m$				$f_{f\beta}/\mu m$ 和 $\pm f_{H\beta}/\mu m$			
		精度等级							
		6	7	8	9	6	7	8	9
$20<d\leqslant50$	$10<b\leqslant20$	10.0	14.0	20.0	29.0	7.0	10.0	14.0	20.0
	$20<b\leqslant40$	11.0	16.0	23.0	32.0	8.0	12.0	16.0	23.0
$50<d\leqslant125$	$10<b\leqslant20$	11.0	15.0	21.0	30.0	7.5	11.0	15.0	21.0
	$10<b\leqslant40$	12.0	17.0	24.0	34.0	8.5	12.0	17.0	24.0
	$40<b\leqslant80$	14.0	20.0	28.0	39.0	10.0	14.0	20.0	28.0
$125<d\leqslant280$	$10<b\leqslant20$	11.0	16.0	22.0	32.0	8.0	11.0	16.0	23.0
	$20<b\leqslant40$	13.0	18.0	25.0	36.0	9.0	13.0	18.0	25.0
	$40<b\leqslant80$	15.0	21.0	29.0	41.0	10.0	15.0	21.0	29.0
$280<d\leqslant560$	$20<b\leqslant40$	13.0	19.0	27.0	38.0	9.5	14.0	19.0	27.0
	$40<b\leqslant80$	15.0	22.0	31.0	44.0	11.0	16.0	22.0	31.0
	$80<b\leqslant160$	18.0	26.0	36.0	52.0	13.0	18.0	26.0	37.0

注：齿廓与螺旋线的形状偏差和倾斜偏差不是强制性单项检验项目。

表 16-7　径向综合总偏差 F_i'' 和一齿径向综合偏差 f_i''

分度圆直径 d/mm	法向模数 m_n/mm	$F_i''/\mu m$				$f_i''/\mu m$			
		精度等级							
		6	7	8	9	6	7	8	9
$20<d\leqslant50$	$1.0<m_n\leqslant1.5$	23	32	45	64	6.5	9.0	13	18
	$1.5<m_n\leqslant2.5$	26	37	52	73	9.5	13	19	26
$50<d\leqslant125$	$1.0<m_n\leqslant1.5$	27	39	55	77	6.5	9.0	13	18
	$1.5<m_n\leqslant2.5$	31	43	61	86	9.5	13	19	26
	$2.5<m_n\leqslant4.0$	36	51	72	102	14	20	29	41
$125<d\leqslant280$	$1.0<m_n\leqslant1.5$	34	48	68	97	6.5	9.0	13	18
	$1.5<m_n\leqslant2.5$	37	53	75	106	9.5	13	19	27
	$2.5<m_n\leqslant4.0$	43	61	86	121	15	21	29	41
	$4.0<m_n\leqslant6.0$	51	72	102	144	22	31	44	62
$280<d\leqslant560$	$1.0<m_n\leqslant1.5$	43	61	86	122	6.5	9.0	13	18
	$1.5<m_n\leqslant2.5$	46	65	92	131	9.5	13	19	27
	$2.5<m_n\leqslant4.0$	52	73	104	146	15	21	29	41
	$4.0<m_n\leqslant6.0$	60	84	119	169	22	31	44	62

表 16-8　径向跳动公差 F_r　　μm

分度圆直径 d/mm	法向模数 m_n/mm	精度等级				
		5	6	7	8	9
$20<d\leqslant50$	$2.0<m_n\leqslant3.5$	12	17	24	34	47
	$3.5<m_n\leqslant6.0$	12	17	25	35	49
$50<d\leqslant125$	$2.0<m_n\leqslant3.5$	15	21	30	43	61
	$3.5<m_n\leqslant6.0$	16	22	31	44	62
	$6.0<m_n\leqslant10$	16	23	33	46	65
$125<d\leqslant280$	$2.0<m_n\leqslant3.5$	20	28	40	56	80
	$3.5<m_n\leqslant6.0$	20	29	41	58	82
	$6.0<m_n\leqslant10$	21	30	42	60	85
$280<d\leqslant560$	$2.0<m_n\leqslant3.5$	36	37	52	74	105
	$3.5<m_n\leqslant6.0$	27	38	53	75	106
	$6.0<m_n\leqslant10$	27	39	55	77	109

表 16-9　公法线长度 W'（$m_n=m=1$ mm，$\alpha_n=\alpha=20°$）

齿轮齿数 z	跨测齿数 K	公法线长度 W'/mm	齿轮齿数 z	跨测齿数 K	公法线长度 W'/mm	齿轮齿数 z	跨测齿数 K	公法线长度 W'/mm	齿轮齿数 z	跨测齿数 K	公法线长度 W'/mm	齿轮齿数 z	跨测齿数 K	公法线长度 W'/mm
11	2	4.582 3	41	5	13.858 8	71	8	23.135 3	101	12	35.364 0	131	15	44.640 6
12	2	4.596 3	42	5	13.872 8	72	9	26.101 5	102	12	35.378 0	132	15	44.654 6
13	2	4.610 3	43	5	13.886 8	73	9	26.115 5	103	12	35.392 0	133	15	44.668 6
14	2	4.624 3	44	5	13.900 8	74	9	26.129 5	104	12	35.406 0	134	15	44.682 6
15	2	4.638 3	45	6	16.867 0	75	9	26.143 5	105	12	35.420 0	135	16	47.649 0
16	2	4.652 3	46	6	16.881 0	76	9	26.157 5	106	12	35.434 0	136	16	47.662 7
17	2	4.666 3	47	6	16.895 0	77	9	26.171 5	107	12	35.448 1	137	16	47.676 7
18	3	7.632 4	48	6	16.909 0	78	9	26.185 5	108	13	38.414 2	138	16	47.690 7
19	3	7.646 4	49	6	16.923 0	79	9	26.199 5	109	13	38.428 2	139	16	47.704 7
20	3	7.660 4	50	6	16.937 0	80	9	26.213 5	110	13	38.442 2	140	16	47.718 7
21	3	7.674 4	51	6	16.951 0	81	10	29.179 7	111	13	38.456 2	141	16	47.732 7
22	3	7.688 4	52	6	16.966 0	82	10	29.193 7	112	13	38.470 2	142	16	47.746 8
23	3	7.702 4	53	6	16.979 0	83	10	29.207 7	113	13	38.484 2	143	16	47.760 8
24	3	7.716 5	54	7	19.945 2	84	10	29.221 7	114	13	38.498 2	144	17	50.727 0
25	3	7.730 5	55	7	19.959 1	85	10	29.235 7	115	13	38.512 2	145	17	50.740 9

续表

齿轮齿数 z	跨测齿数 K	公法线长度 W'/mm	齿轮齿数 z	跨测齿数 K	公法线长度 W'/mm	齿轮齿数 z	跨测齿数 K	公法线长度 W'/mm	齿轮齿数 z	跨测齿数 K	公法线长度 W'/mm	齿轮齿数 z	跨测齿数 K	公法线长度 W'/mm
26	3	7.744 5	56	7	19.973 1	86	10	29.249 7	116	13	38.526 2	146	17	50.754 9
27	4	10.710 6	57	7	19.987 1	87	10	29.263 7	117	14	41.492 4	147	17	50.768 9
28	4	10.724 6	58	7	20.001 1	88	10	29.277 7	118	14	41.506 4	148	17	50.782 9
29	4	10.738 6	59	7	20.015 2	89	10	29.291 7	119	14	41.520 4	149	17	50.796 9
30	4	10.752 6	60	7	20.029 2	90	11	32.257 9	120	14	41.534 4	150	17	50.810 9
31	4	10.766 6	61	7	20.043 2	91	11	32.271 8	121	14	41.548 4	151	17	50.824 9
32	4	10.780 6	62	7	20.057 2	92	11	32.285 8	122	14	41.562 4	152	17	50.838 9
33	4	10.794 6	63	8	23.023 3	93	11	32.299 8	123	14	41.576 4	153	18	53.805 1
34	4	10.808 6	64	8	23.037 3	94	11	32.313 8	124	14	41.590 4	154	18	53.819 1
35	4	10.822 6	65	8	23.051 3	95	11	32.327 9	125	14	41.604 4	155	18	53.833 1
36	5	13.788 8	66	8	23.065 3	96	11	32.341 9	126	15	44.570 6	156	18	53.847 1
37	5	13.802 8	67	8	23.079 3	97	11	32.355 9	127	15	44.584 6	157	18	53.861 1
38	5	13.816 8	68	8	23.093 3	98	11	32.369 9	128	15	44.598 6	158	18	53.875 1
39	5	13.830 8	69	8	23.107 3	99	12	35.336 1	129	15	44.612 6	159	18	53.889 1
40	5	13.844 8	70	8	23.121 3	100	12	35.350 0	130	15	44.626 6	160	18	53.903 1

注：1. 对于标准直齿圆柱齿轮，公法线长度 $W=W'm$；W'为 $m=1$ mm、$\alpha=20°$时的公法线长度，m 为齿轮模数。

2. 对于变位直齿圆柱齿轮，当变位系数 x 较小，即 $|x|<0.3$ 时，跨测齿数 K 不变，按照上表查出，而公法线长度 $W=(W'+0.684x)m$，x 为变位系数，当变位系数 x 较大，即 $|x|>0.3$ 时，跨测齿数为 K'可按下式计算：

$$K'=z\frac{\alpha_x}{180°}+0.5$$

式中

$$\alpha_x=\arccos\frac{2d\cos\alpha}{d_a+d_f}$$

而公法线长度为

$$W=[2.952\,1(K'-0.5)+0.014z+0.684x]m$$

3. 斜齿轮的公法线长度 W_n在法面内测量，其值也可按本表确定，但必须根据假想齿数 z'查表，z'可按下式计算：$z'=K_\beta z$，式中，K_β为与分度圆柱上齿的螺旋角 β 有关的假想齿数系数（见表 16-10）。假想齿数常为非整数，其小数部分 $\Delta z'$所对应的公法线长度 $\Delta W'$可查表 16-11。故总的公法线长度：$W_n=(W'+\Delta W')m_n$。式中，m_n为法面模数，W'为与假想齿数 z'整数部分相对应的公法线长度，查本表。

4. 本表不属于国家标准内容。

表 16-10　假想齿数系数 K_β（$\alpha_n=20°$）

β	K_β	差值	β	K_β	差值	β	K_β	差值	β	K_β	差值
8°	1.028		14°	1.090		20°	1.194		26°	1.354	
		0.008			0.014			0.022			0.034
9°	1.036		15°	1.114		21°	1.216		27°	1.388	
		0.009			0.015			0.024			0.036
10°	1.045		16°	1.119		22°	1.240		28°	1.424	
		0.009			0.017			0.026			0.038
11°	1.054		17°	1.136		23°	1.266		29°	1.462	
		0.011			0.018			0.027			0.042
12°	1.065		18°	1.154		24°	1.293		30°	1.504	
		0.012			0.019			0.030			0.044
13°	1.077		19°	1.173		25°	1.323		31°	1.548	

注：当分度圆螺旋角 β 为非整数时，K_β可按差值用内插法求出。

表 16-11　假想齿数小数部分 $\Delta z'$的公法线长度 $\Delta W'$（$m_n=m=1$ mm，$\alpha_n=\alpha=20°$）　　mm

$\Delta z'$	0.00	0.01	0.02	0.03	0.04	0.05	0.06	0.07	0.08	0.09
0.0	0.000 0	0.000 1	0.000 3	0.000 4	0.000 6	0.000 7	0.000 8	0.001 0	0.001 1	0.001 3
0.1	0.001 4	0.001 5	0.001 7	0.001 8	0.002 0	0.002 1	0.002 2	0.002 4	0.002 5	0.002 7
0.2	0.002 8	0.002 9	0.003 1	0.003 2	0.003 4	0.003 5	0.003 6	0.003 8	0.003 9	0.004 1
0.3	0.004 2	0.004 3	0.004 5	0.004 6	0.004 8	0.004 9	0.005 1	0.005 2	0.005 3	0.005 5
0.4	0.005 6	0.005 7	0.005 9	0.006 0	0.006 1	0.006 3	0.006 4	0.006 6	0.006 7	0.006 9
0.5	0.007 0	0.007 1	0.007 3	0.007 4	0.007 6	0.007 7	0.007 9	0.008 0	0.008 1	0.008 3
0.6	0.008 4	0.008 5	0.008 7	0.008 8	0.008 9	0.009 1	0.009 2	0.009 4	0.009 5	0.009 7
0.7	0.009 8	0.009 9	0.010 1	0.010 2	0.010 4	0.010 5	0.010 6	0.010 8	0.010 9	0.011 1
0.8	0.011 2	0.011 4	0.011 5	0.011 6	0.011 8	0.011 9	0.012 0	0.012 2	0.012 3	0.012 4
0.9	0.012 6	0.012 7	0.012 9	0.013 0	0.013 2	0.013 3	0.013 5	0.013 6	0.013 7	0.013 9

注：查取示例——当 $\Delta z'=0.65$ 时，由本表查得 $\Delta W'=0.009\,1$。

表 16-12　圆柱齿轮装配后的接触斑点

精度等级按 ISO1328	b_{C1} 占齿宽的百分数		h_{C1} 占有效齿面高度的百分数		b_{C2} 占齿宽的百分数		h_{C2} 占有效齿面高度的百分数	
	直齿轮	斜齿轮	直齿轮	斜齿轮	直齿轮	斜齿轮	直齿轮	斜齿轮
4级及更高	50%		70%	50%	40%		50%	30%
5和6	45%		50%	40%	35%		30%	20%
7和8	35%		50%	40%	35%		30%	20%
9至12	25%		50%	40%	25%		30%	20%

注:1. 本表对齿廓和螺旋线修形的齿面不适用。

2. 本表试图描述那些通过直接测量,证明符合表列精度的齿轮副中获得的最好接触斑点,不能作为证明齿轮精度等级的可替代方法。

表 16-13　部分齿轮偏差允许值的计算式及使用说明

名　称	5级精度的齿轮公差计算式	使用说明
齿距累积偏差 $\pm F_{pk}$	$\pm F_{pk}=f_{pt}+1.6\sqrt{(k-1)m_n}$	1. 5级精度的未圆整的允许值的计算值乘以 $2^{0.5(Q-5)}$ 即可得到任意精度等级允许值的待求值,Q 为精度等级数。 2. 应用公式编制公差表时,参数 m_n、d 和 b 应取其分段界限值的几何平均值代入。例如:如果实际模数是 7 mm,分段界限值为 $m_n=6$ mm 和 $m_n=10$ mm,计算表值用 $m_n=\sqrt{6\times10}=7.746$ mm。如果计算值大于 10 μm,圆整到最接近的整数;如果计算值小于 10 μm,圆整到最接近的尾数为 0.5 μm 的小数或整数;如果计算值小于 0.5 μm,圆整到最接近的尾数为 0.1 μm 的小数或整数。 3. 将实测的齿轮偏差值与表中的允许值进行比较,以评定齿轮的精度等级。 4. 当齿轮参数不在给定的范围内,或供需双方同意时,可以在公式中代入实际的齿轮参数
切向综合总偏差 F_i'	$F_i'=F_p+f_i'$	
一些切向综合偏差 f_i'	$f_i'=K(4.3+f_{pt}+F_\alpha)$ $=K(9+0.3m_n+3.2\sqrt{m_n}+0.34\sqrt{d})$ 式中:当 $\varepsilon_\gamma<4$ 时,$K=0.2\left(\frac{\varepsilon_\gamma+4}{\varepsilon_\gamma}\right)$ 当 $\varepsilon_\gamma\geqslant4$ 时,$K=0.4$ 如果被测齿轮与测量齿轮齿宽不同,按较小的齿宽计算 ε_γ。 如果对齿轮的齿廓和螺旋线进行了较大的修形,检测时 ε_γ 和 K 将受到较大影响,因而在评定测量结果时必须考虑这些因素。在这种情况下,对检测条件和记录曲线的评定应另定专门协议	

16.1.4　齿轮副的侧隙

齿轮副的侧隙是为了防止齿轮副因制造、安装误差和工作热变形而使齿轮卡住,并为齿面间形成油膜而提供的间隙。侧隙应根据工作条件,用最小侧隙 j_{bnmin}(j_{wtmin})或最大侧隙 j_{bnmax}(j_{wtmax})来确定,通过选择适当的中心距偏差(见表 16-14)、齿厚偏差(或公法线长度偏差)来保证侧隙。鉴于 GB/T 10095—2008 和 GB/Z 18620—2008 中未提供齿厚公差的推荐值,建议设计时根据需要确定出最小侧隙(见表 16-15 或表 16-16),再用表 16-18 中的公式计算齿厚的上偏差 E_{sns}、下偏差 E_{sni}、齿厚公差 T_{sn}(或计算公法线长度的上偏差 E_{bns}、下偏差 E_{bni})。

表 16-14　中心距极限偏差 $\pm f_a$　μm

精度等级	齿轮副的中心距 a/mm							
	>30~50	>50~80	>80~120	>120~180	>180~250	>250~315	>315~400	>400~500
5~6	12.5	15	17.5	20	23	26	28.5	31.5
7~8	19.5	23	27	31.5	36	40.5	44.5	48.5
9~10	31	37	43.5	50	57.5	65	70	77.5

注:本表不属于国家标准内容,仅供参考。

表 16-15 中、大模数齿轮最小侧隙 j_{bnmin} 的推荐值（GB/Z 18620.2—2008） mm

m_n	最小中心距 a_i					
	50	100	200	400	800	1 600
1.5	0.09	0.11	—	—	—	—
2	0.10	0.12	0.15	—	—	—
3	0.12	0.14	0.17	0.24	—	—
5	—	0.18	0.21	0.28	—	—
8	—	0.24	0.27	0.34	0.47	—
12	—	—	0.35	0.42	0.55	—
18	—	—	—	0.54	0.67	0.94

注：1. 本表适用于工业装置中其齿轮（粗齿距）和箱体均为钢铁金属制造的，工作时，节圆速度＜15 m/s，轴承、轴和箱体均采用常用的商业制造公差。

2. 表中的数值也可由 $j_{bnmin}=\frac{2}{3}(0.06+0.000\,5a_i+0.03\,m_n)$ 计算。

表 16-16 最小侧隙 j_{bnmin2} μm

润滑方式	齿轮圆周速度/(m/s)				说　明
	≤10	＞10～25	＞25～60	＞60	1. 为补偿温度变化所引起的齿轮及箱体热变形所必需的最小侧隙由 $j_{bnmin1}=1\,000a(\alpha_1\Delta t_1-\alpha_2\Delta t_2)2\sin\alpha_n$ 计算。 2. 齿轮副最小侧隙由 $j_{bnmin}=j_{bnmin1}+j_{bnmin2}$ 计算
喷油润滑	$10\,m_n$	$20\,m_n$	$30\,m_n$	$(30\sim50)m_n$	
油池润滑	$(5\sim10)m_n$				

注：1. 本表适用于根据齿轮副的工作条件（如工作速度、温度、负荷、润滑等）来计算齿轮副最小侧隙。

2. a 为齿轮副中心距（mm）；α_1、α_2 分别为齿轮、箱体材料的线膨胀系数；Δt_1、Δt_2 分别为齿轮温度 t_1、箱体温度 t_2 与标准温度之差（℃），$\Delta t_1=t_1-20°$，$\Delta t_2=t_2-20°$；α_n 为法向压力角。

表 16-17 切齿径向进给公差 b_r

齿轮精度等级	4	5	6	7	8	9
b_r	1.26IT7	IT8	1.26IT8	IT9	1.26IT9	IT10

注：IT 值按齿轮分度圆直径查表 15-1。

表 16-18 外啮合圆柱齿轮齿厚及其精度要求的计算公式

项　目	代号	公　式
齿厚	s_n	$s_n=\frac{\pi m_n}{2}+2x_n m_n\tan\alpha_n$
误差补偿量	K	$K=\sqrt{2f_{pb}^2+2(F_\beta\cos\alpha_n)^2+(f_{\Sigma\delta}\sin\alpha_n)^2+(f_{\Sigma\beta}\cos\alpha_n)^2}$
齿厚上偏差	E_{sns}	$E_{sns}=-\left(f_a\tan\alpha+\frac{j_{nmin}+K}{2\cos\alpha_n}\right)$，$E_{sni}=E_{sns}-T_{sn}$，$T_{sn}=(\sqrt{F_r^2+b_r^2})2\tan\alpha_n$ 或 $T_{sn}=T_{st}\cos\beta$
齿厚下偏差	E_{sni}	

注：轴线平行度偏差 $f_{\Sigma\delta}=\left(\frac{L}{b}\right)F_\beta$，$f_{\Sigma\beta}=0.5\left(\frac{L}{b}\right)F_\beta$。其中，$L$ 为轴支承跨距，b 为齿宽。

表 16-18 中的各参数含义如下：

s_n——齿轮分度圆直径 d 处的圆弧齿厚；

m_n——齿廓法面模数；

α_n——压力角；

x——齿廓变位系数；

f_{pb}——齿轮基节偏差，$f_{pb}=f_{pt}\cos\alpha$；

$f_{\Sigma\delta}$——轴线平面内轴线平行度偏差的推荐最大值；

$f_{\Sigma\beta}$——垂直平面上轴线平行度偏差的推荐最大值；

T_{sn}——轮齿分度圆处的法向齿厚公差；

T_{st}——轮齿分度圆处的端面齿厚公差。

16.1.5　齿轮齿厚精度要求计算实例

例 16-1　某闭式斜齿圆柱齿轮传动，$m_n=3$ mm，$\alpha_n=20°$，$\beta=8°6'34''$，$b=60$ mm，$a=150$ mm，轴的支承跨距 $L=107$ mm，$z_1=20$，$z_2=79$，$x_t=0$；7 级精度，齿轮材料为钢，箱体材料为铸铁，齿轮工作温度为 75 ℃，箱体温度为 50 ℃，齿轮分度圆周速度为 18 m/s，采用油池润滑，试计算齿厚极限偏差。

解　(以下解题过程中没有给出出处的公式均可由表 16-18 查得)

(1) 计算齿厚上极限偏差 E_{sns}。

(由表 16-16)　　$j_{b\,nmin1}=1000a(\alpha_1\Delta t_1-\alpha_2\Delta t_2)2\sin\alpha_n$

在设计手册上查相关资料可得：

碳钢的线膨胀系数 α_1 在 20～100 ℃温度范围为 $(10.6\sim12.2)\times10^{-6}$/℃

铸铁的线膨胀系数 α_2 在 20～100 ℃温度范围为 $(8.7\sim11.1)\times10^{-6}$/℃

所以，对于齿轮，有 $\alpha_1=11.7\times10^{-6}$/℃

对于铸铁箱体，有 $\alpha_2=9.6\times10^{-6}$/℃

式中：$a=150$ mm；$\Delta t_1=(75-20)$ ℃$=55$ ℃；$\Delta t_2=(50-20)$ ℃$=30$ ℃；$\alpha_n=20°$。

故 $j_{b\,nmin1}=1000a(\alpha_1\Delta t_1-\alpha_2\Delta t_2)2\sin\alpha_n$

$=1000\times150\times(11.7\times10^{-6}\times55-9.6\times10^{-6}\times30)\times2\sin20°$ μm

$=36.5$ μm

查表 16-16，因采用油池润滑，故 $j_{b\,nmin2}$ 取 $(5\sim10)m_n$，本题取 $10m_n$。

$$j_{b\,nmin2}=10\times m_n=10\times3\ \mu m=30\ \mu m$$

$$j_{b\,nmin}=j_{b\,nmin1}+j_{b\,nmin2}=(36.5+30)\ \mu m=66.5\ \mu m$$

查 GB/T 10095—2008 得

$$f_{pt1}=12\ \mu m,\quad f_{pt2}=13\ \mu m,\quad F_\beta=21\ \mu m$$

或者

$$f_{pb1}=f_{pt1}\cos\alpha_n=12\cos20°\approx11.3\ \mu m$$

$$f_{pb2}=f_{pt2}\cos\alpha_n=13\cos20°\approx12.2\ \mu m$$

$$f_{\Sigma\delta}=(L/b)F_\beta=(107/60)\times21\approx37.5\ \mu m$$

$$f_{\Sigma\beta}=0.5f_{\Sigma\delta}=0.5\times37.5\approx18.8\ \mu m$$

因此，弥补齿轮副加工和安装误差所引起的侧隙减小所需的补偿量为

$$K=\sqrt{f_{pb1}^2+f_{pb2}^2+2(F_\beta\cos\alpha_n)^2+(f_{\Sigma\delta}\sin\alpha_n)^2+(f_{\Sigma\beta}\cos\alpha_n)^2}$$

$$=\sqrt{11.3^2+12.2^2+2(21\cos20°)^2+(37.5\sin20°)^2+(18.8\cos20°)^2}\ \mu m$$

$$=39.1\ \mu m$$

查表 16-14 得

$$f_a=\pm31.5\ \mu m$$

故大、小齿轮齿厚上极限偏差 E_{sns} 为

$$E_{sns1}=E_{sns2}=-\left(f_a\tan\alpha_n+\frac{j_{bnmin}+K}{2\cos\alpha_n}\right)=-\left(31.5\tan20°+\frac{66.5+39.1}{2\cos20°}\right)\ \mu m\approx-68\ \mu m$$

(2) 计算齿厚下极限偏差 E_{sni}。

$$E_{sni}=E_{sns}-T_{sn}$$

式中

$$T_{sn}=2\tan\alpha_n\sqrt{F_r^2+b_r^2}$$

其中：T_{sn}为法向齿厚公差；F_r为齿轮径向跳动公差；b_r为切齿径向进给公差。

$$d_1=(3\times 20)\ \text{mm}/\cos\beta=60.606\ \text{mm},\quad d_2=(3\times 79)\ \text{mm}/\cos\beta=239.394\ \text{mm}$$

$$(8°6'34''=8.109°)$$

查表16-8，齿轮7级精度，得

$$F_{r1}=30\ \mu\text{m},\quad F_{r2}=40\ \mu\text{m}$$

查表16-17和表15-1得

$$b_{r1}=\text{IT9}=74\ \mu\text{m},\quad b_{r2}=\text{IT9}=115\ \mu\text{m}$$

计算齿厚公差：

小齿轮　$T_{sn1}=2\tan\alpha_n\sqrt{F_{r1}^2+b_{r1}^2}=2\tan 20°\sqrt{30^2+74^2}\ \mu\text{m}\approx 58\ \mu\text{m}$

大齿轮　$T_{sn2}=2\tan\alpha_n\sqrt{F_{r2}^2+b_{r2}^2}=2\tan 20°\sqrt{40^2+115^2}\ \mu\text{m}\approx 89\ \mu\text{m}$

计算齿厚下极限偏差：

小齿轮　$E_{sni1}=E_{sns1}-T_{sn1}=(-68-58)\ \mu\text{m}=-126\ \mu\text{m}$

大齿轮　$E_{sni2}=E_{sns2}-T_{sn2}=(-68-89)\ \mu\text{m}=-157\ \mu\text{m}$

(3)齿厚公称尺寸的计算

因为 $x_t=x_n\cos\beta$，且 $x_t=0$

所以　$x_n=0$

所以，法向齿厚 $s_n=\pi m_n/2+2x_n m_n\tan\alpha_n=\pi\times 3/2\ \text{mm}=4.712\ \text{mm}$

根据以上计算结果可得：小齿轮的齿厚精度要求可表示为 $4.712_{-0.126}^{-0.068}$ mm；大齿轮的齿厚精度要求可表示为 $4.712_{-0.157}^{-0.068}$ mm，图样标注实例见第21章中的图21-2和图21-5，将上述计算结果填入图样相关表格中即可。

16.1.6 齿轮坯的精度

工作安装面及制造安装面的形状公差，不应大于表16-19中所给定的数值。如果用了另外的制造安装面时，应采用同样的限制。

表16-19 基准面与安装面的形状公差

确定轴线的基准面	公差项目			图示
	圆度	圆柱度	平面度	
两个“短的”圆柱或圆锥形基准面	$0.04(L/b)F_\beta$ 或 $0.1F_p$ 取二者中之小值	—	—	注：A和B是预定的轴承安装表面
一个“长的”圆柱或圆锥形基准面	—	$0.04(L/b)F_\beta$ 或 $0.1F_p$ 取二者中之小值	—	

续表

确定轴线的基准面	公差项目			图示
	圆度	圆柱度	平面度	
一个“短的”圆柱面和一个端面	$0.06F_p$	—	$0.06(D_d/b)F_\beta$	

注:1. 齿轮坯的公差应减至能经济地制造的最小值。

2. L 为两轴承跨距的大值;b 为齿宽;D_d为基准面直径。

当基准轴线与工作轴线不重合时,则工作安装面相对于基准轴线的跳动,必须在齿轮图样上予以控制,跳动公差不应大于表 16-20 中规定的数值。

表 16-20　安装面的跳动公差(摘自 GB/Z 18620.3—2008)

确定轴线的基准面	跳动量(总的指示幅度)	
	径向	轴向
仅圆柱或圆锥形基准面	$0.15(L/b)F_\beta$或$0.3F_p$,取二者中之大值	—
一个圆柱基准面和一个端面基准面	$0.3F_p$	$0.2(D_d/b)F_\beta$

注:齿坯的公差应减至能经济地制造的最小值。

设计者应适当选择齿顶圆直径的公差,以保证最小限度的设计重合度,同时又具有足够的顶隙。如果把齿顶圆柱面作为基准面,则上述数值仍可用作尺寸公差,而其形状公差不应大于表 16-19 中的适当数值。

当工作轴线与基准轴线重合,或可直接从工作轴线来规定公差时,可应用表 16-20 中的公差。不是这种情形时,二者之间存在着一个公差链,此时,就需要把表 16-19 和表 16-20 中的单项公差数值适当减小,减小的程度取决于该公差链排列,一般大致与 n 的平方根成正比,其中,n 为公差链中的链节数。

16.1.7　齿面表面粗糙度

表 16-21　算术平均偏差 Ra 和微观不平度十点高度 Rz 的推荐极限值(摘自 GB/Z 18620.4—2008)　μm

等级	模数 m/mm			等级	模数 m/mm		
	$m<6$	$6\leqslant m\leqslant 25$	$m>25$		$m<6$	$6\leqslant m\leqslant 25$	$m>25$
5	0.50	0.63	0.80	5	3.2	4.0	5.0
6	0.80	1.00	1.25	6	5.0	6.3	8.0
7	1.25	1.6	2.0	7	8.0	10.0	12.5
8	2.0	2.5	3.2	8	12.5	16	20
9	3.2	4.0	5.0	9	20	25	32
10	5.0	6.3	8.0	10	32	40	50
轮齿表面上应标注的数据	a=Ra或Rz b=加工方法、表面处理等 c=取样长度 d=加工纹理方向 e=加工余量 f=其他表面粗糙度数值 表面结构的符号			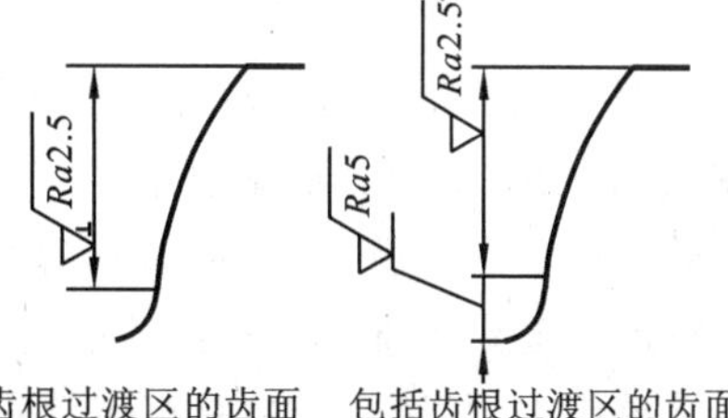 除开齿根过渡区的齿面　包括齿根过渡区的齿面 表面粗糙度和表面加工纹理方向的符号			

16.1.8 齿轮的图样标注

表 16-22 齿轮图样上需要标注的有关内容

<table>
<tr><td>需要在图样上标注的一般尺寸数据</td><td>（1）顶圆直径及其公差；
（2）分度圆直径；
（3）齿宽；
（4）孔或轴径及其公差；
（5）定位面及其要求（径向和端面跳动公差应标注在分度圆附近）；
（6）齿轮表面粗糙度（标在齿高中部或另行图示）</td><td rowspan="2">需要在参数表中列出的数据</td><td rowspan="2">（1）法向模数；
（2）齿轮表面粗糙度（标在齿高中部或另行图示）；
（3）齿廓类型（基本齿廓符合《通用机械和重型机械用圆柱齿轮标准基本齿条齿廓》时，仅注明齿形角，不符合时应以图样详细描述其特性）；
（4）齿顶高系数；
（5）螺旋角；
（6）螺旋方向；
（7）径向变位系数；
（8）齿厚公称值及其上、下偏差（法向齿厚公称值及其上、下偏差或公法线长度及其上、下偏差，或跨距球（圆柱）尺寸及其上、下偏差）；
（9）精度等级（若齿轮的检验项目同为 7 级精度时，应注明：7GB/T 10095.1—2008 或 7GB/T 10095.2—2008；若齿轮的各检验项目精度等级不同，例如，齿廓总偏差 F_α 为 6 级，齿距累积总公差 F_p 和螺旋线总偏差 F_β 均为 7 级时，应注明：6(F_α)、7(F_p、F_β)GB/T 10095.1)；
（10）齿轮副中心距及其极限偏差；
（11）配对齿轮的图号及其齿数；
（12）检验项目代号及其公差（或极限偏差）值</td></tr>
<tr><td>需要标注的其他数据</td><td>（1）根据齿轮的具体形状及其技术要求，还应给出在加工和测量时所必需的数据，如对于做成齿轮轴的小齿轮，以及轴或孔不做成定心基准的大齿轮，在切齿前作定心检查用的表面应规定其最大径向跳动量；
（2）为检查齿轮的加工精度，对某些齿轮还需指出其他一些技术参数（如基圆直径、接触线长度等），或其他检验用的尺寸参数的形位公差（如齿顶圆柱面）；
（3）当采用设计齿廓、设计螺旋线时应用图样详述其参数</td></tr>
</table>

齿轮的结构和零件工作图的标注示例如图 21-4 和图 21-5 所示。

16.2 锥齿轮的精度（GB/T 11365—1989）

16.2.1 精度等级及其选择

国标对齿轮和齿轮副规定了 12 个精度等级，第 1 级的精度最高，第 12 级的精度最低。

锥齿轮精度应根据传动用途、使用条件、传递功率、圆周速度以及其他技术要求决定。锥齿轮第Ⅱ公差组的精度等级可根据表 16-23 选择。

表 16-23 锥齿轮第Ⅱ公差组精度等级与圆周速度的关系

<table>
<tr><td colspan="2">第Ⅱ公差组精度等级</td><td>7</td><td>8</td><td>9</td><td colspan="2">第Ⅱ公差组精度等级</td><td>7</td><td>8</td><td>9</td></tr>
<tr><td>类别</td><td>齿面硬度</td><td colspan="3">平均直径处圆周速度/(m/s)≤</td><td>类别</td><td>齿面硬度</td><td colspan="3">平均直径处圆周速度/(m/s)≤</td></tr>
<tr><td rowspan="2">直齿</td><td>≤350 HBS</td><td>7</td><td>4</td><td>3</td><td rowspan="2">非直齿</td><td>≤350 HBS</td><td>16</td><td>9</td><td>6</td></tr>
<tr><td>>350 HBS</td><td>6</td><td>3</td><td>2.5</td><td>>350 HBS</td><td>13</td><td>7</td><td>5</td></tr>
</table>

注：本表不属于 GB/T 11365—1989，仅供参考。

16.2.2 检验组与公差

按照公差的特性对传动性能的不同影响，标准中将锥齿轮和齿轮副的公差项目分成三个公差组（见表 16-24）。根据使用要求，允许各公差组选用不同的精度等级，但对齿轮副中大、小齿轮的同一公差组，应规定同一精度等级。

标准中规定了锥齿轮和齿轮副的各公差组的检验组。根据齿轮的工作要求和生产规模，在各公差组中，任选一个检验组来评定和验收齿轮和齿轮副的精度等级。检验组可由订货的供需双方协商确定。

表 16-24　锥齿轮和齿轮副的公差组及各检验组的应用

公差组		公差与极限偏差项目			检验组	适用精度范围
		名称	代号	数值		
Ⅰ	齿轮	切向综合公差	F'_i	$F_p+1.15f_c$	$\Delta F'_i$	4～8 级
Ⅰ	齿轮	轴交角综合公差	$F''_{i\Sigma}$	$0.7F''_{i\Sigma c}$	$\Delta F''_{i\Sigma}$	7～12 级直齿，9～12 级非直齿
Ⅰ	齿轮	齿距累积公差	F_p	表 16-36	ΔF_p	7～8 级
Ⅰ	齿轮	K 个齿距累积公差	F_{pK}	表 16-36	ΔF_p 与 ΔF_{pK}	4～6 级
Ⅰ	齿轮	齿圈跳动公差	F_r	表 16-36	ΔF_r	7～12 级，对 7、8 级，d_m[1]>1 600 mm
Ⅰ	齿轮副	齿轮副切向综合公差	F'_{ic}	$F'_{i1}+F'_{i2}$[2]	$\Delta F'_{ic}$	4～8 级
Ⅰ	齿轮副	齿轮副轴交角综合公差	$F''_{i\Sigma c}$	表 16-36	$\Delta F''_{i\Sigma c}$	7～12 级直齿，9～12 级非直齿
Ⅰ	齿轮副	齿轮副侧隙变动公差	F_{vj}	表 16-36	$\Delta F''_{vj}$	9～12 级
Ⅱ	齿轮	一齿切向综合公差	f'_i	$0.8(f_{pt}+1.15f_c)$	$\Delta f'_i$	4～8 级
Ⅱ	齿轮	一齿轴交角综合公差	$f''_{i\Sigma}$	$0.7f''_{i\Sigma c}$	$\Delta f''_{i\Sigma}$	7～12 级直齿，9～12 级非直齿
Ⅱ	齿轮	周期误差的公差	f'_{zK}	表 16-39	$\Delta f'_{zK}$	4～8 级，纵向重合度 ε_β>界限值[3]
Ⅱ	齿轮	齿距极限偏差	$\pm f_{pt}$	表 16-37	Δf_{pt}	7～12 级
Ⅱ	齿轮	齿形相对误差的公差	f_c	表 16-37	Δf_{pt} 与 Δf_c	4～6 级
Ⅱ	齿轮副	齿轮副一齿切向综合公差	f'_{ic}	$f_{i1}+f_{i2}$	$\Delta f'_{ic}$	4～8 级
Ⅱ	齿轮副	齿轮副一齿轴交角综合公差	$f''_{i\Sigma c}$	表 16-36	$\Delta f''_{i\Sigma c}$	7～12 级直齿，9～12 级非直齿
Ⅱ	齿轮副	齿轮副周期误差的公差	f'_{zKc}	表 16-39	$\Delta f'_{zKc}$	4～8 级，纵向重合度 ε_β>界限值[3]
Ⅱ	齿轮副	齿轮副齿频周期误差的公差	f'_{zzc}	表 16-41	$\Delta f'_{zzc}$	4～8 级，纵向重合度 ε_β<界限值[3]
Ⅲ	齿轮	接触斑点	—	表 16-38	接触斑点	4～12 级
Ⅲ	齿轮副	接触斑点	—	表 16-38	接触斑点	4～12 级
安装精度	齿轮副	齿圈轴向位移极限偏差	$\pm f_{AM}$[4]	表 16-40	Δf_{AM}、Δf_α 和 ΔE_Σ	4～12 级。当齿轮副安装在实际装置上时检验
安装精度	齿轮副	齿轮副轴间距极限偏差	$\pm f_\alpha$[4]	表 16-41		
安装精度	齿轮副	齿轮副轴交角极限偏差	$\pm E_\Sigma$	表 16-41		

注：1. d_m 为中点分度圆直径。

2. 当两齿轮的齿数比为不大于 3 的整数且采用选配时，应将 F'_{ic} 值压缩 25%或更多。

3. ε_β 的界限值：对于第Ⅲ公差组精度等级 4～5 级，ε_β 为 1.35；6～7 级，ε_β 为 1.55；8 级，ε_β 为 2.0。

4. $\pm f_{AM}$ 属第Ⅱ公差组，$\pm f_\alpha$ 属第Ⅲ公差组。

表 16-25　推荐的锥齿轮和齿轮副的检验项目

类别		锥齿轮			齿轮副			
精度等级		7	8	9	7	8	9	安装精度
公差组	Ⅰ	F_p 或 F_r		F_r	$F''_{i\Sigma c}$		F_{vj}	$\pm f_{AM}$，$\pm f_\alpha$ $\pm E_\Sigma$
公差组	Ⅱ	$\pm f_{pt}$			$f''_{i\Sigma c}$			
公差组	Ⅲ	接触斑点						
侧隙		E_{ss}，E_{si}			j_{nnun}			
齿坯公差		外径尺寸极限偏差及轴孔尺寸公差；齿坯顶锥母线跳动和基准端面跳动公差；齿坯轮冠距和顶锥角极限偏差						

注：本表不属于 GB/T 11365—1989，仅供参考。

各检测项目的公差值和极限偏差值，如表 16-26 至表 16-31 所示。

表 16-26　锥齿轮的 F_p、F_{pK}、F_r 和齿轮副的 $F''_{i\Sigma c}$、F_{vj} 值

μm

齿距累积公差 F_p 和 K 个齿距累积公差 F_{pK}			
L/mm	精度等级		
	7	8	9
～11.2	16	22	32
>11.2～20	22	32	45
>20～32	28	40	56
>32～50	32	45	63
>50～80	36	50	71
>80～160	45	63	90
>160～315	63	90	125
>315～630	90	125	180

中点分度圆直径/mm	中点法向模数/mm	齿圈跳动公差 F_r			齿轮副轴交角综合公差 $F''_{i\Sigma c}$			侧隙变动公差 F_{vj}	
		精度等级							
		7	8	9	7	8	9	9	10
～125	1～3.5	36	45	56	67	85	110	75	90
	>3.5～6.3	40	50	63	75	95	120	80	100
	>6.3～10	45	56	71	85	105	130	90	120
	>10～16	50	63	80	100	120	150	105	130
>125～400	1～3.5	50	63	80	100	125	160	110	140
	>3.5～6.3	56	71	90	105	130	170	120	150
	>6.3～10	63	80	100	120	150	180	130	160
	>10～16	71	90	112	130	160	200	140	170
>400～800	1～3.5	63	80	100	130	160	200	140	180
	>3.5～6.3	71	90	112	140	170	220	150	190
	>6.3～10	80	100	125	150	190	240	160	200
	>10～16	90	112	140	160	200	260	180	220

注：1. F_p 和 F_{pK} 按中点分度圆弧长 L 查表。查 F_p 时，取 $L=\frac{1}{2}\pi d=\frac{\pi m_n z}{2\cos\beta}$；查 F_{pK} 时，取 $L=\frac{K\pi m_n}{\cos\beta}$（没有特殊要求时，$K$ 值取 $z/6$ 或最接近的整齿数）。

2. 选 F_{vj} 时，取大小轮中点分度圆直径之和的一半作为查表直径。对于齿数比为整数且不大于 3（1、2、3）的齿轮副，当采用选配时，可将 F_{vj} 值缩小 25% 或更多。

表 16-27　锥齿轮的 $\pm f_{pt}$、f_c 和齿轮副的 $f''_{i\Sigma c}$ 值

μm

中点分度圆直径/mm	中点法向模数/mm	齿距极限偏差 $\pm f_{pt}$			齿形相对误差的公差 f_c			齿轮副一齿轴交角综合公差 $f''_{i\Sigma c}$		
		精度等级								
		7	8	9	6	7	8	7	8	9
～125	1～3.5	14	20	28	5	8	10	28	40	53
	>3.5～6.3	18	25	36	6	9	13	36	50	60
	>6.3～10	20	28	40	8	11	17	40	56	71
	>10～16	24	34	48	10	15	22	48	67	85
>125～400	1～3.5	16	22	32	7	9	13	32	45	60
	>3.5～6.3	20	28	40	8	11	15	40	56	67
	>6.3～10	22	32	45	9	13	19	45	63	80
	>10～16	25	36	50	11	17	25	50	71	90
>400～800	1～3.5	18	25	36	9	12	18	36	50	67
	>3.5～6.3	20	28	40	10	14	20	40	56	75
	>6.3～10	25	36	50	11	16	24	50	71	85
	>10～16	28	40	56	13	20	30	56	80	100

表 16-28　接触斑点大小与精度等级的关系

精度等级	6～7	8～9	10	对于齿面修形的齿轮，在齿面大端、小端和齿顶边缘处不允许出现接触斑点；对于齿面不修形的齿轮，其接触斑点大小应不小于表中平均值
沿齿长方向/(%)	50～70	35～65	25～55	
沿齿高方向/(%)	55～75	40～70	30～60	

表 16-29　周期误差的公差 f'_{zk} 值（齿轮副周期误差的公差 f'_{zkc} 值）　μm

精度等级	中点分度圆直径/mm	中点法向模数/mm	齿轮在一转（齿轮副在大轮一转）内的周期数							
			2～4	>4～8	>8～16	>16～32	>32～63	>63～125	>125～250	>250～500
6	≤125	1～6.3	11	8	6	4.8	3.8	3.2	3	2.6
		>6.3～10	13	9.5	7.1	5.6	4.5	3.8	3.4	3
	>125～400	1～6.3	16	11	8.5	6.7	5.6	4.8	4.2	3.8
		>6.3～10	18	13	10	7.5	6	5.3	4.5	4.2
	>400～800	1～6.3	21	15	11	9	7.1	6	5.3	5
		>6.3～10	22	17	12	9.5	7.5	6.7	6	5.3
	>800～1 600	1～6.3	24	17	15	10	8	7.5	7	6.3
		>6.3～10	27	20	15	12	9.5	8	7.1	6.7
7	≤125	1～6.3	17	13	10	8	6	5.3	4.5	4.2
		>6.3～10	21	15	11	9	7.1	6	5.3	5
	>125～400	1～6.3	25	18	13	10	9	7.5	6.7	6
		>6.3～10	28	20	16	12	10	8	7.5	6.7
	>400～800	1～6.3	32	24	18	14	11	10	8.5	8
		>6.3～10	36	26	19	15	12	10	9.5	8.5
	>800～1 600	1～6.3	36	26	20	16	13	11	10	8.5
		>6.3～10	42	30	22	18	15	12	11	10
8	≤125	1～6.3	25	18	13	10	8.5	7.5	6.7	6
		>6.3～10	28	21	16	12	10	8.5	7.5	7
	>125～400	1～6.3	36	26	19	15	12	10	9	8.5
		>6.3～10	40	30	22	17	14	12	10.5	10
	>400～800	1～6.3	45	32	25	19	16	13	12	11
		>6.3～10	50	36	28	21	17	15	13	12
	>800～1 600	1～6.3	53	38	28	22	18	15	14	12
		>6.3～10	63	44	32	26	22	18	16	14

表 16-30　齿圈轴向位移极限偏差 $\pm f_{AM}$ 值　μm

中点锥距/mm	分锥角/(°)	精度等级 7				8				9				备注
		中点法向模数/mm												
		1～3.5	>3.5～6.3	>6.3～10	>10～16	1～3.5	>3.5～6.3	>6.3～10	>10～16	1～3.5	>3.5～6.3	>6.3～10	>10～16	
≤50	≤20	20	11	—	—	28	16	—	—	40	22	—	—	表中数值用于 $\alpha=20°$ 的非修形齿轮。对于修形齿轮，允许采用低一级的 $\pm f_{AM}$ 值；当 $\alpha\neq 20°$ 时，表中数值乘 $\sin 20°/\sin\alpha$
	>20～45	17	9.5			24	13			34	19			
	>45	7.1	4			10	5.6			14	8			
>50～100	≤20	67	38	24	18	95	53	34	26	140	75	50	38	
	>20～45	56	32	21	16	80	45	30	22	120	63	42	30	
	>45	24	13	8.5	6.7	34	17	12	9	48	26	17	13	
>100～200	≤20	150	80	53	40	200	120	75	56	300	160	105	80	
	>20～45	130	71	45	34	180	100	63	48	260	140	90	67	
	>45	53	30	19	14	75	40	26	20	105	60	38	28	
>200～400	≤20	340	180	120	85	480	250	170	120	670	360	240	170	
	>20～45	280	150	100	71	400	210	140	100	560	300	200	150	
	>45	120	63	40	30	170	90	60	42	240	130	85	60	

表 16-31　锥齿轮副的 f'_{zzc}、$\pm E_{\Sigma}$、$\pm f_{a}$ 值　μm

齿轮副齿频周期误差的公差 f'_{zzc}

大轮齿数	中点法向模数/mm	精度等级 6	7	8
≤16	1～3.5	10	15	22
	>3.5～6.3	12	18	28
	>6.3～10	14	22	32
>16～32	1～3.5	10	16	24
	>3.5～6.3	13	19	28
	>6.3～10	16	24	34
	>10～16	19	28	42
>32～63	1～3.5	11	17	24
	>3.5～6.3	14	20	30
	>6.3～10	17	24	36
	>10～16	20	30	45
>63～125	1～3.5	12	18	25
	>3.5～6.3	15	22	32
	>6.3～10	18	26	38
	>10～16	22	34	48
>125～250	1～3.5	13	19	28
	>3.5～6.3	16	24	34
	>6.3～10	19	30	42
	>10～16	24	36	53
>250～500	1～3.5	14	21	30
	>3.5～6.3	18	28	40
	>6.3～10	22	34	48
	>10～16	28	42	60

轴交角极限偏差 $\pm E_{\Sigma}$

中点锥距/mm	小轮分锥角/(°)	最小法向侧隙种类 h,e	d	c	b	a
≤50	≤50	7.5	11	18	30	45
	>15～25	10	16	26	42	63
	>25	12	19	30	50	80
>50～100	≤15	10	16	26	42	63
	>15～25	12	19	30	50	80
	>25	15	22	32	60	95
>100～200	≤15	12	19	30	50	80
	>15～25	17	26	45	71	110
	>25	20	32	50	80	125
>200～400	≤15	15	22	32	60	95
	>15～25	24	36	56	90	140
	>25	26	40	63	100	160
>400～800	≤15	20	32	50	80	125
	>15～25	28	45	71	110	180
	>25	34	56	85	140	220
>800～1 600	≤15	26	40	63	100	160
	>15～25	40	63	100	160	250
	>25	53	85	130	210	320

轴间距极限偏差 $\pm f_{a}$

中点锥距/mm	精度等级 6	7	8	9
≤50	12	18	28	36
>50～100	15	20	30	45
>100～200	18	25	36	55
>200～400	25	30	45	75
>400～800	30	36	60	90
>800～1 600	40	50	85	130

注：1. f'_{zzc}用于 $\varepsilon_{\beta c}\leqslant 0.45$ 的齿轮副。当 $\varepsilon_{\beta c}>0.45\sim0.58$ 时，表中数值乘 0.6；当 $\varepsilon_{\beta c}>0.58\sim0.67$ 时，表中数值乘 0.4；当 $\varepsilon_{\beta c}>0.67$时，表中数值乘 0.3。其中，$\varepsilon_{\beta c}$＝纵向重合度×齿长方向接触斑点大小百分比的平均值。

2. E_{Σ}值的公差带位置相对于零线可以不对称或取在一侧，适用于 $\alpha=20^{\circ}$ 的正交齿轮副。

3. f_{a}值用于无纵向修形的齿轮副。对纵向修形齿轮副允许采用低一级的 $\pm f_{a}$值。

16.2.3　齿轮副的侧隙

齿轮副的最小法向侧隙分为 6 种：a、b、c、d、e 和 h。其中，以 a 为最大，依次递减，h 为零（见图 16-1）。最小法向侧隙种类与精度等级无关。

最小法向侧隙种类确定后，按表16-31和表 16-32 分别查取 $\pm E_{\Sigma}$和 $E_{\bar{s}s}$。最小法向侧隙 $j_{n\min}$值查表16-33。有特殊要求时，$j_{n\min}$可不按表 16-33 中值确定。此时，用线性插值法由表 16-31 和表 16-32 计算。

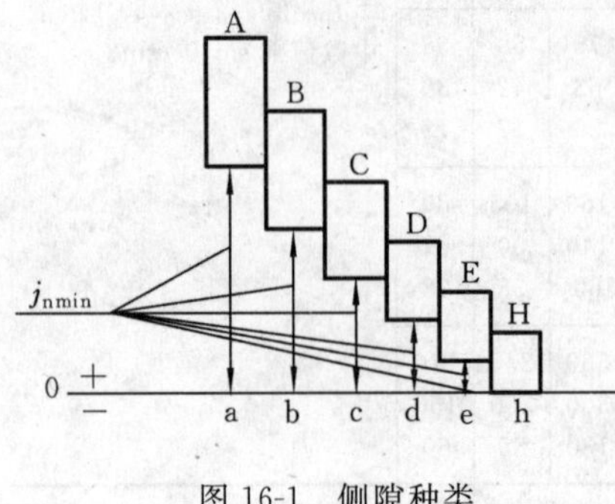

图 16-1　侧隙种类

最大法向侧隙 $j_{n\max}$ 按 $j_{n\max}=(|E_{\bar{s}s1}+E_{\bar{s}s2}|+T_{\bar{s}1}+T_{\bar{s}2}+E_{\bar{s}\Delta1}+E_{\bar{s}\Delta2})\cos\alpha_{n}$计算。齿厚公差 $T_{\bar{s}}$值列于表 16-34中。$E_{\bar{s}\Delta}$为制造误差的补偿部分，由表 16-35 查取。

齿轮副的法向侧隙公差有 5 种：A、B、C、D 和 H。推荐法向侧隙公差种类与最小侧隙种类的对应关系如图 16-1 所示。

表 16-32　齿厚上偏差 $E_{\bar{s}s}$ 值的求法

μm

基本值：

中点法向模数/mm	中点分度圆直径/mm								
	≤125			>125～400			>400～800		
	分锥角/(°)								
	≤20	>20～45	>45	≤20	>20～45	>45	≤20	>20～45	>45
1～3.5	−20	−20	−22	−28	−32	−30	−36	−50	−45
>3.5～6.3	−22	−22	−25	−32	−32	−30	−38	−55	−45
>6.3～10	−25	−25	−28	−36	−36	−34	−40	−55	−50
>10～16	−28	−28	−30	−36	−38	−36	−48	−60	−55

系数：

最小法向侧隙种类	第Ⅱ公差组精度等级			
	6	7	8	9
h	0.9	1.0	—	—
e	1.45	1.6	—	—
d	1.8	2.0	2.2	—
c	2.4	2.7	3.0	3.2
b	3.4	3.8	4.2	4.6
a	5.0	5.5	6.0	6.6

注：1. 各最小法向侧隙种类和各精度等级齿轮的 $E_{\bar{s}s}$ 值，由基本值栏查出的数值乘以系数得出。

2. 当轴交角公差带相对零线不对称时，$E_{\bar{s}s}$ 值应作修正；增大轴交角上偏差时，$E_{\bar{s}s}$ 加上 $(E_{\Sigma s}-|E_{\Sigma}|)\tan\alpha$；减小轴交角上偏差时，$E_{\bar{s}s}$ 减去 $(|E_{\Sigma i}|-|E_{\Sigma}|)\tan\alpha$。$E_{\Sigma s}$、$E_{\Sigma i}$ 分别为修改后的轴交角上偏差、下偏差，E_{Σ} 如表 16-31 所示。

3. 允许把大、小轮齿厚上偏差（$E_{\bar{s}s1}$ · $E_{\bar{s}s2}$）之和，重新分配在两个齿轮上。

表 16-33　最小法向侧隙 j_{nmin} 值

μm

中点锥距/mm	小轮分锥角/(°)		最小法向侧隙种类					
	大于	到	h	e	d	c	b	a
～50	—	15	0	15	22	36	58	90
	15	25	0	21	33	52	84	130
	25	—	0	25	39	62	100	160
>50～100	—	15	0	21	33	52	84	130
	15	25	0	25	39	62	100	160
	25	—	0	30	46	74	120	190
>100～200	—	15	0	25	39	62	100	160
	15	25	0	35	54	87	140	220
	25	—	0	40	63	100	160	250
>200～400	—	15	0	30	46	74	120	190
	15	25	0	46	72	115	185	290
	25	—	0	52	81	130	210	320
>400～800	—	15	0	40	63	100	160	250
	15	25	0	57	89	140	230	360
	20	—	0	70	110	175	280	440

注：正交齿轮副按中点锥距 R 查表。非正交齿轮副按下式算出的 R' 查表：$R'=R(\sin2\delta_1+\sin2\delta_2)/2$，式中，$\delta_1$ 和 δ_2 为大、小轮分锥角。

表 16-34　齿厚公差 $T_{\bar{s}}$ 值

μm

齿圈跳动公差 F_r	法向侧隙公差种类				
	H	D	C	B	A
～8	21	25	30	40	52
>8～10	22	28	34	45	55
>10～12	24	30	36	48	60
>12～16	26	32	40	52	65
>16～20	28	36	45	58	75
>20～25	32	42	52	65	85
>25～32	38	48	60	75	95
>32～40	42	55	70	85	110
>40～50	50	65	80	100	130
>50～60	60	75	95	120	150
>60～80	70	90	110	130	180
>80～100	90	110	140	170	220
>100～125	110	130	170	200	260
>125～160	130	160	200	250	320

表 16-35　最大法向侧隙（j_{nmax}）的制造误差补偿部分 $E_{\bar{s}\Delta}$ 值　　μm

第Ⅱ公差组精度等级	中点法向模数/mm	中点分度圆直径/mm											
		≤125			>125～400			>400～800			>800～1 600		
		分锥角/(°)											
		≤20	>20～45	>45	≤20	>20～45	>45	≤20	>20～45	>45	≤20	>20～45	>45
7	1～3.5	20	20	22	28	32	30	36	50	45	—	—	—
	>3.5～6.3	22	22	25	32	32	30	38	55	45	75	85	80
	>6.3～10	25	25	28	36	36	34	40	55	50	80	90	85
	>10～16	28	28	30	36	38	36	48	60	55	80	100	85
8	1～3.5	22	22	24	30	36	32	40	55	50	—	—	—
	>3.5～6.3	24	24	28	36	36	32	42	60	50	80	90	85
	>6.3～10	28	28	30	40	40	38	45	60	55	85	100	95
	>10～16	30	30	32	40	42	40	55	65	60	85	110	95
9	1～3.5	24	24	25	32	38	36	45	65	55	—	—	—
	>3.5～6.3	25	25	30	38	38	36	45	65	55	90	100	95
	>6.3～10	30	30	32	45	45	40	48	65	60	95	110	100
	>10～16	32	32	36	45	45	45	48	70	65	95	120	100

16.2.4　齿坯公差

表 16-36　齿坯公差值

齿坯尺寸公差			
精度等级	6	7～8	9
轴径尺寸公差	IT5	IT6	IT7
孔径尺寸公差	IT6	IT7	IT8
外径尺寸极限偏差	0 −IT8		0 −IT9

齿坯轮冠距和顶锥角极限偏差			
中点法向模数/mm	≤1.2	>1.2～10	>10
轮冠距极限偏差/μm	0 −50	0 −75	0 −100
顶锥角极限偏差/(′)	+15 0	+8 0	+8 0

齿坯顶锥母线跳动公差/μm				
精度等级		6	7～8	9
外径/mm	≤30	15	25	50
	>30～50	20	30	60
	>50～120	25	40	80
	>120～250	30	50	100
	>250～500	40	60	120
	>500～800	50	80	150
	>800～1 250	60	100	200
	>1 250～2 000	80	120	250

基准端面跳动公差/μm				
精度等级		6	7　8	9　10
基准端面直径/mm	≤30	6	10	15
	>30～50	8	12	20
	>50～120	10	15	25
	>120～250	12	20	30
	>250～500	15	25	40
	>500～800	20	30	50
	>800～1 250	25	40	60
	>1 250～2 000	30	50	80

注：1. 当三个公差组精度等级不同时，公差值按最高的精度等级查取。
2. 齿轮的表面粗糙度值可参见表 16-21。
3. IT5～IT9 值见表 15-1。

16.2.5　图样标注

齿轮精度等级、最小法向侧隙及法向侧隙公差的种类在齿轮工作图上的标注如下：

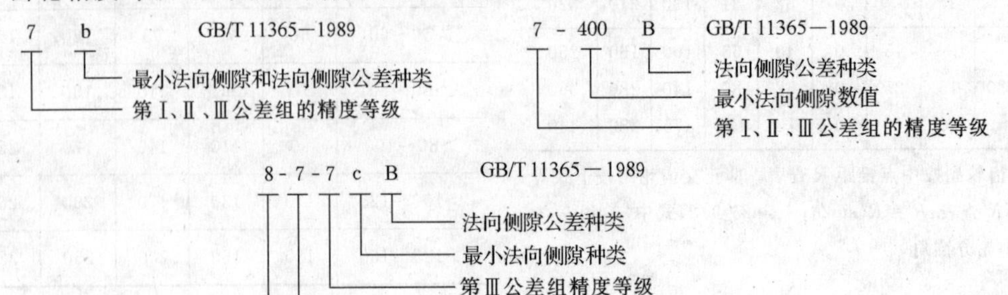

16.3 圆柱蜗杆、蜗轮精度(摘自GB 10089—1988)

16.3.1 精度等级及其选择

国标对蜗杆、蜗轮和蜗杆传动规定了12个精度等级,第1级精度最高,第12级精度最低。按照公差的特性对传动性能的主要保证作用,将蜗杆、蜗轮和蜗杆传动的公差(或极限偏差)分成三个公差组(见表16-37)。

根据使用要求不同,允许各公差组选用不同的精度等级组合,但在同一公差组中,各项公差组与极限偏差应保持相同的精度等级。

蜗杆和配对蜗轮的精度一般取成相同等级,也允许取成不同等级。对有特殊要求的蜗杆传动除 F_r,F''_i,f''_i,f_r项目外,其蜗杆、蜗轮左右齿面的精度也可取成不同等级。

表16-37　蜗杆、蜗轮及其传动的公差组

公差组	蜗杆		蜗轮		传动	
	公差及极限偏差项目					
	名称	代号	名称	代号	名称	代号
Ⅰ	—	—	蜗轮切向综合公差	F'_i	蜗杆副的切向综合公差	F'_{ic}
			蜗轮径向综合公差	F''_i		
			蜗轮齿距累积公差	F_p		
			蜗轮 K 个齿距累积公差	F_{pK}		
			蜗轮齿圈径向跳动公差	F_r		
Ⅱ	蜗杆一转螺旋线公差	f_h	蜗轮一齿切向综合公差	f'_i	蜗杆副的一齿切向综合公差	f'_{ic}
	蜗杆螺旋线公差	f_{hL}	蜗轮一齿径向综合公差	f''_i		
	蜗杆轴向齿距极限偏差	$\pm f_{px}$	蜗轮齿距极限偏差	$\pm f_{pt}$		
	蜗杆轴向齿距累积公差	f_{pxL}				
	蜗杆齿槽径向跳动公差	f_r				
Ⅲ	蜗杆齿形公差	f_{f1}	蜗轮齿形公差	f_{f2}	接触斑点	
					蜗杆副的中心距极限偏差	$\pm f_a$
					蜗杆副的中间平面极限偏差	$\pm f_x$
					蜗杆副的轴交角极限偏差	$\pm f_\Sigma$

表16-38　蜗杆传动的加工方法及应用范围

精度等级		7	8	9
蜗轮圆周速度		≤7.5/(m/s)	≤3/(m/s)	≤1.5/(m/s)
加工方法	蜗杆	渗碳淬火或淬火后磨削	淬火磨削或车削、铣削	车削或铣削
	蜗轮	滚削或飞刀加工后珩磨(或加载配对跑合)	滚削或飞刀加工后加载配对跑合	滚削或飞刀加工
应用范围		中等精度工业运转机构的动力传动,如机床进给、操纵机构,电梯曳引装置	每天工作时间不长的一般动力传动,如起重运输机械减速器,纺织机械传动装置	低速传动或手动机构,如舞台升降装置,塑料蜗杆传动

注:此表不属于GB 10089—1988,仅供参考。

16.3.2 蜗杆、蜗轮及传动的检验和公差

标准中规定了蜗杆、蜗轮及其传动的检验要求,把各公差组的项目分为若干个检验组,根据蜗杆传动的工作要求和生产规模,在各公差组中,选定一个检验组来评定和验收蜗杆、蜗轮的精度。当检验组中有两项以上的误差时,应按最低的一项精度来评定蜗杆、蜗轮的精度等

级。若制造厂与订货者双方有专门协议时，应按协议的规定进行蜗杆、蜗轮精度的验收、评定。

本标准规定的公差或偏差都是以蜗杆、蜗轮的工作轴线为测量的基准轴线。当实际测量基准不符合本规定时，应在测量结果中消除基准不同所带来的影响。

蜗杆传动的精度主要以传动切向综合公差 F'_{ic}、传动一齿切向综合公差 f'_{ic} 和传动接触斑点的形状、分布位置与面积大小来评定。对不可调中心距的传动，检验接触斑点的同时，还应检验 f_a、f_x 和 f_Σ。

各项公差与极限偏差值如表 16-40 至表 16-48 所示，未列入公差表的项目则由下列公式求得

$$F'_i = F_P + f_{f2}, \quad F'_{ic} = F_P + f'_{ic}$$

$$f'_i = 0.6(f_{Pt} + f_{f2}), \quad f'_{ic} = 0.7(f'_i + f_h)$$

表 16-39　推荐的蜗杆、蜗轮及其传动检验项目

类别		蜗杆			蜗轮			传动
精度等级		7	8	9	7	8	9	
公差组	Ⅰ	—			F_p		F_p 或 F_r	接触斑点 ±f_a、±f_x 和 ±f_Σ
	Ⅱ	±f_{px}，f_{pxL} 与 f_r			±f_{pt}			
	Ⅲ	f_{f1}			f_{f2}			
侧隙		E_{ss1}，E_{si1}			E_{ss2}，E_{si2}			j_{nmin}
齿坯公差		蜗杆、蜗轮齿坯尺寸和形状公差，基准面径向和端面跳动公差						

注：1. 当接触斑点有要求时，f_{f2} 可不进行检验。
2. 本表不属于 GB 10089—1988，仅供参考。

表 16-40　蜗杆的公差和极限偏差 f_h、f_{hL}、f_{px}、f_{pxL}、f_{f1}、f_r 值　μm

名称代号	模数 m/mm	精度等级 6	7	8	9	10
蜗杆一转螺旋线公差 f_h	1～3.5	11	14	—	—	—
	>3.5～6.3	14	20	—	—	—
	>6.3～10	18	25	—	—	—
	>10～16	24	32	—	—	—
	>16～25	32	45	—	—	—
蜗杆螺旋线公差 f_{hL}	1～3.5	22	32	—	—	—
	>3.5～6.3	28	40	—	—	—
	>6.3～10	36	50	—	—	—
	>10～16	45	63	—	—	—
	>16～25	63	90	—	—	—
蜗杆轴向齿距极限偏差 ±f_{px}	1～3.5	7.5	11	14	20	28
	>3.5～6.3	9	14	20	25	36
	>6.3～10	12	17	25	32	48
	>10～16	16	22	32	46	63
	>16～25	22	32	45	63	85
蜗杆轴向齿距累积公差 f_{pxL}	1～3.5	13	18	25	36	—
	>3.5～6.3	16	24	34	48	—
	>6.3～10	21	32	45	63	—
	>10～16	28	40	56	80	—
	>16～25	40	53	75	100	—
蜗杆齿形公差 f_{f1}	1～3.5	11	16	22	32	45
	>3.5～6.3	14	22	32	45	60
	>6.3～10	19	28	40	53	75
	>10～16	25	36	53	75	100
	>16～25	36	53	75	100	140

名称代号	分度圆直径 d_1/mm	模数 m/mm	精度等级 6	7	8	9	10
蜗杆齿槽径向跳动公差 f_r	≤10	1～3.5	11	14	20	28	40
	>10～18	1～3.5	12	15	21	29	41
	>18～31.5	1～6.3	12	16	22	30	42
	>31.5～50	1～10	13	17	23	32	45
	>50～80	1～16	14	18	25	36	48
	>80～125	1～16	16	20	28	40	56
	>125～180	1～25	18	25	32	45	63
	>180～250	1～25	22	28	40	53	75
	>250～315	1～25	25	32	45	63	90
	>315～400	1～25	28	36	53	71	100

注：当基准蜗杆齿形角 α 不等于 20°时，本标准规定的 f_r 值需乘以系数 $\sin 20°/\sin\alpha$。

表 16-41　蜗轮的 F_p、F_{pK}、$\pm f_{pt}$、f_{f2} 值　μm

分度圆弧长 L/mm	蜗轮齿距累积公差 F_p 和 K 个齿距累积公差 F_{pK} 精度等级 6	7	8	9	10
≤11.2	11	16	22	32	45
>11.2～20	16	22	32	45	63
>20～32	20	28	40	56	80
>32～50	22	32	45	63	90
>50～80	25	36	50	71	100
>80～160	32	45	63	90	125
>160～315	45	63	90	125	180
>315～630	63	90	125	180	250
>630～1 000	80	112	160	224	315
>1 000～1 600	100	140	200	280	400
>1 600～2 500	112	160	224	315	450

分度圆直径 d_2/mm	模数 m/mm	蜗轮齿距极限偏差 $\pm f_{pt}$ 精度等级 6	7	8	9	10	蜗轮齿形公差 f_{f2} 精度等级 6	7	8	9	10
≤125	1～3.5	10	14	20	28	40	8	11	14	22	36
	>3.5～6.3	13	18	25	36	50	10	14	20	32	50
	>6.3～10	14	20	28	40	56	12	17	22	36	56
>125～400	1～3.5	11	16	22	32	45	9	13	18	28	45
	>3.5～6.3	14	20	28	40	56	11	16	22	36	56
	>6.3～10	16	22	32	45	63	13	19	28	45	71
	>10～16	18	25	36	50	71	16	22	32	50	80
>400～800	1～3.5	13	18	25	36	50	12	17	25	40	63
	>3.5～6.3	14	20	28	40	56	14	20	28	45	71
	>6.3～10	18	25	36	50	71	16	24	36	56	90
	>10～16	20	28	40	56	80	18	26	40	63	100
	>16～25	25	36	50	71	100	24	36	56	90	140
>800～1 600	1～3.5	14	20	28	40	56	17	24	36	56	90
	>3.5～6.3	16	22	32	45	63	18	28	40	63	100
	>6.3～10	18	25	36	50	71	20	30	45	71	112
	>10～16	20	28	40	56	80	22	34	50	80	125
	>16～25	25	36	50	71	100	28	42	63	100	160

注：1. 查 F_p 时，取 $L=\frac{1}{2}\pi d_2=\frac{1}{2}\pi m z_2$；查 F_{pK} 时，取 $L=K\pi m$（K 为 2 到小于 $z_2/2$ 的整数）。

2. 除特殊情况外，对于 F_{pK}，K 值规定取为小于 $z_2/6$ 的最大整数。

表 16-42　蜗轮的 F_r、F_i''、f_i'' 值　μm

分度圆直径 d_2/mm	模数 m/mm	蜗轮齿圈径向跳动公差 F_r					蜗轮径向综合公差 F_i''					蜗轮一齿径向综合公差 f_i''				
		精度等级														
		6	7	8	9	10	6	7	8	9	10	6	7	8	9	10
≤125	1～3.5	28	40	50	63	80		56	71	90	112		20	28	36	45
	>3.5～6.3	36	50	63	80	100	—	71	90	112	140	—	25	36	45	56
	>6.3～10	40	56	71	90	112		80	100	125	160		28	40	50	63
>125～400	1～3.5	32	45	56	71	90		63	80	100	125		22	32	40	50
	>3.5～6.3	40	56	71	90	112	—	80	100	125	160	—	28	40	50	63
	>6.3～10	45	63	80	100	125		90	112	140	180		32	45	56	71
	>10～16	50	71	90	112	140		100	125	160	200		36	50	63	80
>400～800	1～3.5	45	63	80	100	125		90	112	140	180		25	36	45	56
	>3.5～6.3	50	71	90	112	140		100	125	160	200		28	40	50	63
	>6.3～10	56	80	100	125	160	—	112	140	180	224	—	32	45	56	71
	>10～16	71	100	125	160	200		140	180	224	280		40	56	71	90
	>16～25	90	125	160	200	250		180	224	280	355		50	71	90	112
>800～1 600	1～3.5	50	71	90	112	140		100	125	160	200		28	40	50	63
	>3.5～6.3	56	80	100	125	160		112	140	180	224		32	45	56	71
	>6.3～10	63	90	112	140	180	—	125	160	200	250	—	36	50	63	80
	>10～16	71	100	125	160	200		140	180	224	280		40	56	71	90
	>16～25	90	125	160	200	250		180	224	280	355		50	71	90	112

注：当基准蜗杆齿形角 α 不等于 20°时，本标准规定的公差值乘以系数 $\sin 20°/\sin\alpha$。

表 16-43　传动接触斑点的要求和蜗杆副的 $\pm f_a$、$\pm f_x$、$\pm f_\Sigma$ 值

传动接触斑点的要求①		第Ⅲ公差组精度等级 7	8	9
接触面积的百分比	沿齿高不小于	55%		45%
	沿齿长不小于	50%		40%
接触位置		接触斑点痕迹应偏于啮出端，但不允许在齿顶和啮入、啮出端的棱边接触		

传动中心距 a/mm	传动中心距极限偏差 $\pm f_a/\mu m$ 第Ⅲ公差组精度等级 7	8	9	传动中间平面极限偏差 $\pm f_x/\mu m$ 第Ⅲ公差组精度等级 7	8	9
>30～50	31		50	25		40
>50～80	37		60	30		48
>80～120	44		70	36		56
>120～180	50		80	40		64
>180～250	58		92	47		74
>250～315	65		105	52		85
>315～400	70		115	56		92

传动轴交角极限偏差 $\pm f_\Sigma/\mu m$ 蜗轮齿宽 b_2/mm	第Ⅲ公差组精度等级 7	8	9
≤30	12	17	24
>30～50	14	19	28
>50～80	16	22	32
>80～120	19	24	36
>120～180	22	28	42
>180～250	25	32	48

注：采用修形齿面的蜗杆传动，接触斑点的要求可不受本表规定的限制。

16.3.3　蜗杆传动的侧隙

标准中规定蜗杆传动的侧隙共分 8 种：a、b、c、d、e、f、g 和 h。最小法向侧隙值以 a 为最大，其他依次减小，h 为零（见图 16-2）。侧隙种类与精度等级无关。各种侧隙的最小法向侧隙 j_{nmin} 值列于表 16-44。

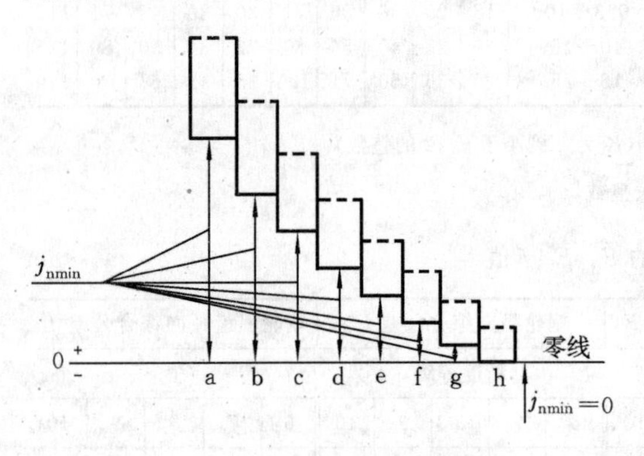

图 16-2　蜗杆传动的法向侧隙

表 16-44　蜗杆副的最小法向侧隙 f_{nmin} 值　μm

传动中心距 a/mm	侧隙种类 h	g	f	e	d	c	b	a
>30～50	0	11	16	25	39	62	100	160
>50～80	0	13	19	30	46	74	120	190
>80～120	0	15	22	35	54	87	140	220
>120～180	0	18	25	40	63	100	160	250
>180～250	0	20	29	46	72	115	185	290
>250～315	0	23	32	52	81	130	210	320
>315～400	0	25	36	57	89	140	230	360

注：1. 表中数值系蜗杆传动在 20℃时的情况，未计入传动发热和传动弹性变形的影响。

2. 传动的最小圆周侧隙 $j_{tmin} \approx j_{nmin}/(\cos\gamma' \cos\alpha_n)$，式中，$\gamma'$为蜗杆节圆柱导程角；$\alpha_n$为蜗杆法向齿形角。

传动的最小法向侧隙由蜗杆齿厚的减薄量来保证，最大法向侧隙由蜗杆、蜗轮齿厚 T_{s1}、T_{s2} 确定。蜗杆、蜗轮齿厚上偏差和下偏差按表 16-45 确定。

对可调中心距传动或蜗杆、蜗轮不要求互换的传动，允许传动的侧隙规范用最小侧隙 j_{tmin}（或 j_{nmin}）和最大侧隙 j_{tmax}（或 j_{nmax}）来规定，具体由设计确定，即其蜗轮的齿厚公差可不作规定，蜗杆齿厚的上、下偏差由设计确定。

表 16-45　齿厚偏差计算公式

齿厚偏差名称		计算公式
蜗杆齿厚	上偏差	$E_{ss1}=-(j_{nmin}/\cos\alpha_n+E_{s\Delta})$
	下偏差	$E_{si1}=E_{ss1}-T_{s1}$
蜗轮齿厚	上偏差	$E_{ss2}=0$
	下偏差	$E_{si2}=-T_{s2}$

注：1. T_{s1}、T_{s2} 分别为蜗杆、蜗轮齿厚公差（见表 16-46）。

2. $E_{s\Delta}$为制造误差的补偿部分（见表 16-47）。

表 16-46　蜗杆齿厚公差 T_{s1} 和蜗轮齿厚 T_{s2} 公差值

<table>
<tr><th rowspan="4">第Ⅱ公差组
精度等级</th><th colspan="4">蜗杆齿厚公差 $T_{s1}^{①}$/μm</th><th colspan="10">蜗轮齿厚公差 $T_{s2}^{②}$/μm</th></tr>
<tr><th colspan="4" rowspan="2">模数 m/mm</th><th colspan="10">蜗轮分度圆直径 d_2/mm</th></tr>
<tr><th colspan="3">≤125</th><th colspan="4">>125～400</th><th colspan="3">>400～800</th></tr>
<tr><th rowspan="2">≥1
～3.5</th><th rowspan="2">>3.5
～6.3</th><th rowspan="2">>6.3
～10</th><th rowspan="2">>10
～16</th><th colspan="10">模数 m/mm</th></tr>
<tr><th></th><th>≥1
～3.5</th><th>>3.5
～6.3</th><th>>6.3
～10</th><th>≥1
～3.5</th><th>>3.5
～6.3</th><th>>6.3
～10</th><th>>10
～16</th><th>>3.5
～6.3</th><th>>6.3
～10</th><th>>10
～16</th></tr>
<tr><td>7</td><td>45</td><td>56</td><td>71</td><td>95</td><td>90</td><td>110</td><td>120</td><td>100</td><td>120</td><td>130</td><td>140</td><td>120</td><td>130</td><td>160</td></tr>
<tr><td>8</td><td>53</td><td>71</td><td>90</td><td>120</td><td>110</td><td>130</td><td>140</td><td>120</td><td>140</td><td>160</td><td>170</td><td>140</td><td>160</td><td>190</td></tr>
<tr><td>9</td><td>67</td><td>90</td><td>110</td><td>150</td><td>130</td><td>160</td><td>170</td><td>140</td><td>170</td><td>190</td><td>210</td><td>170</td><td>190</td><td>230</td></tr>
</table>

注：1. 当传动最大法向侧隙 j_{nmax} 无要求时，允许蜗杆齿厚公差 T_{s1} 增大，最大不超过两倍。

2. 在最小法向侧隙能保证的条件下，T_{s2} 公差带允许采用对称分布。

表 16-47　蜗杆齿厚上偏差（E_{ss1}）中的误差补偿部分 $E_{s\Delta}$ 值　　μm

<table>
<tr><th rowspan="4">传动中心距
a/mm</th><th colspan="12">蜗杆第Ⅱ公差组精度等级</th></tr>
<tr><th colspan="4">7</th><th colspan="4">8</th><th colspan="4">9</th></tr>
<tr><th colspan="12">模数 m/mm</th></tr>
<tr><th>≥1
～3.5</th><th>>3.5
～6.3</th><th>>6.3
～10</th><th>>10
～16</th><th>≥1
～3.5</th><th>>3.5
～6.3</th><th>>6.3
～10</th><th>>10
～16</th><th>≥1
～3.5</th><th>>3.5
～6.3</th><th>>6.3
～10</th><th>>10
～16</th></tr>
<tr><td>>30～50</td><td>48</td><td>56</td><td>63</td><td>—</td><td>56</td><td>71</td><td>85</td><td>—</td><td>80</td><td>95</td><td>115</td><td>—</td></tr>
<tr><td>>50～80</td><td>50</td><td>58</td><td>65</td><td>—</td><td>58</td><td>75</td><td>90</td><td>—</td><td>90</td><td>100</td><td>120</td><td>—</td></tr>
<tr><td>>80～120</td><td>56</td><td>63</td><td>71</td><td>80</td><td>63</td><td>78</td><td>90</td><td>110</td><td>95</td><td>105</td><td>125</td><td>160</td></tr>
<tr><td>>120～180</td><td>60</td><td>68</td><td>75</td><td>85</td><td>68</td><td>80</td><td>95</td><td>115</td><td>100</td><td>110</td><td>130</td><td>165</td></tr>
<tr><td>>180～250</td><td>71</td><td>75</td><td>80</td><td>90</td><td>75</td><td>85</td><td>100</td><td>115</td><td>110</td><td>120</td><td>140</td><td>170</td></tr>
<tr><td>>250～315</td><td>75</td><td>80</td><td>85</td><td>95</td><td>80</td><td>90</td><td>100</td><td>120</td><td>120</td><td>130</td><td>145</td><td>180</td></tr>
<tr><td>>315～400</td><td>80</td><td>85</td><td>90</td><td>100</td><td>85</td><td>95</td><td>105</td><td>125</td><td>130</td><td>140</td><td>155</td><td>185</td></tr>
</table>

16.3.4　齿坯的精度

表 16-48　齿坯公差值

<table>
<tr><th colspan="7">蜗杆、蜗轮齿坯尺寸和形状公差</th></tr>
<tr><th colspan="2">精 度 等 级</th><th>6</th><th>7</th><th>8</th><th>9</th><th>10</th></tr>
<tr><td rowspan="2">孔</td><td>尺寸公差</td><td>IT6</td><td colspan="2">IT7</td><td colspan="2">IT8</td></tr>
<tr><td>形状公差</td><td rowspan="2">IT5</td><td colspan="2" rowspan="2">IT6</td><td colspan="2" rowspan="2">IT7</td></tr>
<tr><td rowspan="2">轴</td><td>尺寸公差</td></tr>
<tr><td>形状公差</td><td>IT4</td><td colspan="2">IT5</td><td colspan="2">IT6</td></tr>
<tr><td rowspan="2">齿顶圆
直径</td><td>作测量基准</td><td colspan="3">IT8</td><td colspan="2">IT9</td></tr>
<tr><td>不作测量基准</td><td colspan="5">尺寸公差按 IT11 确定，但不大于 0.1 mm</td></tr>
</table>

<table>
<tr><th colspan="4">蜗杆、蜗轮齿坯基准面径向和端面跳动公差/μm</th></tr>
<tr><th rowspan="2">基准面直径
d/mm</th><th colspan="3">精 度 等 级</th></tr>
<tr><th>6</th><th>7～8</th><th>9～10</th></tr>
<tr><td>≤31.5</td><td>4</td><td>7</td><td>10</td></tr>
<tr><td>>31.5～63</td><td>6</td><td>10</td><td>16</td></tr>
<tr><td>>63～125</td><td>8.5</td><td>14</td><td>22</td></tr>
<tr><td>>125～400</td><td>11</td><td>18</td><td>28</td></tr>
<tr><td>>400～800</td><td>14</td><td>22</td><td>36</td></tr>
<tr><td>>800～1 600</td><td>20</td><td>32</td><td>50</td></tr>
</table>

注：1. 当三个公差组的精度等级不同时，按最高精度等级确定公差。

2. 当以齿顶圆作为测量基准时，此基准也即为蜗杆、蜗轮的齿坯基准面。

3. IT4～IT11 值如表 15-1 所示。

表 16-49　蜗杆、蜗轮的表面粗糙度 Ra 推荐值　　μm

<table>
<tr><th colspan="5">蜗　　杆</th><th colspan="5">蜗　　轮</th></tr>
<tr><th colspan="2">精 度 等 级</th><th>7</th><th>8</th><th>9</th><th colspan="2">精 度 等 级</th><th>7</th><th>8</th><th>9</th></tr>
<tr><td rowspan="2">Ra</td><td>齿面</td><td>0.8</td><td>1.6</td><td>3.2</td><td rowspan="2">Ra</td><td>齿面</td><td>0.8</td><td>1.6</td><td>3.2</td></tr>
<tr><td>顶圆</td><td>1.6</td><td>1.6</td><td>3.2</td><td>顶圆</td><td>3.2</td><td>3.2</td><td>6.3</td></tr>
</table>

注：此表不属于 GB 10089—1988，仅供参考。

16.3.5 图样标注

表 16-50 蜗杆、蜗轮零件工作图上及蜗杆传动装配图上的标注

	零件工作图上的标注		装配图上的标注
说明	在蜗杆、蜗轮零件工作图上,应分别标注精度等级,齿厚极限偏差或相应的侧隙种类代号和圆柱蜗杆、蜗轮精度国标代号	说明	在蜗杆传动的装配图上,应标注出配对蜗杆、蜗轮的精度等级,侧隙种类代号和圆柱蜗杆、蜗轮精度国标代号
标注示例	(1) 蜗杆第Ⅱ、Ⅲ公差组的精度为8级,齿厚极限偏差为标准值,相配的侧隙种类为c,则标注为: 蜗杆 8 c GB 10089—1988 标准代号 侧隙种类代号 第Ⅱ、Ⅲ公差组的精度等级 (2) 蜗杆第Ⅱ、Ⅲ公差组的精度为8级,齿厚极限偏差为非标准值,如上偏差为−0.27 mm,下偏差为−0.4 mm,则标注为: 蜗杆 $8^{-0.27}_{(-0.40)}$ GB 10089—1988 (3) 蜗轮的第Ⅰ公差组精度为7级,第Ⅱ、Ⅲ公差组的精度为8级,齿厚极限偏差为标准值,相配的侧隙种类为f,则标注为: 7-8-8 f GB 10089—1988 标准代号 侧隙种类代号 第Ⅲ公差组的精度等级 第Ⅱ公差组的精度等级 第Ⅰ公差组的精度等级 (4) 蜗轮的精度同上,齿厚无公差要求,则标注为: 5-6-6 GB 10089—1988 (5) 蜗轮的三个公差组的精度等级同为7级,齿厚极限偏差为标准值,相配的侧隙种类为f,则标注为: 7f GB 10089—1988	标注示例	(1) 传动的三个公差组的精度同为5级,齿厚极限偏差为标准值,相配的侧隙种类为f,则标注为: 传动 5 f GB 10089—1988 标准代号 侧隙种类代号 第Ⅰ、Ⅱ、Ⅲ公差组的精度等级 (2) 传动的第Ⅰ公差组精度为5级,第Ⅱ、Ⅲ公差组的精度为6级,侧隙种类为f,则标注为: 传动 5-6-6 f GB 10089—1988 标准代号 侧隙种类代号 第Ⅲ公差组的精度等级 第Ⅱ公差组的精度等级 第Ⅰ公差组的精度等级 (3) 上例精度的蜗杆、蜗轮,若传动的侧隙为非标准值,如 j_{tmin}=0.03 mm, j_{tmax}=0.06 mm,则标注为: 传动 5-6-6 $^{0.03}_{(0.06)}$ t GB 10089—1988 如 j_{nmin}=0.03 mm, j_{nmax}=0.06 mm,则标注为: 传动 5-6-6 $^{0.03}_{(0.06)}$ GB 10089—1988

第 17 章　润滑与密封

17.1　润　滑　剂

表 17-1　常用润滑油的主要性质和用途

名　　称	代　　号	运动黏度/(mm²/s) 40 ℃	运动黏度/(mm²/s) 100 ℃	凝点/℃ 不高于	闪点/℃ 不低于	主要用途
全损耗系统用油 (GB/T 443—1989)	L-AN15	13.5～16.5	—	−5	150	适用于机床纺织机械、中小型电机、风机、水泵等各种机械的变速箱、手动加油转动部位、轴承等一般润滑点或润滑系统及对润滑无特殊要求的全损耗润滑系统
	L-AN22	19.8～24.2				
	L-AN32	28.8～35.2				
	L-AN46	41.4～50.6			160	
	L-AN68	61.2～74.8				
	L-AN100	90.0～110			180	
	L-AN150	135～165				
工业闭式齿轮油 (GB/T 5903—1995)	L-CKC68	61.2～74.8	—	−8	180	用于煤炭、水泥、冶金等工业部门的大型闭式齿轮传动装置的润滑
	L-CKC100	90.0～110				
	L-CKC150	135～165			200	
	L-CKC220	198～242				
	L-CKC320	288～352				
	L-CKC460	414～506				
	L-CKC680	612～748		−5	220	
蜗轮蜗杆油 (SH/T0094—1991)	L-CKE220	198～242	—	−12	200	用于铜-钢配对的圆柱形、承受重负荷、传动中有振动和冲击的蜗轮蜗杆副的润滑
	L-CKE320	288～352				
	L-CKE460	414～506			220	
	L-CKE680	612～748				
	L-CKE1000	900～1100				

表 17-2　常用润滑脂的主要性质和用途

名　　称	代号	滴点/℃ 不低于	工作锥入度 /(1/10 mm)	主要用途
钙基润滑脂 (GB/T 491—1987)	1 号	80	310～340	有耐水性能。用于工作温度低于 55～60 ℃的各种工农业、交通运输等机械设备的轴承润滑，特别适用于有水或潮湿处
	2 号	85	265～295	
	3 号	90	220～250	
	4 号	95	175～205	
钠基润滑脂 (GB/T 492—1989)	2 号	160	265～295	不耐水(或潮湿)。用于工作温度在 −10～110 ℃的一般中负荷机械设备的轴承润滑
	3 号		220～250	
通用锂基润滑脂 (GB/T 7324—1994)	1 号	170	310～340	有良好的耐水性能和耐热性。用于工作温度在 −20～120 ℃范围内的各种机械的滚动轴承、滑动轴承及其他摩擦部位的润滑
	2 号	175	265～295	
	3 号	180	220～250	
钙钠基润滑脂 (SH/T 0368—1992)	ZGN-1	120	250～290	用于工作温度在 80～100 ℃、有水分或较潮湿环境中工作的机械润滑，多用于铁路机车、列车、小电动机、发电机的滚动轴承(温度较高者)润滑，不适于低温工作
	ZGN-2	135	200～240	
滚珠轴承脂 (SY 1514—1982)		120	250～290	用于各种机械的滚动轴承润滑
7407 号齿轮润滑脂 (SH/T 0469−1992)		160	75～90	用于各种低速，中、重载齿轮、链轮和联轴器等的润滑，使用温度≤120 ℃，可承受冲击载荷≤25 000 MPa

17.2 油　杯

表 17-3　直通式压注油杯（摘自 JB/T 7940.1—1995）　　mm

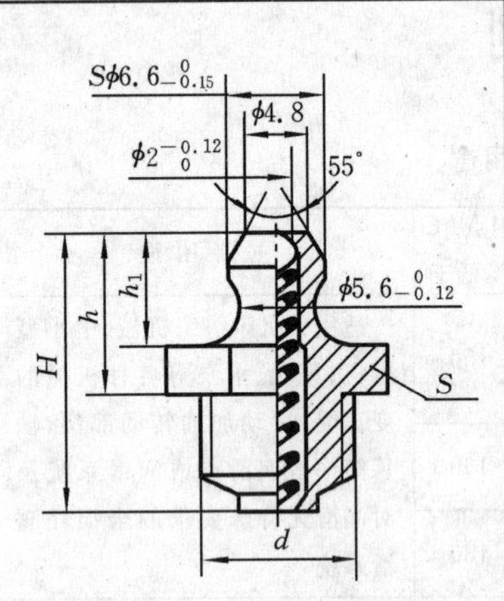

d	H	h	h_1	S 基本尺寸	S 极限偏差	钢球（按 GB/T 308—1989）
M6	13	8	6	8		
M8×1	16	9	6.5	10	0 −0.22	3
M10×1	18	10	7	11		

标记示例

连接螺纹 M10×1、直通式压注油杯的标记为：

油杯 M10×1 JB/T 7940.1—1995

表 17-4　旋盖式油杯（摘自 JB/T 7940.3—1995）　　mm

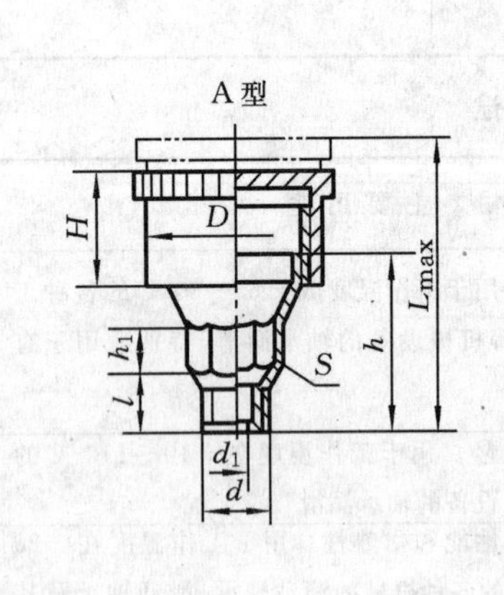

最小容量/cm³	d	l	H	h	h_1	d_1	D A型	D B型	L_{max}	S 基本尺寸	S 极限偏差
1.5	M8×1		14	22	7	3	16	18	33	10	0 −0.22
3	M10×1	8	15	23	8	4	20	22	35	13	
6			17	26			26	28	40		
12			20	30			32	34	47		0 −0.27
18	M14×1.5		22	32			36	40	50	18	
25		12	24	34	10	5	41	44	55		
50	M16×1.5		30	44			51	54	70	21	0 −0.33
100			38	52			68	68	85		
200	M24×1.5	16	48	64	16	6	—	86	105	30	—

标记示例

最小容量 12 cm³、A 型旋盖式油杯的标记为：

油杯 A12 JB/T 7940.3—1995

注：B 型油杯除尺寸 D 和滚花部分尺寸与 A 型稍有不同外，其余尺寸与 A 型相同。

17.3　密　　封

表 17-5　毡圈油封及槽（摘自 JB/ZQ 4606—1986）　　mm

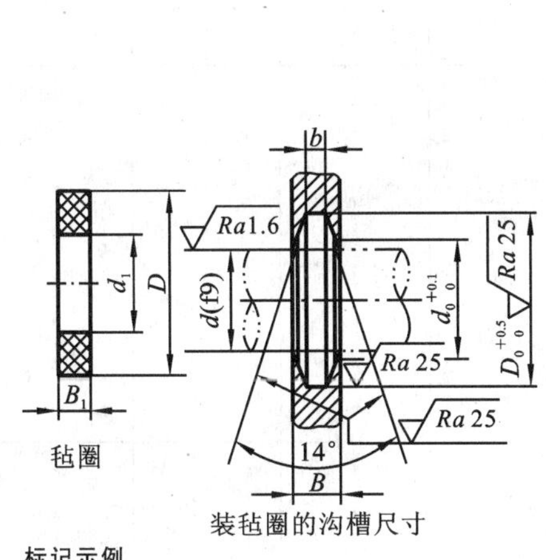

标记示例

毡圈 40 JB/ZQ 4606—1986（d=40 的毡圈）

材料：半粗羊毛毡

轴径 d	毡圈			槽				
	D	d_1	B_1	D_0	d_0	b	B_{min} 钢	B_{min} 铸铁
15	29	14	6	28	16	5	10	12
20	33	19		32	21			
25	39	24	7	38	26	6	12	15
30	45	29		44	31			
35	49	34		48	36			
40	53	39		52	41			
45	61	44	8	60	46	7		
50	69	49		68	51			
55	74	53		72	56			
60	80	58		78	61			
65	84	63		82	66			
70	90	68		88	71			
75	94	73		92	77			
80	102	78	9	100	82	8	15	18
85	107	83		105	87			
90	112	88		110	92			
95	117	93	10	115	97			
100	122	98		120	102			

注：本标准适用于线速度 v<5 m/s。

表 17-6　O 型橡胶密封圈（摘自 GB/T 3452.1—2005）　　mm

标记示例

40×3.55G GB/T 3452.1—2005

（内径 d_1=40.0，截面直径 d_2=3.55 的通用 O 形密封圈）

沟槽尺寸（GB/T 3452.3—2005）					
d_2	$b^{+0.25}_{0}$	$h^{+0.10}_{0}$	d_3偏差值	r_1	r_2
1.8	2.4	1.38	0 −0.04	0.2～0.4	0.1～0.3
2.65	3.6	2.07	0 −0.05	0.4～0.8	
3.55	4.8	2.74	0 −0.06		
5.3	7.1	4.19	0 −0.07	0.8～1.2	
7.0	9.5	5.67	0 −0.09		

续表

内径		截面直径 d_2		
d_1	极限偏差	1.80±0.08	2.65±0.09	3.55±0.10
13.2	±0.17	*	*	
14.0		*	*	
15.0		*	*	
16.0		*	*	
17.0		*	*	
18.0		*	*	*
19.0	±0.22	*	*	*
20.0		*	*	*
21.2		*	*	*
22.4		*	*	*
23.6		*	*	*
25.0		*	*	*
25.8		*	*	*
26.5		*	*	*
28.0		*	*	*
30.0		*	*	*
31.5	±0.30		*	*
32.5		*	*	*

内径		截面直径 d_2			
d_1	极限偏差	1.80±0.08	2.65±0.09	3.55±0.10	5.30±0.13
33.5	±0.30		*	*	
34.5		*	*	*	
35.5			*	*	
36.5		*	*	*	
37.5			*	*	
38.7		*	*	*	
40.0			*	*	*
41.2	±0.36		*	*	*
42.5		*	*	*	*
43.7			*	*	*
45.0			*	*	*
46.2		*	*	*	*
47.5			*	*	*
48.7			*	*	*
50.0		*	*	*	*
51.5	±0.44		*	*	*
53.0			*	*	*
54.5			*	*	*

内径		截面直径 d_2		
d_1	极限偏差	2.65±0.09	3.55±0.10	5.30±0.13
56.0	±0.44	*	*	*
58.0		*	*	*
60.0		*	*	*
61.5		*	*	*
63.0		*	*	*
65.0	±0.53		*	*
67.0		*	*	*
69.0			*	*
71.0		*	*	*
73.0			*	*
75.0		*	*	*
77.5			*	*
80.0		*	*	*
82.5	±0.65		*	*
85.0		*	*	*
87.5			*	*
90.0		*	*	*
92.5			*	*

内径		截面直径 d_2			
d_1	极限偏差	2.65±0.09	3.55±0.10	5.30±0.13	7.0±0.15
95.0	±0.65	*	*	*	
97.5			*	*	
100		*	*	*	
103			*	*	
106		*	*	*	
109			*	*	*
112		*	*	*	*
115			*	*	*
118		*	*	*	*
122	±0.90		*	*	*
125		*	*	*	*
128			*	*	*
132		*	*	*	*
136			*	*	*
140		*	*	*	*
145			*	*	*
150		*	*	*	*
155			*	*	*

注:标 * 号者表示适合选用。

表 17-7　J 型无骨架橡胶油封(摘自 HG 4-338—1996)　mm

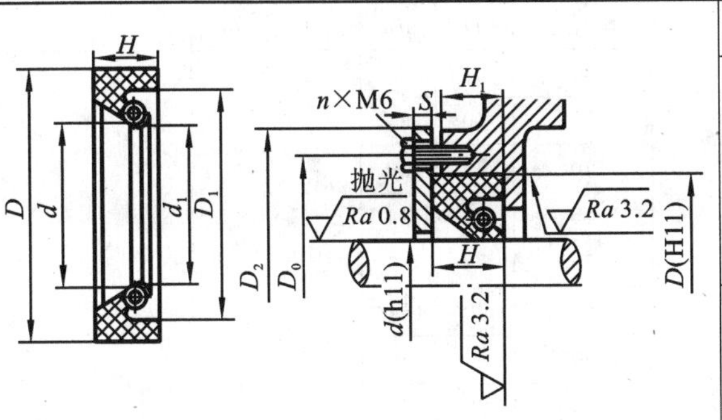

标记示例

J 型油封 50×75×12 橡胶Ⅰ-1 HG 4—338—1996(d=50、D=75、H=12、材料为耐油橡胶Ⅰ-1 的 J 型无骨架橡胶油封)

轴承 d		30～95(按 5 进位)	100～170(按 10 进位)
油封尺寸	D	$d+25$	$d+30$
	D_1	$d+16$	$d+20$
	d_1	$d-1$	
	H	12	16
油封槽尺寸	S	6～8	8～10
	D_0	$D+15$	
	D_2	D_0+15	
	n	4	6
	H_1	$H-(1～2)$	

表 17-8　内包骨架旋转轴唇型密封圈(摘自 GB/T 13871—1992)　mm

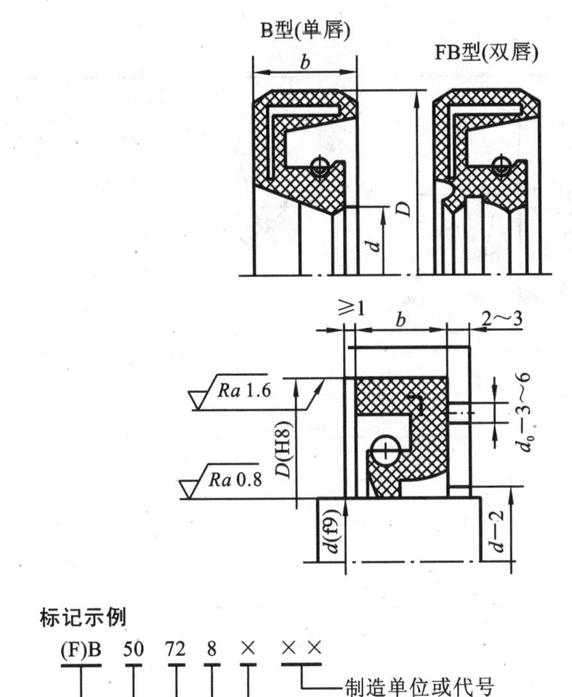

标记示例

(F)B　50　72　8　×　××

- ×× —— 制造单位或代号
- × —— 胶种代号
- 8 —— b=8 mm
- 72 —— D=72 mm
- 50 —— d=50 mm
- (F)B —— (有副唇)内包骨架旋转轴唇型密封圈

d	D	b
20	35,40,(45)	7
22	35,40,47	
25	40,47,52	
28	40,47,52	
30	42,47,(50),52	
32	45,47,52	8
35	50,52,55	
38	55,58,62	
40	55,(60),62	
42	55,62	
45	62,65	
50	68,(76),72	
55	72,(75),8	
60	80,85	
65	85,90	10
70	90,95	
75	95,100	
80	100,110	
85	110,120	12
90	(115),120	
95	120	

注:①括号内尺寸尽量不采用。

②为便于拆卸密封圈,在壳体上应有 d_0 孔 3～4 个。

③在一般情况下(中速),采用胶种为 B-丙烯酸酯橡胶(ACM)。

表 17-9 U 型无骨架橡胶油封（摘自 GB/T 13871—2007）

mm

轴径 d	D	d_1	H	b_1	c_1	f
30	55	29	12.5	9.6	13.8	12.5
35	60	34				
40	65	39				
45	70	44				
50	75	49				
55	80	54				
60	85	59				
65	90	64				
70	95	69				
75	100	74				
80	105	79				
85	110	84				
90	115	89				
95	120	94				

标记示例

d=45 mm、D=70 mm、H=12.5 mm 的 U 型无骨架橡胶油封标记为

U 型油封 45×70×12.5 GB/T 13871—2007

表 17-10 迷宫式密封槽（摘自 JB/ZQ 4245—2006）

mm

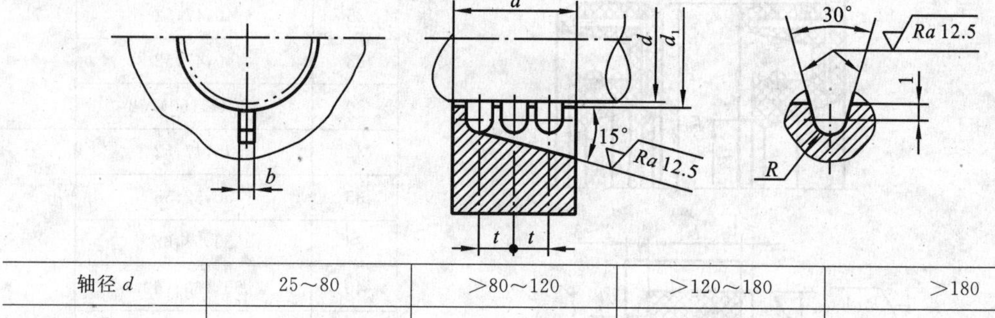

轴径 d	25～80	＞80～120	＞120～180	＞180
R	1.5	2	2.5	3
t	4.5	6	7.5	9
b	4	5	6	7
d_1	$d_1=d+1$			
$a_{\min}$	$a_{\min}=nt+R$			

注：1. 表中 R、t、b 尺寸，在个别情况下可用于与表中不相对应的轴径上。

2. 一般 n=2～4 个，使用 3 个的较多。

第 18 章　传动零件的结构

18.1　带　传　动

18.1.1　带轮结构

表 18-1　V 带轮的直径系列（摘自 GB/T 10412—2002）　　mm

直径	槽型					
	Y	Z SPZ	A SPA	B SPB	C SPC	圆跳动 公差 t
20	+					
22.4	+					
25	+	—	—	—	—	
28	+					
31.5	+					
35.5	+					
40	+					0.2
45	+		—	—	—	
50	+	+				
56	+	+				
63	+	⊕				
71	+	⊕				
75		⊕	+	—	—	
80	+	⊕	+			
85			+			
90	+	⊕	⊕			
95			⊕			0.3
100	+	⊕	⊕	—	—	
106			⊕			
112	+	⊕	⊕			
118			⊕			
125		⊕	⊕			
132	⊕	⊕	⊕		—	
140		⊕	⊕	⊕		
150		⊕	⊕	⊕		
160		⊕	⊕	⊕		
170				⊕		0.4
180	—	⊕	⊕	⊕		
200		⊕	⊕	⊕	+	
212					+	
224		⊕	⊕	⊕	⊕	
236	—				⊕	
250		⊕	⊕	⊕	⊕	

直径	槽型						
	Z SPZ	A SPA	B SPB	C SPC	D	E	圆跳动 公差 t
265				⊕			
280	⊕	⊕	⊕	⊕			
300				⊕	—	—	
315	⊕	⊕	⊕	⊕			0.5
335				⊕			
355	⊕	⊕	⊕	⊕	+		
375					+		
400	⊕	⊕	⊕	⊕	+	—	
425					+		
450		⊕	⊕	⊕	+		
475					+		
500	⊕	⊕	⊕	⊕	+	+	0.6
530						+	
560		⊕	⊕	⊕	+	+	
600			⊕	⊕	+	+	
630		⊕	⊕	⊕	+	+	
670						+	
710	—	⊕	⊕	⊕	+	+	0.8
750			⊕	⊕	+		
800		⊕	⊕	⊕	+	+	
900			⊕	⊕	+	+	
1 000			⊕	⊕	+	+	
1 060	—	—			+		
1 120			⊕	⊕	+	+	1
1 250				⊕	+	+	
1 400				⊕	+	+	
1 500					+	+	
1 600	—	—	—	⊕	+	+	
1 800					+	+	
1 900						+	1.2
2 000				⊕	+	+	
2 240	—	—	—			+	
2 500						+	

注：1. 有＋号的只用于普通 V 带，有⊕号的用于普通 V 带和窄 V 带。

2. 基准直径的极限偏差为±0.8%。

3. 轮槽基准直径间的最大偏差，Y 型为－0.3 mm，Z、A、B、SPZ、SPA、SPB 型为－0.4 mm，C、D、E、SPC 型为－0.5 mm。

表 18-2　V 带轮轮缘尺寸(基准宽度制)（摘自 GB/T 10412—2002）　mm

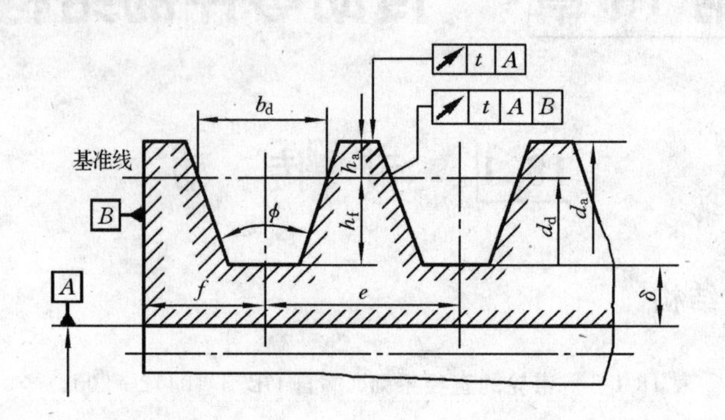

项目		符号	槽型						
			Y	Z SPZ	A SPA	B SPB	C SPC	D	E
基准宽度		b_d	5.3	8.5	11.0	14.0	19.0	27.0	32.0
基准线上槽深		h_{amin}	1.6	2.0	2.75	3.5	4.8	8.1	9.6
基准线下槽深		H_{fmin}	4.7	7.0 9.0	8.7 11.0	10.8 14.0	14.3 19.0	19.9	23.4
槽间距		e	8±0.3	12±0.3	15±0.3	19±0.4	25.5±0.5	37±0.6	44.5±0.7
第一槽对称面至端面的最小距离		f_{min}	6	7	9	11.5	16	23	28
槽间距累积极限偏差			±0.6	±0.6	±0.6	±0.8	±1.0	±1.2	±1.4
带轮宽		B	$B=(z-1)e+2f$　　z—轮槽数						
外径		d_a	$d_a=d_d+2h_a$						
轮槽角 ϕ	32°	相应的基准直径 d_d	≤60	—	—	—	—	—	—
	34°		—	≤80	≤118	≤190	≤315	—	—
	36°		>60	—	—	—	—	≤475	≤600
	38°		—	>80	>118	>190	>315	>475	>600
	极限偏差		±0.5°						

注：1. 带轮外圆的径向圆跳动和基准圆的斜向圆跳动公差 t 如表 18-3 所示。

2. 轮槽对称平面与带轮轴线垂直度允差±30′。

3. 轮槽工作表面粗糙度 R_a 为 1.6 或 3.2 μm 或参见图 18-1 的图例标注。

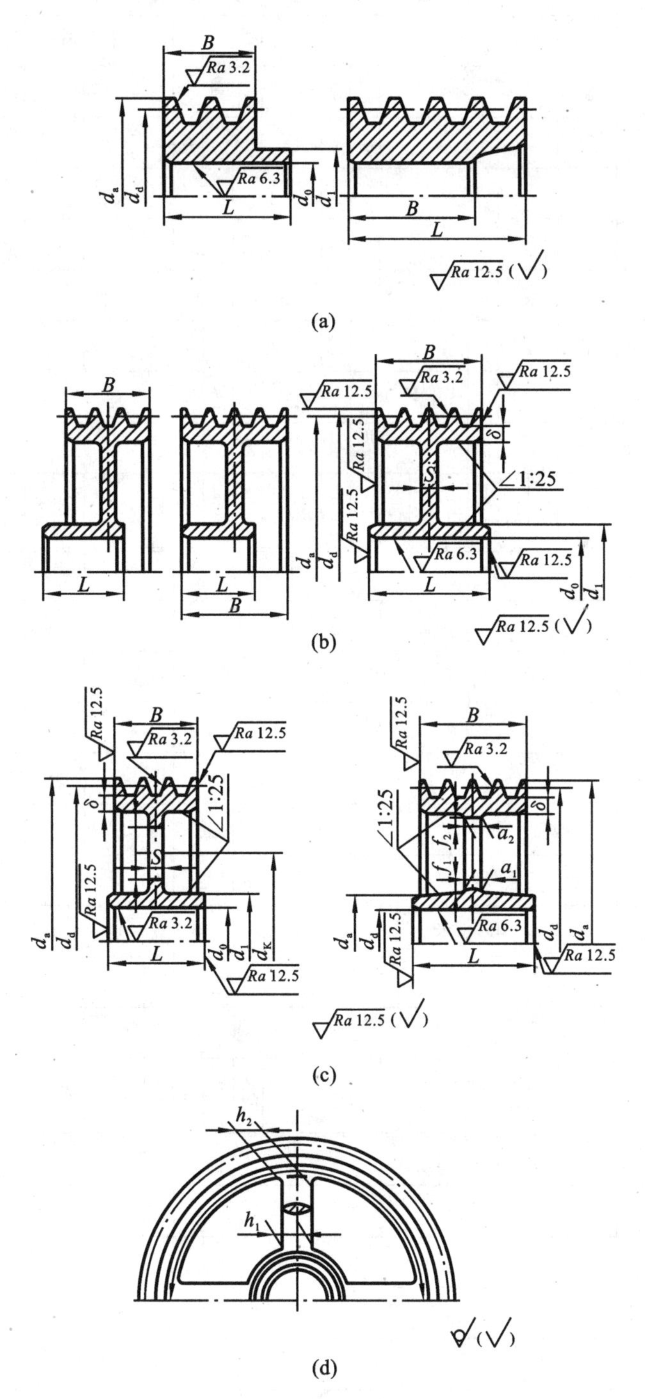

图 18-1　V 带轮的典型结构

(a) 实心轮；(b) 腹板轮；(c) 孔板轮；(d) 椭圆辐轮

$d_1=(1.8\sim2)d_0$，$L=(1.5\sim2)d_0$，S 查表 14.1-24，$S_1\geqslant1.5S$，$S_2\geqslant0.5S$，$h_1=290\sqrt[3]{\frac{P}{nA}}$ mm，P—传递的功率(kW)，n—带轮的转速(r/min)，A—轮幅数，$h_2=0.8h_1$，$a_1=0.4h_1$，$a_2=0.8a_1$，$f_1=0.2h_1$，$f_2=0.2h_2$

表 18-3　V 带轮轮缘宽度 B、轮毂孔径 d_0 与轮毂长度 L(摘自 GB/T 10412—2002)　mm

槽型	A							
槽数 Z	2		3		4		5	
轮缘宽 B	35		50		65		80	
基准直径 d_d	孔径 d_0	毂长 L	孔径 d_0	毂长 L	孔径 d_0	毂长 L	孔径 d_0	毂长 L
75					38		38	
(80)						45		
(85)	32							50
90			33					
(95)							42	
100								
(106)		45						
112					42			
(118)						50		
125	38			50				60
(132)								
140			42				48	
150								
160					48			
180								
200	42						55	65
224		50	48					
250					55	60		
280	48							
315			55	60			60	
355								
400	55	60			60	65		70
450			60	65				
500					65	70	65	
560								

槽型	B									
槽数 Z	2		3		4		5		6	
轮缘宽 B	44		63		82		101		120	
基准直径 d_d	孔径 d_0	毂长 L	孔径 d_0	毂长 L	孔径 d_0	毂长 L	孔径 d_0	毂长 L	孔径 d_0	毂长 L
125							42	50		
(132)	38		42		43	50			48	60
140		45					48	60		
150										
160				50					55	65
(170)	42		48		48					70
180						55	55		60	
200		50			50					
224			50		55		60			80
250	48							70	65	
280			55	60	60	65	65			
315										90
355	55	60							75	
400			60	65	65	70	70			100
450										
500	60	65								
560			65	75	70	85	75	90	80	105
(600)										
630					75	90	80	105	90	115
710			70	85						
(750)			75	90						
800					80	105	90	115	100	125
(900)										
1000					90	115	100	125	110	140
1120										

槽型	C									
槽数 Z	3		4		5		6		7	
轮缘宽 B	85		110.5		136		161.5		187	
基准直径 d_d	孔径 d_0	毂长 L	孔径 d_0	毂长 L	孔径 d_0	毂长 L	孔径 d_0	毂长 L	孔径 d_0	毂长 L
200	55		60	70	65	80	70	90	75	
212		70								
224	60		65	80	70	90	75			100
236									80	
250	65	80	70	90				100		
(265)					75		80			
280	70	90	75			100			85	110
300				100						
315					80		85	110	90	
(335)			80		85	110	90			120
355	75	100			90		95	120	95	
400			85	100		120				
450	80				95		100		100	140
500	85	110	90	120	100	140		140	105	
560			95				105		110	
600	90								115	160
630		120	100		105		110			
710				140		160		160		
750	95		105		110		115		120	180
800										
900	100	140	110		115		120	180	125	
1000				160	120	180	125		130	200
1120			115				130	200	135	
1250			120		125				140	220
1400					130	200	135	220		

注:1. 表中毂孔直径 d_0 的值是最大值,其具体数值可根据需要按标准直径选择。

2. 括号内的基准直径尽量不予选用。

带轮的技术要求如下。

(1)带轮的平衡按 GB/T 11357—2008 的规定进行，轮槽表面粗糙度值 $Ra=1.6\ \mu m$ 或 $Ra=3.2\ \mu m$，轮槽的棱边要倒圆或倒钝。

(2)带轮外圆的径向圆跳动和基准圆的斜向圆跳动公差 t 不得大于表 18-4 的规定，标注方法参见图 21-13 普通 V 带轮零件工作图。

(3)带轮各轮槽间距的累积误差不得超过 +0.8 mm。

(4)轮槽槽形的检验按 GB/T 11356.1—2008 的规定进行。

表 18-4　带轮的圆跳动公差 t(摘自 GB/T 10412—2002)

mm

带轮基准直径 d_d	径向圆跳动	斜向圆跳动	带轮基准直径 d_d	径向圆跳动	斜向圆跳动
≥20～100	0.2		≥425～630	0.6	
≥106～160	0.3		≥670～1000	0.8	
≥170～250	0.4		≥1060～1600	1.0	
≥265～400	0.5		≥1800～2500	1.2	

18.2　链轮结构

表 18-5　滚子链链轮的基本参数和主要尺寸

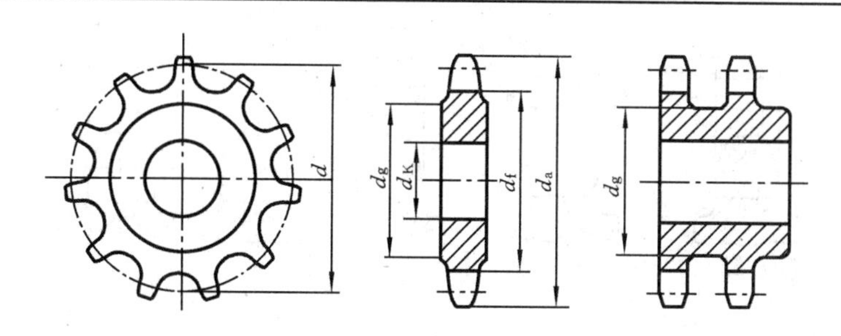

名　称	符号	计 算 公 式	备　注
分度圆直径	d	$d=p/\sin180°/z$	
齿顶圆直径	d_a	$d_{amax}=d+1.25p-d_1$ $d_{amin}=d+\left(1-\frac{1.6}{z}\right)p-d_1$ 若为三圆弧一直线齿形，则 $d_a=p\left(0.54+\cot\frac{180°}{z}\right)$	可在 d_{amax}、d_{amin} 范围内任意选取，但选用 d_{amax} 时，应考虑采用展成法加工有发生顶切的可能性
分度圆弦齿高	h_a	$h_{amax}=\left(0.625+\frac{0.8}{z}\right)p-0.5d_1$ $h_{amin}=0.5(p-d_1)$ 若为三圆弧一直线齿形，则 $h_a=0.27p$	h_a 是为简化放大齿形图的绘制而引入的辅助尺寸(见表 18-6) h_{amax} 相应于 d_{amax} h_{amin} 相应于 d_{amin}
齿根圆直径	d_f	$d_f=d-d_1$	—
齿侧凸缘(或排间槽)直径	d_g	$d_g\leqslant p\cot\frac{180°}{z}-1.04h_2-0.76\ \text{mm}$ h_2——内链板高度(见表 18-15)	—

注：d_a、d_g 值取整数，其他尺寸精确到 0.01 mm。

表 18-6　滚子链链轮的最大和最小齿槽形状

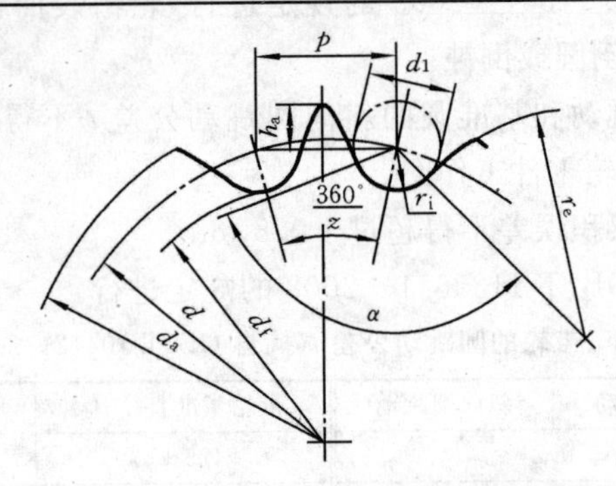

名　称	符　号	计算公式	
		最大齿槽形状	最小齿槽形状
齿面圆弧半径	r_e	$r_{\text{emin}}=0.008d_1(z^2+180)$	$r_{\text{emax}}=0.12d_1(z+2)$
齿沟圆弧半径	r_i	$r_{\text{imax}}=0.505d_1+0.069\sqrt[3]{d_1}$	$r_{\text{imin}}=0.505d_1$
齿沟角	α	$\alpha_{\min}=120°-\dfrac{90°}{z}$	$\alpha_{\max}=140°-\dfrac{90°}{z}$

表 18-7　轴向齿廓及尺寸

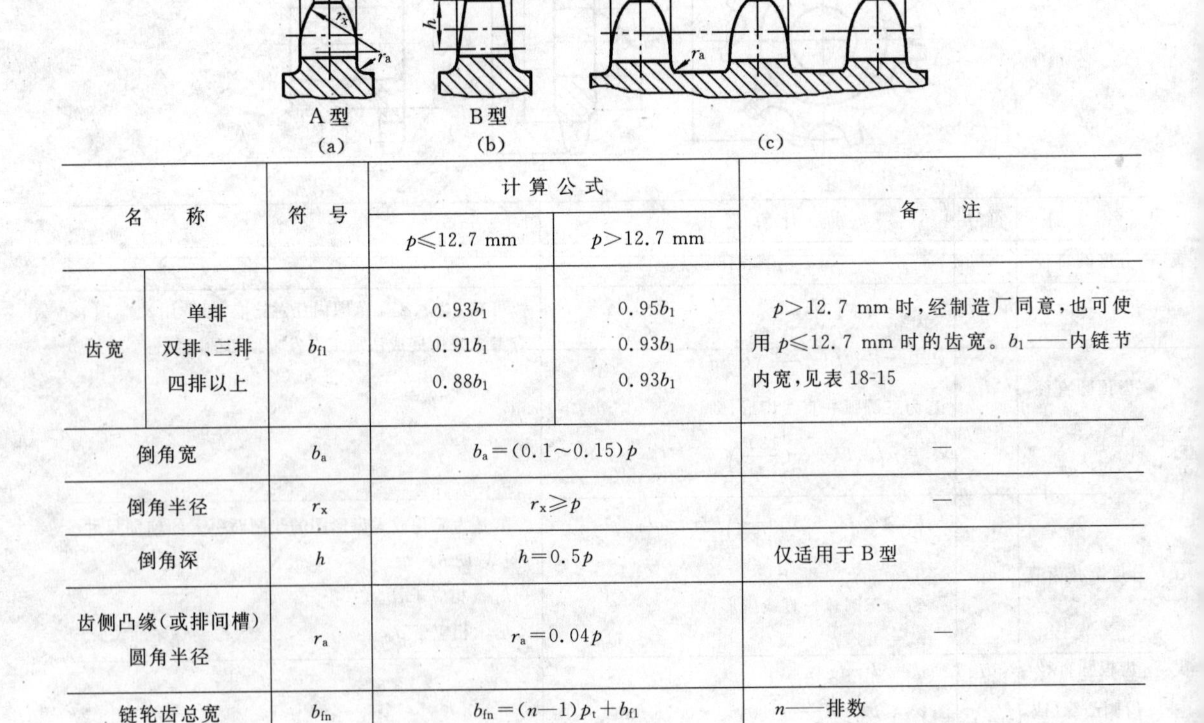

名　称		符　号	计算公式		备　注
			$p\leqslant12.7$ mm	$p>12.7$ mm	
齿宽	单排	b_{f1}	$0.93b_1$	$0.95b_1$	$p>12.7$ mm 时,经制造厂同意,也可使用 $p\leqslant12.7$ mm 时的齿宽。b_1——内链节内宽,见表 18-15
	双排、三排		$0.91b_1$	$0.93b_1$	
	四排以上		$0.88b_1$	$0.93b_1$	
倒角宽		b_a	$b_a=(0.1\sim0.15)p$		—
倒角半径		r_x	$r_x\geqslant p$		—
倒角深		h	$h=0.5p$		仅适用于 B 型
齿侧凸缘(或排间槽)圆角半径		r_a	$r_a=0.04p$		—
链轮齿总宽		b_{fn}	$b_{fn}=(n-1)p_t+b_{f1}$		n——排数

表 18-8 整体式钢制小链轮主要结构尺寸 mm

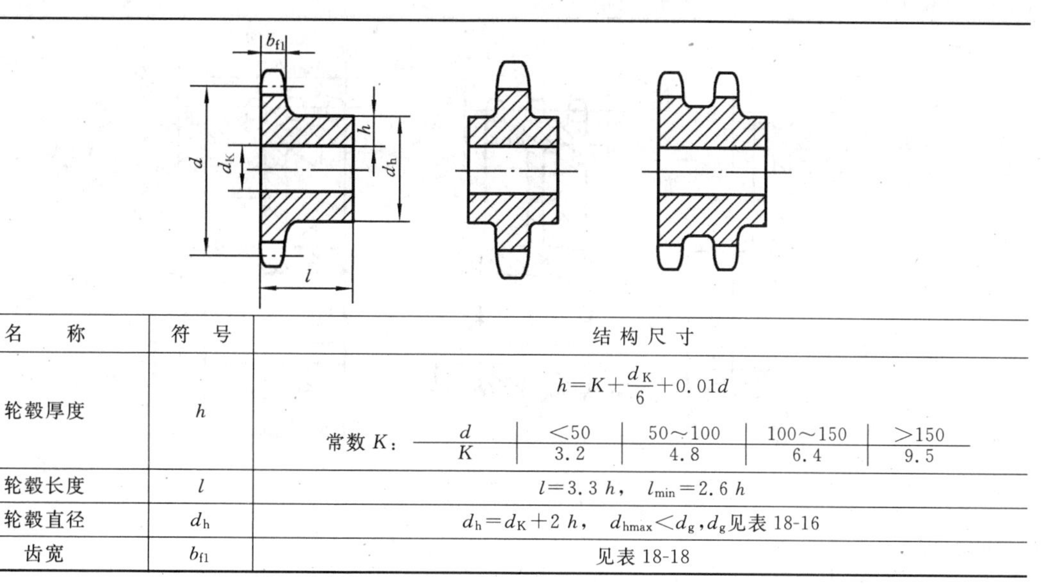

名称	符号	结构尺寸
轮毂厚度	h	$h=K+\frac{d_K}{6}+0.01d$ 常数 K：d：<50，50～100，100～150，>150；K：3.2，4.8，6.4，9.5
轮毂长度	l	$l=3.3h$，$l_{min}=2.6h$
轮毂直径	d_h	$d_h=d_K+2h$，$d_{hmax}<d_g$，d_g见表 18-16
齿宽	b_{f1}	见表 18-18

表 18-9 腹板式、单排铸造链轮主要结构尺寸 mm

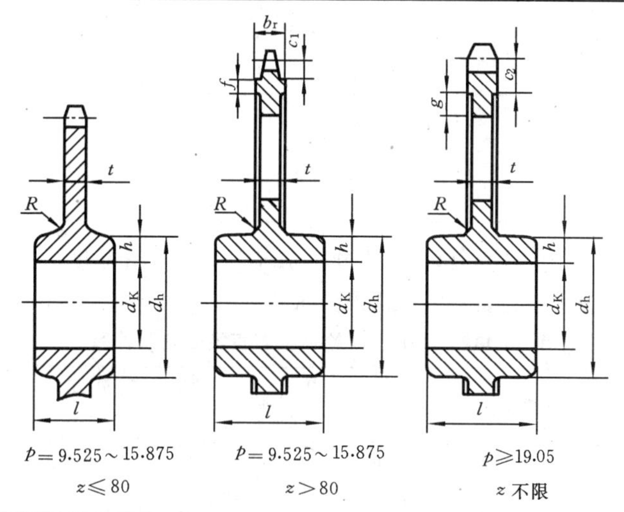

名称	符号	结构尺寸(参考)	
轮毂厚度	h	$h=9.5+d_K/6+0.01d$	
轮毂长度	l	$l=4h$	
轮毂直径	d_h	$d_h=d_K+2h$，$d_{hmax}<d_g$，d_g查表 18-16	
齿侧凸缘宽度	b_r	$b_r=0.625p+0.93b_1$，b_1——内链节内宽，查表 18-15	
轮缘部分尺寸	c_1	$c_1=0.5p$	
	c_2	$c_2=0.9p$	
	f	$f=4+0.25p$	
	g	$g=2t$	
圆角半径	R	$R=0.04p$	
腹板厚度	t	p	9.525 15.875 25.4 38.1 50.8 76.2 12.7 19.05 31.75 44.45 63.5
		t	7.9 10.3 12.7 15.9 22.2 31.8 9.5 11.1 14.3 19.1 28.6

表 18-10　腹板式、多排铸造链轮主要结构尺寸　mm

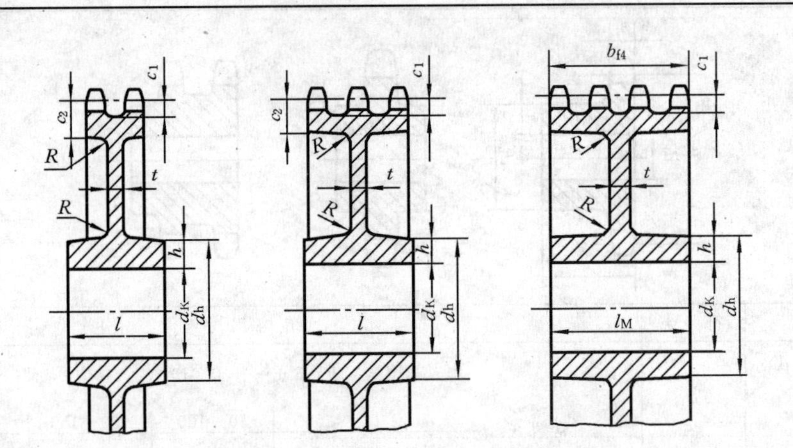

名　称	符　号	结构尺寸(参考)	
圆角半径	R	$R=0.5t$	
轮毂长度	l	$l=4\ h$ 对四排链，$l_M=b_{f4}$，b_{f4} 见表 18-18	
腹板厚度	t	p	9.525　15.875　25.4　38.1　50.8　76.2 12.7　19.05　31.75　44.45　63.5
		t	9.5　11.1　14.3　19.1　25.4　38.1 10.3　12.7　15.9　22.2　31.8
其余结构尺寸		同表 18-20	

对于一般用途的滚子链链轮，其轮齿经过机加工后，表面粗糙度 $Ra\leqslant 6.3\ \mu m$，链轮齿根圆直径公差及检验参见表 18-11，链轮齿根圆径向跳动和端面圆跳动参见表 18-12。

表 18-11　滚子链链轮齿根圆直径公差及检验　mm

齿根圆直径	极限偏差	检验方法：偶数齿	检验方法：奇数齿
$d_f\leqslant 127$	$\begin{matrix}0\\-0.25\end{matrix}$	d_r　d　d_R　M_R	d　d_r　p　d_R　M_R
$127<d_f\leqslant 250$	$\begin{matrix}0\\-0.30\end{matrix}$		
$d_f>250$	h_{11}	$M_R=d+d_R$	$M_R=d\cos\dfrac{90^\circ}{z}+d_R$

注：1. 量柱直径 $d_R=d_r{}^{+0.01}_{\ 0}$（d_r 为滚子外径）；量柱表面粗糙度 $Ra\leqslant 1.6\ \mu m$，表面硬度为 55～60HRC。

2. M_R 的极限偏差为 h11。

表 18-12　滚子链链轮齿根圆径向圆跳动和端面圆跳动(摘自 GB/T 1243—2006)

项　目	要　求
轴孔和根圆之间的径向圆跳动量	不应超过下列两数值中的较大值:0.0008d_f+0.08 mm 或 0.15 mm,最大到 0.76 mm
轴孔到链轮齿侧平面部分的端面圆跳动量	不应超过下列计算值:0.0009d_f+0.08 mm,最大到 1.14 mm。对焊接链轮,如果上式计算值小,可采用 0.25 mm

滚子链链轮零件工作图参见图 21-14。

18.3　齿轮结构

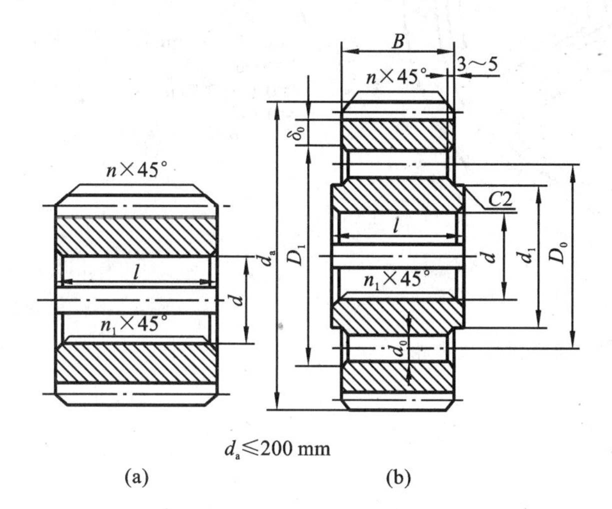

当$x \leqslant 2.5m_t$时，应将齿轮与轴做成一体；
当$x > 2.5m_t$时，应将齿轮做成如图a或图b所示的结构；
$d_1 \approx 1.6d$;
$l=(1.2 \sim 1.5)\ d \geqslant B$;
$\delta_0=2.5m_n \geqslant 8 \sim 10$ mm;
$D_0=0.5(D_1+d_1)$;
$d_0=0.2(D_1-d_1)$，当$d_0<10$ mm时，不钻孔；
$n=0.5m_n$;
n_1根据轴的过渡圆角确定

图 18-2　锻造实体圆柱齿轮

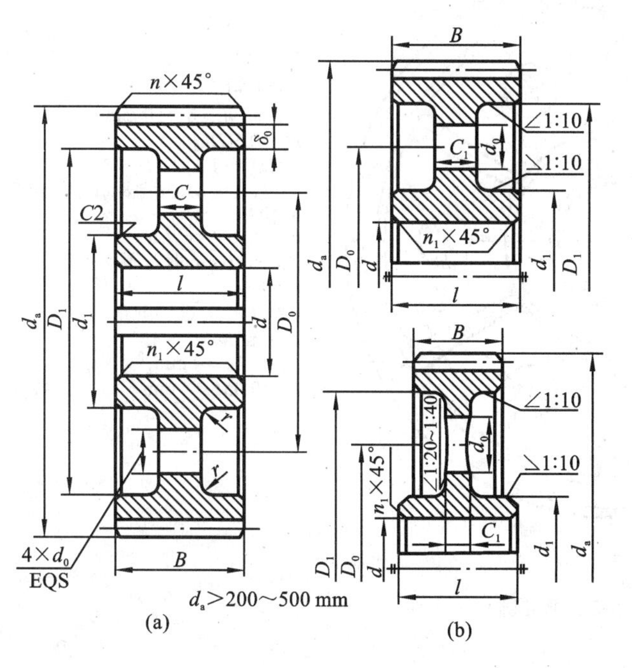

$d_1 \approx 1.6d$;
$l=(1.2 \sim 1.5)d \geqslant B$;
$D_0=0.5(D_1+d_1)$;
$d_0=0.25(D_1-d_1) \geqslant 10$ mm;
$C=0.3B$;
$C_1=(0.2 \sim 0.3)B$;
$n=0.5m_n$; $r=5$;
n_1根据轴的过渡圆角确定；
$\delta_0=(2.5 \sim 4)m_n \geqslant 8 \sim 10$ mm;
$D_1=d_f-2\delta_0$;
图(a)为自由锻：所有表面都需机械加工；
图(b)为模锻：轮缘内表面、轮毂外表面及辐板表面都不需机械加工

图 18-3　锻造腹板圆柱齿轮

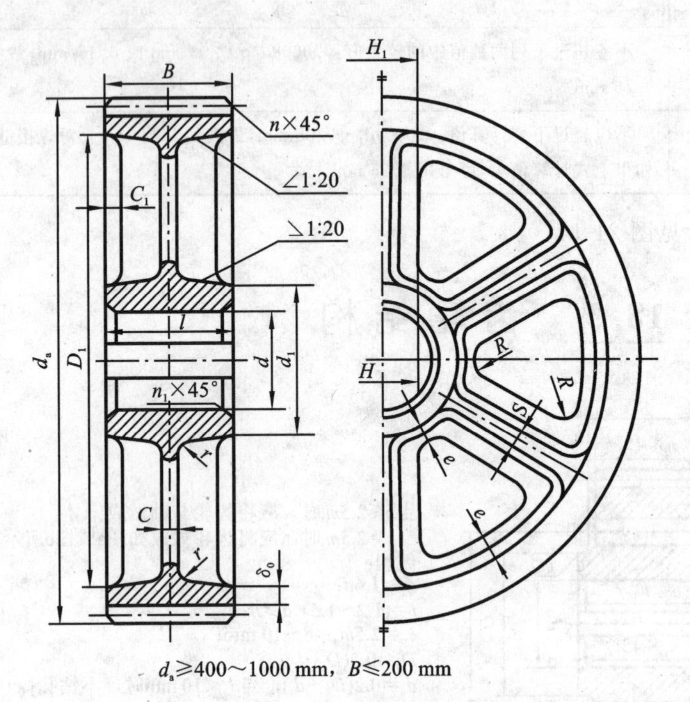

$d_1=1.6d$(铸钢)；
$d_1=1.8d$(铸铁)；
$l=(1.2\sim1.5)d\geqslant B$；
$\delta_0=(2.5\sim4)m_n\geqslant8\sim10$ mm
$D_1=d_f-2\delta_0$；
$n=0.5m_n$；
$H=0.8d$；
$H_1=0.8H$；
$C=0.2H\geqslant10$ mm；
$C_1=0.8C$；
$S=0.17H\geqslant10$ mm；
$e=0.8\delta_0$；
n_1、r、R由结构确定

图 18-4　铸造圆柱大齿轮

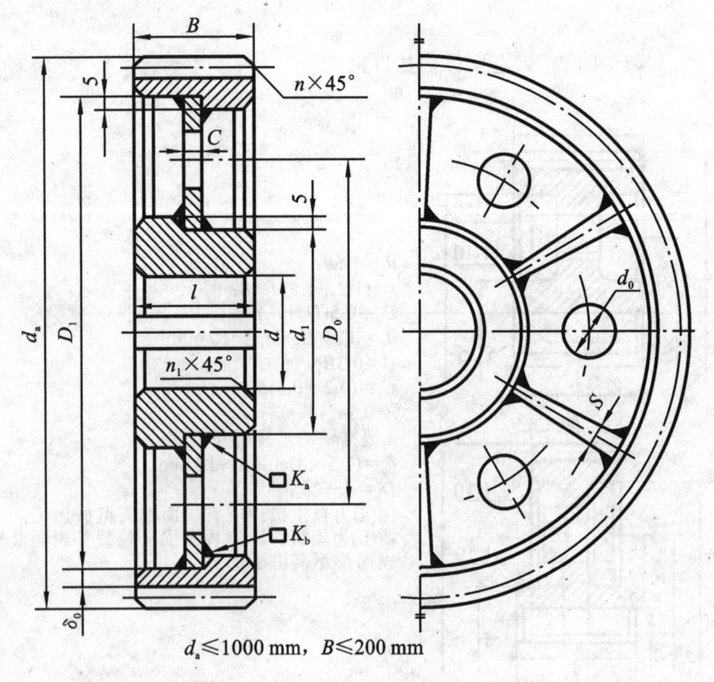

$d_1=1.6d$；
$\delta_0=2.5m_n\geqslant8\sim10$ mm；
$D_0=0.5(D_1+d_1)$；
$l=(1.2\sim1.5)d\geqslant B$；
$C=(0.1\sim0.15)B\geqslant8$ mm；
$S=0.8C$；
$d_0=0.25(D_1-d_1)$；
当$d_0<10$ mm时，不必作孔；
$n=2.5m_n$；
n_1根据轴的过渡圆角确定；
其余倒角为2×45°；
$K_a=0.1d\geqslant4$ mm；
$K_b=0.05d\geqslant4$ mm

图 18-5　焊接圆柱大齿轮

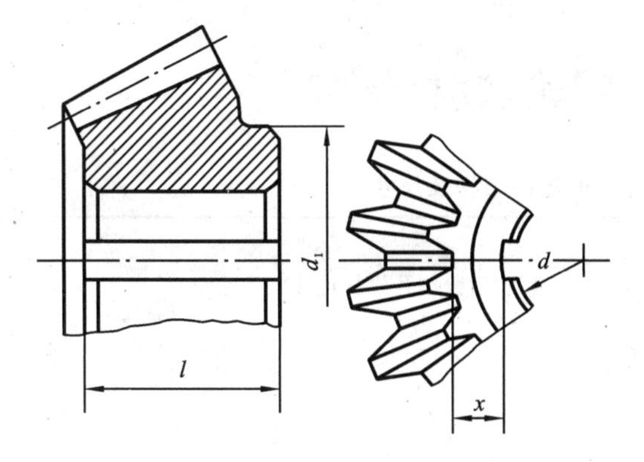

当$x\leqslant1.6m_t$时，应将齿轮与轴做成一体
$l=(1\sim1.2)d$

图 18-6 小锥齿轮

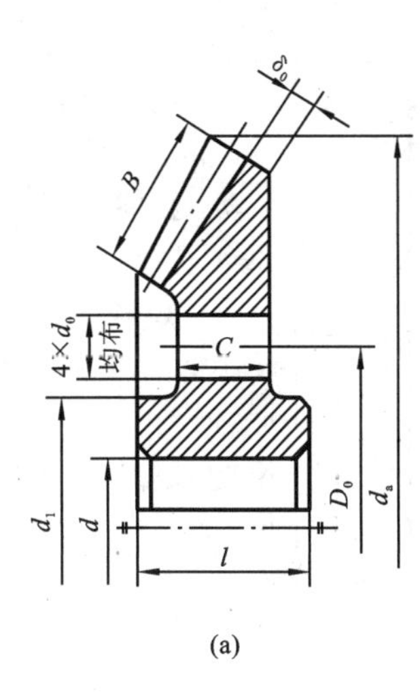

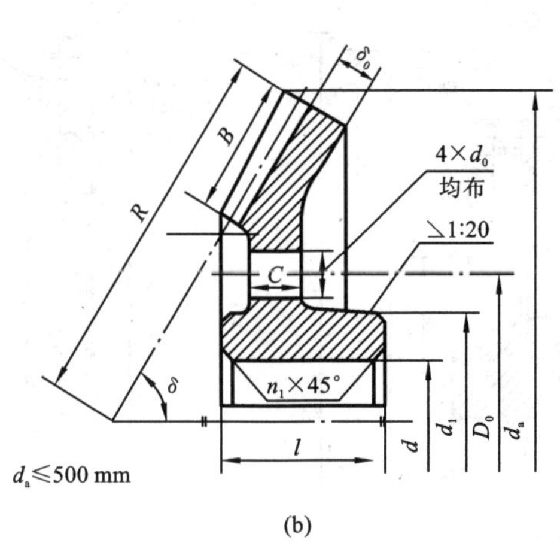

$d_a\leqslant500$ mm

(a)

(b)

$d_1=1.6d$;
$l=(1.0\sim1.2)d$;
$\delta_0=(3\sim4)m_n\geqslant10$ mm;
$C=(0.1\sim0.17)R\geqslant10$;
D_0、d_0、n_1由结构确定

图 18-7 锻造大锥齿轮

(a)自由锻；(b)模锻

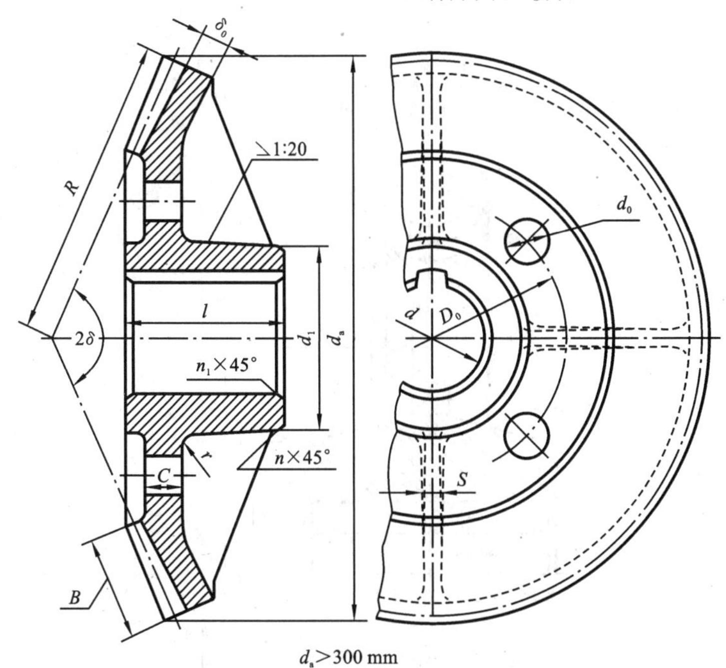

$d_a>300$ mm

$d_1=1.6d$(铸钢);
$d_1=1.8d$(铸铁);
$l=(1\sim1.2)d$;
$\delta_0=(3\sim4)m_n\geqslant10$ mm;
$C=(0.1\sim0.17)R\geqslant10$ mm;
$S=0.8C\geqslant10$ mm;
D_0、n、d_0由结构确定;
2δ为锥顶角;
$r=3\sim10$ mm

图 18-8 铸造锥齿轮

18.4　蜗轮、蜗杆结构

表 18-13　蜗轮的结构及尺寸　mm

装配式(六角头螺钉连接，$d_2>100$)

装配式(铰制孔螺栓连接)

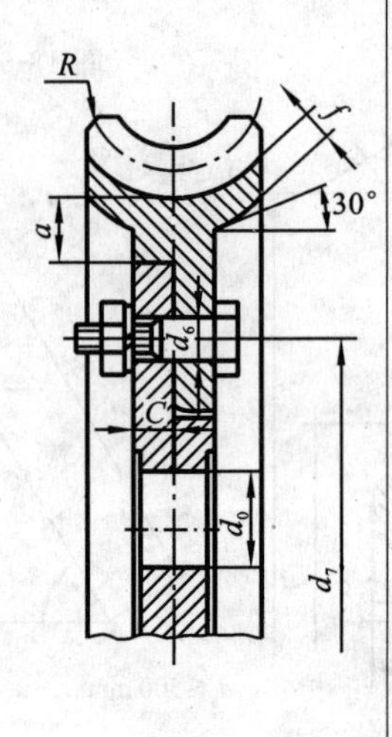

装配式(螺钉连接)

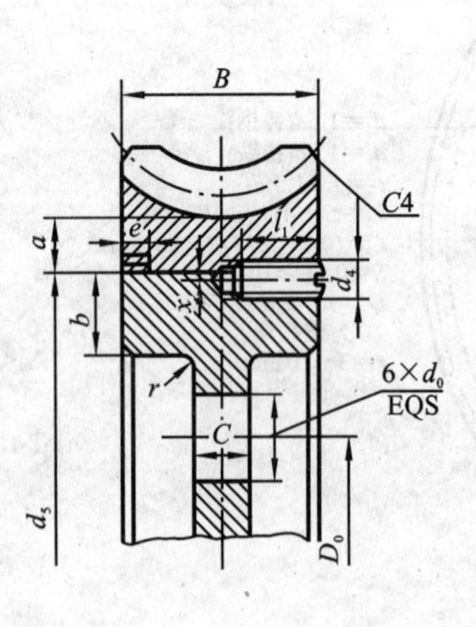

整体式(青铜$d_2\leqslant100$
铸铁$v_s\leqslant2$ m/s;
v_s—滑动速度)

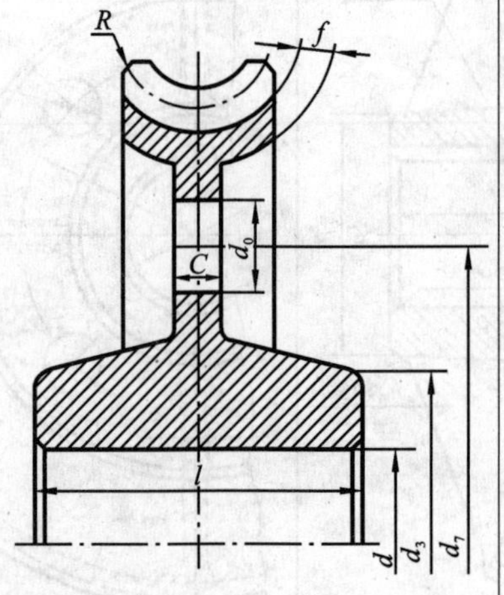

$d_3=(1.6\sim1.8)d$；
$l=(1.2\sim1.8)d$；
$d_4=(1.2\sim1.5)m\geqslant6$；
$l_1=3d_4$；
$a=b=2m\geqslant10$；
$C=1.5m\geqslant10$；
$x=1\sim3$；
$e\approx10$；
$n=2\sim3$；
$R_1=0.5(d_1+2.4m)$；
$R_2=0.5(d_1-2m)$；
$d_{a2}=d_2+2m$；
$2\gamma=90°\sim110°$；
$D_0=0.5(d_5-2b+d_3)$；
$d_6=(0.075\sim0.12)d\geqslant5$；
$f\geqslant1.7m$；
$R=4\sim5$；
$D_w\leqslant d_{a2}+2m(z_1=1)$；
$D_w\leqslant d_{a2}+1.5m(z_1=2\sim3)$；
$D_w\leqslant d_{a2}+m(z_1=4)$；
$B\leqslant0.75d_{a1}(z_1=1\sim3)$；
$B\leqslant0.67d_{a1}(z_1=4)$；
d_5、d_7、d_0、n_1、r 由结构确定；
$d_5\ \frac{H7}{s6}\left(\frac{H7}{r6}\right)$；
$d_6\ \frac{H7}{r6}$

表 18-14 蜗杆的结构及尺寸 mm

车制($d_f-d\geqslant2\sim4$ mm)		铣制(d可大于d_f)
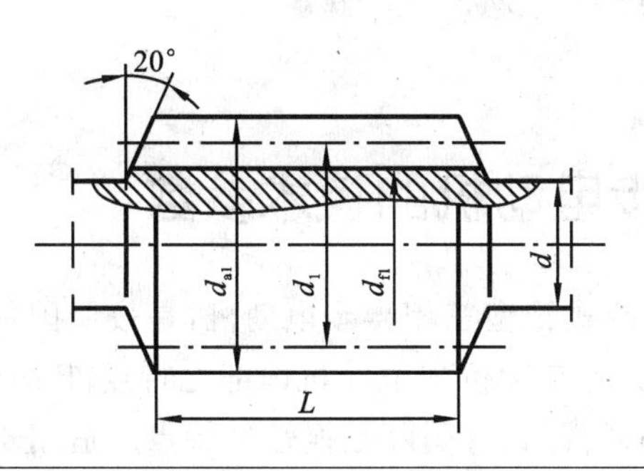		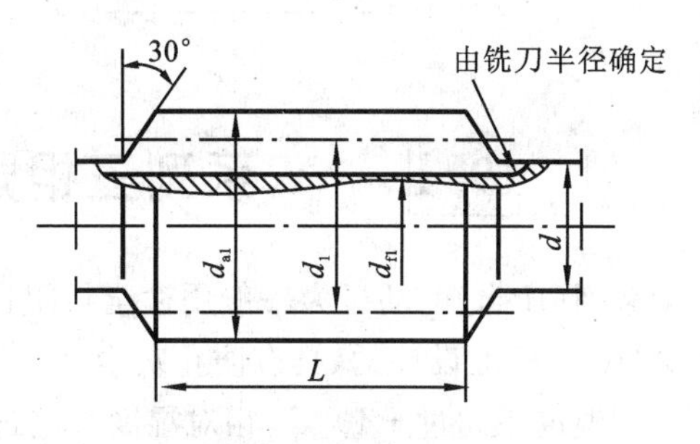
$L\geqslant2m\sqrt{z_2+1}$(不变位)	$L\geqslant\sqrt{d_{a2}^2+d_2^2}$(变位)	d_{a2}—蜗轮顶圆直径;m—模数; d_2—蜗轮分度圆直径

第19章 电 动 机

19.1 Y系列三相异步电动机的技术参数

Y系列(IP44)电动机为一般用途全封闭自扇冷式笼型三相异步电动机，是按照国际电工委员会(IEC)标准设计的，具有防止灰尘、铁屑或其他杂物侵入电动机内部之特点，B级绝缘，工作环境温度不超过+40 ℃，相对湿度不超过95%，并具有国际互换性的特点。适用于海拔高度不超过1000 m、额定电压380 V、频率50 Hz的无特殊要求的机械，如机床、泵、风机、运输机、搅拌机、农业机械等。

电动机型号的含义：举例

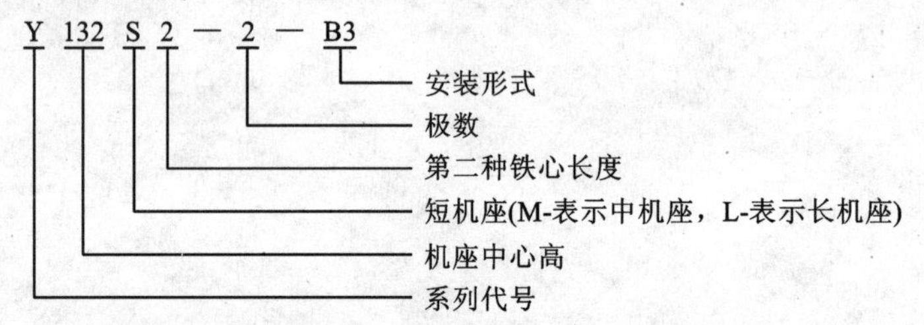

Y系列(IP44)电动机的技术数据如表19-1所示。

表19-1 Y系列(IP44)电动机的技术数据(摘自JB/T 10391—2008)

电动机型号	额定功率/kW	满载转速/(r/min)	堵转转矩/额定转矩	最大转矩/额定转矩	质量/kg	电动机型号	额定功率/kW	满载转速/(r/min)	堵转转矩/额定转矩	最大转矩/额定转矩	质量/kg
同步转速3000 r/min,2极						同步转速1500 r/min,4极					
Y80M1-2	0.75	2825	2.2	2.3	16	Y80M1-4	0.55	1390	2.4	2.3	17
Y80M2-2	1.1	2825	2.2	2.3	17	Y80M2-4	0.75	1390	2.3	2.3	18
Y90S-2	1.5	2840	2.2	2.3	22	Y90S-4	1.1	1400	2.3	2.3	22
Y90L-2	2.2	2840	2.2	2.3	25	Y90L-4	1.5	1400	2.3	2.3	27
Y100L-2	3	2870	2.2	2.3	33	Y100L1-4	2.2	1430	2.2	2.3	34
Y112M-2	4	2890	2.2	2.3	45	Y100L2-4	3	1430	2.2	2.3	38
Y132S1-2	5.5	2900	2.0	2.3	64	Y112M-4	4	1440	2.2	2.3	43
Y132S2-2	7.5	2900	2.0	2.3	70	Y132S-4	5.5	1440	2.2	2.3	68
Y160M1-2	11	2930	2.0	2.3	117	Y132M-4	7.5	1440	2.2	2.3	81
Y160M2-2	15	2930	2.0	2.3	125	Y160M-4	11	1460	2.2	2.3	123
Y160L-2	18.5	2930	2.0	2.2	147	Y160L-4	15	1460	2.2	2.3	144
Y180M-2	22	2940	2.0	2.2	180	Y180M-4	18.5	1470	2.0	2.2	182
Y200L1-2	30	2950	2.0	2.2	240	Y180L-4	22	1470	2.0	2.2	190
Y200L2-2	37	2950	2.0	2.2	255	Y200L-4	30	1470	2.0	2.2	270
Y225M-2	45	2970	2.0	2.2	309	Y225S-4	37	1480	1.9	2.2	284
Y250M-2	55	2970	2.0	2.2	403	Y225M-4	45	1480	1.9	2.2	320

续表

电动机型号	额定功率/kW	满载转速/(r/min)	堵转转矩/额定转矩	最大转矩/额定转矩	质量/kg	电动机型号	额定功率/kW	满载转速/(r/min)	堵转转矩/额定转矩	最大转矩/额定转矩	质量/kg
同步转速 1000 r/min,6 极						Y250M-4	55	1480	2.0	2.2	427
Y90S-6	0.75	910	2.0	2.2	23	Y280S-4	75	1480	1.9	2.2	562
Y90L-6	1.1	910	2.0	2.2	25	Y280M-4	90	1480	1.9	2.2	667
Y100L-6	1.5	940	2.0	2.2	33	同步转速 750 r/min,8 极					
Y112M-6	2.2	940	2.0	2.2	45	Y132S-8	2.2	710	2.0	2.0	63
Y132S-6	3	960	2.0	2.2	63	Y132M-8	3	710	2.0	2.0	79
Y132M1-6	4	960	2.0	2.2	73	Y160M1-8	4	720	2.0	2.0	118
Y132M2-6	5.5	960	2.0	2.2	84	Y160M2-8	5.5	720	2.0	2.0	119
Y160M-6	7.5	970	2.0	2.0	119	Y160L-8	7.5	720	2.0	2.0	145
Y160L-6	11	970	2.0	2.0	147	Y180L-8	11	730	1.7	2.0	184
Y180L-6	15	970	2.0	2.0	195	Y200L-8	15	730	1.8	2.0	250
Y200L1-6	18.5	970	2.0	2.0	220	Y225S-8	18.5	730	1.7	2.0	266
Y200L2-6	22	970	2.0	2.0	250	Y225M-8	22	740	1.8	2.0	292
Y225M-6	30	980	1.7	2.0	292	Y250M-8	30	740	1.8	2.0	405
Y250M-6	37	980	1.7	2.0	408	Y280S-8	37	740	1.8	2.0	520
Y280S-6	45	980	1.8	2.0	536	Y280M-8	45	740	1.8	2.0	592
Y280M-6	55	980	1.8	2.0	596	Y315S-8	55	740	1.6	2.0	1000

19.2　Y 系列电动机安装代号

Y 系列三相异步电动机的常用的安装结构形式,以及适用的机座号见表 19-2。

表 19-2　Y 系列电动机安装代号

安装形式	基本安装形式	由 B3 派生的安装形式				
	B3	V5	V6	B6	B7	B8
示意图						
中心高/mm	80～280	80～160				
安装形式	基本安装形式	由 B5 派生的安装形式		基本安装形式	由 B35 派生的安装形式	
	B5	V1	V3	B35	V15	V36
示意图						
中心高/mm	80～225	80～280	80～160	80～280	80～160	

19.3 Y系列电动机的安装及外形尺寸

Y系列三相异步电动机的安装及外形尺寸分别如表19-3、表19-4、表19-5所示。

表19-3 机座带底脚、端盖无凸缘（B3及其派生形式）电动机的安装及外形尺寸 mm

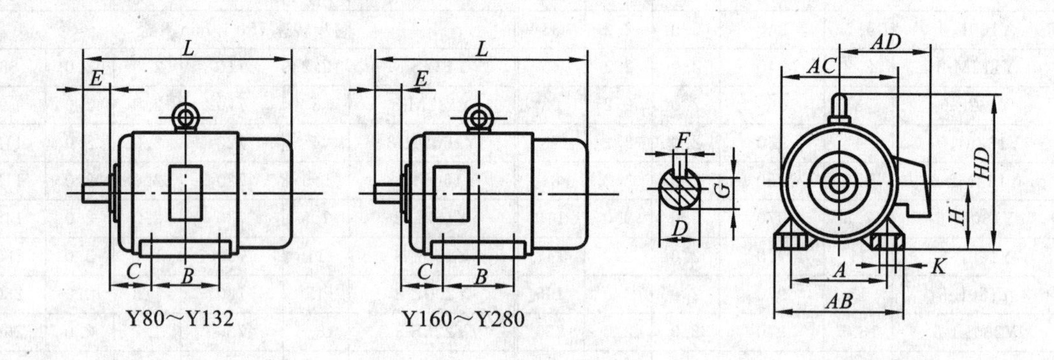

机座号	极数	A	B	C	D		E	F	G	H	K	AB	AC	AD	HD	L
80M	2,4	125	100	50	19	+0.009 −0.004	40	6	15.5	80	10	165	175	150	175	290
90S	2,4,6	140		56	24		50	8	20	90		180	195	160	195	315
90L			125													340
100L		160		63	28		60		24	100	12	205	215	180	245	380
112M		190	140	70						112		245	230	190	265	400
132S	2,4,6,8	216		89	38	+0.018 +0.002	80	10	33	132		280	275	210	315	475
132M			178													515
160M		254	210	108	42		110	12	37	160	14.5	330	335	265	385	605
160L			254													650
180M		279	241	121	48			14	42.5	180		355	380	285	430	670
180L			279													710
200L		318	305	133	55	+0.030 +0.011		16	49	200	18.5	395	420	315	475	775
225S	4,8	356	386	149	60		140	18	53	225		435	475	345	530	820
225M	2		311		55		110	16	49							815
	4,6,8				60		140	18	53							845
250M	2	406	349	168						250	24	490	515	385	575	930
	4,6,8				65				58							
280S	2	457	368	190						280		550	580	410	640	1000
	4,6,8				75			20	67.5							
280M	2		419		65			18	58							1050
	4,6,8				75			20	67.5							

表 19-4　机座带底脚、端盖有凸缘(B35 及其派生形式)电动机的安装及外形尺寸　mm

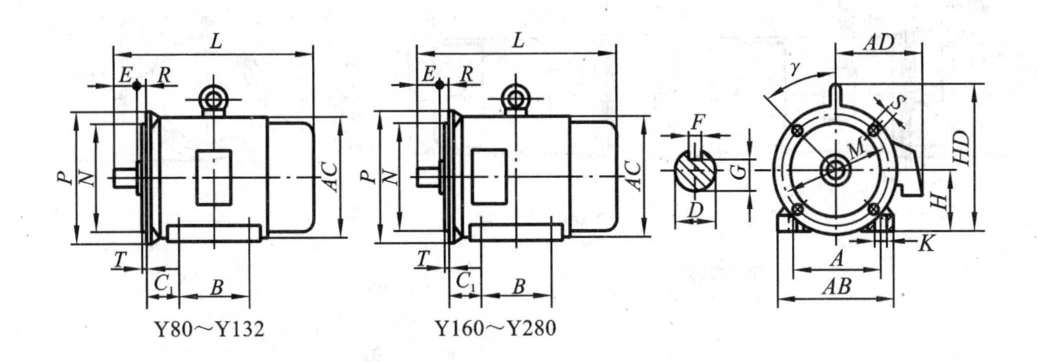

机座号	极数	A	B	C_1	D		E	F	G	H	K	M	N	P	R	S	T	凸缘孔数	AB	AC	AD	HD	L
80M	2,4	125	100	50	19	+0.009 −0.004	40	6	15.5	80	10	165	130	200	0	12	3.5	4	165	175	150	175	290
90S	2,4,6	140		56	24		50	8	20	90									180	195	160	195	315
90L			125																				340
100L		160	140	63	28		60		24	100	12	215	180	250		14.5	4		205	215	180	245	380
112M		190		70						112									245	240	190	265	400
132S	2,4,6,8	216		89	38	+0.018 +0.002	80	10	33	132		265	230	300					280	275	210	315	475
132M			178																				515
160M		254	210	108	42		110	12	37	160	14.5	300	250	350		18.5	5		330	335	265	385	605
160L			254																				650
180M		279	241	121	48			14	42.5	180									355	380	285	430	670
180L			279																				710
200L		318	305	133	55	+0.030 +0.011		16	49	200	18.5	350	300	400					395	420	315	475	775
225S	4,8	356	286	149	60		140	18	53	225		400	350	450				8	435	475	345	530	820
225M	2		311		55		110	16	49														815
	4,6,8				60		140	18	53														845
250M	2	406	349	168					53	250	24	500	450	550					490	515	385	575	930
	4,6,8				65				58														
280S	2	457	368	190						280									550	585	410	640	1000
	4,6,8				75			20	67.5														
280M	2		419		65			18	58														1050
	4,6,8				75			20	67.5														

注：1. Y80～Y200 时，$\gamma=45°$；Y225～Y280 时，$\gamma=22.5°$。

2. N 的极限偏差 130 和 180 为$^{+0.014}_{-0.011}$，230 和 250 为$^{+0.016}_{-0.013}$，300 为±0.016，350 为±0.018，450 为±0.020。

表 19-5　机座不带底脚、端盖有凸缘(B5、V3 型)和立式安装、机座不带底脚、端盖有凸缘、轴伸向下(V1 型)电动机的安装及外形尺寸　　　mm

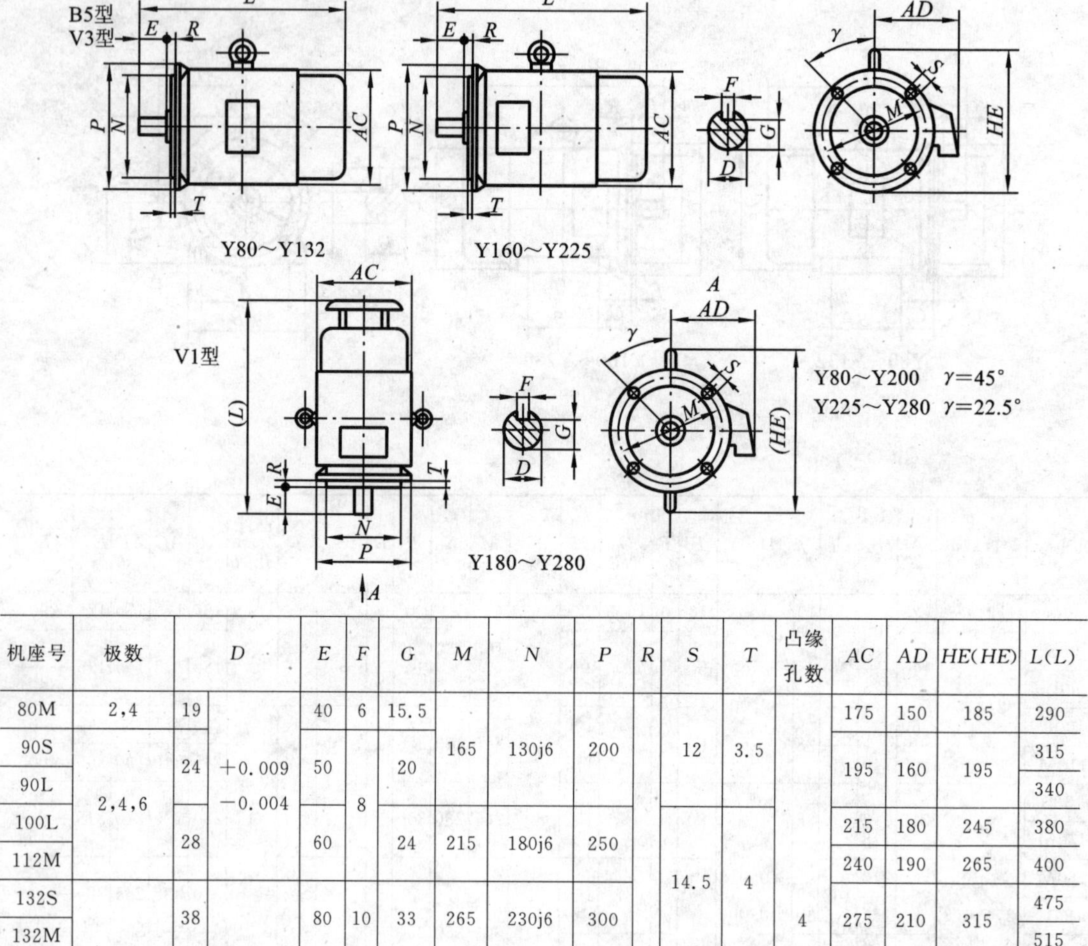

机座号	极数	D		E	F	G	M	N	P	R	S	T	凸缘孔数	AC	AD	HE(HE)	L(L)
80M	2,4	19	+0.009 −0.004	40	6	15.5	165	130j6	200	0	12	3.5	4	175	150	185	290
90S	2,4,6	24		50	8	20								195	160	195	315
90L																	340
100L		28		60		24	215	180j6	250		14.5	4		215	180	245	380
112M														240	190	265	400
132S	2,4,6,8	38	+0.018 +0.002	80	10	33	265	230j6	300					275	210	315	475
132M																	515
160M		42		110	12	37	300	250j6	350		18.5	5		335	265	385	605
160L																	650
180M		48			14	42.5								380	285	430	670
180L																	710
200L		55	+0.030 +0.011		16	49	350	300js6	400					420	315	480	775
225S	4,8	60		140	18	53	400	350js6	450				8	475	345	535	820
225M	2	55		110	16	49											815
	4,6,8	60		140	18	53											845
250M	2						500	450js6	550					515	385	650	1035
	4,6,8	65				58											
280S	2													580	410	720	1120
	4,6,8	75			20	67.5											
280M	2	65			18	58											1170
	4,6,8	75			20	67.5											

第3篇　参考图例

第20章　减速器装配图

(1) 单级圆柱齿轮减速器　(见图20-1)

(2) 双级展开式圆柱齿轮减速器(嵌入式轴承端盖)　(见图20-2)

(3) 双级展开式圆柱齿轮减速器(凸缘式轴承端盖)　(见图20-3)

(4) 同轴式圆柱齿轮减速器(焊接箱体)　(见图20-4)

(5) 锥-圆柱齿轮减速器　(见图20-5)

(6) 上置式蜗杆减速器　(见图20-6)

(7) 下置式蜗杆减速器　(见图20-7)

(8) 整体式蜗杆减速器　(见图20-8)

(9) 蜗杆齿轮减速器　(见图20-9)

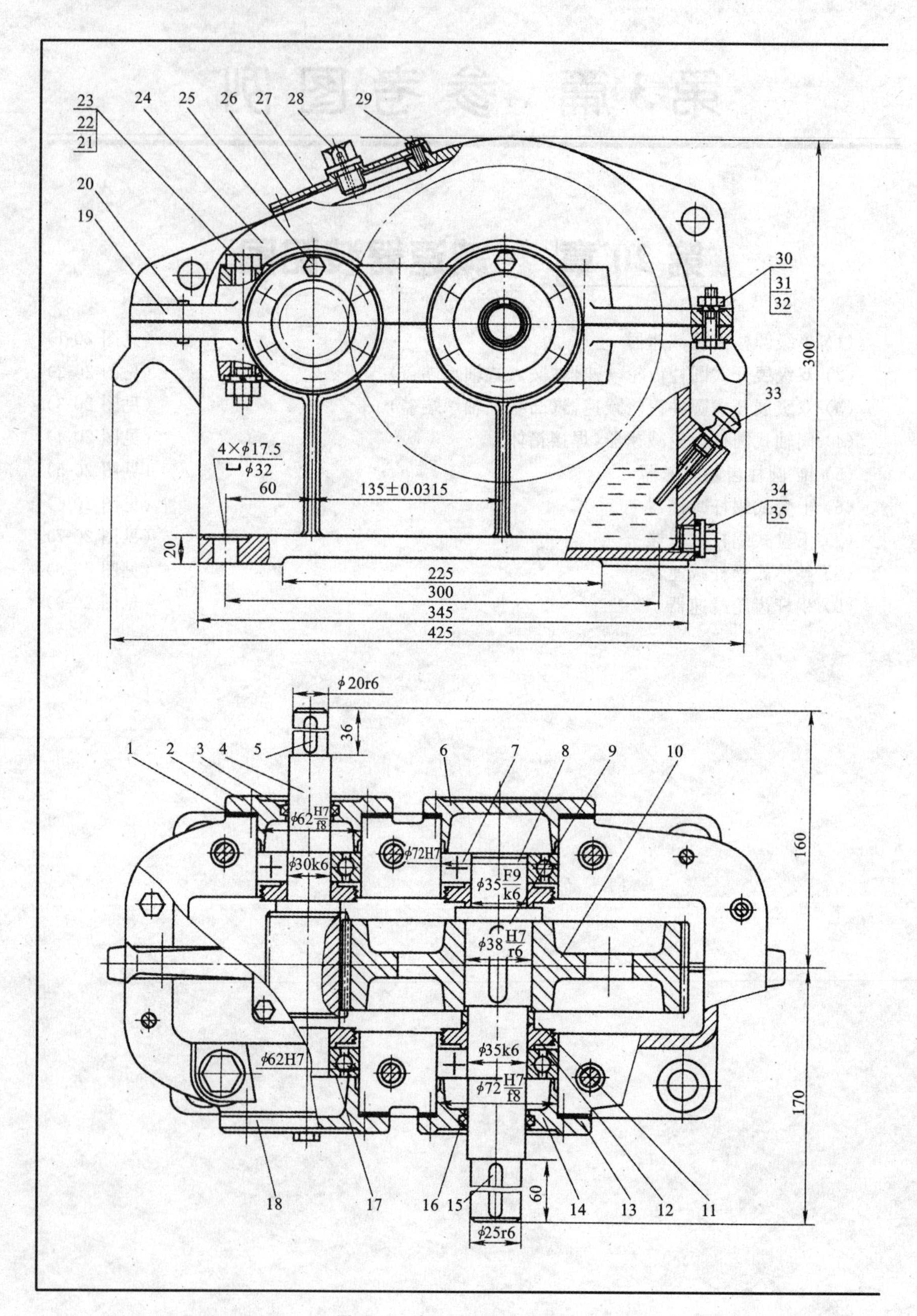

图 20-1　单级圆柱齿轮减速器

拆去检查孔盖组件

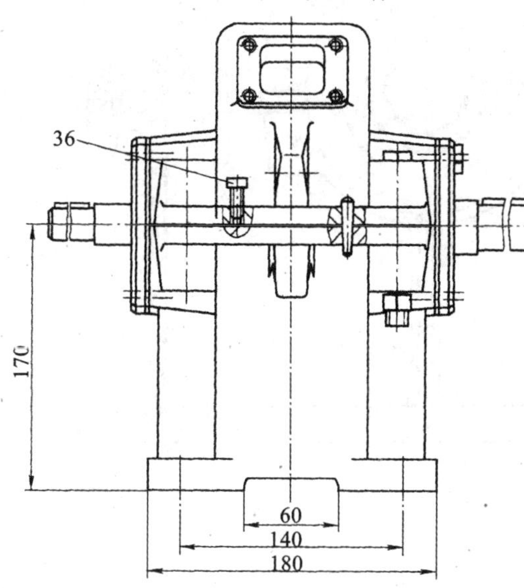

技术特性

功率/kW	高速轴转速/(r/min)	传动比
3.9	572	4.63

技术要求

1. 装配前，清洗所有零件，机体内壁涂防锈油漆。
2. 装配后，检查齿轮齿侧间隙j_{bnmin}=0.141 mm。
3. 检验齿面接触斑点，沿齿宽方向为50%，沿齿高方向为55%，必要时可研磨或刮后研磨，以改善接触情况。
4. 调整轴承轴向间隙0.2～0.3 mm。
5. 减速器的机体、密封处及剖分面不得漏油，剖分面可以涂密封漆或水玻璃，但不得使用垫片。
6. 机座内装L-AN68润滑油至规定高度；轴承用L-XACMGA3钠基脂润滑。
7. 机体表面涂灰色油漆。

注：本图是减速器设计的主要图样，还是设计零件工作图及装配、调试、维护减速器时的主要依据，因而，除了视图外还需要标注尺寸公差、零件编号、明细栏、技术要求和技术特性等。

序号	名称	数量	材料	备注
36	螺栓M10×35	1		GB/T 5783—2000 8.8级
35	螺塞M18×15	1	Q235	
34	垫片	1	Q235	
33	油标尺M12	1	石棉橡胶纸	
32	垫圈10	2	65Mn	GB/T 93—1987
31	螺母M10	2		GB/T 6170—2000 8级
30	螺栓M10×35	2		GB/T 5783—2000 8.8级
29	螺栓M5×16	4		GB/T 5782—2000 8.8级
28	通气器	1	Q235	
27	窥视孔盖	1	Q235	
26	垫片	1	石棉橡胶纸	
25	螺栓M8×25	24		GB/T 5782—2000 8.8级
24	机盖	1	HT200	
23	螺栓M12×100	6		GB/T 5782—2000 8.8级
22	螺母M12	6		GB/T 6170—2000 8级
21	垫圈12	6	65Mn	GB/T 93—1987
20	销6×30	2	35	GB/T 117—2000
19	机座	1	HT200	
18	轴承端盖	1	HT200	
17	轴承6206	2		GB/T 276—1994
16	毡圈油封30	1	半粗羊毛毡	
15	键8×7×56	1	45	GB/T 1096—2003
14	轴承端盖	1	HT200	
13	调整垫片	2组	08F	成组
12	挡油环	2	Q235	
11	套筒	1	Q235	
10	大齿轮	1	45	$m=2$，$z=111$
9	键10×8×45	1	45	GB/T 1096—2003
8	轴	1	45	
7	轴承6207	2		GB/T 276—1994
6	轴承端盖	1	HT200	
5	键6×6×28	1	45	GB/T 1096—2003
4	齿轮轴	1	45	$m=2$，$z=24$
3	毡圈油封25	1	半粗羊毛毡	
2	轴承端盖	1	HT200	
1	调整垫片	2组	08F	成组

一级圆柱齿轮减速器		比例	图号	重量	共　张
					第　张
设计	年　月	机械设计 课程设计		(校　名) (班　名)	
绘图					
审核					

续图 20-1

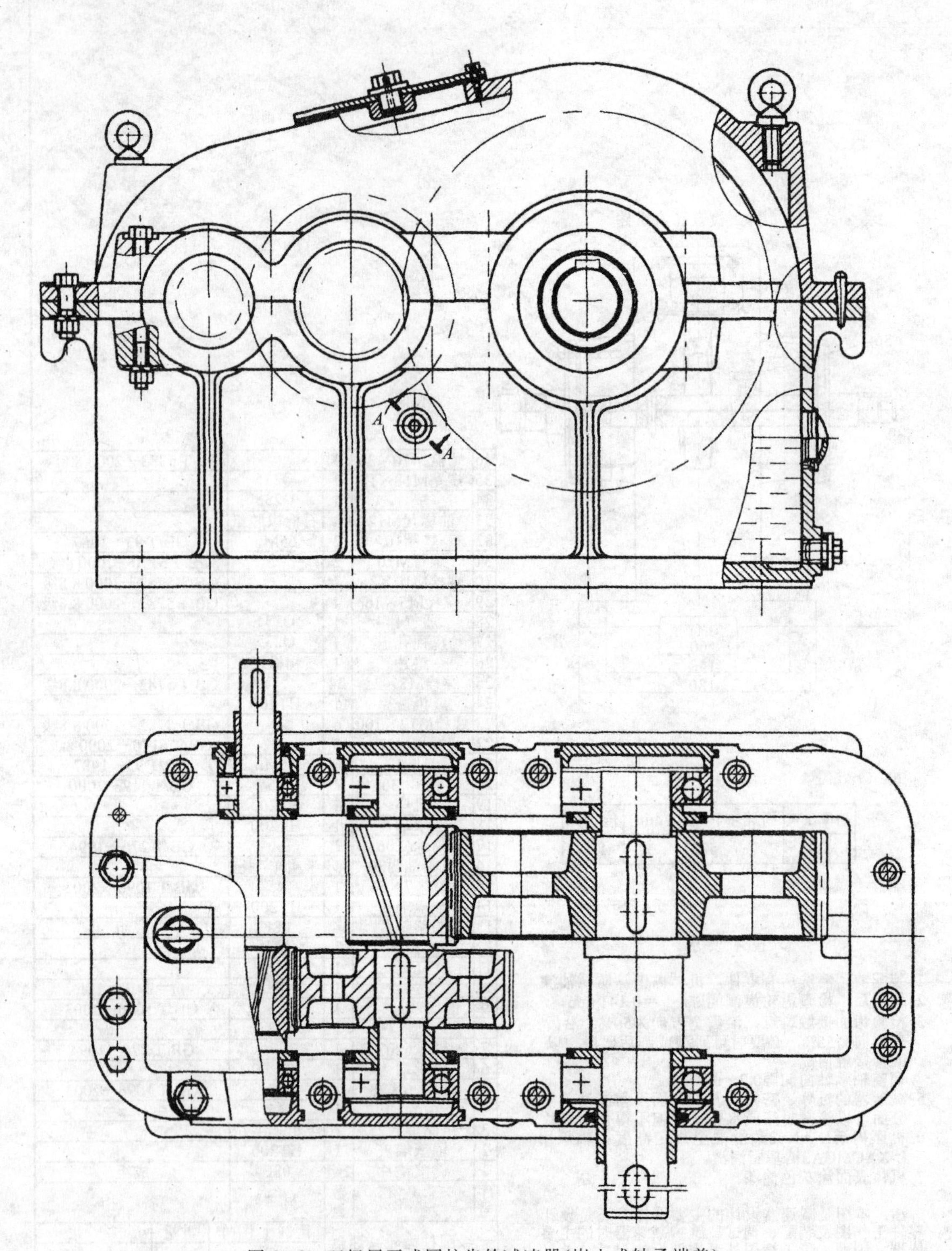

图 20-2　双级展开式圆柱齿轮减速器(嵌入式轴承端盖)

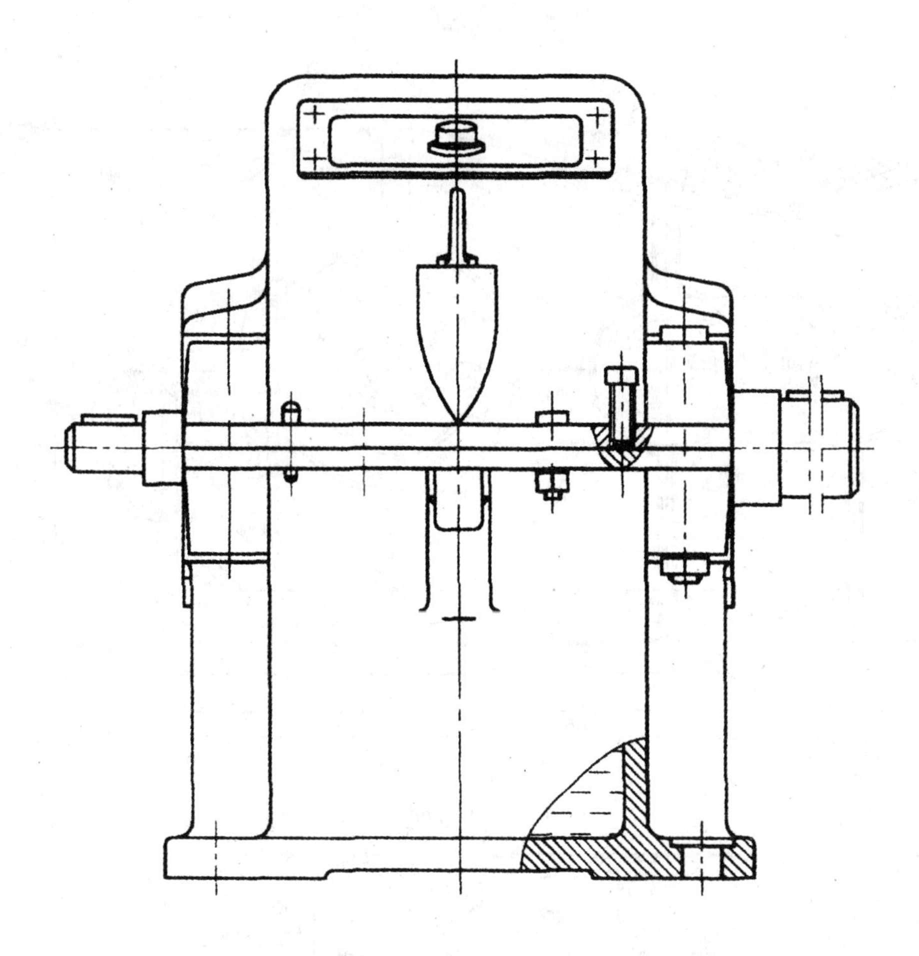

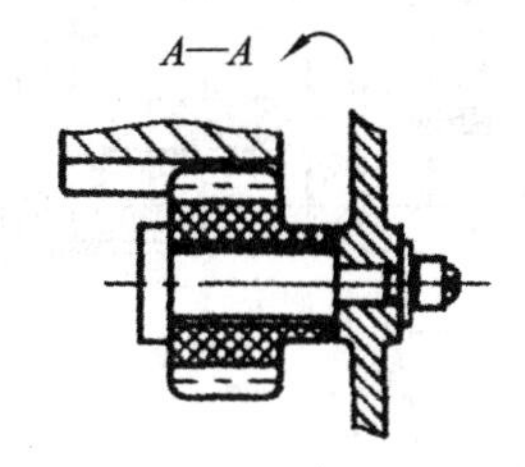

结构特点

本图所示为展开式两级圆柱齿轮减速器。两级圆柱齿轮减速器的不同分配方案，将影响减速器的重量，外观尺寸及润滑状况。本图所示结构能实现较大的传动比。A—A剖视图上的小齿轮为第一级两个齿轮的润滑而设置的。采用嵌入式端盖，结构简单，用垫片调整轴承的间隙。各轴承采用脂润滑，用封油盘防止稀油溅入轴承。

续图 20-2

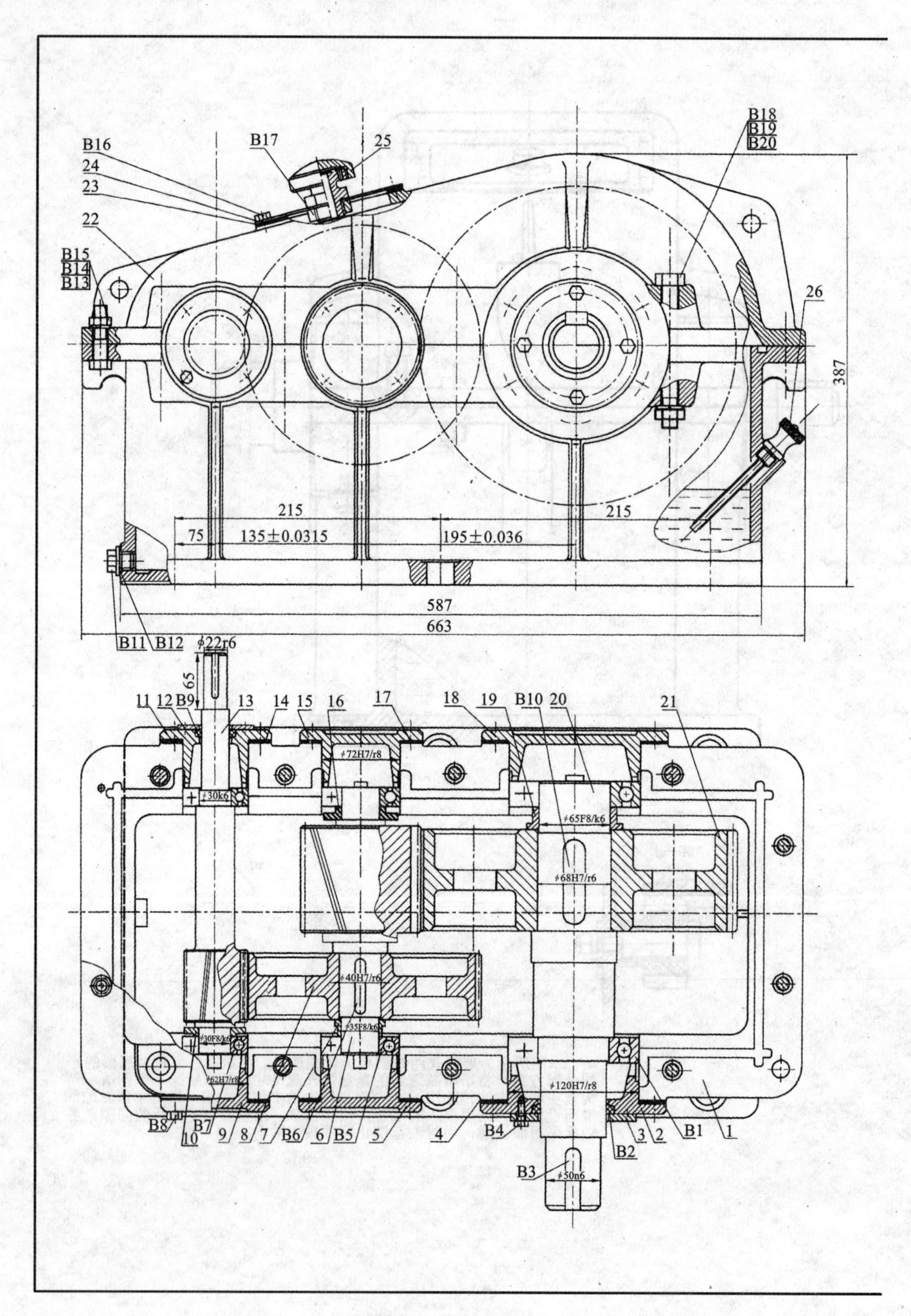

图 20-3　双级展开式圆柱齿轮减速器（凸缘式轴承端盖）

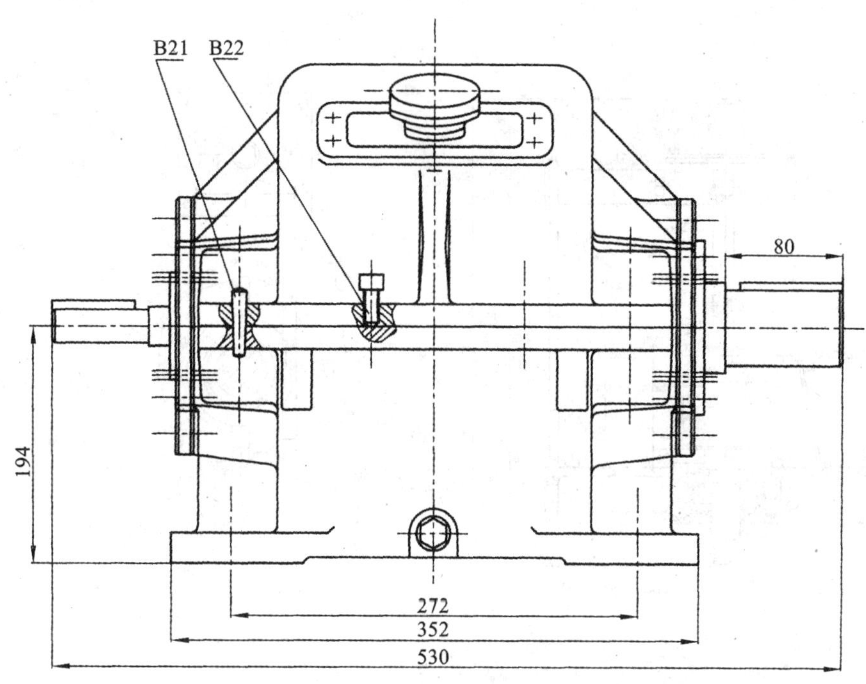

技术特性

输入功率/kW	输入轴转速/(r/min)	效率 η	总传动比 i	传动特性			
				第一级		第二级	
				m_n	β	m_n	β
3	480	0.96	24	2.5	13°32′24″	4	13°27′32″

13

技术要求

1. 装配前，箱体与其他铸件不加工面应清理干净，除去毛边、毛刺，并浸涂防锈液。
2. 零件在装配前用煤油清洗，轴承用汽油清洗干净，晾干后表面应涂油。
3. 齿轮装配后，应用涂色法检查接触斑点，圆柱齿轮延齿高不小于40%，延齿长不小于50%。
4. 调整，固定轴承时应留有轴向间隙0.2～0.5 mm。
5. 减速器内装N220工业齿轮油，油量达到规定深度。
6. 箱体内壁涂耐油油漆，减速器外表面涂灰色油漆。
7. 减速器剖分面，各接触面及密封处均不允许漏油，箱体剖分面应涂以密封胶或水玻璃，不允许使用其他任何填充物。
8. 按试验规程进行试验。

序号	零件名称	数量	材料	规格及标准代号	备注
26	油标尺	1	Q235		
25	通气器	1	Q235	M18×1.5	
24	窥视孔盖	1	Q235		
23	密封垫	1	石棉橡胶纸		
22	上箱盖	1	HT200		
21	大齿轮	1	45		
20	低速轴	1	45		
19	套筒	1	Q235		
18	轴承盖	1	HT200		
17	调整垫片	2组	08F		
16	挡油盘	1	O235		
15	轴承盖	1	HT200		
14	调整垫片	2组	08F		
13	高速轴	1	45		
12	密封圈盖	1	Q235		
11	轴承盖	1	HT200		
10	挡油盘	1	Q235		
9	轴承盖	1	HT200		
8	大齿轮	1	45		
7	套筒	1	Q235		
6	中间轴	1	45		
5	轴承盖	1	HT200		
4	调整垫片	2组	08F		
3	密封圈盖	1	Q235		
2	轴承盖	1	HT200		
1	箱座	1	HT200		

序号	名称	数量	材料	规格及标准代号	备注
B22	启盖螺钉	1	Q235	M12×30 GB/T5782—2000	
B21	销	2	35	A12×30 GB/T117—2000	
B20	垫圈	8	65Mn	16 GB/T93—1987	
B19	螺母	8	Q235	M16 GB/T6170—2000	
B18	螺栓	8	Q235	M16×130 GB5782—2000	
B17	螺母	1	Q235	M22×1.5 GB/T6170—2000	
B16	螺钉	1	Q235	M5×16 GB5782—2000	
B15	垫圈	4	65Mn	12 GB/T93—1987	
B14	螺母	4	Q235	M12 GB/T6170—2000	
B13	螺栓	4	Q235	M12×50 GB/T5782—2000	
B12	封油垫圈	1	石棉橡胶纸		
B11	外六角螺塞	1	Q235	M20×1.5 JB/ZQ4450—1997	
B10	键	1	45	20×80 GB/T1096—2003	
B9	J型油封	1	橡胶	30×55×12 HG4—338—1996	
B8	螺钉	24	Q235	M8×20 GB/T5872—2000	
B7	深沟球轴承	2		6206 GB/T276—1994	
B6	键	1	45	12×50 GB/T1096—2003	
B5	深沟球轴承	2		6207 GB/T276—1994	
B4	螺钉	4	Q235	M5×10 GB/T5872—2000	
B3	键	1	45	C14×56 GB/T1096—2003	
B2	J型油封	1	橡胶	65×90×12 HG4—338—1996	
B1	深沟球轴承	2		6213 GB/T276—1994	备注

二级展开式圆柱齿轮减速器		比例		图号	
		数量		重量	
设计		(日期)	机械设计课程设计	(校名)	
审核		(日期)		(班级)	

续图 20-3

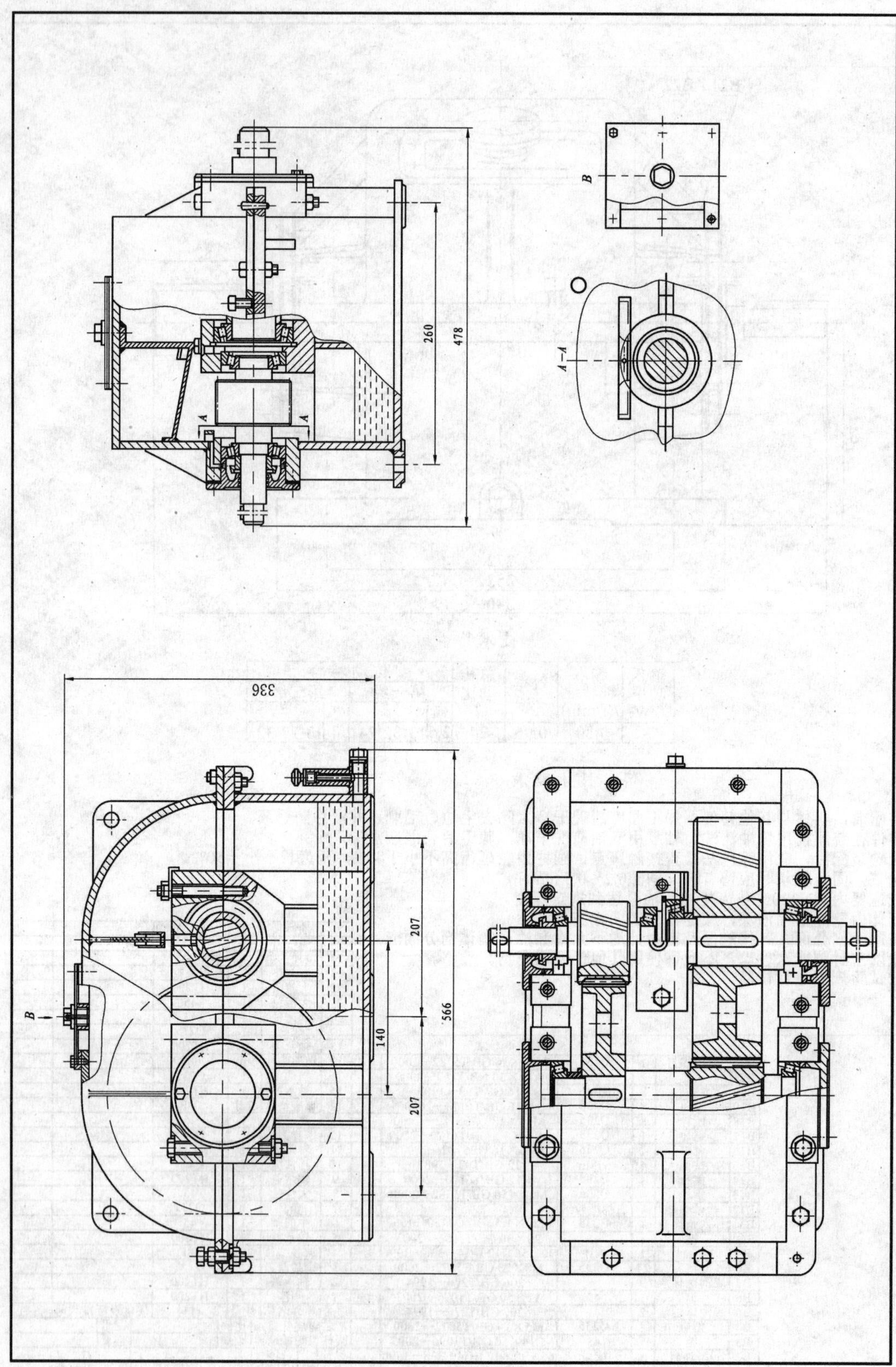

图 20-4　同轴式圆柱齿轮减速器（焊接箱体）

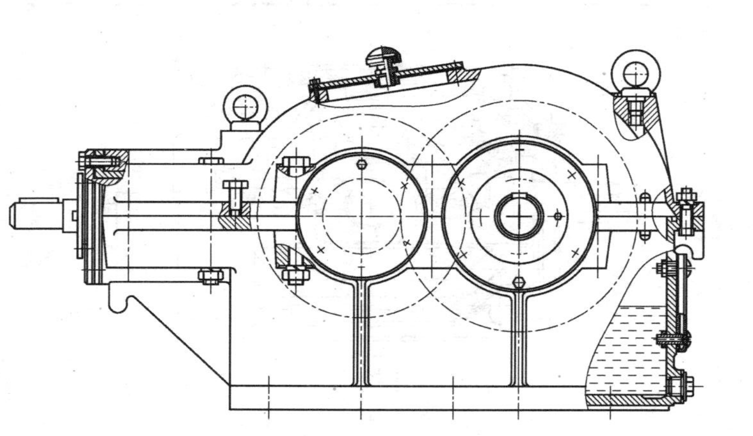

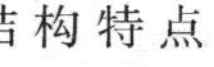

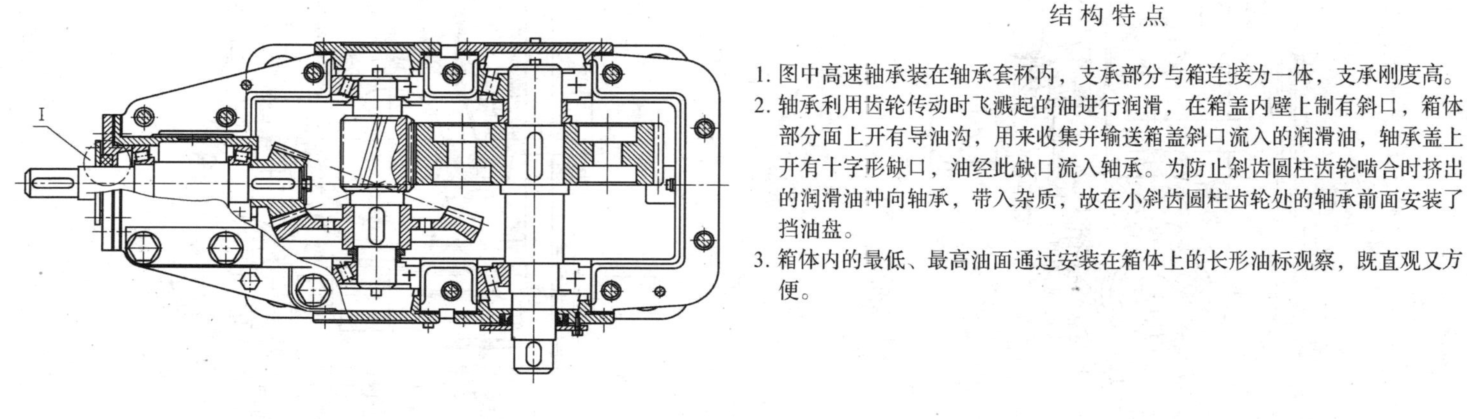

结构特点

1. 图中高速轴承装在轴承套杯内，支承部分与箱连接为一体，支承刚度高。
2. 轴承利用齿轮传动时飞溅起的油进行润滑，在箱盖内壁上制有斜口，箱体部分面上开有导油沟，用来收集并输送箱盖斜口流入的润滑油，轴承盖上开有十字形缺口，油经此缺口流入轴承。为防止斜齿圆柱齿轮啮合时挤出的润滑油冲向轴承，带入杂质，故在小斜齿圆柱齿轮处的轴承前面安装了挡油盘。
3. 箱体内的最低、最高油面通过安装在箱体上的长形油标观察，既直观又方便。

图 20-5　锥-圆柱齿轮减速器

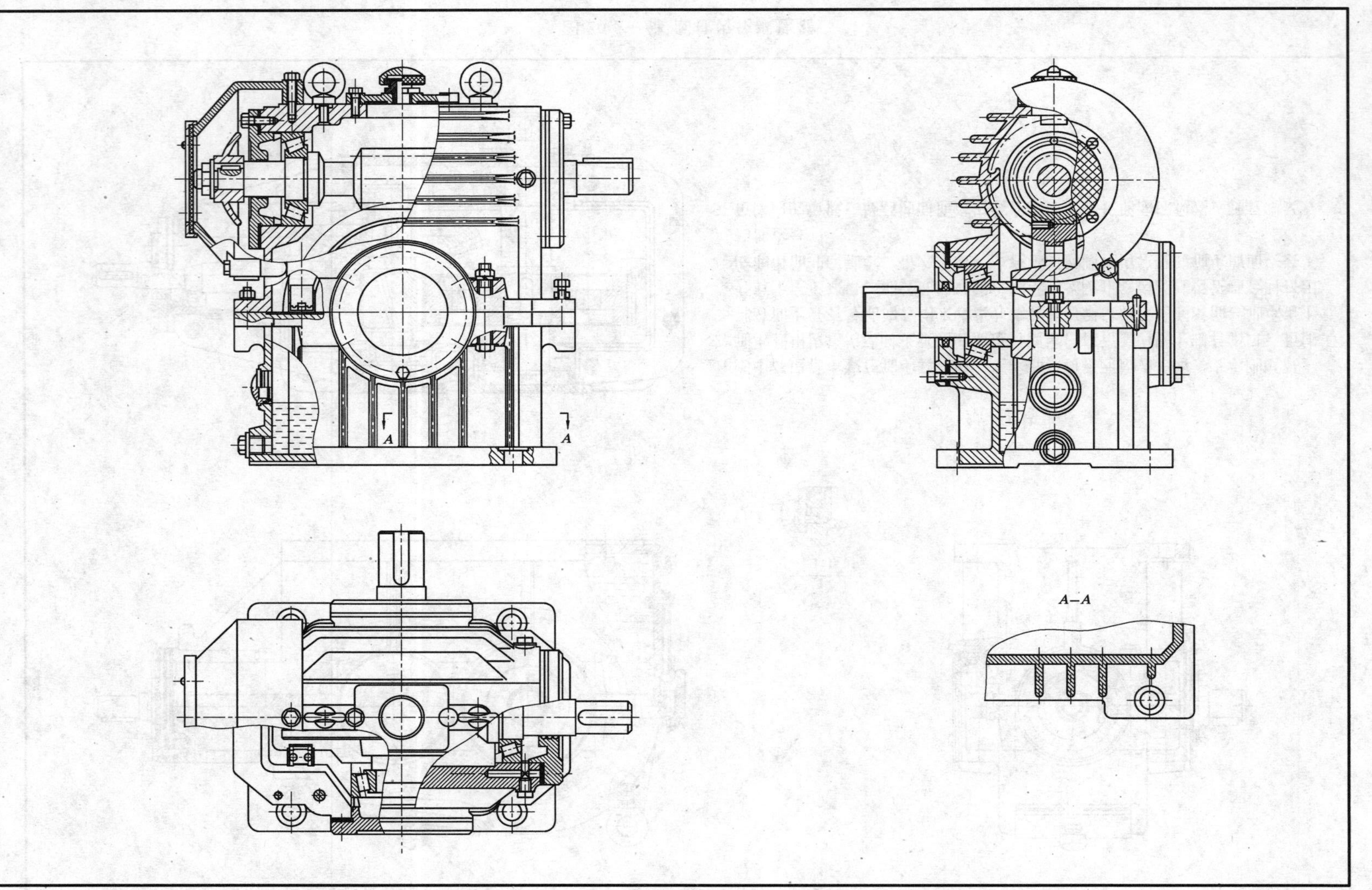

图 20-6　上置式蜗杆减速器

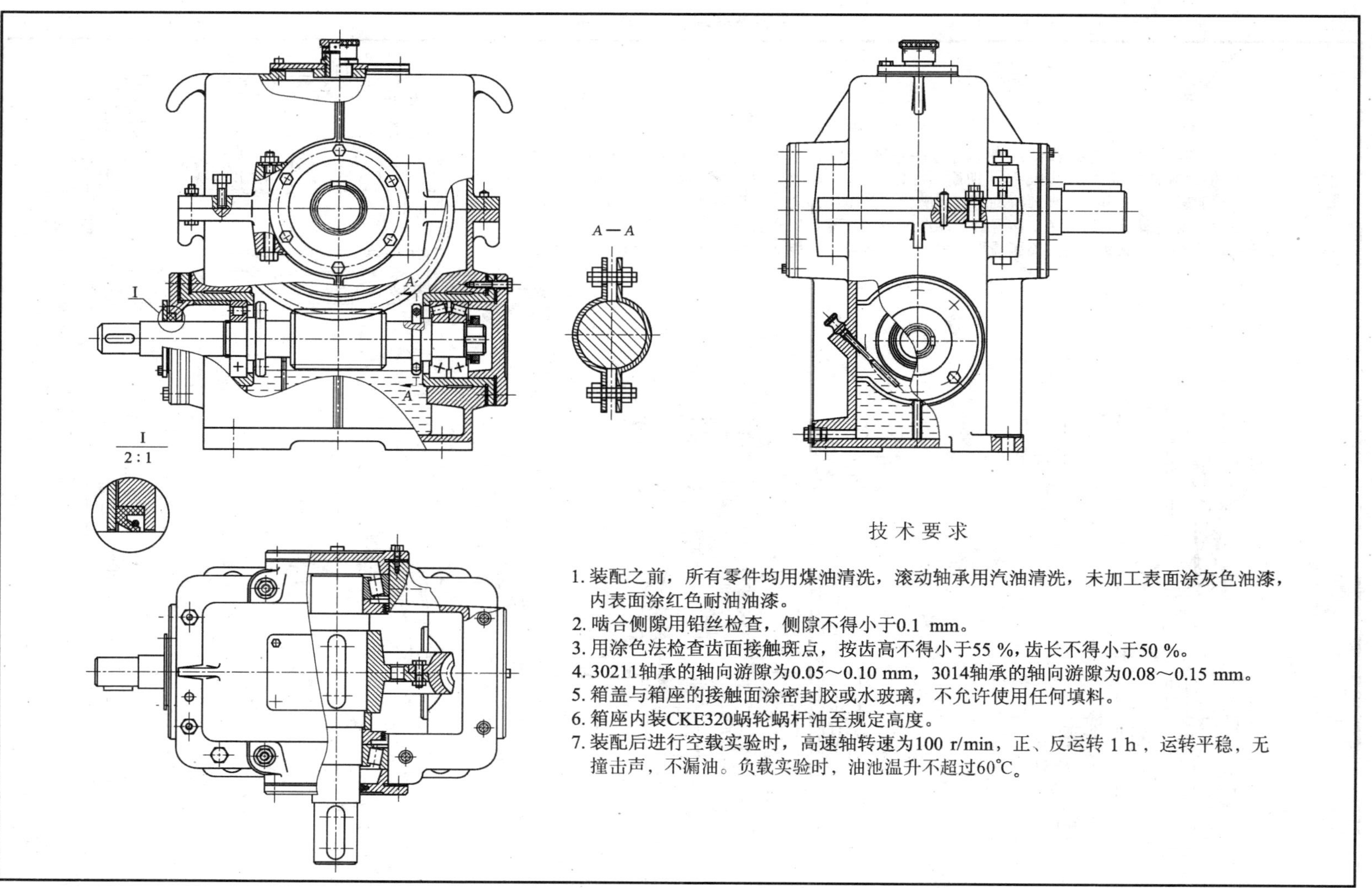

图 20-7　下置式蜗杆减速器

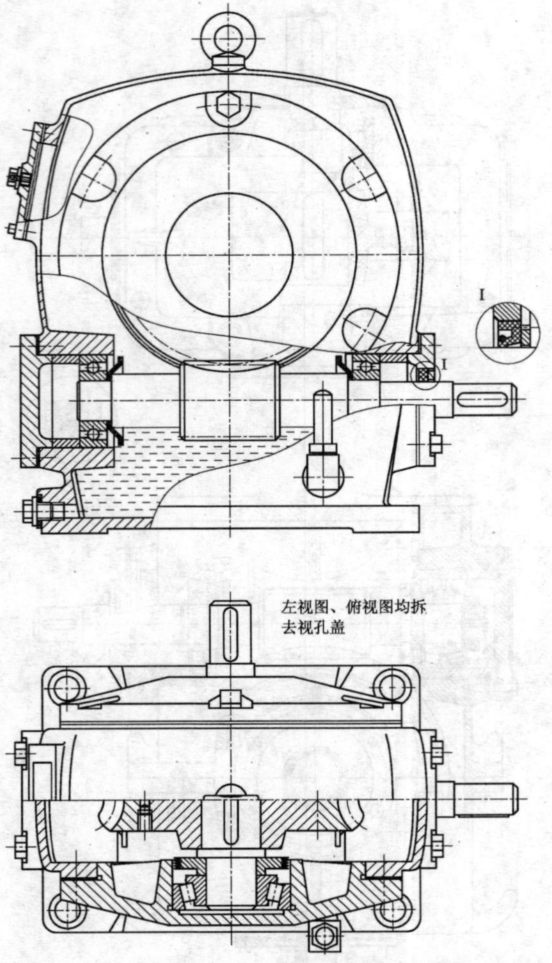

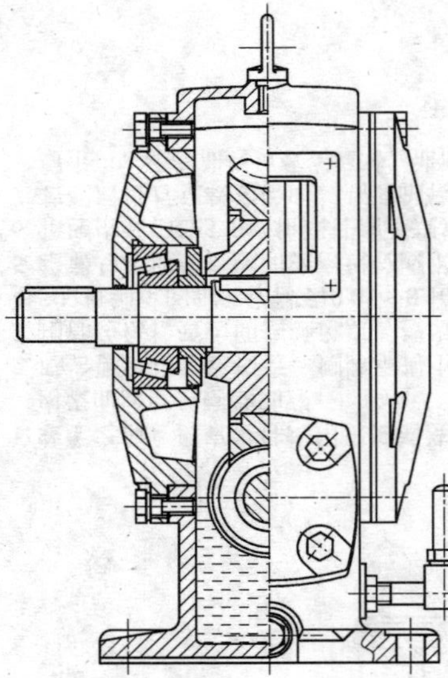

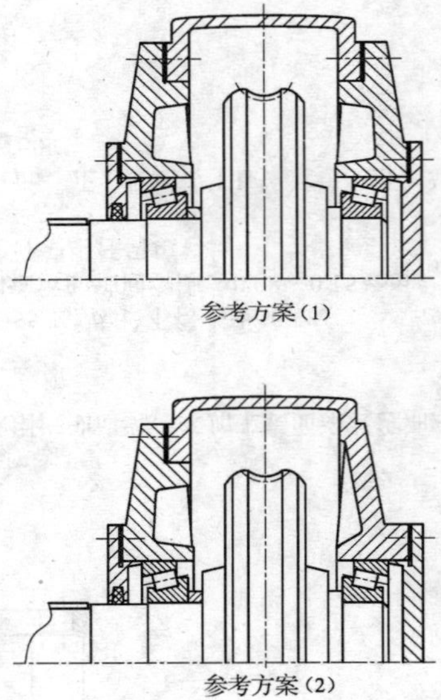

结构特点

整体式蜗杆减速器的结构特点是线条流畅，造型美观，结构紧凑。蜗轮轴的轴承安装在两个大端盖上，蜗轮轴的轴向位置及轴承间隙的调整是通过大端盖与机体间的垫片来实现的。蜗轮与机体顶部之间必须有足够的距离，以利于安装时抬起蜗轮。由于导入稀油困难，所以蜗轮轴的轴承通常采用脂润滑。参考方案（1）中增加了两个轴承盖，便于调整轴承间隙，但零件增多，结构复杂。参考方案（2）中只有一个大端盖，结构简单，但安装困难。

图 20-8　整体式蜗杆减速器

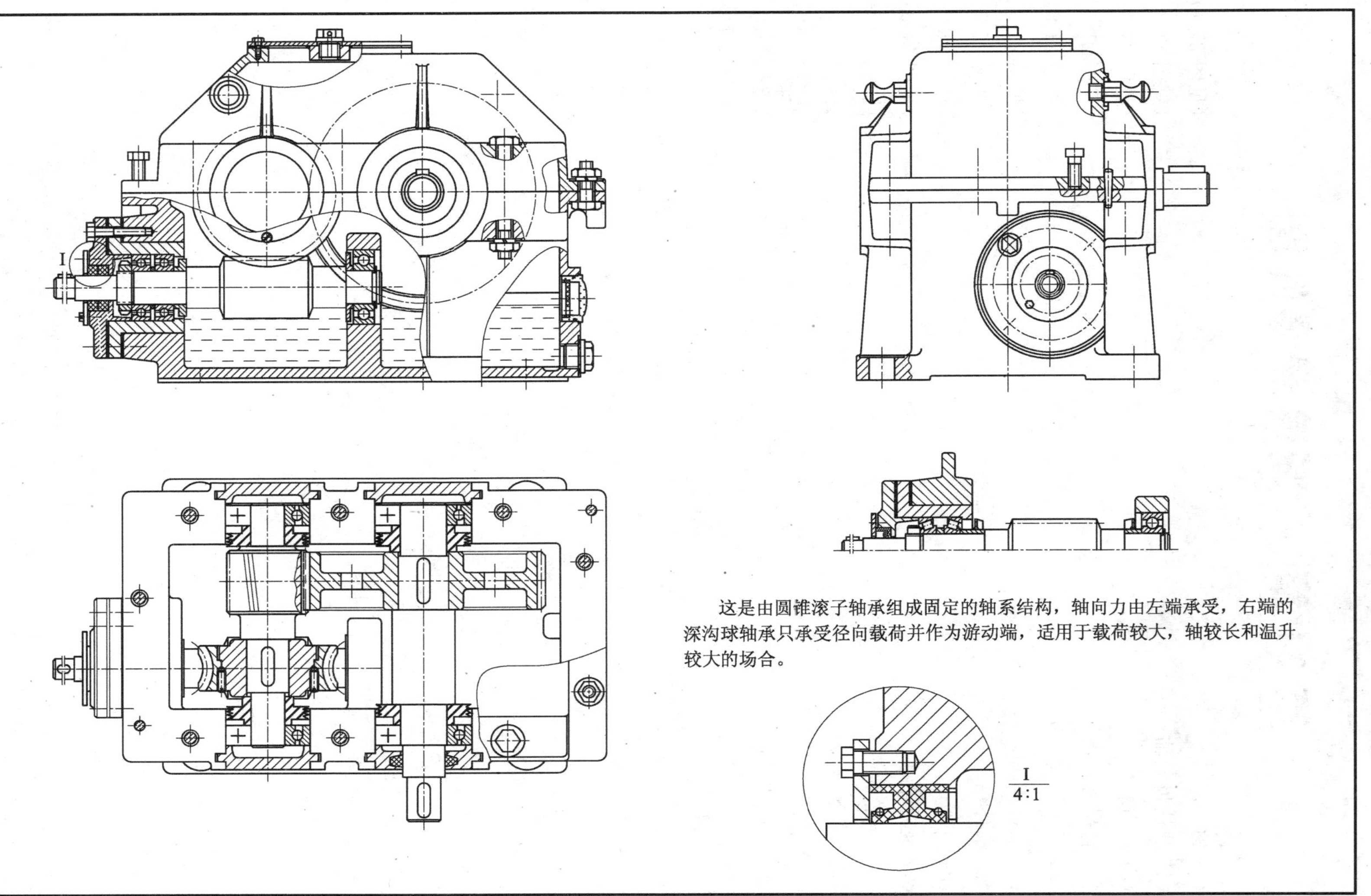

这是由圆锥滚子轴承组成固定的轴系结构，轴向力由左端承受，右端的深沟球轴承只承受径向载荷并作为游动端，适用于载荷较大，轴较长和温升较大的场合。

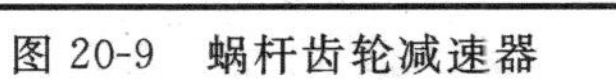
图 20-9 蜗杆齿轮减速器

第 21 章　减速器零件图

(1) 轴　(见图 21-1)
(2) 圆柱齿轮轴　(见图 21-2)
(3) 锥齿轮轴　(见图 21-3)
(4) 直齿圆柱齿轮　(见图 21-4)
(5) 斜齿圆柱齿轮　(见图 21-5)
(6) 大锥齿轮　(见图 21-6)
(7) 蜗杆　(见图 21-7)
(8) 蜗轮　(见图 21-8)
(9) 蜗轮轮缘　(见图 21-9)
(10) 蜗轮轮芯　(见图 21-10)
(11) 箱盖　(见图 21-11)
(12) 箱座　(见图 21-12)
(13)带轮工作图　(见图 21-13)
(14)链轮工作图　(见图 21-14)

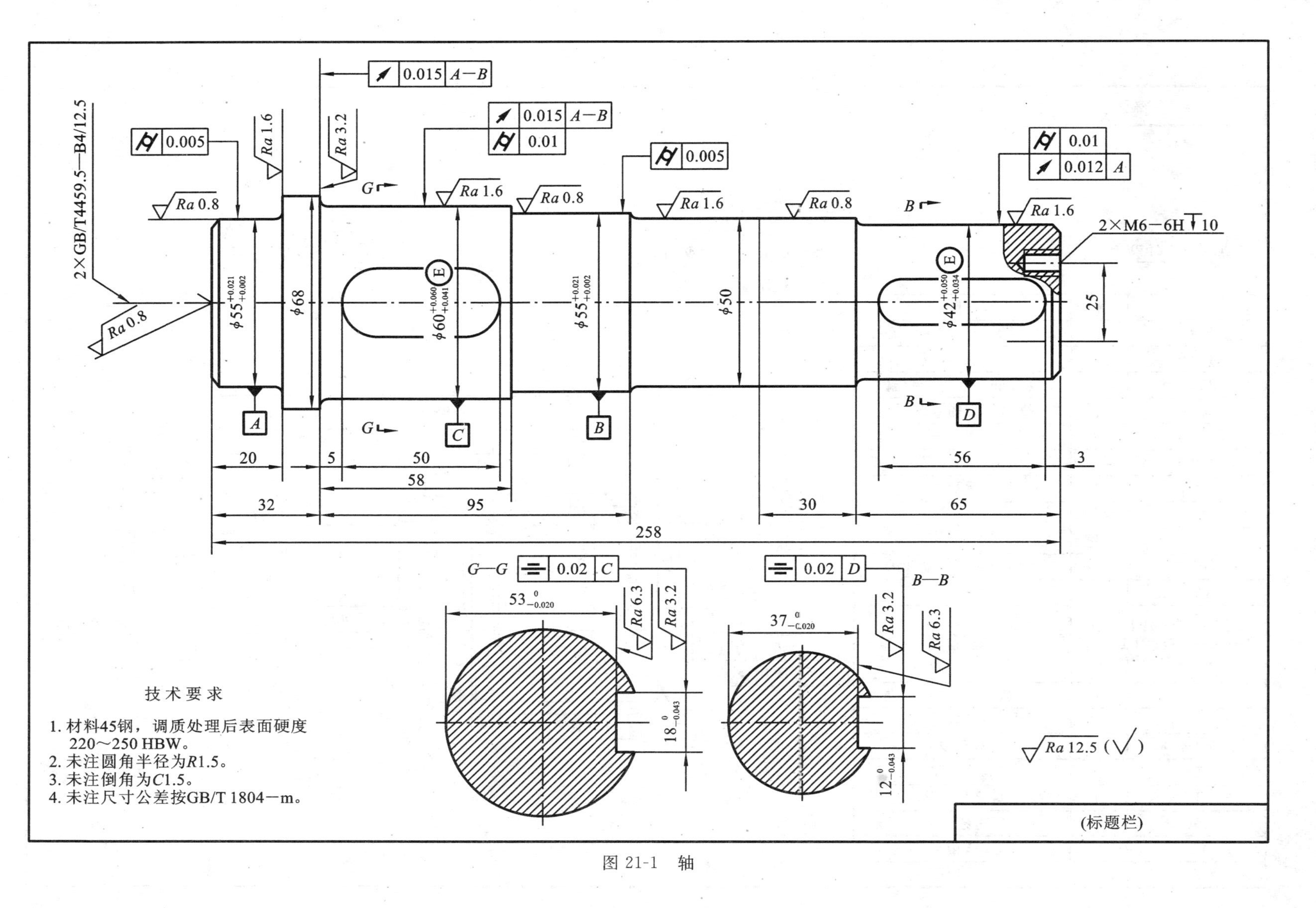
2×GB/T4459.5—B4/12.5
2×M6—6H↧10
G—G
B—B
258
技术要求
1. 材料45钢，调质处理后表面硬度
220～250 HBW。
2. 未注圆角半径为R1.5。
3. 未注倒角为C1.5。
4. 未注尺寸公差按GB/T 1804—m。
Ra 12.5 (√)
(标题栏)

图 21-1 轴

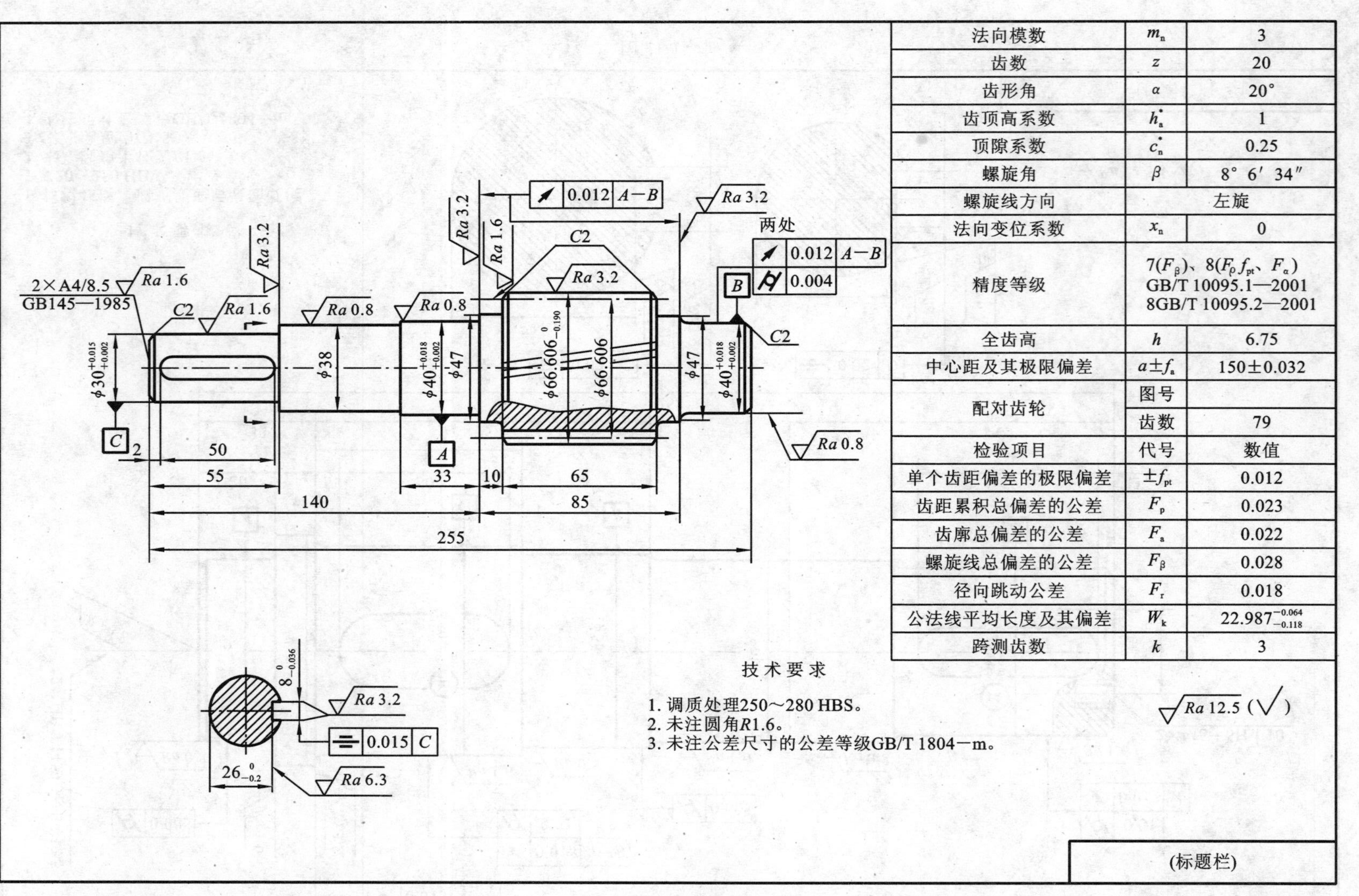

法向模数	m_n	3
齿数	z	20
齿形角	α	20°
齿顶高系数	h_a^*	1
顶隙系数	c_n^*	0.25
螺旋角	β	8° 6′ 34″
螺旋线方向	左旋	
法向变位系数	x_n	0
精度等级	$7(F_\beta)$、$8(F_p f_{pt}$、$F_\alpha)$ GB/T 10095.1—2001 8GB/T 10095.2—2001	
全齿高	h	6.75
中心距及其极限偏差	$a \pm f_a$	150±0.032
配对齿轮	图号	
	齿数	79
检验项目	代号	数值
单个齿距偏差的极限偏差	$\pm f_{pt}$	0.012
齿距累积总偏差的公差	F_p	0.023
齿廓总偏差的公差	F_α	0.022
螺旋线总偏差的公差	F_β	0.028
径向跳动公差	F_r	0.018
公法线平均长度及其偏差	W_k	$22.987^{-0.064}_{-0.118}$
跨测齿数	k	3

技术要求

1. 调质处理250～280 HBS。
2. 未注圆角$R1.6$。
3. 未注公差尺寸的公差等级GB/T 1804－m。

图 21-2　圆柱齿轮轴

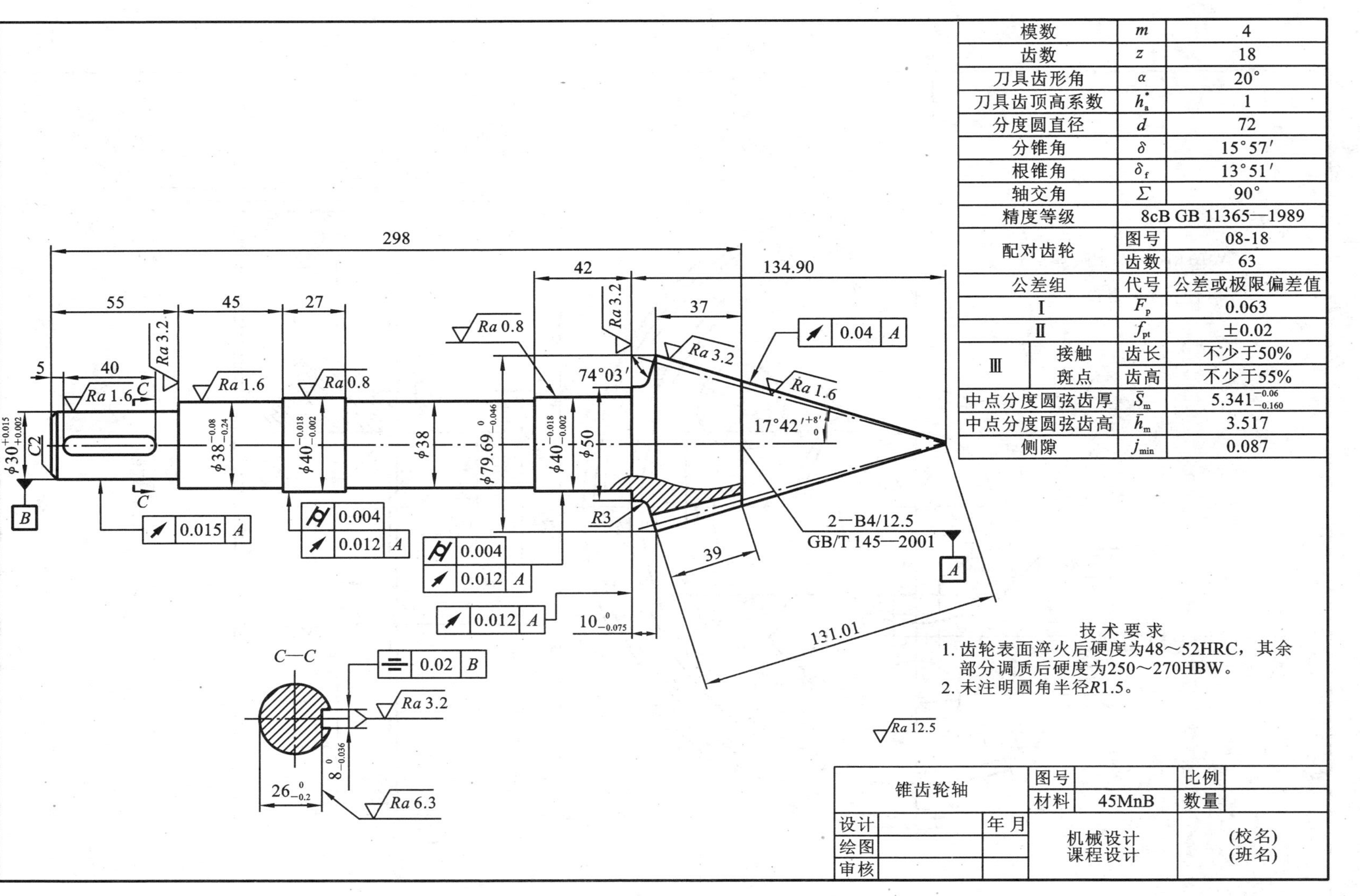
模数 | m | 4
齿数 | z | 18
刀具齿形角 | α | 20°
刀具齿顶高系数 | h_a^* | 1
分度圆直径 | d | 72
分锥角 | δ | 15°57′
根锥角 | $δ_f$ | 13°51′
轴交角 | Σ | 90°
精度等级 | 8cB GB 11365—1989
配对齿轮 | 图号 | 08-18
齿数 | 63
公差组 | 代号 | 公差或极限偏差值
Ⅰ | F_p | 0.063
Ⅱ | f_{pt} | ±0.02
Ⅲ | 接触斑点 | 齿长 | 不少于50%
齿高 | 不少于55%
中点分度圆弦齿厚 | $\bar{S}_m$ | $5.341_{-0.160}^{-0.06}$
中点分度圆弦齿高 | $\bar{h}_m$ | 3.517
侧隙 | j_{min} | 0.087
技术要求
1. 齿轮表面淬火后硬度为48～52HRC，其余部分调质后硬度为250～270HBW。
2. 未注明圆角半径R1.5。
Ra 12.5
锥齿轮轴
图号
材料
45MnB
比例
数量
设计
绘图
审核
年 月
机械设计课程设计
(校名)
(班名)
298
55
45
27
42
134.90
37
39
131.01
5
40
C2
74°03′
17°42′
R3
2—B4/12.5
GB/T 145—2001
Ra 1.6
Ra 3.2
Ra 0.8
Ra 6.3
0.04 A
0.004
0.012 A
0.015 A
0.02 B
ϕ38
ϕ50
C—C
A
B
C

图 21-3　圆柱齿轮轴

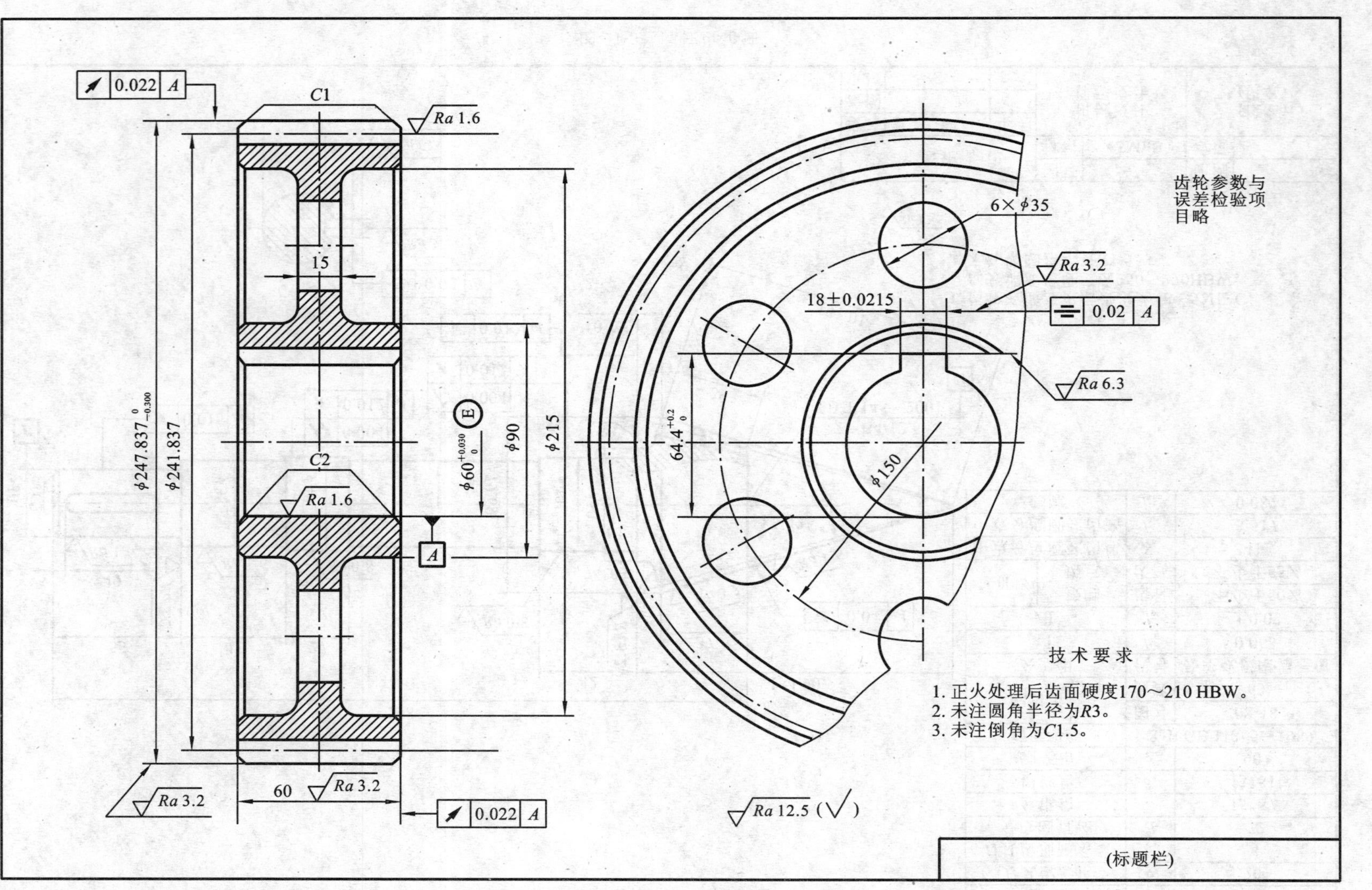
0.022 A
C1
Ra 1.6
15
ϕ247.837 0 −0.300
ϕ241.837
C2
Ra 1.6
ϕ60 +0.030 0 Ⓔ
ϕ90
ϕ215
A
Ra 3.2
60
Ra 3.2
0.022 A
6×ϕ35
Ra 3.2
18±0.0215
0.02 A
Ra 6.3
64.4 +0.2 0
ϕ150
Ra 12.5 (√)
齿轮参数与
误差检验项
目略
技术要求
1. 正火处理后齿面硬度170～210 HBW。
2. 未注圆角半径为R3。
3. 未注倒角为C1.5。
(标题栏)

图 21-4 直齿圆柱齿轮

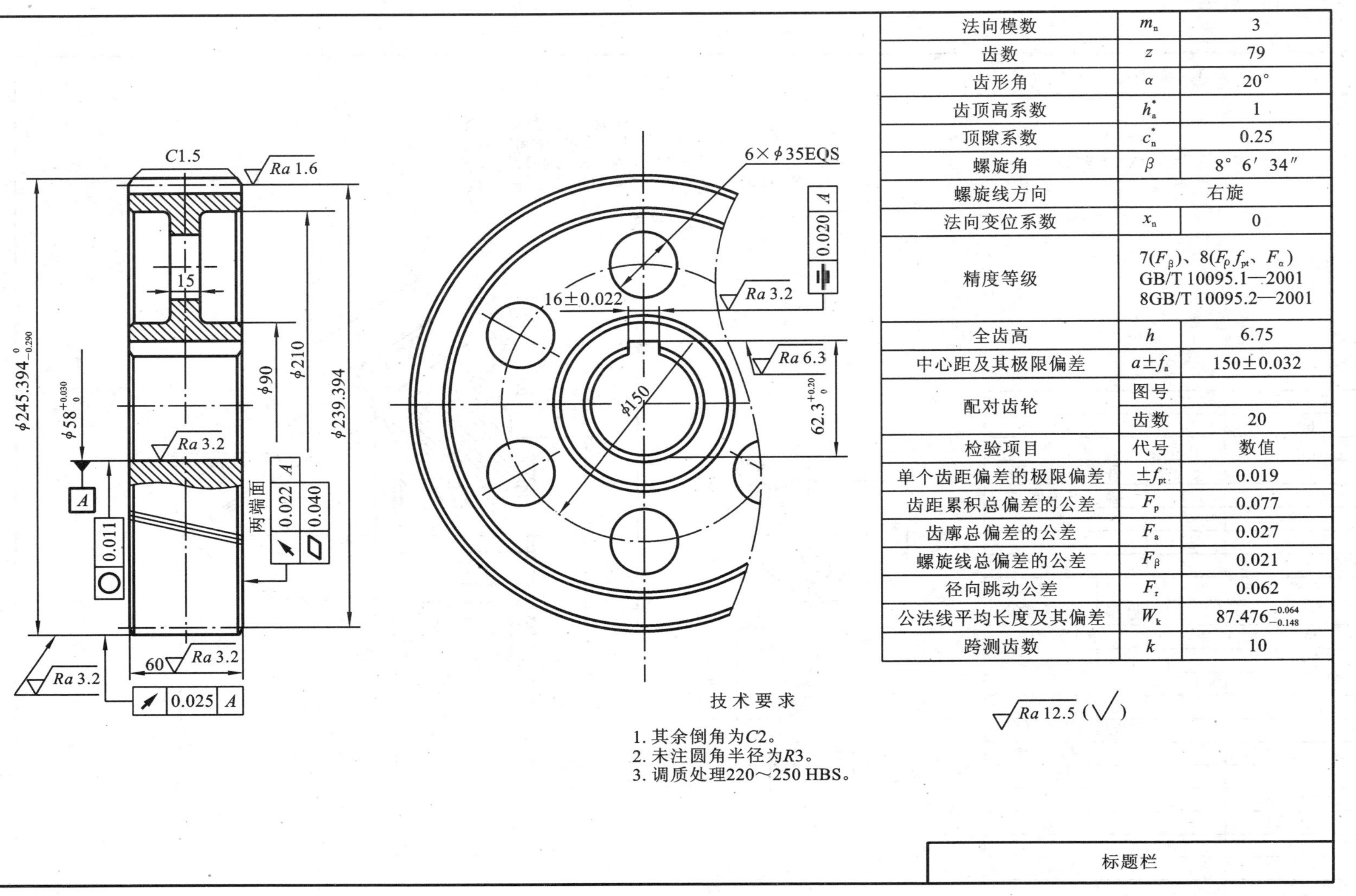

法向模数	m_n	3
齿数	z	79
齿形角	α	20°
齿顶高系数	h_a^*	1
顶隙系数	c_n^*	0.25
螺旋角	β	8° 6′ 34″
螺旋线方向	右旋	
法向变位系数	x_n	0
精度等级	7(F_β)、8($F_p f_{pt}$、F_α) GB/T 10095.1—2001 8GB/T 10095.2—2001	
全齿高	h	6.75
中心距及其极限偏差	$a \pm f_a$	150±0.032
配对齿轮	图号	
	齿数	20
检验项目	代号	数值
单个齿距偏差的极限偏差	$\pm f_{pt}$	0.019
齿距累积总偏差的公差	F_p	0.077
齿廓总偏差的公差	F_α	0.027
螺旋线总偏差的公差	F_β	0.021
径向跳动公差	F_r	0.062
公法线平均长度及其偏差	W_k	$87.476^{-0.064}_{-0.148}$
跨测齿数	k	10

图 21-5　斜齿圆柱齿轮

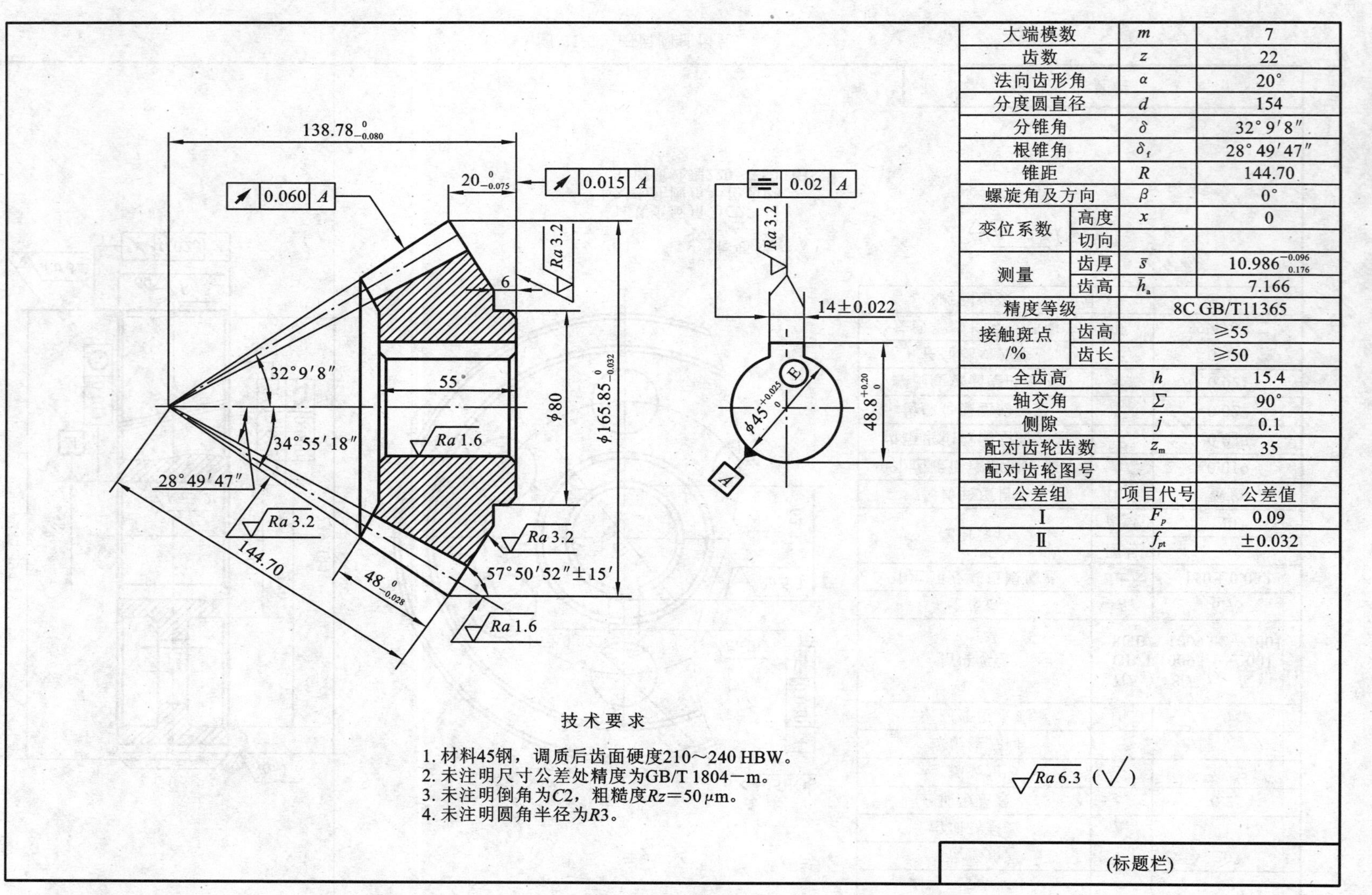

大端模数		m	7
齿数		z	22
法向齿形角		α	20°
分度圆直径		d	154
分锥角		δ	32°9′8″
根锥角		δ_f	28°49′47″
锥距		R	144.70
螺旋角及方向		β	0°
变位系数	高度	x	0
	切向		
测量	齿厚	$\bar{s}$	$10.986^{-0.096}_{-0.176}$
	齿高	$\bar{h}_a$	7.166
精度等级		8C GB/T11365	
接触斑点 /%	齿高	≥55	
	齿长	≥50	
全齿高		h	15.4
轴交角		Σ	90°
侧隙		j	0.1
配对齿轮齿数		z_m	35
配对齿轮图号			
公差组		项目代号	公差值
Ⅰ		F_p	0.09
Ⅱ		f_{pt}	±0.032

技术要求

1. 材料45钢，调质后齿面硬度210～240 HBW。
2. 未注明尺寸公差处精度为GB/T 1804－m。
3. 未注明倒角为$C2$，粗糙度Rz＝50 μm。
4. 未注明圆角半径为$R3$。

图 21-6　小锥齿轮

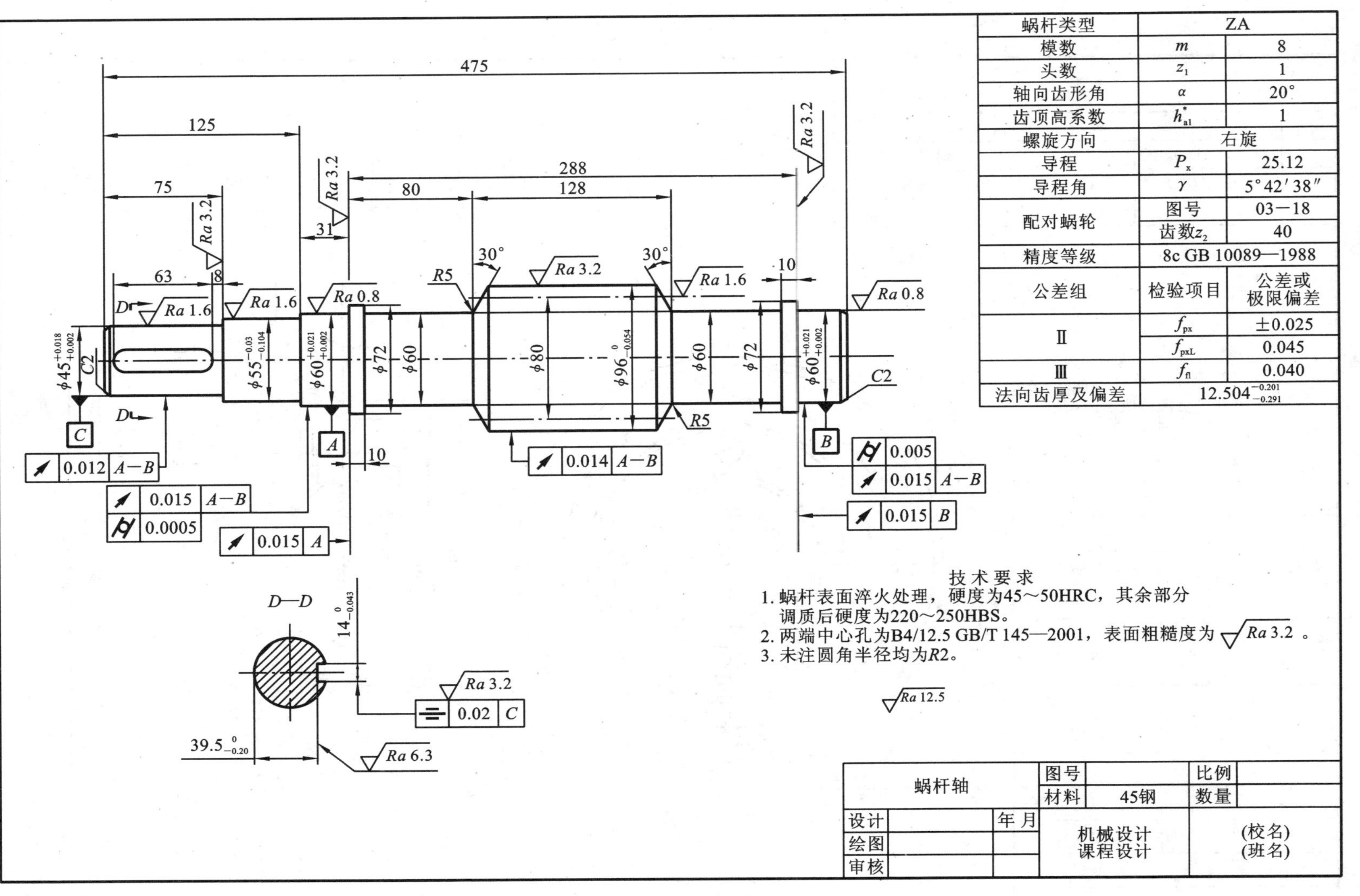
蜗杆类型 ZA
模数 m 8
头数 z1 1
轴向齿形角 α 20°
齿顶高系数 h*a1 1
螺旋方向 右旋
导程 Px 25.12
导程角 γ 5°42′38″
配对蜗轮 图号 03−18
齿数z2 40
精度等级 8c GB 10089—1988
公差组 检验项目 公差或极限偏差
Ⅱ fpx ±0.025
fpxL 0.045
Ⅲ ff1 0.040
法向齿厚及偏差 12.504 −0.201 −0.291
技术要求
1. 蜗杆表面淬火处理，硬度为45～50HRC，其余部分调质后硬度为220～250HBS。
2. 两端中心孔为B4/12.5 GB/T 145—2001，表面粗糙度为Ra 3.2。
3. 未注圆角半径均为R2。
Ra 12.5
D—D
蜗杆轴
图号
比例
材料
45钢
数量
设计
绘图
审核
年 月
机械设计
课程设计
(校名)
(班名)

图 21-7 蜗杆

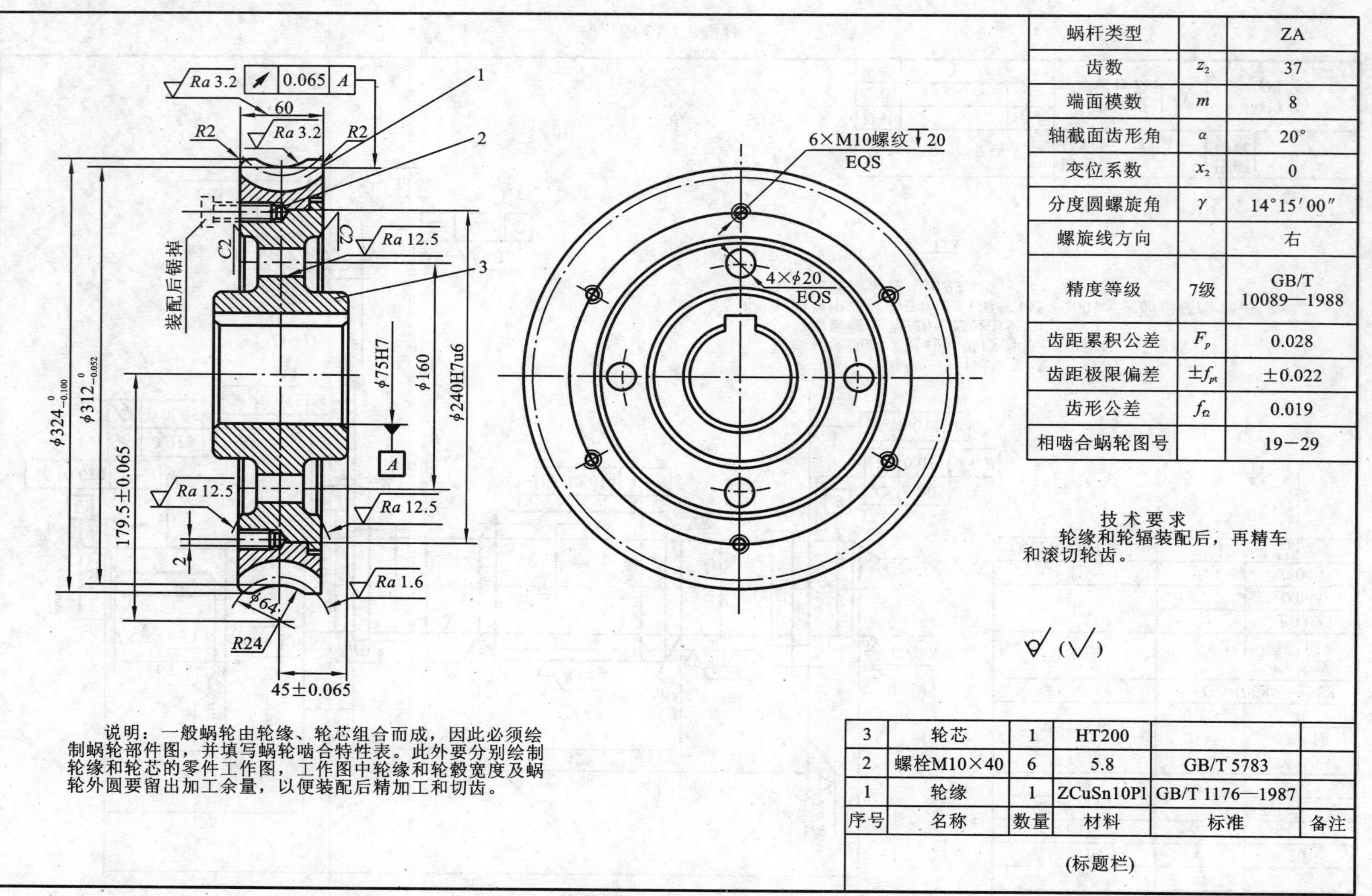
Ra 3.2
0.065 A
60
R2
Ra 3.2
R2
1
2
3
6×M10螺纹 20
EQS
4×ϕ20
EQS
装配后锯掉
C2
C2
Ra 12.5
ϕ75H7
ϕ160
ϕ240H7u6
ϕ324 0 -0.100
ϕ312 0 -0.052
179.5±0.065
A
Ra 12.5
Ra 12.5
2
Ra 1.6
ϕ64
R24
45±0.065
蜗杆类型 ZA
齿数 z_2 37
端面模数 m 8
轴截面齿形角 α 20°
变位系数 x_2 0
分度圆螺旋角 γ 14°15′00″
螺旋线方向 右
精度等级 7级 GB/T 10089—1988
齿距累积公差 F_p 0.028
齿距极限偏差 $\pm f_{pt}$ ±0.022
齿形公差 f_{f2} 0.019
相啮合蜗轮图号 19—29
技术要求
轮缘和轮辐装配后，再精车和滚切轮齿。
$\sqrt{}$ ($\sqrt{}$)
说明：一般蜗轮由轮缘、轮芯组合而成，因此必须绘制蜗轮部件图，并填写蜗轮啮合特性表。此外要分别绘制轮缘和轮芯的零件工作图，工作图中轮缘和轮毂宽度及蜗轮外圆要留出加工余量，以便装配后精加工和切齿。
3 轮芯 1 HT200
2 螺栓M10×40 6 5.8 GB/T 5783
1 轮缘 1 ZCuSn10Pl GB/T 1176—1987
序号 名称 数量 材料 标准 备注
(标题栏)
图 21-8　蜗轮

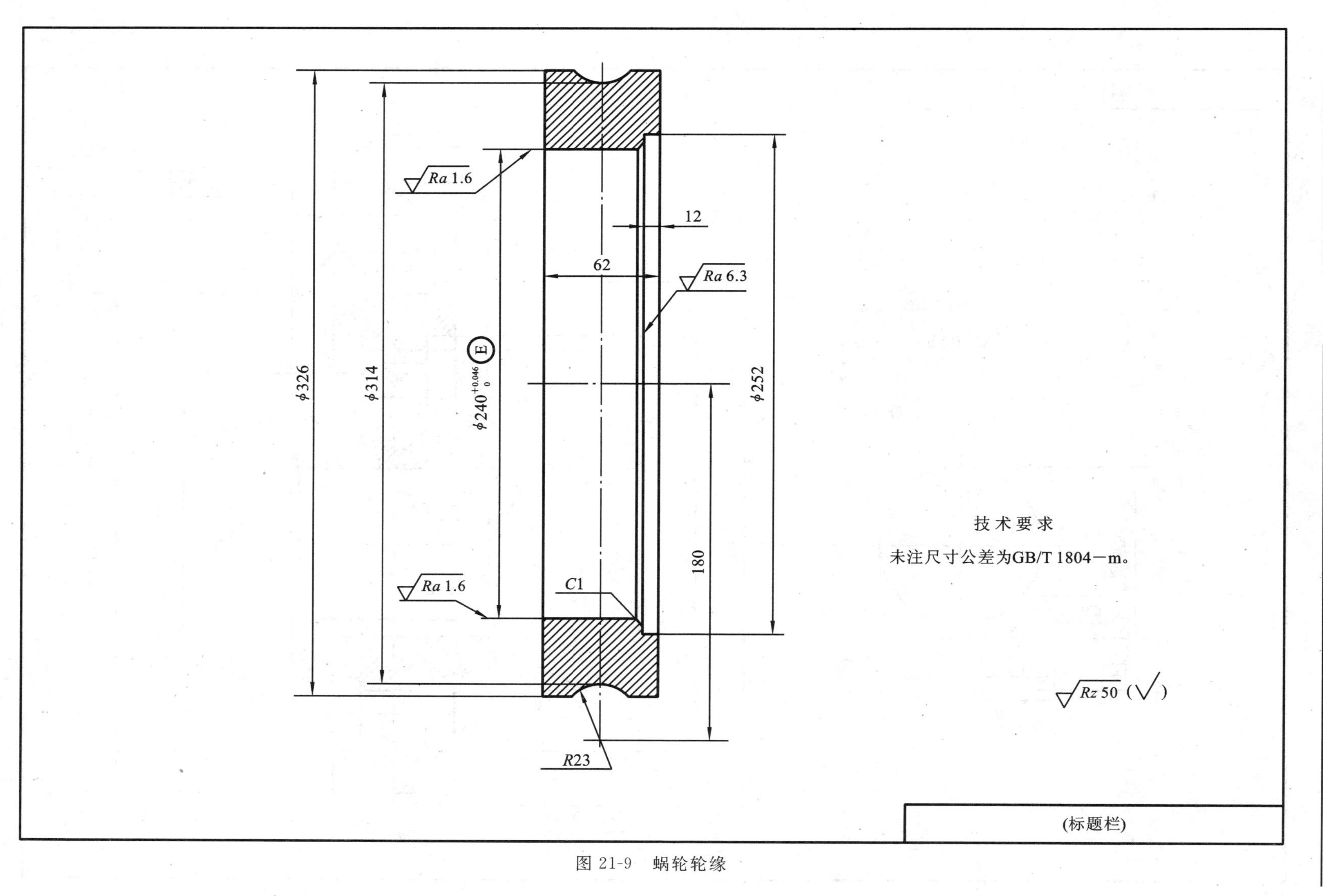
Ra 1.6
12
62
Ra 6.3
φ326
φ314
φ240+0.046 0 Ⓔ
φ252
Ra 1.6
C1
180
R23
技术要求
未注尺寸公差为GB/T 1804—m。
Rz 50 (√)
(标题栏)

图 21-9 蜗轮轮缘

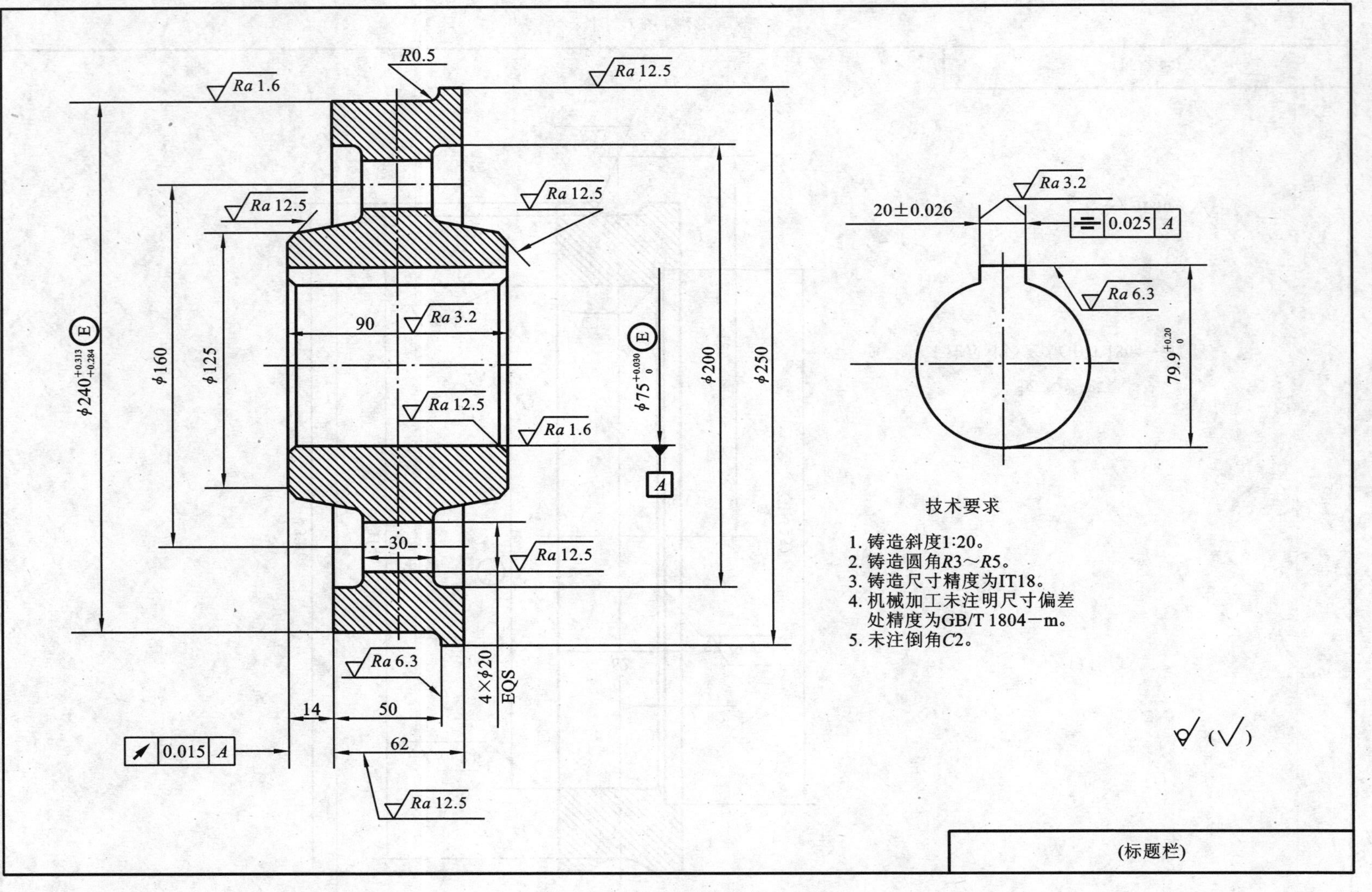
R0.5
Ra 1.6
Ra 12.5
Ra 12.5
Ra 12.5
90
Ra 3.2
ϕ240 +0.313 +0.284
E
ϕ160
ϕ125
Ra 12.5
Ra 1.6
ϕ75 +0.030 0
E
A
ϕ200
ϕ250
30
Ra 12.5
Ra 6.3
4×ϕ20
EQS
14
50
0.015 A
62
Ra 12.5
Ra 3.2
20±0.026
0.025 A
Ra 6.3
79.9 +0.20 0
技术要求
1. 铸造斜度1:20。
2. 铸造圆角R3～R5。
3. 铸造尺寸精度为IT18。
4. 机械加工未注明尺寸偏差
处精度为GB/T 1804—m。
5. 未注倒角C2。
(标题栏)

图 21-10 蜗轮轮芯

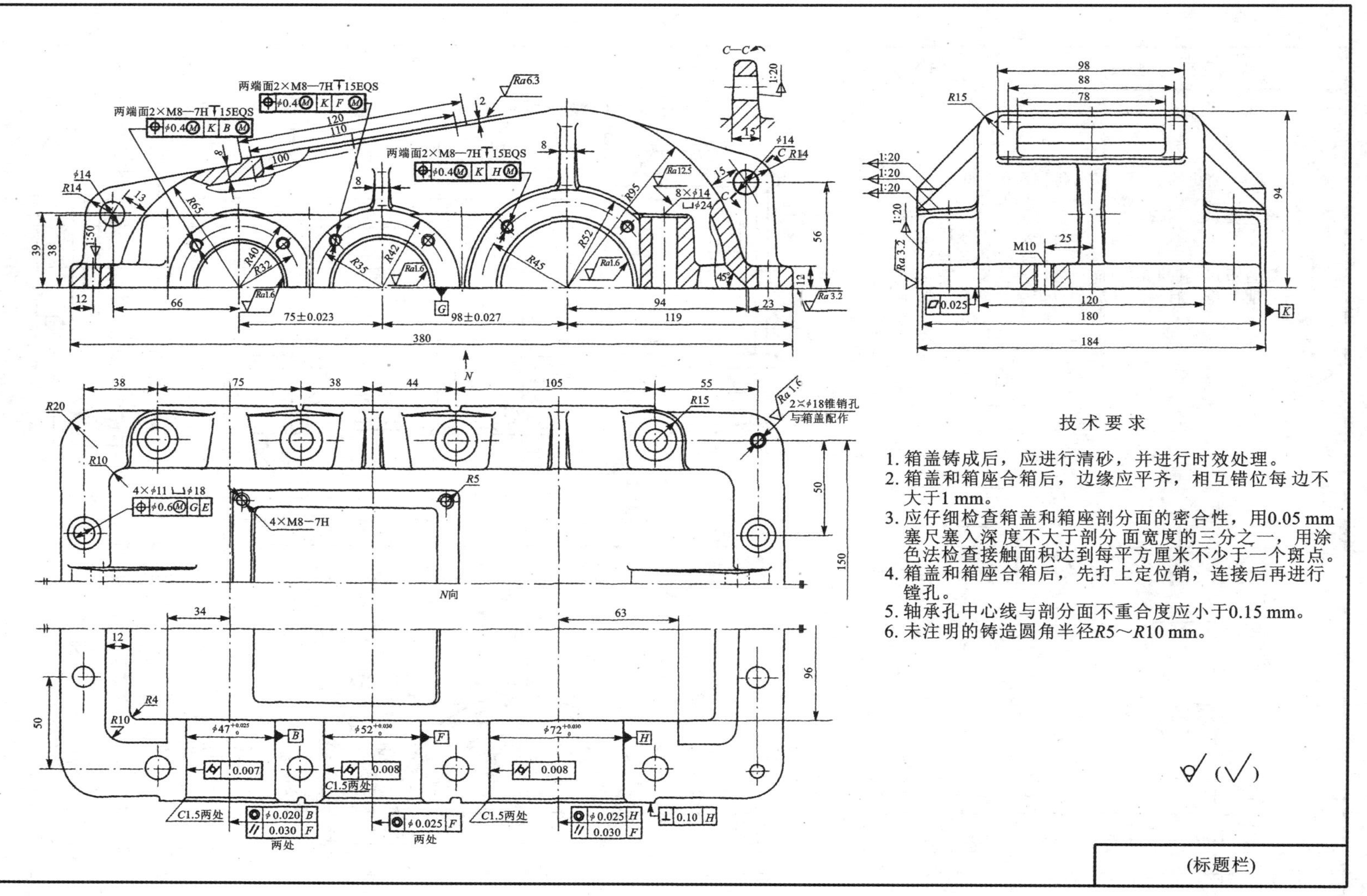
技术要求
1. 箱盖铸成后，应进行清砂，并进行时效处理。
2. 箱盖和箱座合箱后，边缘应平齐，相互错位每边不大于1 mm。
3. 应仔细检查箱盖和箱座剖分面的密合性，用0.05 mm塞尺塞入深度不大于剖分面宽度的三分之一，用涂色法检查接触面积达到每平方厘米不少于一个斑点。
4. 箱盖和箱座合箱后，先打上定位销，连接后再进行镗孔。
5. 轴承孔中心线与剖分面不重合度应小于0.15 mm。
6. 未注明的铸造圆角半径R5～R10 mm。
(标题栏)
C—C
两端面2×M8—7H↧15EQS
4×M8—7H
4×φ11 ⌴φ18
8×φ14
2×φ18锥销孔
与箱盖配作
N向
C1.5两处
两处

图 21-11　箱盖

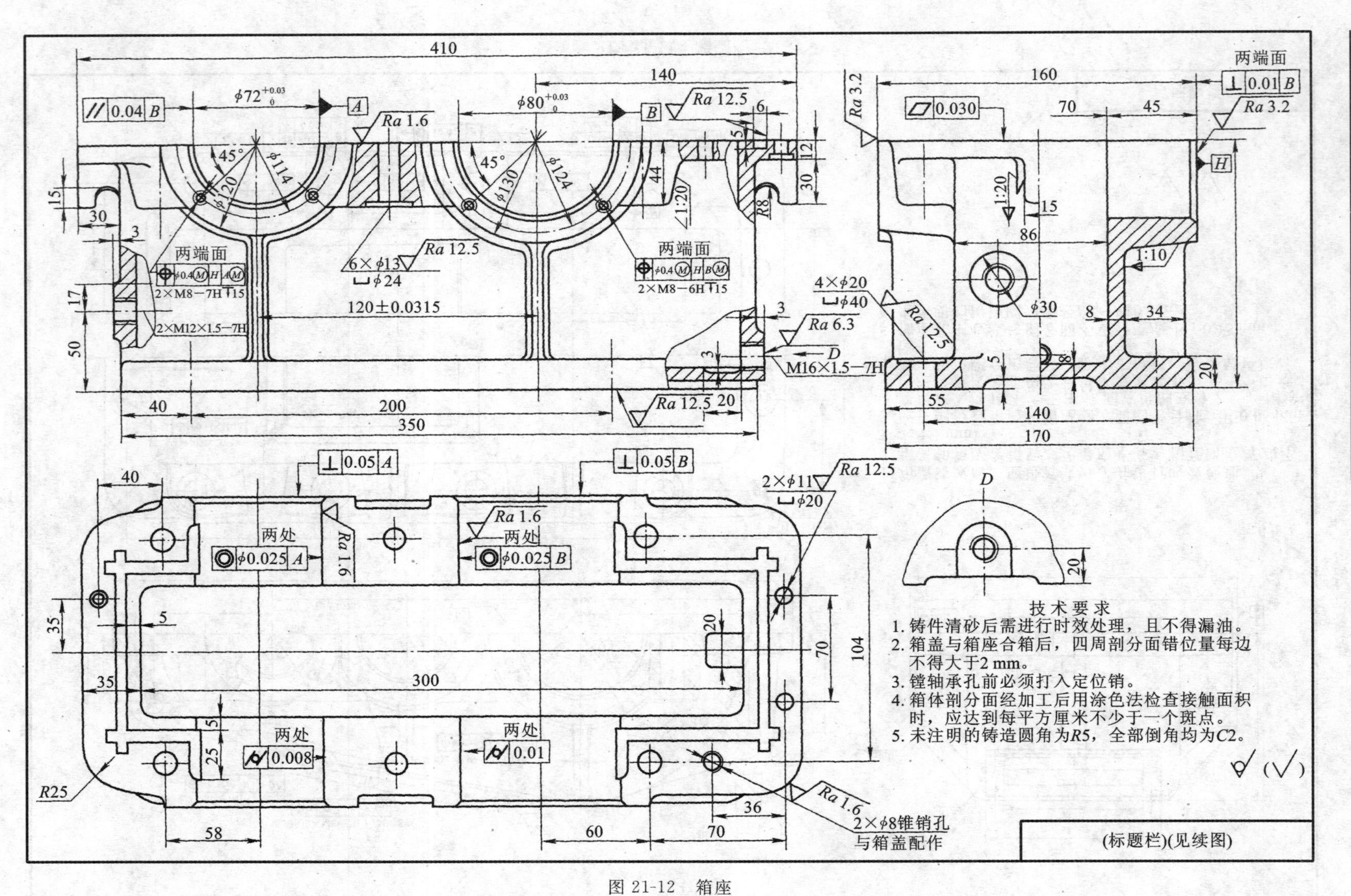
技术要求
1. 铸件清砂后需进行时效处理，且不得漏油。
2. 箱盖与箱座合箱后，四周剖分面错位量每边不得大于2 mm。
3. 镗轴承孔前必须打入定位销。
4. 箱体剖分面经加工后用涂色法检查接触面积时，应达到每平方厘米不少于一个斑点。
5. 未注明的铸造圆角为R5，全部倒角均为C2。
(标题栏)(见续图)
2×ϕ8锥销孔
与箱盖配作
两端面
两处
4×ϕ20
6×ϕ13
2×ϕ11
2×M8−7H T15
2×M8−6H T15
2×M12×1.5−7H
M16×1.5−7H
120±0.0315

图 21-12　箱座

						26	油标尺	1	Q235		
						25	通气器	1	Q235	M18×1.5	
						24	窥视孔盖	1	Q235		
						23	密封垫	1	HT200	石棉橡胶纸	
						22	上箱盖	1	HT200		
						21	大齿轮	1	45		
						20	低速轴	1	45		
						19	套筒	1	Q235		
						18	轴承盖	1	HT200		
						17	调整垫片	2组	08F		
						16	挡油盘	1	Q235		
B22	启盖螺栓M12×30	2		GB 5781—2000		15	轴承盖	1	HT200		
B21	销A12×30	2		GB 117—2000		14	调整垫片	2组	08F		
B20	垫圈16	8		GB 93—1987		13	高速轴	1	45		
B19	螺母M16	8		GB 6170—2000		12	密封圈盖	1	Q235		
B18	螺栓M16×130	8		GB 5780—2000		11	轴承盖	1	HT200		
B17	螺母M22×1.5	1		GB/T 6176—2000		10	挡油盘	1	Q235		
B16	螺栓M5×12	4		GB 5781—2000		9	轴承盖	1	HT200		
B15	垫圈12	4		GB 93—1987		8	大齿轮	1	45		
B14	螺母M12	4		GB 6170—2000		7	套筒	1	Q235		
B13	螺栓M12×50	4		GB 5780—2000		6	中间轴	1	45		
B12	纸封油圈	1	石棉橡胶纸			5	轴承盖	1	HT200		
B11	螺塞M20×1.5	1		JB/ZQ 4450—1997		4	调整垫片	2组	08F		
B10	键20×80	1		GB 1096—2003		3	密封圈盖	1	Q235		
B9	毡圈25	1		JB/ZQ 4606—1986		2	轴承盖	1	HT200		
B8	螺栓M8×20	24		GB 5781—2000		1	箱座	1	HT200		
B7	滚动轴承7206AC	2		GB/T 276—1994		序号	名称	数量	材料	标准及代号	备注
B6	键12×50	1		GB 1096—2003		双级圆柱齿轮减速器		图号		比例	
B5	滚动轴承7207AC	2		GB/T 276—1994				数量		第　张	
B4	螺栓M5×10	4		GB 5781—2000				重量		共　张	
B3	键C14×56	1		GB 1096—2003		设计	(日期)	机械设计课程设计		(校名) (班级)	
B2	毡圈60	1		JB/ZQ 4606—1986		学号					
B1	滚动轴承7213AC	2		GB/T 276—1994		审阅	(日期)				

续图 21-12　标题栏

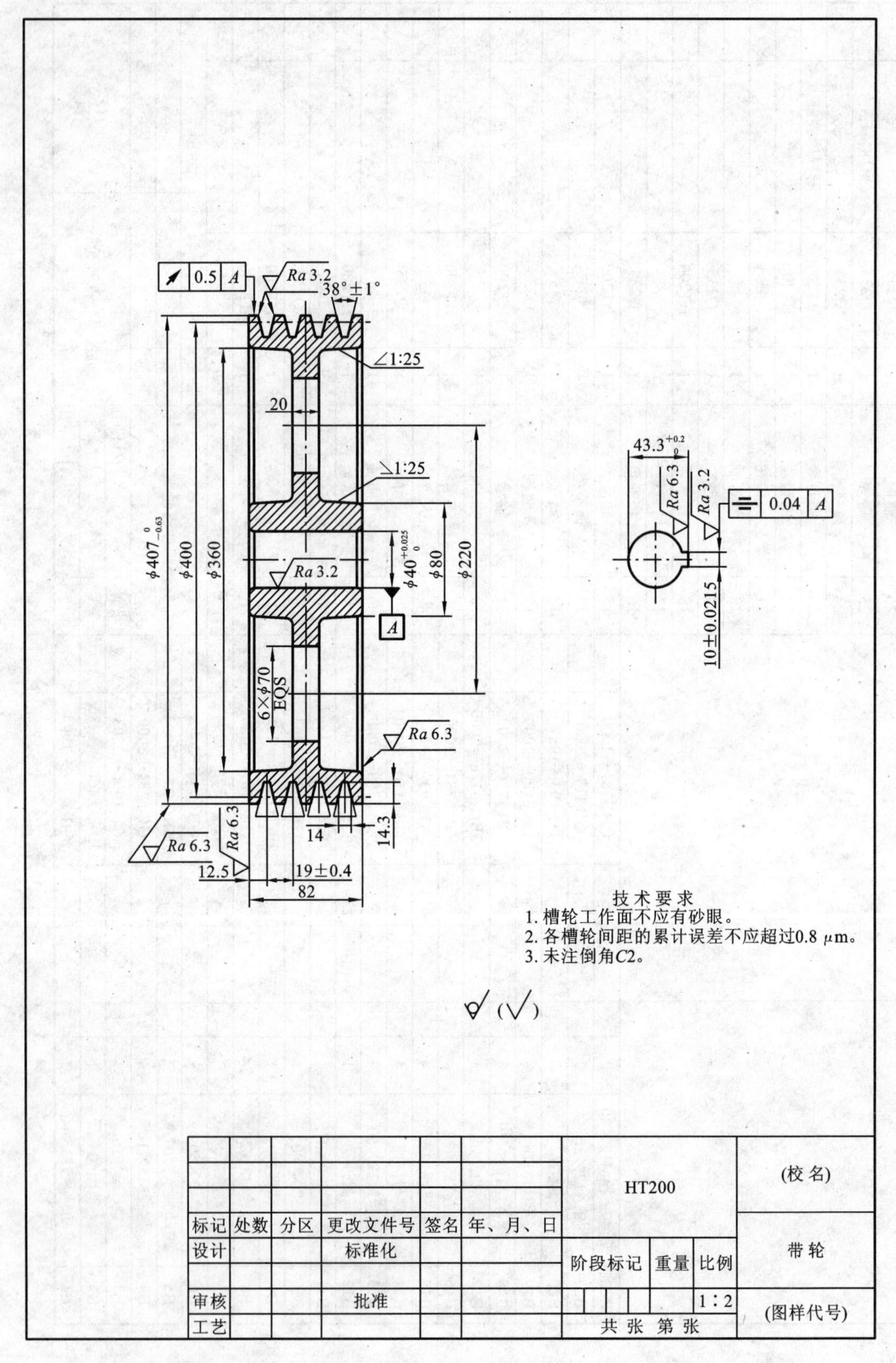
0.5 A
Ra 3.2
38°±1°
∠1:25
20
⊿1:25
ϕ407
ϕ400
ϕ360
Ra 3.2
ϕ40
ϕ80
ϕ220
A
6×ϕ70
EQS
Ra 6.3
Ra 6.3
Ra 6.3
12.5
14
14.3
19±0.4
82
43.3
Ra 6.3
Ra 3.2
0.04 A
10±0.0215
技术要求
1. 槽轮工作面不应有砂眼。
2. 各槽轮间距的累计误差不应超过0.8 μm。
3. 未注倒角C2。
HT200
(校名)
标记 处数 分区 更改文件号 签名 年、月、日
设计 标准化
阶段标记 重量 比例
带轮
审核 批准
1∶2
工艺
共 张 第 张
(图样代号)

图 21-13　带轮零件图

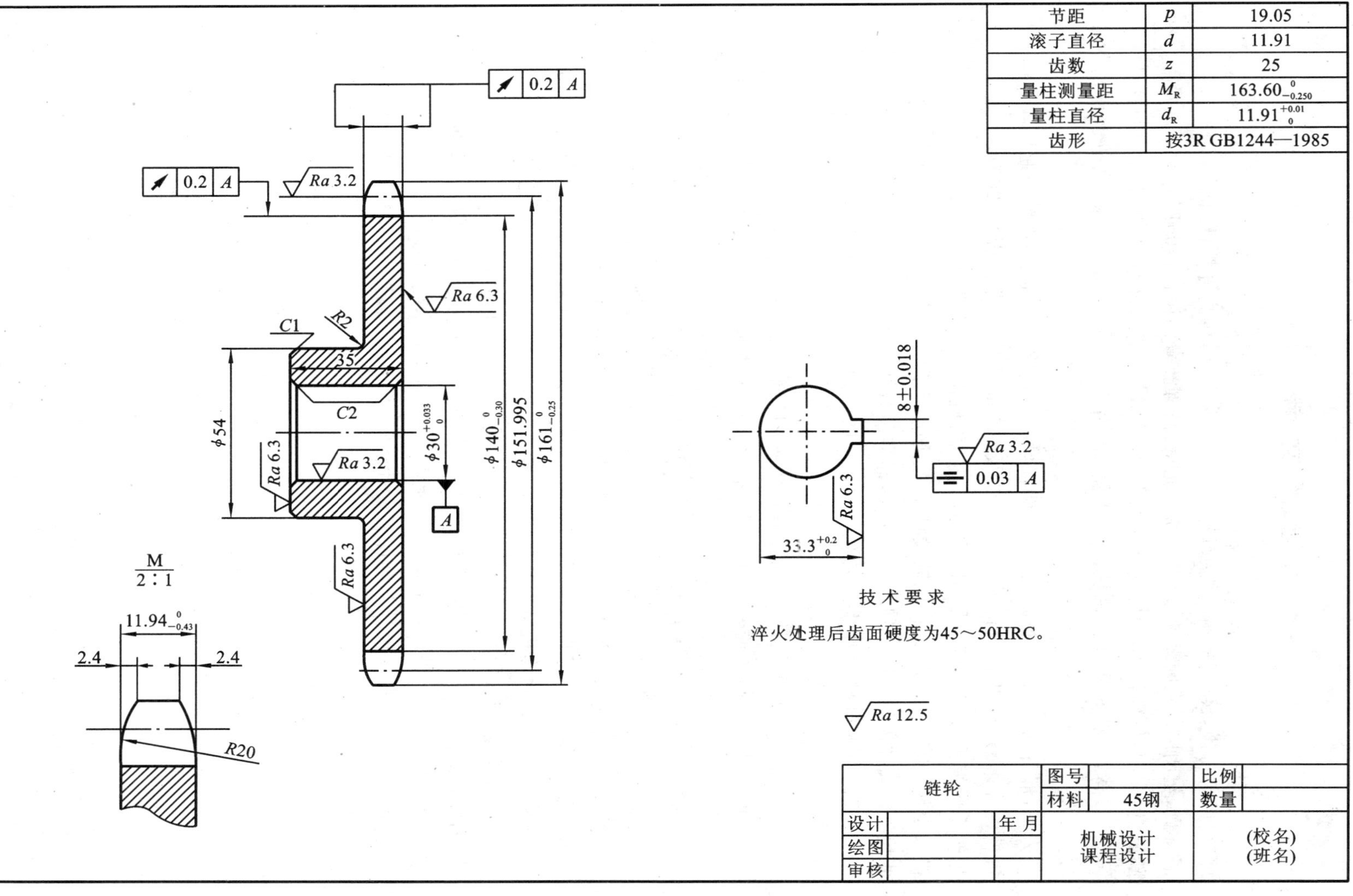
节距 p 19.05
滚子直径 d 11.91
齿数 z 25
量柱测量距 M_R 163.60 0 -0.250
量柱直径 d_R 11.91 +0.01 0
齿形 按3R GB1244—1985
0.2 A
Ra 3.2
Ra 6.3
φ161 0 -0.25
φ151.995
φ140 0 -0.30
φ30 +0.033 0
A
35
R2
C2
C1
φ54
M
2∶1
11.94 0 -0.43
2.4
R20
8±0.018
0.03 A
33.3 +0.2 0
技术要求
淬火处理后齿面硬度为45～50HRC。
Ra 12.5
链轮
图号
材料
45钢
比例
数量
设计
绘图
审核
年 月
机械设计
课程设计
(校名)
(班名)

图 21-14　链轮零件图

参考文献

[1] 邱宣怀,郭可谦,吴宗泽,等. 机械设计[M]. 4 版. 北京:高等教育出版社,1997.

[2] 濮良贵,纪明刚. 机械设计[M]. 7 版. 北京:高等教育出版社,2001.

[3] 陆玉,何在洲,佟延伟,等. 机械设计课程设计[M]. 3 版. 北京:机械工业出版社,2005.

[4] 吴宗泽,高志,罗圣国,等. 机械设计课程设计手册[M]. 4 版. 北京:高等教育出版社,2012.

[5] 任秀华,邢琳,张秀芳. 机械设计基础课程设计[M]. 2 版. 北京:机械工业出版社,2013.

[6] 机械设计编委会. 机械设计手册[M]. 3 版. 北京:机械工业出版社,2004.

[7] 齿轮手册编委会. 齿轮手册[M]. 2 版. 北京:机械工业出版社,2001.

[8] 机械设计手册联合编写组. 机械设计手册[M]. 3 版. 北京:化学工业出版社,2003.

[9] 张民安. 圆柱齿轮精度[M]. 北京:中国标准出版社,2002.

[10] 王启义. 中国机械设计大典数据库(电子版)[M/OL]. 中国机械设计大典编委会,2004.

[11] 马海荣. 几何量精度设计与检测[M]. 北京:机械工业出版社,2004.

[12] 李晓沛,张琳娜,赵凤霞,等. 简明公差标注应用手册[M]. 上海:上海科技出版社,2005.

[13] 王大康,卢颂峰. 机械设计课程设计. 北京:北京工业大学出版社,2000.

[14] 朱文坚,黄平. 机械设计课程设计[M]. 2 版. 广州:华南理工大学出版社,2004.

[15] 王旭,王积森. 机械设计课程设计[M]. 北京:机械工业出版社,2003.

[16] 唐增宝,常建娥. 机械设计课程设计[M].4 版. 武汉:华中科技大学出版社,2013.

[17] 毛谦德,李振清. 袖珍机械设计师手册[M]. 2 版. 北京:机械工业出版社,2000.

[18] 黄珊秋. 机械设计课程设计[M]. 北京:机械工业出版社,1999.

[19] 唐国民,程良能. 机械零件课程设计[M]. 长沙:湖南科学技术出版社,1986.

[20] 石安富,龚云表. 工程塑料手册[M].上海:上海科学技术出版社,2001.

[21] 游文明,李业农. 机械设计基础课程设计[M].北京:高等教育出版社,2011.